高等院校计算机类专业“十三五”规划教材

计算机基础

肖　川　田　华　袁慧颖
郑美珠　王佐兵　王红艳　编著

電子工業出版社
Publishing House of Electronics Industry
北京・BEIJING

内 容 简 介

本书不仅教授传统的 Office 等相关套件软件，还重点介绍网络应用、数据库、网页制作工具，让读者在学习计算机基本知识的基础上，可以掌握计算机网络和数据库知识，掌握简单网页的制作方法，培养学生利用计算机解决实际问题的能力。本书内容翔实，语言通俗易懂，实例丰富。

图书在版编目（CIP）数据

计算机基础/肖川等编著. —北京：电子工业出版社，2017.1

ISBN 978-7-121-30617-4

Ⅰ. ①计… Ⅱ. ①肖… Ⅲ. ①电子计算机—高等学校—教材 Ⅳ. ①TP3

中国版本图书馆 CIP 数据核字（2016）第 304243 号

策划编辑：贺志洪
责任编辑：贺志洪
特约编辑：杨 丽 薛 阳
印 刷：北京捷迅佳彩印刷有限公司
装 订：北京捷迅佳彩印刷有限公司
出版发行：电子工业出版社
北京市海淀区万寿路 173 信箱 邮编 100036
开 本：787×1092 1/16 印张：20.75 字数：528 千字
版 次：2017 年 1 月第 1 版
印 次：2023 年 8 月第 6 次印刷
定 价：46.00 元

凡所购买电子工业出版社图书有缺损问题，请向购买书店调换。若书店售缺，请与本社发行部联系，联系及邮购电话：（010）88254888。

质量投诉请发邮件至 zlts@phei.com.cn，盗版侵权举报请发邮件至 dbqq@phei.com.cn。

服务热线：（010）88254609 或 hzh@phei. com. cn

前　言

在计算机发展史中，计算机应用一直是推动计算机科学发展的原动力。蒸汽机的出现大大地减轻了人类的体力劳动，引发了第一次工业革命。之后，人们研究能替代人类脑力劳动的机器，正是在这样的动力驱动下，经过众多学者的努力研究与探索，计算机出现并广泛应用。Internet 的出现，为计算机系统引入了新的理念，之后对等计算、普适计算，尤其是最近出现的网格计算和云计算，扩大了系统资源的透明与共享级计算能力。

在计算网络、Internet 及多媒体技术普及的今天，掌握计算机相关知识已经成为必备的基本技能。尤其是在高等院校，计算机教育水平的高低已经成为衡量一个学校办学水平高低的主要标准之一。怎样使学生掌握计算机基础知识和基本技能，成为高校计算机教育工作者的主要责任。

本书作为高校计算机能力培养的基础教程，理论和实际应用相结合，注重学生计算机应用能力的培养。传统的计算机基础课程只介绍 Office 等相关套件，本书除此之外还重点介绍了网络应用、数据库、网页工具，让读者在学习计算机基本知识的基础上，可以掌握计算机网络和数据库知识，掌握简单网页的制作方法，培养学生利用计算机解决实际问题的能力。本书内容翔实，语言通俗易懂，实例丰富。全书共分为 8 章，各章节主要内容如下。

第 1 章介绍计算机基础知识、计算机的发展、分类以及计算机的基本组成，同时分析了计算机的硬件和软件系统，以及信息的编码技术和病毒防护知识。

第 2 章介绍 Windows 7 操作系统的基础常识、日常使用、个性化设置、文件管理等应用，主要包括菜单、窗口、网络连接系统账户的建立与删除以及一些特殊功能的使用。

第 3 章讲解 Word 2010 文字处理软件的使用方法，包括文档的排版、表格以及文档的审阅等其他高级功能。

第 4 章介绍 Excel 2010 的基本概念、基本知识和常用操作，包括数据的编辑、表格的处理、数据计算机与分析处理、各类公式的应用、数据图表化的表示方法等。

第 5 章讲解 PowerPoint 2010 演示文稿，包括 PPT 的创建、修改、模板、动画设计等。

第 6 章介绍 Acess 2010 数据库的基本应用，如何创建与管理数据库，以及使用数据表。

第 7 章介绍网络的基本应用包括计算机网络的形成与发展、网络的功能与应用、拓扑结构、组成与分类、网络标准化以及网络传输介质等，并介绍了 Internet 的特点与发展、IP 地址的组成与分类、Internet 的相关应用以及企业内联网的情况。

第 8 章介绍网页制作的基本概念、常用工具、网站制作流程和 HTML 语言，并介绍了最新版本的网页制作工具 Dreamweaver CS6 和使用 Dreamweaver CS6 制作网页的方法。

本书由烟台南山学院肖川、田华、袁慧颖、郑美珠、王佐兵、王红艳编著，另外，庄利珍也参与了部分章节的编写。由于编者水平有限，书中难免有不妥之处，敬请广大读者批评指正。在使用本书过程中，如有问题或建议请发送电子邮件至92kuse@163.com。

编　者

2016年9月

目　录

第1章　计算机基础知识

计算机作为 20 世纪人类最伟大的科技发明之一，其产生的历史虽然只有短短的几十年时间，但计算机已经被广泛应用到人类社会生产生活的各个领域，成了人们工作、生产和学习必备的重要工具。学习计算机基础知识，掌握计算机操作与应用技能是现代人们必备的基本素养。本章介绍了计算机的产生、发展与应用情况，简要分析了计算机的工作原理，说明了计算机内是如何表示各种信息的，重点介绍了计算机系统的组成等。

该章要掌握的主要知识和技能有：

（1）了解计算机的产生、发展与应用情况；

（2）理解计算机系统的工作原理；

（3）理解计算机内各种信息的表示方式；

（4）掌握计算机硬件系统的组成；

（5）掌握软件的概念与软件系统的分类方法；

（6）掌握计算机网络安全和病毒防治的基本方法

1.1　计算机概述

现在大家学习、生活与工作都离不开计算机，我们从中学甚至小学就开始学习与使用计算机，那么关于计算机你了解与掌握了哪些知识呢，能不能说出什么是计算机，计算机是如何产生与发展的，计算机有哪些种类，计算机具体应用在哪些方面等问题呢。

1.1.1　电子计算机的概念

电子计算机简称为计算机或电脑，是由人们设计、制造的一种电子设备，它可以快速、精确、自动地完成计算与信息处理工作。

计算机在诞生的初期主要用来完成科学计算工作，因此被人们称为“计算机”，即用来进行计算的机器，当然现在计算机的应用已经远远超出了科学计算的范畴，它可以对数字、文字、声音、图形和图像等各种形式的数据进行处理。实际上，计算机之所以能高速、自动地进行工作，是因为人们事先编写好了它的工作程序，并将其存储在计算机内，在用户发出工作命令后它就会按照事先存储的程序来一步步地工作，只不过与人类相比，它的工作速度非常快。

1.1.2　计算机的产生与发展

1. 计算机的诞生

人类社会在认识自然和改造自然的过程中，发明了各种计算工具。如在人类社会的早期，人们使用绳结、石子等进行简单的计数，随着生产力的不断提高，人们遇到的各种计算问题也越来越复杂，于是开始设计、制造计算工具，如我国唐末出现的算盘，欧洲人在一百多年前发明的手摇计算机等。这些计算机工具在一定的历史条件下，对人类社会的发展都起到了一定的促进作用，甚至算盘一直沿用至今。但是可能让大家意想不到的是现代电子计算机的产生，竟然与人类的战争有着密切的相关。在 20 世纪 40 年代初，正处于二次世界大战中的美国，为了尽快能够在战争中取得胜利，加紧研制导弹、火箭等各种先进的武器，但在研制这些武器的过程中遇到了大量极为复杂的数学计算问题，于是美国军方出资，并在军方的主导下开始了现代电子计算机的研制工作。经过科研人员的努力，1946 年 2 月世界上第一台电子计算机在美国宾夕法尼亚大学研制成功，取名为 ENIAC（Electronic Numerical Integrator and Calculator，电子数字积分器与计算器），主要用于飞行中弹道轨迹的计算等问题。ENIAC 的诞生具有里程碑意义，它标志着人类从此有了真正意义上的电子计算机。

ENIAC 电子计算机在当时的设计条件下共使用了 18000 多个真空管、1500 多个继电器以及大量的其他元器件，重达 30 吨，占地达 170 余平方米，是个地地道道的庞然大物。如图 1-1 是工作人员使用 ENIAC 时的情景。

图 1-1　第一台计算机 ENIAC

尽管 ENICA 每秒只能完成 5000 次的加法运算，且 ENIAC 有许多缺点，如耗电量大、稳定性差、操作不便等，但它的产生具有划时代的意义，它为电子计算机的发展奠定了基础，更标志着人类社会电子计算机时代的到来。

2. 计算机的发展

从 1946 年第一台计算机 ENIAC 诞生到现在，电子计算机的发展根据其起决定作用的电子元器件的变化可以分为四代。

（1）第一代电子管计算机（1946—1958 年）。其特征是采用电子管作为计算机的基本逻辑元件，由于受当时电子技术的限制，计算机的运算速度只有每秒几千次到几万次的基本运算，且内存容量小，仅为几千个字节，只能用机器语言和汇编语言进行程序设计。受当时电子技术的限制，第一代计算机体积大，耗电多，速度低，造价高，使用不便，主要局限于一些军事和科研部门进行科学计算，其代表机型有 IBM650（小型机）、IBM709（大型机）等。

（2）第二代晶体管计算机（1959—1964 年）。其特征是晶体管代替了第一代计算机中的电子管，运算速度提高到每秒数万次或数十万次基本运算，内存容量扩大到几十万个字节。同时计算机软件技术也有了较大的发展，出现了 FORTRAN、COBOL、ALGOL 等高级语言，大大方便了计算机的使用，这一时期，除了科学计算外，计算机还用于数据处理和工业生产过程控制等，与第一代电子管计算机相比，晶体管计算机体积小，耗电少，成本低，逻辑功能强，使用方便，可靠性高。其代表机型有 IBM7094、CDC7600 等。

（3）第三代集成电路计算机（1965—1970 年）。其特征是用集成电路（Intergrated Circuit，IC）代替了分立元件。集成电路是在几平方毫米的基片上集中了几十个或上百个电子元件组成的逻辑电路。由于第三代计算机使用小规模集成电路和中规模集成电路作为其基本电子元件，并开始采用性能更好的半导体存储器，其运算速度提高到每秒几十万次到几百万次基本运算。计算机的体积更小，寿命更长，可靠性大大提高，且计算机功耗和价格进一步下降。同时计算机软件技术得到进一步发展，出现了结构化、模块化程序设计方法，操作系统功能逐步趋向成熟。其代表机型是 IBM 公司研制的 IBM-360 计算机系列。

（4）第四代大规模和超大规模集成电路计算机（1972 年至今）。其特征是用每个芯片上集成了几千个、上万个或上百万个电子元件的大规模集成电路（Large Scale Intergrated Circuit，LSI）或超大规模集成电路（Very Large Intergrated Circuit，VLSI）作为计算机的主要逻辑元件，使用集成度很高的半导体存储器，计算机的运算速度可达每秒几百万次甚至上亿次基本运算。在软件方面，出现了数据库管理系统、分布式操作系统等软件。在第四代计算机中，对人类社会影响最大的是微型计算机的产生和计算机网络的应用。

3. 计算机发展的趋势

计算机自从产生以来，就不断地向前发展与变化着，并且已经成了目前人类社会发展变化最快的领域。英特尔（Intel）创始人之一戈登·摩尔（Gordon Moore）提出，当价格不变时，集成电路上可容纳的晶体管数目，约每隔 18 个月便会增加一倍，性能也将提升一倍。换言之，你花相同的价格，在 18 个月以后所能买到的计算机性能大约是目前计算机性能的两倍以上。有人也将此规律称为“摩尔定律”，这一定律揭示了信息技术进步的速度。这也告诉我们在购买计算机产品时，应以“适用、够用”为原则，不能盲目地追求其先进性。

目前人们普遍认为，处于快速发展中的计算机行业，将以超大规模集成电路为基础，向巨型化、微型化、网络化、智能化与多媒体化的方向发展。

（1）巨型化是指计算机的运算速度更高、存储容量更大、功能更强。巨型化计算机主要应用于天文、气象、地质、航天、核反应等一些尖端科学技术领域，巨型计算机的研制已经成为反映一个国家科研水平的重要标志。目前，已经投入使用的巨型计算机其运算速度可达每秒上千万亿次。

（2）微型化是指体积更小、价格更低、功能更强的微型计算机。微机化计算机可以嵌入仪器、仪表、家用电器、导弹弹头等各类设备中，同时也作为工业控制过程的心脏，使仪器设备实现“智能化”。如智能手机包含计算机的所有组成部分，其实就是一台“微型”化的计算机。

（3）网络化是指利用通信技术和计算机技术，把分布在不同地点的计算机互联起来，按照通信双方事先约定的通信方式（即网络协议）相互通信，以达到共享软件、硬件和数据资源的目的。现在，计算机网络在交通、金融、企业管理、教育、邮电、商业等各行各业中得到了广泛的应用。尤其是在目前的信息化社会，没有接入网络的计算机被人们称为“信息孤岛”，其应用也将受到很大的限制。

（4）智能化就是要求计算机能模拟人的感觉和思维能力，可以“看”、“听”、“说”、“想”、“做”，具有逻辑推理、学习与证明的能力，这也是第五代计算机要实现的目标。智能化的研究领域很多，其中最有代表性的领域是专家系统和机器人。机器人可接受人类指挥，也可以执行预先编排的程序，或根据以人工智能技术制定的原则纲领行动。目前研制出的机器人可以代替人从事一些人们不愿或无法完成的劳动，如让机器人从事工业流水线工作、清理有毒废弃物、太空探索、石油钻探、深海探索、矿石开采、搜救与爆破等，甚至现在还有专门用于战争的机器人。

（5）多媒体化是指利用计算机对文本、图形、图像、声音、动画、视频等多种信息进行综合处理，使这些信息之间建立有机的逻辑关系，使计算机具有交互展示不同媒体形态的能力。多媒体技术的发展改变了计算机的使用领域，使计算机由办公室、实验室中的专用工具变成了信息社会的普通工具，广泛应用于工业生产管理、学校教育、公共信息咨询、商业广告、军事指挥与训练，甚至家庭生活与娱乐等领域。

1.1.3 计算机的分类

自从第一台计算机诞生以来，人们设计制造了种类繁多、用途各异的计算机系统，因此可以从不同的角度对计算机进行分类。如按计算机工作原理分类，可分为数字式电子计算机、模拟式电子计算机和混合式电子计算机。按照计算机用途分类，可分为通用计算机和专用计算机。目前，国内外惯用的分类方法是按计算机的规模和运算速度将其分为巨型机、小巨型机、大型机、小型机、工作站和个人计算机六种。

1. 巨型机

巨型机（super computer）也称为超级计算机，通常是指价格最高、功能最强、运算速度最快的计算机。巨型机主要用来承担重大的科学研究、国防尖端技术和国民经济领域的大型计算课题及数据处理任务，如核武器与反导武器的设计、空间技术研究、中长期天气预报、石油勘探、生命科学探索、汽车设计等领域。巨型机的研制是一个国家科技水平和经济实力的重要标志，目前全世界只有少数几个国家能够生产这种计算机。我国在巨型机的研究方面走在了世界前列，如 2010 年 9 月研制成功的“天河一号”（见图 1-2），成为我国首台千万亿次超级计算机，并且在当年的最新全球超级计算机前 500 强排行榜上雄居第一。在 2011 年 6 月公布的最新全球超级计算机前 500 强排行榜中，我国的超级计算机系统已达 62 个，使我国超级计算机系统无论是总数还是累计峰值运算能力都超过了德、日、法等传统的超级计算机大国。

图 1-2 我国自主研发的“天河一号”巨型计算机

2. 小巨型机

小巨型机（minisuper computer）又称桌上型超级电脑，出现于 20 世纪 80 年代中期，它将巨型机缩小成个人机的大小，使个人机具有略低于巨型机的性能，而价格只有巨型机的1/10，以满足一些用户的需求。

3. 大型主机

大型主机（mainframe computer）也称为大型电脑，它包括国内常说的大中型机，这类计算机的特点是具有极强的综合处理能力和非常好的通用性。大型主机主要应用在政府部门、大银行、大公司、大企业、高校和研究院等。随着微机与网络的迅速发展，大型主机有被高档微机群取代的趋势。

4. 小型机

小型机（minicomputer）的机器规模小、结构简单、设计试制周期短，便于及时采用先进工艺技术，软件开发成本低，易于操作维护。小型机已广泛应用于工业自动控制、大型分析仪器、测量设备、企业管理、大学和科研机构等，也可以作为大型与巨型计算机系统的辅助计算机。

5. 工作站

工作站（worksatation）是介于小型机与个人计算机之间的一种机型，它与高档微机之间的界限并不十分明确，高性能工作站正接近小型机，甚至接近低端主机。与一般微机不同的是工作站使用大屏幕、高分辨率的显示器，且配有大容量的内存与外部存储设备。工作站主要用于计算机辅助设计、图像处理（如计算机动画片的制作等）。如在电影《阿凡达》中有60%的画面是用计算机图形学的相关技术来合成的。

6. 微型计算机

微型计算机包括个人计算机、便携式计算机和单片计算机，如图 1-3 所示。其中个人计算机（personal computer）就是我们常说的 PC，因其设计先进、软件丰富、功能齐全、操作简单、价格便宜等优势而得到了广泛应用。特别是进入 21 世纪后，PC 就像普通家用电器一样，已经进入了普通百姓家庭，成为人们日常工作、学习和娱乐的工具。便携计算机主要包括笔记本电脑和掌上电脑，它们广泛应用于野外作业和移动办公等领域。单片机将计算机的主要部件微处理器、存储器、输入和输出接口等电路集中在一个只有几平方厘米的硅片上，构成一个能独立工作的计算机，它广泛应用于仪器仪表、家用电器、工业控制和通信等领域，是数量最多、应用最广的一种计算机。微型计算机的发展速度也符合所谓的“摩尔定律”，每几个月之内就有新产品发布，每 1 到 2 年产品就更新换代一次，不到两年的时间芯片集成度就提高一倍，性能提高一倍，价格降低一半。

（a）台式计算机　（b）笔记本电脑　（c）掌上电脑　（d）单片机

图 1-3　各种微型计算机

1.1.4 计算机的应用

计算机是 20 世纪人类最伟大的发明之一，它对人类社会科学技术的发展产生了巨大的影响，极大地增强了人类社会认识世界和改造世界的能力。计算机具有高速运算、逻辑判断、大容量存储和快速存取等特点，这决定了它在现代社会的各种领域都成为越来越重要的工具。

目前计算机的应用可以用“无处不在，无时不有”来概括，它被广泛应用于教育、科研、工业、商业、农业、军事、娱乐等领域。其按应用的学科领域，大概可分为五大类。

1. 科学计算

科学计算是计算机最早的应用领域。从尖端科学到基础科学，从大型工程到一般工程，都离不开数值计算。如宇宙探测、气象预报、桥梁设计、飞机制造等都会遇到大量的数值计算问题，这些问题计算量大、计算过程复杂。如数学中“四色定理”的证明，就是利用 IBM370 系列的高端机计算了 1200 多个小时才获得证明的，如果采用人工计算，日夜不停地工作，也要十几万年；气象预报有了计算机，预报准确率大为提高，并且可以进行中长期的天气预报；利用计算机进行化工模拟计算，加快了化工工艺流程从实验室到工业生产的转换过程。

2. 数据处理

数据处理是目前计算机应用最为广泛的领域。数据处理包括数据采集、转换、存储、分类、组织、运算、检索等方面。如在人口统计、档案管理、银行业务、情报检索、企业管理、办公自动化、交通调度、市场预测等都有大量的数据处理工作。

3. 自动控制

计算机是工业生产过程自动化控制的基本技术工具。生产自动化程度越高，对数据处理的速度和准确度的要求也就越高，这一任务靠人工操作已无法完成，只有计算机才能胜任。如在石油化工厂中温度、压力、物位、流量等的控制。

4. 辅助工程

计算机辅助工程主要包括计算机辅助设计（Computer Aided Design，CAD）、计算机辅助制造（Computer Aided Made，CAM）和计算机辅助教学（Computer Aided Instruction，CAI）等。计算机辅助设计是利用计算机的高速处理、大容量存储和图形处理功能，辅助设计人员进行产品设计。可以设计出产品的制造图纸，甚至可以进行产品三维动画设计，使设计人员从不同的侧面观察了解设计的效果，对设计进行评估，以求取得最佳效果，大大提高了设计效率和质量。计算机辅助制造是在机器制造业中利用计算机控制各种机床和设备，自动完成离散产品的加工、装配、检测和包装等制造过程的技术。计算机辅助教学是通过学生与计算机系统之间的“对话”，以达到教学的目的，“对话”是在计算机教学程序和学生之间进行的，它使教学内容生动、形象逼真，能够模拟其他手段难以做到的动作和场景。通过交互方式帮助学生自学、自测等，这种学习方式方便灵活，可满足不同层次人员对教学的不同要求。

5. 人工智能

人工智能（Artificalinteligence，AI）是用计算机模拟人类的智能活动，完成判断、理解、学习、图像识别、问题求解等工作。它是计算机应用的一个崭新领域，是计算机向智能化方向发展的趋势。现在，人工智能的研究已取得不少成果，有的已开始走向实用阶段。例如，能模拟高水平医学专家进行疾病诊疗的专家系统，具有一定思维能力的智能机器人等。

1.2　计算机系统及其工作原理

在使用计算机时我们知道编辑文稿要用办公软件、娱乐要用游戏软件等，那么一台可以工作的计算机究竟由哪些部分组成？它又是如何工作的呢？

1.2.1　计算机系统

我们通常所说的系统是一个有机的整体，这个整体由若干个相互作用、相互联系的部分组成，只有这些组成部分相互配合、相互协调才能完成一项工作。一个完整的计算机系统是由硬件系统和软件系统两部分组成的，如图 1-4 所示。

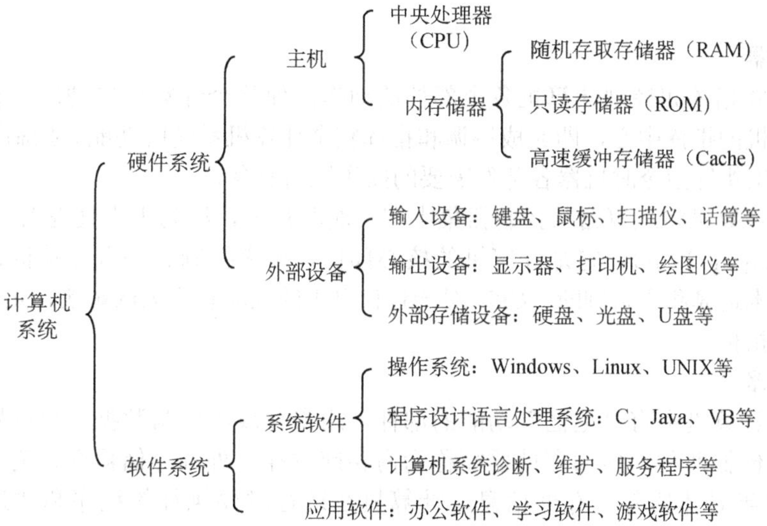

图 1-4　计算机系统组成

硬件系统是计算机的物质基础，软件系统是计算机发挥功能的保证。计算机要完成一项工作，既需要必备的计算机硬件设备作为基础，也需要完成相应功能的软件环境作支撑，这两项缺一不可。就像人一样，硬件是人的身躯，只有有了思想与知识才能工作。

1.2.2　计算机的基本结构与工作原理

1. 计算机的基本结构

计算机可以对各种数据进行处理与运算，在工作时先要将数据送入计算机内，然后计算机对数据进行处理，处理的结果可以在输出设备上显示（如显示器），也可以存入存储器中。这就像人处理一件事情时，先要“看或听”，然后要用大脑“思考”，最后将结果“说或写”，这里的“看或听”就是输入，“思考”就是处理，“说或写”就是输出，当然在这个过程中所有信息都可以“记忆”在人有大脑中，这相当于信息存储。

根据以上描述，可以将计算机的工作过程可以描述为：

- 输入（Input）——使用输入设备（如键盘）将数据输入计算机内。
- 处理（Processing）——对数据进行处理或运算。
- 输出（Output）——在输出设备上显示处理结果。
- 存储（Storage）——将处理结果保存供需要时使用。

计算机在工作时用户通过键盘或鼠标等输入数据，输入的数据一般保存在存储器中，计算机在接收到用户发出的相关命令后，在控制机构的控制下，由运算机构对数据进行运算或处理，处理结果在显示器上或打印机上输出，根据需要也可以将结果保存在存储设备中。因此，从计算机的工作原理角度出发，计算机硬件系统由运算器、控制器、存储器、输入设备和输出设备五大部分组成。

（1）运算器

运算器也称为算术逻辑单元（Arithmetic Logic Unit，ALU），它是计算机内部完成各种算术运算和逻辑运算的装置，能做加、减、乘、除等数学运算，也能作比较、判断和逻辑运算等。

（2）控制器

控制器能够指挥和控制计算机各个部件的动作，使整个计算机自动地、有条不紊地工作，它是计算机的指挥中心，即完成协调和指挥整个计算机系统的功能。控制器决定执行程序的顺序，给出执行指令时机器各部件需要的操作控制命令。

现代电子计算机将运算器与控制器集中在一块芯片上，称为中央处理器，简称为 CPU（Central Processing Unit），它是计算机的核心部件，用来控制、协调计算机各个部件的工作，并完成算术运算和逻辑判断。CPU 对一台计算机的性能有很大的影响，是衡量一台计算机性能的重要指标。

（3）存储器

存储器是计算机中有“记忆”功能的部件，用来存放程序与数据。存储器分为内部存储器和外部存储器两种，内部存储器简称为内存或主存，外部存储器简称为外存或辅存。内存储器采用半导体器件来存储信息，计算机在运行时要执行的程序和数据必须存放在内存。

（4）输入设备

计算机外部的各种信息（如数据、文字、符号、声音、图像等）只有送入到计算机内，才可以被计算机存储与处理，将外部信息变换成计算机能接收并识别的信息形式并送入计算机内部的这种设备叫做输入设备（input device），它是计算机与用户或其他设备通信的桥梁。常用的输入设备有键盘、鼠标、摄像头、扫描器、手写输入板、语音输入装置以及各种传感器等。

（5）输出设备

计算机的输出设备（output device）是把各种计算结果数据或信息以数字、字符、图像、声音等形式表示出来。常见的有显示器、打印机、绘图仪、影像输出系统、语音输出系统、磁记录设备等。

2. 计算机的工作原理

计算机在工作时，以上 5 个部件按要求特定的功能，如图 1-5 所示。图中实线部分表示数据流或程序流，虚线部分代表控制流。

- 数据流中的内容主要是一些原始数据、运算的中间结果和最终结果等，这些数据从输入设备送到存储器，运算器将存储器中的数据取出进行各种操作运算，计算结果存入存储器，存储器中的数据在需要时可以送到输出设备。
- 控制流是控制器对从存储器中读取的程序进行分析、解释后向各个部件发出的控制命令，用来指挥各部件协调地工作。

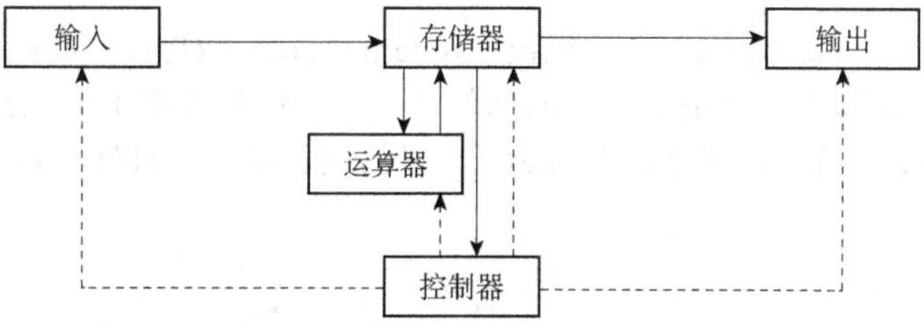

图 1-5　计算机的基本结构及工作原理图

虽然计算机在种类、运算速度和价格等方面千差万别，但各种计算机的结构与工作原理都是类似的，即：

（1）采用二进制形式表示数据与操作命令。

（2）由运算器、控制器、存储器、输入设备和输出设备五大部分组成。

（3）预先要把指挥计算机如何进行操作的指令序列（称为程序）和原始数据通过输入设备输送到计算机内存储器中，每一条指令中明确规定了计算机从哪个地址取数，进行什么操作，操作结果送到什么地址去等步骤，然后计算机在工作时才能够自动调整从存储器中取出指令并加以执行，这就是所谓“存储程序和程序控制”的原理。

由于这一思想的主要内容是由美籍匈牙利科学家冯・诺依曼（John von Neumann）于 1946 年提出的，它奠定了现代数字计算机的基本设计思想，因此这一结构又称冯・诺依曼结构。

1.3　计算机硬件系统

我们在日常工作、学习使用最多的个人计算机即 PC（用户一般更喜欢将其称为电脑）也是由硬件系统和软件系统两大部分组成的。本节从个人计算机的角度来介绍计算机硬件系统的组成。

1.3.1　个人计算机硬件系统概述

什么是硬件？硬件是计算机系统中能看得见，占有一定体积的物理设备的总称，它是计算机系统快速、可靠、自动工作的物质基础，也是计算机系统中的执行部件。硬件通常由一些电子器件和机械设备组成。组成一台计算机的所有硬件设备统称为计算机系统。

从外观看个人计算机硬件系统主要由主机、显示器、键盘和鼠标等组成，多媒体计算机还配有摄像头、话筒、音响等设备等，另外办公用计算机还常配有打印机和扫描仪等设备。其中主机箱里装着计算机的大部分重要硬件设备，如主板、CPU、内存、硬盘、光驱、各种板卡、电源及各种连线等。

1.3.2 主机

在一台计算机的硬件系统中，最重要的是 CPU 和内存，一般将其称为主机。在个人计算机中一般将 CPU 和内存安装在主机板上。

1. 主板

主板又叫主机板（main board）、系统板（system board）或母板（mother board），它安装在机箱内，是微机最基本的也是最重要的部件之一。主板从外形上来说其实就是一块电路板，上面集成了各式各样的电子零件并布满了大量的电子线路，如图 1-6 所示。

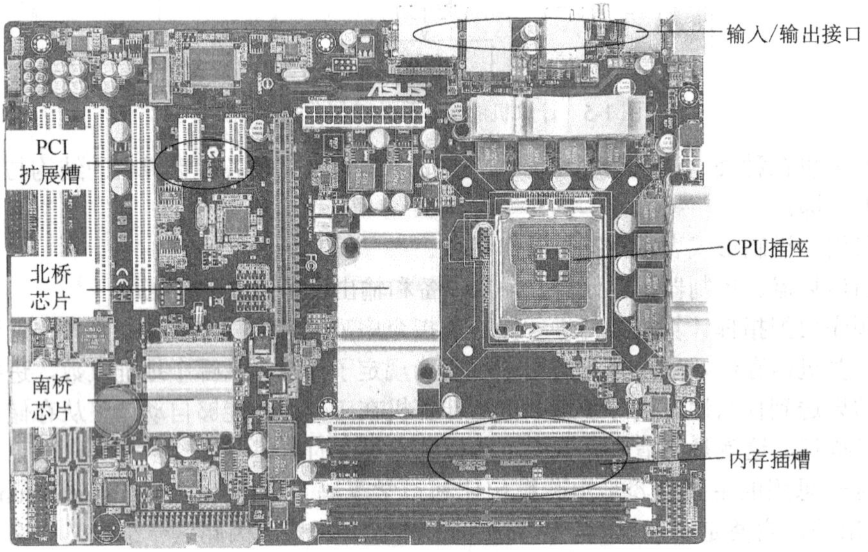

图 1-6　计算机的结构及工作原理图

主板是整个计算机内部结构的基础，无论是 CPU、内存、显卡还是鼠标、键盘、声卡、网卡都是靠主板来协调工作的。因此，主板的好坏，将直接影响计算机性能的发挥。

主板上除了 CPU 插座和内存插槽外，最重要的插槽就是用来扩展或增加计算机功能的 PCI 扩展槽。PCI 扩展槽是一种标准扩展槽，其上可以插声卡、网卡、多功能卡等。扩展槽是主板的必备插槽，主板上一般有 3 个扩展槽，为了便于标识在绝大部分主板上将其做成了乳白色的。

另外，主板上还有一些输入/输出（I/O）接口，主要连接一些输入与输出设备，如键盘、鼠标等。

要说明的是，一般基于 Intel 处理器的个人计算机主板上有两个非常重要的芯片，分别称为南桥芯片和北桥芯片，南桥芯片和北桥芯片合称为芯片组。北桥芯片主要用来处理高速信号，主要用来管理中央处理器、内存储器、显卡三者之间的通信。南桥芯片用来处理低速信号，如硬盘等存储设备和其他设备之间的数据传输。芯片组在很大程度上决定了主板的功能和性能。现在有些高端主板上将南、北桥芯片封装到一起，只有一个芯片，这样大大提高了芯片组的功能和性能。

2. CPU

CPU 是一台计算机的核心部件，主要由运算器和控制器两大部分组成。CPU 从内存中读取指令和执行指令，完成算术运算和逻辑运算，协调和控制计算机各个部分的工作。CPU 是判断计算机性能高低的首要标准，它一般安插在主板的 CPU 插座上。

CPU 最主要的性能指标是它的主频，即 CPU 的工作频率。一般来说，一个时钟周期完成的指令数是固定的，所以主频越高，CPU 的速度也就越快了。不过由于各种 CPU 的内部结构也不尽相同，所以并不能完全用主频来概括 CPU 的性能。

CPU 处理数据的能力用字长表示，即 CPU 一次能处理的二进制位数。目前，大部分计算机的字长为 32 位，也有 64 位的，字长越长，计算机的运算速度和效率越高。

目前，CPU 的主要生产厂商有美国的 Intel（英特尔）、AMD（超微）公司等，Intel 公司的 CPU 在市场上占有大份额。

3. 内部存储器

内部存储器简称为内存。内存是具有“记忆”功能的物理部件，由一组高集成度的半导体集成电路组成，用来存放数据和程序。因为 CPU 工作时需要与外部存储器（如硬盘、软盘、光盘）进行数据交换，但外部存储器的速度却远远低于 CPU 的速度，所以就需要一种工作速度较快的设备在其中完成数据暂时存储的工作，这就是内存的作用。

内存储器通常分为只读存储器（Read Only Memory，ROM）、随机存储器（Random Access Memory，RAM）和高速缓存存储器。

（1）ROM

只读存储器用于存储由计算机厂家为计算机编写好的一些基本的检测、控制、引导程序和系统配置信息等。在计算机开机时 CPU 首先执行 ROM 中的程序来搜索磁盘上的操作系统文件，将这些文件调入 RAM 中，以便进行后面的工作。只读存储器的特点是存储的信息只能读出，断电后信息不会丢失，其中保存的程序和信息通常是厂家制造时用专门的设备写入的。ROM 一般由主板制造厂家提供。

（2）RAM

随机存储器主要用于临时保存 CPU 当前或经常要执行的程序和一些经常要使用的数据。随机存储器的特点是既可以读出，也可以写入，因此随机存储器又称为可读写存储器。随机存储器只能在加电后保存数据和程序，一旦断电则其所保存的所有信息将自然消失。RAM 安装在主机箱内主板的内存插槽上，一块绿色长条形的电路板，一般叫内存条，如图 1-7 所示。

图 1-7　计算机的结构及工作原理图

（3）高速缓冲存储器

为了提高计算机的性能，在 CPU 与内存之间还增加一层存储速度很快的存储器，叫高速缓冲存储器（Cache），CPU 执行频率高的一些程序被临时存放在高速缓冲存储器 Cache。高速缓存储器也是影响 CPU 性能的一个因素，它可以提高 CPU 的运行效率。但由于高速缓冲存储器结构较复杂、制造成本高，其容量不可能太大。

内存是由很多个存储单元组成的，一般每个存储单元存放 8 位二进制数，每个存储单元都有唯一的编号，这个编号称为存储单元的地址，计算机在读取或保存信息时就是通过存储单元不同的地址来区分的。

表示存储器容量的单位有位（bit）、字节（Byte）、千字节（KB）、兆字节（MB）、吉字节或称为千兆字节（GB）、太字节或称百万兆字（TB）等。位是最小的存储单位，可存放一位二进制数，8 个位组成一个字节，一个字节简写为 1B，一个字节可存放一个 8 位的二进制数或一个英文字符的编码，一般需要两个字节才能存放一个汉字编码。

存储容量的换算关系是：

1KB=1024B；1MB=1024KB；1GB=1024MB；1TB=1024GB

1.3.3 外部存储器

外部存储器又称辅助存储器，简称外存，用于存放需要永久保存的程序和数据等信息。外部存储器与内存不同，它不是由集成电路组成的，而是由磁、光等介质及机械设备组成的。外部存储器既是输入设备又是输出设备，分别对应信息的写入与读出。存放在外存储器中的程序必须调入内部存储器才能执行，因此外部存储器主要用于和内部存储器交换信息。与内存相比，外部存储器的主要特点是存储容量大，价格便宜，断电后信息不会丢失，但存取速度慢。

1. 硬盘

硬盘存储器简称为硬盘（hard disk），它是计算机中不可缺少的存储设备，一般被安装在主机箱内。硬盘用来存储操作系统、常用的应用程序以及用户的各种文档等。近年来，硬盘的技术进展速度比其他存储设备要快，其容量越来越大，速度越来越快，价格却越来越低。硬盘是由若干磁性盘片组成的，每张磁性盘片是一种涂有磁性材料的铝合金圆盘。硬盘的盘片和驱动器是密封在一起的。硬盘的外观如图 1-8 所示。

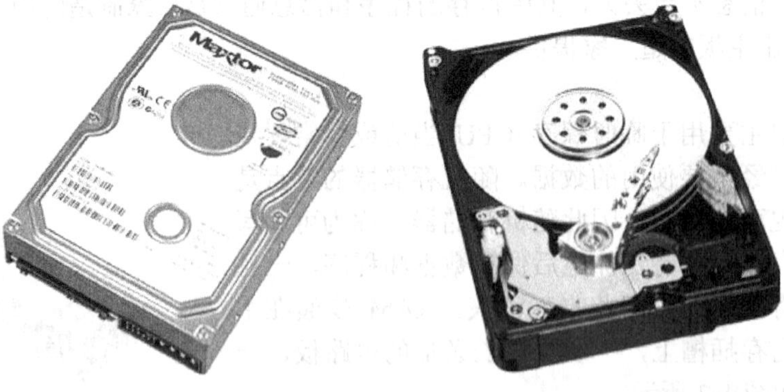

（a）硬盘外观　　　　（b）硬盘内部结构

图 1-8　硬盘

硬盘的转速一般为每分钟 5400～7200 转，因此运行中的计算机不要随意移动，以避免对硬盘的震动与冲击，另外频繁开关计算机电源对硬盘也有一定的影响。

移动硬盘（Mobile Hard disk）在数据的读写模式和所使用的标准方面与普通硬盘是相同的，但由于其容量大、传输速度高、使用 USB 接口、轻巧便捷、存储数据的安全可靠性高等优点也得到广泛应用。

2. 光盘

光盘用烧蚀在介质表面上微小的凹凸来表示数据。在光盘驱动器内，用激光头产生的激光扫描光盘盘面，就可以读出“0”和“1”信息。光盘的特点是记录密度高，存储容量大，数据保存时间长。

光盘分为 CD 和 DVD 两种，从表面上看，DVD 盘与 CD 盘很相似。从技术上来看 CD 和 DVD 存储数据的原理是一样的，它们都是将所需要的数据存储在光盘轨道中极小的凹槽内，然后再通过光驱的激光束来进行读取工作。但两者还是有本质的差别，在光盘记录数据的密度方面，DVD 要比 CD 大得多。

CD 只能容纳 650～700MB 的数据，而 DVD 最少可以容纳 4.7GB 的数据。按单/双面与单/双层结构的各种组合，DVD 可以分为单面单层、单面双层、双面单层和双面双层四种物理结构。单面单层 DVD 盘的容量为 4.7GB（约为 CD-ROM 容量的 7 倍），双面双层 DVD 盘的容量则高达 17GB（约为 CD-ROM 容量的 26 倍）。

目前使用较多的光盘主要有三类：只读光盘、一次性写入光盘和可擦型光盘。只读光盘（CD-ROM）其上面的信息只能读出，不能写入。一次性写入光盘（CD-R）只能写一次，写后不能修改，必须使用具有刻录功能的光盘驱动器才能刻录信息。可擦型光盘（CD-RW）是可反复擦写的光盘，这种光盘驱动器既可作为光盘刻录机，用来写入信息，又可作为普通光盘驱动器，用来读取信息。

3. U 盘

U 盘又称“闪存盘”，是一种由半导体电路组成的存储介质，它是通过 USB 接口与计算机交换数据的可移动存储装置。U 盘具有即插即用的功能，只需将它插入 USB 接口，计算机就可自动检测到此装置。

U 盘具有防潮耐高低温、抗震、防电磁波、容量大、造型精巧、携带方便等优点，因此受到微机用户的普遍欢迎，已经取代了软磁盘存储器，成了人们必备的一种存储设备。U 盘的容量通常为 4GB、8GB、16GB 等。

1.3.4　输入设备

输入设备是指可以将程序、语音、图像、文字资料、数值数据等送入计算机进行处理的设备。微型计算机上使用的输入设备有键盘、鼠标、光笔、扫描仪等，常用的输入设备是鼠标和键盘。

1. 键盘

键盘（Keyboard）是最常用的也是最主要的输入设备，键盘可分为打字机键区、功能键区、编辑键区、控制键区和数字小键盘区 5 个区，各区的作用有所不同。键盘可以将英文字母、数字、标点符号等输入到计算机中，从而向计算机发出命令、输入数据等。键盘中常用键的名称与功能如表 1-1 所示。

表 1-1 常用键的基本功能

键 名	含 义	功 能
Shift	上挡键	按下 Shift 键的同时再按某键，可得到上挡字符
Caps Lock	大、小写字母转换键	Caps Lock 灯亮表示处于大写状态，否则为小写状态
Space	空格键	按一下该键，输入一个空格字符
Backspace	退格键	按下此键可使光标回退一格，删除一个字符
Enter	回车（换行）键	对命令的响应；光标移到下一行，在编辑中起分行作用
Tab	制表定位键	按一下该键，光标右移 8 个字符位置
Alt	组合键	此键通常和其他键组成特殊功能键
Ctrl	控制键	必须和其他键组合在一起使用
Ctrl+C		表示终止程序或指令的执行
Ctrl+Alt+Del		系统的热启动，使用的方法是，按住 Ctrl 和 Alt 键不放，再单击 Del 键
Insert/Ins	插入/改写的转换开关	如果处于“插入”状态，可以在光标左侧插入字符；如果处于“改写”状态，则输入的内容会自动替换原来光标右侧的字符
Delete/Del	删除键	删除光标右侧的字符
Home		将光标移至光标所在行的行首
End		将光标移至光标所在行的行尾
Page Up		向上翻页
Page Down		向下翻页
↑		将光标上移一行
←		将光标左移一个字符
↓		将光标下移一行
→		将光标右移一个字符
Print Screen SysRq		屏幕打印控制键，按一下此键，可以将当前整个屏幕的内容复制到剪贴板上
Pause Break		暂停键，用于控制正在执行的程序或命令暂停执行，直到需要继续往下执行时，按一下任意键即可

2. 鼠标

鼠标（Mouse）是一种手持式屏幕坐标定位设备，它是为适应菜单操作和图形处理环境而出现的一种输入设备。在现今流行的 Windows 图形操作系统环境下可以使用鼠标方便、快捷地进行各种计算机操作。

常用的鼠标有两种：一种是机械式的，另一种是光电式的。鼠标能够移动光标，选择各种操作和命令，并可方便地对图形进行编辑和修改。最常用的鼠标一般有左右两个键，中间有一个滚轮。在使用鼠标时，显示器屏幕上有一个同步移动的箭头，那就是鼠标指针，鼠标指针会随着鼠标的移动而移动，在进行不同的操作时，指针会显示不同的状态，表 1-2 列出了 Windows 操作系统默认状态下鼠标进行不同操作时指针的形状。

表 1-2　鼠标指针的形状

鼠标操作	指针形状	鼠标操作	指针形状
正常选择		帮助选择	
后台运行		系统忙	
精确定位	+	选定文本	I
手写		不可用	⊘
垂直调整	↕	水平调整	↔
沿对角线调整	⤡ ⤢	移动	
候选	↑	链接选项	

鼠标主要用于定位或完成某种特定的操作，例如单击、双击和拖曳等，其完成的功能为：

- 单击。单击有单击左键（通常称为单击）和单击右键（通常称为右击）。一般地，单击是指单击左键，就是用食指按一下鼠标左键马上松开，可用于选择某个对象等操作。单击右键就是用中指按一下鼠标右键马上松开，用于弹出快捷菜单。
- 双击：双击就是连续快速地单击鼠标左键两下，双击用于执行某个对象等操作。
- 拖曳：拖曳是指按住鼠标左键不放，移动光标到所需的位置，用于将选中的对象移动到所需的位置等操作。

3. 扫描仪

扫描仪（sanner）是一种光机电一体化的输入设备，它可以将捕获的图文转换成计算机可以显示、编辑、存储和输出的数字化格式。照片、文本页面、图纸、美术图画、照相底片，甚至纺织品、标牌面板等都可作为扫描的对象。扫描仪的主要技术指标有分辨率、扫描幅面、扫描速率等。

1.3.5　输出设备

输出设备的主要作用是把计算机处理的数据、计算结果等内部信息转换成人们习惯接受的信息形式输出，常见的输出设备有显示器、打印机、绘图仪等。

1. 显示器

显示器通过屏幕显示计算机的处理结果及用户需要的程序、数据、图形等信息，也可以将输入的信息直接显示出来，是计算机必不可少的输出设备。显示器可分为 CRT 显示器和 LCD 显示器两种。在 CRT 显示器中，纯平显示器为用户首选。LCD 显示器即液晶显示器具有图像显示清晰、体积小、质量轻、便于携带、能耗低和对人体辐射小等优点，目前得到了广泛应用，但价格比 CRT 显示器略高。

显示器的主要性能指标有分辨率和点距。

- 分辨率：分辨率是显示器最重要的一个性能指标。显示器的一整屏为一帧，每帧有若干条线，每线又分为若干个点，每个点称为像素。每帧的线数和每线的点数的乘积就是显示器的分辨率，分辨率越高，图像越细腻逼真。计算机显示器的分辨率一般为 1024×768、1280×1024、1600×900 等。

- 点距：指屏幕上相邻两个荧光点之间的最小距离。点距越小，显示质量就越高。

2. 打印机

使用打印机可以将计算机的处理结果、用户数据、图形或文字等信息打印到纸上。打印机分为击打式打印机（impact printer）和非击打式打印机（nonimpact printer）。最流行的击打式打印机有点阵式打印机，非击打式打印机主要有喷墨打印机和激光打印机两类。

- 点阵式打印机（dot matrix printer）也就是常见的针式打印机，主要由走纸机构、打印头和色带组成。打印头通常是由 24 根针组成的点阵，根据主机送出的信号，使打印头中的一部分针击打色带，从而在打印纸上产生一个个由点阵构成的字符。点阵式打印机具有宽行打印、连续打印的优点，但打印速度慢、噪声大、字迹质量不高，目前已经被激光和喷墨打印机所取代，但在有些场合，例如票据打印必须使用击打式打印机。
- 激光打印机（laser printer）是激光技术和电子照相技术相结合的产物，它由激光扫描系统、电子照相系统和控制系统三大部分组成。在工作时由受到控制的激光束射向感光鼓表面，感光鼓充电部分通过碳粉盒时，使有字符或图像的部分吸附不同厚度的碳粉，再经过高温高压定影，使碳粉永久黏附在纸上。激光打印机具有高速度、高精度、打印出的图形清晰美观、低噪声等优点，但价格高，对纸张要求高。
- 喷墨打印机主要靠墨水通过精制的喷头喷射到纸面上形成输出的字符或图形。喷墨打印机的特点是价格便宜、体积小、噪声小，但对墨水的消耗量大，其性能与价格都介于激光打印机与点阵打印机之间。

1.3.6 个人计算机总线

总线就像连接各个城市的高速公路一样，将计算机的各个部分连接起来，为 CPU、内存储器、外部设备等之间的相互通信提供公共信息通道，如图 1-9 所示。在总线上传送数据、地址和控制三种信号。传送数据信号的线称为数据总线 DB（Data Bus），传送地址信号的线称为地址总线 AB（Address Bus），传送控制信号的线称为控制总线 CB（Control Bus），个人计算机的总线由这三种总线构成。

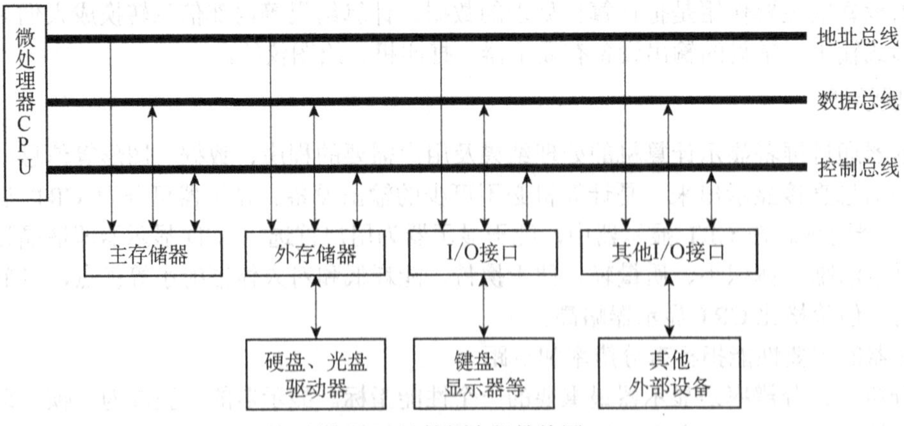

图 1-9 计算机内部结构图

为了便于计算机的设计与制造，增强计算机各种组件的通用性，人们设计了多种总线标准。目前，个人计算机常用的总线为 PCI 总线。PCI（Peripheral Component Interconnect）总线是一种 32 位总线，也支持 64 位数据传送，这种总线具有一个管理层，用来协调数据传输，可以支持 3～4 个扩展槽，数据传送率较高。

USB（Universal Serial Bus，通用串行总线）总线是由英特尔、康柏、IBM、Microsoft 等多家公司联合提出的一种新型接口总线，用于规范计算机与外部设备的连接和通信。利用它可以将一些低速设备（如键盘、鼠标、扫描仪）连接在一起。USB 总线提供的接口支持热插拔，有即插即用和为设备提供电源等优点，在个人计算机等设备上得到了广泛应用，并成为当今个人计算机和大量智能设备的必配的接口之一。

1.3.7　个人计算机机箱和电源

计算机大多数的组件都固定在机箱内部，机箱保护这些组件不受到碰撞，减少灰尘吸附，减小电磁辐射干扰。

机箱内的电源将 220V 的电压转换为 12V、5V、3.3V 等不同规格的电压，给计算机主机、硬盘、光驱等组件供电，因此，电源质量直接影响计算机的使用。如果电源质量比较差，输出不稳定，不但会导致死机、自动重新启动等情况，还可能会烧毁组件。

1.4　计算机软件系统

一个完整的计算机系统包括硬件系统和软件系统两大部分。只有硬件没有软件的计算机称为“裸机”，“裸机”是一台不能使用的计算机。一台计算机要完成某个工作一定要安装相应的软件，可以说丰富的软件是对硬件功能强有力的扩充，使计算机系统的功能更强，操作使用更方便。

1.4.1　软件的概念

软件（Software）是计算机系统中各类程序、有关文档以及所需要数据的总称。软件是计算机的灵魂，包括指挥、控制计算机各部分协调工作并完成各种功能的程序和数据。计算机系统的软件非常丰富，通常可以分为系统软件和应用软件两大类。

系统软件一般用来管理、监督及协调计算机内部更有效地工作，主要包括操作系统、语言处理程序和一些服务性程序。应用软件一般是为了某个具体应用开发的软件，如文字处理软件、杀毒软件、财会软件、人事管理软件等。

1.4.2　系统软件

系统软件是为了管理和充分利用计算机资源，帮助用户使用、维护和操作计算机，发挥和扩展计算机功能，提高计算机使用效率的一种公共通用软件，一般与计算机的具体应用无关。系统软件大致包括以下几种类型。

1. 操作系统

操作系统（Operating System，OS）是最基本、最重要的系统软件，它给用户提供操作使用计算机的界面，其他系统软件和应用软件都运行在操作系统之上，所以它是位于底层的系统软件。操作系统可以有效地管理计算机的所有硬件和软件资源，合理地组织计算机的整个工作流程，是用户和计算机之间的接口。在本书第 2 章将介绍操作系统的有关概念、功能、操作使用等。

2. 程序设计语言

人们要使用计算机就必须将人的意图“告诉”计算机，计算机要能理解人的意图，然后按照人们的意图进行工作，这种人与计算机的交互过程所使用的语言就是程序设计语言。程序设计语言按期发展的先后可以分为以下几种。

（1）机器语言（Machine Language）

机器语言是一种用二进制代码 0 和 1 形式表示，能被计算机直接识别和执行的语言。机器语言是由机器指令组成的，每条机器指令由操作码和地址码两部分组成，操作码表示要执行的操作，如加、减、乘、除、移位、传送等，地址码表示操作要使用的数据存放的位置。机器指令的集合称为指令系统。由机器指令组成的程序称为目标程序。

机器语言是计算机能够唯一识别的、可直接执行的语言。它是一种低级语言，是各种计算机语言中运行速度最快的一种语言，但它不便于记忆、阅读和书写。

（2）汇编语言（Assemble Language）

为了克服机器语言编写程序时的不足，人们发明了汇编语言。汇编语言采用一定的助记符号表示机器语言中的指令和数据，如用 MOV 表示传送指令，用 ADD 表示加法指令等。汇编语言比机器语言容易理解，便于记忆，使用起来方便得多。但对于机器来讲，汇编语言不能直接执行，必须将汇编语言翻译成机器语言，然后再执行。用汇编语言编写的程序称为汇编语言源程序。

汇编语言比机器语言使用起来方便些，但其通用性仍然较差，因为不同型号的计算机系统一般有不同的汇编语言。汇编语言适用于编写系统软件、控制软件等，这些都是直接控制机器操作的低层程序。

用汇编语言等各种程序设计语言编制的程序称为源程序（source program）。源程序只有被翻译成目标程序才能被计算机接受和执行。

（3）高级语言（High Level Language）

为了克服机器语言和汇编语言依赖于机器，通用性差的问题，人们发明了高级语言。高级语言的特点是接近于人类的自然语言和数学语言，比如在高级语言中，一般用 input 表示输入数据，用 print 表示输出数据，用符号+、–、*、/表示加、减、乘、除，等等。另外，高级语言和计算机硬件无关，不需要熟悉计算机的指令系统，只需要考虑解决的问题和算法即可。

计算机高级语言的种类很多，常用的有 C、C++、C#、Java、Visual Basic、Fortran、Pascal、Visual FoxPro 等。一般情况下，不同的语言适合于不同应用领域的开发工作，如 C 语言适合开发一些系统软件，Fortran 适用于大型科学计算，Visual Basic 适用于桌面应用软件的开发。目前，较为常用的语言有 C 语言、Java 语言、C++等。

计算机只能理解与执行用二进制代码即机器指令编写的程序，所以用高级语言编写的源程序在计算机中不能直接执行，必须将其翻译成机器语言才可以执行。翻译的方式一般有两种，一种是编译方式，另一种是解释方式。

在编译方式中，将高级语言源程序翻译成目标程序的软件称为编译程序，这种翻译过程称为编译。在翻译过程中，编译程序要对源程序进行语法检查，如果有错误，将给出相关的错误信息，如果无错，才翻译成目标程序。翻译程序生成的目标程序也不能直接执行，还需要经过连接和定位后生成可执行文件。用来进行连接和定位的程序称为连接程序。经编译方式编译的程序执行速度快，效率高。图 1-10 给出了编译过程。

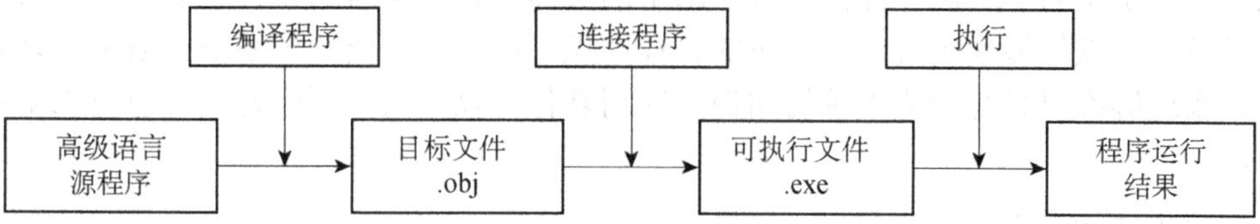

图 1-10　编译过程

在解释方式中，将高级语言源程序翻译和执行的软件称为解释程序。解释程序不是对整个源程序进行翻译，也不生成目标程序，而是将源程序逐句解释，边解释边执行。如果发现错误，给出错误信息，并停止解释和执行：如果没有错误，解释执行到最后一条语句。解释方式对初学者较有利，便于查找错误，但效率较低。图 1-11 给出了解释方式的解释过程。

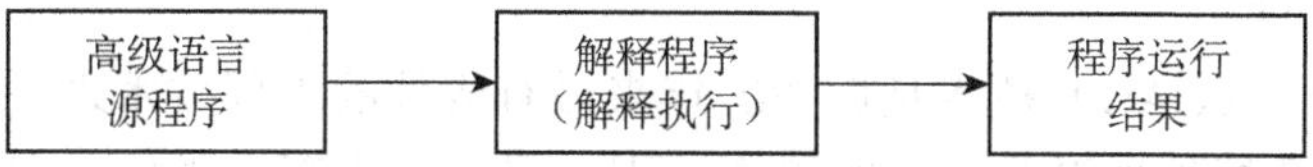

图 1-11　解释过程

无论是编译方式还是翻译方式都起着将高级语言源程序翻译成计算机可以识别和运行的二进制代码的作用。但两种方式是有区别的，编译方式将源程序经编译，连接得到可执行程序文件后，就可以脱离源程序和编译程序，单独执行，所以编译方式的效率高，执行速度快。解释方式是在执行时，源程序和解释程序必须同时参与才能运行，并且不产生目标文件和可执行程序文件，所以效率低，执行速度慢，但是便于人机对话。

3. 软件开发工具

计算机之所以能够在人类社会各个领域得到广泛应用，是由于有各种各样丰富的应用程序，这些应用程序的开发要使用各种软件开发工具。目前，开发各种应用程序的软件开发工具或平台具有如下特点：

（1）具有功能强大的源程序编辑器，可以方便、快速地录入、编辑源程序。

（2）使用可视化编程技术，用鼠标拖动程序图形组件就可以完成程序设计。

（3）具有程序自动生成功能，在屏幕上根据提示进行简单输入或选择，计算机就可以自动生成相应的程序。

（4）具有程序代码的自动检查与更正功能，可以自动提示源程序中的语法错误，并按用户选择进行相应的修改。

（5）给用户提供了强大的帮助功能，用户可以通过在线帮助系统学习软件的操作使用与程序设计语言的语法等知识。

（6）提供了功能多样的软件包，用户可以直接调用软件包中的程序，极大地提高了编程效率。

如目前常用的 Java 或.net 开发工具都具有以上特点。另外，使用软件开发平台为客户开发应用程序的人员就是程序员，程序员职业由于工作环境较好，收入较高，个人具有较大的发展空间，已经成为目前较为热门的一个职业。

1.4.3 应用软件

应用软件是指为了解决各种计算机应用中的实际问题而编写的软件，它在操作系统之上运行。开发应用软件涉及相关应用领域的行业知识，如开发物资管理系统、财务管理系统、人事管理系统等都要具有相关领域的知识。应用软件可以由软件厂商开发，也可以由用户自行开发。

1. 办公自动化软件

在办公领域所使用的各种软件，如公函和信件的发送与接收软件，文字与表格的编辑处理软件等，这类软件可以给人们提供“无纸化”办公环境。文字处理软件主要用于将文字输入到计算机，可以对文字进行修改、排版等操作，还可以将输入的文字以文件的形式保存到软盘或硬盘中。表格处理软件主要用于对表格中的数据进行排序、筛选及各种计算，并可用数据制作各种图表等。目前常用的办公自动化软件有 Microsoft Office 和 WPS 等。

2. 辅助设计软件

计算机辅助设计（CAD）技术是近 20 年来最有成效的工程技术之一。由于计算机具有快速的数值计算、数据处理以及模拟的能力，因此目前在汽车、飞机、船舶、超大规模集成电路 VLSI 等设计中，CAD 占据着越来越重要的地位。辅助设计软件主要用于绘制、修改、输出工程图纸。目前常用的辅助设计软件有 AutoCAD 等。

3. 图像处理软件

图像处理软件主要用于绘制和处理各种图形图像，用户可以在空白文件上绘制自己需要的图像，也可以对现有图像进行加工及艺术处理，最后将结果保存在外存中或打印出来。常用的图像处理软件有 Photoshop 等。

4. 多媒体处理软件

多媒体处理软件主要用于处理音频、视频及动画，安装和使用多媒体处理软件对计算机的硬件配置要求相对较高。播放软件是重要的多媒体处理软件，如豪杰超级解霸和 Winamp 等。常用的视频处理软件有 Adobe Premier 及 Ulead 会声会影等，而 Flash 用于制作动画，Maya、3DMAX 等是大型的 3D 动画处理软件。

1.4.4 计算机系统硬件、软件与用户的关系

软件系统与硬件系统是不可分割的，只有硬件而没有软件的系统是无法工作的。一个计算机系统的硬件和软件是按一定的层次关系组织起来的。系统软件为用户和应用程序提供了控制和访问硬件的手段，只有通过系统软件才能访问硬件。操作系统是系统软件的核心，它是硬件之上的第一层软件，在所有其他软件之下，是其他软件的共同环境。应用软件位于系统软件的外层，以系统软件作为开发平台。

硬件、软件与用户的关系如图 1-12 所示。

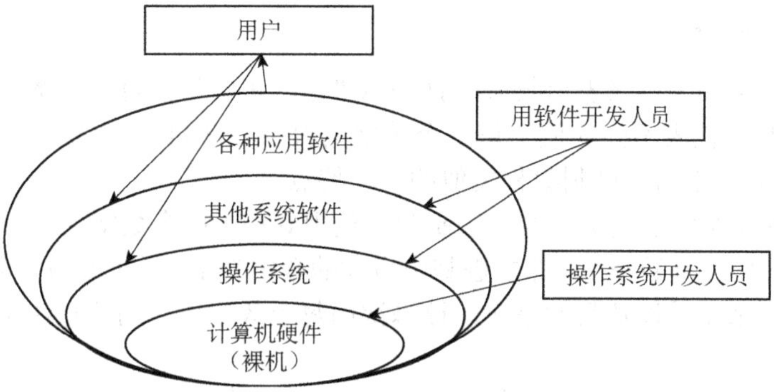

图 1-12　计算机硬件、软件与用户的关系

计算机在安装了操作系统以及其他各种软件后其功能被不断扩大，一台计算机完成什么样的功能是由其安装的软件来决定。普通计算机用户主要使用应用软件，也可以使用其他系统软件对计算机进行管理；应用软件开发人员一般在操作系统之上根据用户的需求完成各类应用软件的开发，操作系统开发人员一般是大型软件公司的一些软件工程师，专门设计系统软件。

1.5　计算机中数据与信息的表示方法

计算机能完成各种运算与处理，那么计算机内数据、字符等信息是如何表示的呢？

1.5.1　计算机内所使用的数制——二进制

1. 计算机采用二进制数的原因

在我们的日常生活与工作中最常用的数制是十进制，即逢十向高位进一，但是非十进制的计数方法也有着非常广泛的应用。例如计时采用 60 进制，即 60 秒为 1 分钟，60 分钟为 1 小时；1 星期有 7 天，是 7 进制；1 年有 12 个月，是 12 进制。在计算机中使用采用二进制来计数，这是因为：

（1）使用电子器件易于实现。采用二进制数表示数据，只有 0 和 1 两个数码，即有两个稳定状态的电子器件就可以表示二进制数，如开关的接通和断开、晶体管的导通与截止、电位电平的低与高等都可用来表示 0 和 1 两个数码。试想如果要找出一个具有 10 个稳定状态的器件是非常困难的，因此使用电子器件来表示二进制数非常易于实现。

（2）运算法则简单。在进行计算时，二进制数运算法则少，如十进制数的乘法公式九九口诀表中有 55 条公式，而二进制数乘法只 0×0=0、0×1=0、1×0=0 和 1×1=1 共 4 条运算法则，这使计算机在设计时其硬件结构大为简化。

（3）便于进行逻辑运算。在逻辑运算中，要表示“是”与“否”、“成立”与“不成立”、“真”与“假”等时使用二进制数非常方便和自然。

目前所有计算机毫无例外地使用二进制数，是因为以二进制数为基础设计和制造计算机元件少、成本低、速度快。大家可能存在这样的疑问，为什么我们在显示器上看到的都是十进制数呢？这是因为在显示输出时，为了符合人们日常的习惯计算机系统会将二进制数自动转化为十进制数的形式输出，而在输入数据时会将十进制数自动转化为二进制数保存。

2. 二进制数的表示

二进制使用数字 0、1 来表示数值，且采用“逢二进一”的进位计数制。二进制数中处于不同位置上的数字代表不同的值。每一个数字的权由 2 的幂次决定，二进制数的基数为 2。二进制数也具有以下与十进制数相类似的三个特点：

（1）数值的总个数等于基数，即二进制数仅使用 0 和 1 两个数字。

（2）最大的数字比基数小 1，即二进制中最大的数字为 1，最小的数字为 0。

（3）每个数字都要乘以基数的幂次，该幂次由每个数字所在的位置决定。例如，二进制数 1110.1011 可表示为：

$$(1110.1011)_2=1\times2^3+1\times2^2+1\times2^1+0\times2^0+1\times2^{-1}+0\times2^{-2}+1\times2^{-3}+1\times2^{-4}$$

这也是将一个二进制数转化为十进制数的方法。即十进制数中个位上的计数单位为 1，即从个位开始向左依次为 2^0、2^1、2^2、2^3、…；个位向右依次为 2^{-1}、2^{-2}、2^{-3}、…。

3. 二进制数的运算

二进制的加法和乘法运算规则如下。

（1）加法运算规则

0+0=0　　1+0=1　　0+1=1　　1+1=10

例 1：求二进制数 1001 1000+1110 1110=？

```
   1001 1000
+  1110 1110
------------
  11000 0110
```

结果得：1001 1000+1110 1110=1 1000 0110

（2）乘法运算规则

0×0=0　　1×0=0　　0×1=0　　1×1=1

例 2：求二进制数 1001×1110=？

```
        1001
+       1110
------------
        0000
       1001
      1001
     1001
------------
     1 111110
```

结果得：1001×1110=1111110

（3）移位运算

二进制数的表示方式是“逢二进一”，即每位计数满 2 时向高位进 1。对于二进制数，小数点向右移一位，数就扩大 2 倍，反之，小数点左移一位，数就缩小 2 倍。例如：

1101.1011=110.11011×10

1011.011=10110.11×1/10

注意：式中所有“1”和“0”都是二进制数，10 等于十进制数的 2，而不是十进制数的 10。

这个性质与十进制数类似，只不过在十进制数中，小数点右移一位，数就扩大 10 倍；

反之小数点左移一位，数就缩小 10 倍。

4. 十进制数转化为二进制数

将数由一种数制转换为另一种数制称为数制之间的转换。由于日常生活中通常使用的是十进制数，而计算机中使用的是二进制数，所以，在使用计算机时必须将输入的十进制数转换成计算机所能接受的二进制数，计算机在运行结束后，再将二进制数转换为人们所习惯的十进制数输出，不过，这两个转换过程完全由计算机系统自行完成而不需要人的参与。

将十进制整数转换为二进制整数采用“除二取余法”，即将十进制数逐次除以需转换为数制的基数 2，直到商为 0 为止，然后将所得的余数由下而上排列即可。

例 3：将十进制数 77 转化为二进制数？

余数

2|77　（1
2|38　（0
2|19　（1
2|9　（1
2|4　（0
2|2　（0
2|1　（1
0

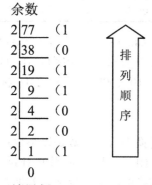

结果得：$(77)_{10}=(1001101)_2$

5. 八进制数和十六进制数

（1）八进制数和十六进制数的表示方法

由于二进制数书写起来不方便，因此为了方便起见可以将一个二进制数用八进制数或十六进制数来书写。

八进制数使用数字 0、1、2、3、4、5、6、7 来表示数值，且采用“逢八进一”的进位计数制。八进制数中处于不同位置上的数值代表不同的值。每一个数字的权由 8 的幂次决定，八进制数的基数为 8，例如八进制数 $(201356)_8$ 可表示为：

$(201356)_8=2\times8^5+0\times8^4+1\times8^3+3\times8^2+3\times8^1+6\times8^0$

如果将上式中等号右边的数值计算出来，即可得到 $(201356)_8$ 转化为十进制数时的结果：

$2\times8^5+0\times8^4+1\times8^3+3\times8^2+3\times8^1+6\times8^0$

$=65536+0+512+192+24+6$

$=66270$

十六进制数使用数字 0、1、2、3、4、5、6、7、8、9、A、B、C、D、E、F 来表示数值，其中 A、B、C、D、E、F 分别表示数字 10、11、12、13、14、15。十六进制数的计数方法为“逢十六进一”。十六进制数中处于不同位置上的数值代表不同的值。每一个数字的权由 16 的幂次决定，十六进制数的基数为 16，例如十六进制数 $(2AB96E)_{16}$ 可表示为：

$(B96E)_{16}=B\times16^3+9\times16^2+6\times16^1+E\times16^0$

如果将上式中等号右边的数值计算出来，即可得到 $(B96E)_{16}$ 转化为十进制数时的结果：

$$
\begin{aligned}
&B\times16^3+9\times16^2+6\times16^1+E\times16^0\\
&=11\times16^3+9\times16^2+6\times16^1+15\times16^0\\
&=45056+2304+96+15\\
&=47471
\end{aligned}
$$

表 1-3 总结了各种数制的基数的所使用的符号。

表 1-3　常用数制的基数和数字符号

数制	十进制	二进制	八进制	十六进制
基数	10	2	8	16
数字符号	0～9	0、1	0～7	0～9、A、B、C、D、E、F

为了简便起见，计算机领域中涉及的数制有 4 种：二进制（Binary）、八进制（Octal）、十进制（Decimal）和十六进制（Hexadecimal），可以分别用英文单词的第一个字母 B、O、D、H 表示（如果是十进制数，D 一般省略不写）。例如：36D、100100B、44O、24H 标志的十进制数都是 36。

（2）二进制数转化为八进制数

由于 3 位二进制数恰好是 1 位八进制数，所以把二进制数转换为八进制数是以小数点为界，将整数部分自右向左、小数部分自左向右分别按每 3 位为一组（不足 3 位用 0 补足），然后将各个 3 位二进制数转换为对应的 1 位八进制数，即得到转换的结果。反之，若把八进制数转换成二进制数，只要把每一位八进制数转换为对应的 3 位二进制数即可，如表 1-4 所示。

表 1-4　常用数制的基数和数字符号

十进制数	0	1	2	3	4	5	6	7
二进制数	000	001	010	011	100	101	110	111
八进制数	0	1	2	3	4	5	6	7

例 3：将二进制 100110010 11110 1110.110100111 转化为十六进制数？

$(1101001011101111.11001111)_2=(\underline{001}\ \underline{101}\ \underline{001}\ \underline{011}\ \underline{101}\ \underline{111}\ .\ \underline{110}\ \underline{011}\ \underline{110})_2$

1　5　1　3　5　7　6　3　6

补两个零　　　　补一个零

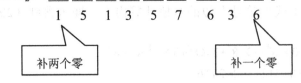

结果得：$(1101001011101111.11001111)_2=(151357.636)_8$

（3）二进制数转化为十六进制数

由于 4 位二进制数恰好是 1 位十六进制数，所以把二进制数转换为十六进制数是以小数点为界，将整数部分自右向左、小数部分自左向右分别按每 4 位为一组（不足 4 位用 0 补足），然后将各个 4 位二进制数转换为对应的 1 位十六进制数，即得到转换的结果。反之，若把十六进制数转换成二进制数，只要把每一位十六进制数转换为对应的 4 位二进制数即可，如表 1-5 所示。

表 1-5　常用数制的基数和数字符号

十进制数	0	1	2	3	4	5	6	7	8	9	10	11	12	13	14	15
二进制数	0000	0001	0010	0011	0100	0101	0110	0111	1000	1001	1010	1011	1100	1101	1110	1111
十六进制数	0	1	2	3	4	5	6	7	8	9	A	B	C	D	E	F

例 4：将二进制 100110010 11110 1110.110100111 转化为十六进制数？

（100110010 11110 1111.110100111）$_2$=（0010 0110 0101 1110 1111 . 1101 0011 1000）$_2$

2　6　5　E　F　D　3　8

补两个零　　补三个零

结果得：（100110010 11110 1111.110100111）$_2$=（265EF . D38）$_{16}$

一定要清楚，在计算机中引入八进制数和十六进制数的目的是为了书写和表示上的方便，在计算机内部信息的存储和处理仍然采用二进制数。

1.5.2　英文字符的编码

在计算机中字母、各种符号等是以二进制数的形式进行存储与处理的，因此字母及各种符号必须按照特定的规则转换成二进制编码的形式才能存入计算机的存储器中，也就是说每个字母和符号都要人为地确定一个唯一的二进制编码，不同的字符使用不同的二进制编码，并且这个编码在所有计算机都要统一起来，才能进行相互通信和交换信息。目前计算机内英文字符及其各种符号采用国际通用的 ASCII（American Standard Code for Information Interchange）字符编码，即美国标准信息交换码表示。

ASCII 码是由美国国家标准委员会制定的一种包括数字、字母、通用符号、控制符号在内的字符编码，广泛地应用于与各种类型的计算机中。ASCII 码采用 7 位二进制编码表示一个字符，共能表示 128 个国际上通用的各类字符，如表 1-6 所示，利用该表可查找数字、运算符、标点符号以及控制字符与 ASCII 码之间的对应关系。例如数字“0”的 ASCII 码为 0110000，大写字母“B”的 ASCII 码为 1000010，小写字母“a”的 ASCII 码为 1100001。

表 1-6　7 位 ASCII 码编码表

$b_7b_6b_5$ / $b_4b_3b_2b_1$		000	001	010	011	100	101	110	111
		0	1	2	3	4	5	6	7
0000	0	NUL	DLE	SP	0	@	P	`	p
0001	1	SOH	DC1	!	1	A	Q	a	q
0010	2	STX	DC2	“	2	B	R	b	r
0011	3	ETX	DC3	#	3	C	S	c	s
0100	4	EOT	DC4	$	4	D	T	d	t
0101	5	ENQ	NAK	%	5	E	U	e	u
0110	6	ACK	SYN	&	6	F	V	f	v
0111	7	BEL	ETB	‘	7	G	W	g	w
1000	8	BS	CAN	（	8	H	X	h	x

（续表）

$b_7b_6b_5$ / $b_4b_3b_2b_1$		000	001	010	011	100	101	110	111
		0	1	2	3	4	5	6	7
1001	9	HT	EM	)	9	I	Y	i	y
1010	A	LF	SUB	*	:	J	Z	j	z
1011	B	VT	ESC	+	;	K	[	k	{
1100	C	FF	FS	,	<	L	\	l	|
1101	D	CR	GS	-	=	M	]	m	}
1110	E	SO	RS	.	>	N	^	n	~
1111	F	SI	US	/	?	O	_	o	DEL

在 ASCII 码表中，前 32 个码和最后一个码通常是计算机系统专用的，代表一个不可见的控制字符；数字字符 0～9 的 ASCII 码是连续的，对应 30H～39H（H 表示是十六进制数）；大写字母 A～Z 和小写字母 a～z 的 ASCII 码也是连续的，分别对应 41H～54H 和 61H～74H。因此知道一个字母或数字的编码后，很容易得到其对应的字母或数字。

为了便于对字符进行检索，把 7 位 ASCII 编码分为高 3 位（$b_7b_6b_5$）和低 4 位（$b_4b_3b_2b_1$）。表中高 3 位为 000 和 001 的两列是一些控制符。例如“NUM”表示空白、“STX”表示文本开始、“ETX”表示文本结束、“EOT”表示发送结束、“CR”表示回车、“CAN”表示作废、“SP”表示空格、“DEL”表示删除等。

在计算机中用一个字节（8 位二进制）表示 ASCII 码时，一般将 ASCII 码的最高位（b_8）置为 0，因此 ASCII 码的编码范围为 00000000B～01111111B。

1.5.3 汉字编码

计算机在处理汉字时也要将其转换为二进制码，但由于汉字多且有较为复杂的笔画，因此汉字在输入、存储和输出过程中所使用的汉字代码不相同，这就决定了汉字的编码具有一定的复杂性，例如输入汉字时使用输入码，计算机存储与处理汉字时使用机内码，显示与打印汉字时使用字形码。

1. 汉字输入码（外码）

汉字输入码主要指通过键盘向计算机输入汉字时所使用的汉字代码，一般用键盘上一组确定的符号代表一个汉字。汉字输入码也叫外部码（简称外码）。现行的汉字输入方案众多，常用的有拼音输入为主的“音码”和汉字字形为主的“形码”，如五笔字型输入法等。每种输入方案对同一汉字的输入编码都不相同，但经过转换后存入计算机内的代码是相同的。

2. 汉字编码国家标准

（1）GB2312—1980 国标码

为了规范信息处理时汉字的编码，我国根据有关国际标准于 1980 年制定并颁布了《信息交换用汉字编码字符集》GB2312—1980，简称国标码，是国家规定的用于汉字信息处理使用的代码依据。国标码的字符集共收录 6763 个常用汉字和 682 个非汉字图形符号，其中使用频度较高的 3755 个汉字为一级字符，以汉语拼音为序排列；使用频度稍低的 3008 个汉字为二级字符，以偏旁部首进行排列。682 个非汉字字符主要包括拉丁字母、俄文字母、日文假名、希腊字母、汉语拼音符号、汉语注音字母、数字、常用符号等。

计算机系统内部对汉字进行存储、处理、传输统一使用的代码，又称为汉字内码。由于汉字数量多，一般用 2 个字节来存放一个汉字的内码。在计算机内汉字字符必须与英文字符区别开，以免造成混乱，英文字符的机内码用一个字节来存放 ASCII 码，一个 ASCII 码占一个字节的低 7 位，最高位为 0，为了区分，汉字机内码中每个字节的最高位置为 1。

（2）GB18030—2000

GB2312—1980 国标码由于制定时间较早，6763 个汉字中不包含一些生、偏、难字，给出版、邮政、户政等系统的使用带来了不便。为此在 2000 年 3 月 17 日由国家信息产业部和国家质量技术监督局联合发布了 GB18030—2000《信息技术、信息交换用汉字编码字符集、基本集的扩充》国家标准（简称为 CJK 字符集），该标准为国家强制性标准，要求在 2000 年 12 月 31 日后在所有信息系统中强制执行。GB18030—2000 编码标准是在原来的 GB2312—1980 等标准的基础上进行了扩充，共收录了 27000 多个汉字，并且包容了目前世界上几乎所有语言的文字。GB18030—2000 标准的实施为中文信息在 Internet 上的传输和交换提供了保障，为中文系统更好的使用奠定了基础。

3. 汉字字型码

存储在计算机内的汉字在屏幕上显示或在打印机上输出时，必须以汉字字形输出，才能被人们所接受和理解。所谓汉字字形是以点阵方式表示的汉字。就是将汉字分解成由若干个“点”组成的点阵字形，将此点阵字形置于网状方格上，每一小方格就是点阵中的一个“点”。以 24×24 点阵为例，网状横向划分为 24 格，纵向也分成 24 格，共 576 个“点”，点阵中的每个点可以有黑、白两种颜色，有字形笔画的点用黑色，反之用白色，用这样的点阵就可以描写出汉字的字形了。图 1-13 是汉字“跑”的字形点阵。

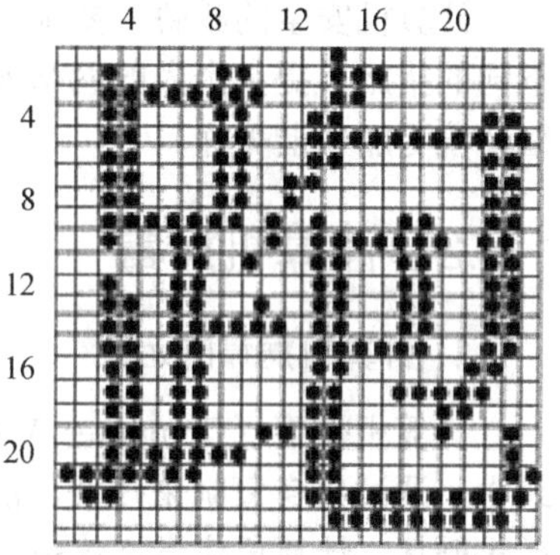

图 1-13　汉字“跑”的字形点阵

根据汉字输出精度的要求，有不同密度点阵。汉字字形点阵有 16×16 点阵、24×24 点阵、32×32 点阵。汉字字形点阵中每个点的信息用一位二进制码来表示，1 表示对应位置处是黑点，0 表示对应位置处是空白。

字形点阵的信息量很大，所占存储空间也很大。例如 16×16 点阵，每个汉字要占 32 个字节；24×24 点阵，每个汉字要占 72 个字节。因此字形点阵只用来构成“字库”，而不能用来代替机内码用于机内存储，字库中存储了每个汉字的字形点阵代码，不同的字体对应不同的字库。在输出汉字时，计算机要先到字库中找到它的字形描述信息，然后输出字形。

1.6　计算机安全知识

计算机的迅速发展带来了很多问题，更由于网络的兴起使得计算机安全成为了一个重要的大问题。计算机的安全涉及哪些方面的问题，以及如何防范来自不同的方面的攻击等问题都是计算机安全及网络安全要解决的问题。

1.6.1 计算机安全概述

对于计算机安全的定义，中国公安部计算机管理监察司的定义是："计算机安全是指计算机资产安全，即计算机信息系统资源和信息资源不受自然和人为有害因素的威胁和危害。"国际标准化委员会对计算机安全的定义是："计算机安全是数据处理系统建立和采取的技术与管理的安全保护，保护计算机硬件、软件、数据不因偶然的或恶意的原因而遭破坏、更改、泄露。"综上所述，计算机安全是指信息网络的硬件、软件及其系统中的数据受到保护，不因偶然的或者恶意的原因而遭到破坏、更改、泄露，系统连续、可靠、正常地运行，信息服务不中断。

计算机安全是一门涉及计算机科学、网络技术、通信技术、密码技术、信息安全技术、信息论等多种学科的综合性学科。计算机安全又是一门以人为主，涉及技术问题、管理问题，同时还与个人的道德、意识方面紧密相关，涉及有关法学、犯罪学、心理学等问题的学科。

计算机安全的概念可以用 4 部分来描述，即：实体安全、软件安全、数据安全和运行安全。计算机安全的内容包括：计算机安全技术、计算机安全管理、计算机安全评价与安全产品、计算机犯罪与侦察、计算机安全法律、计算机安全监察，以及计算机安全理论与政策。

计算机安全的威胁主要来自于病毒、黑客以及软件系统的不健全，对于不同的情况采取不同的措施，提高个人的网络安全意识和网络礼仪道德，具有良好的安全习惯，使我们的网络环境更加和谐美好。

1.6.2 计算机病毒

1. 计算机病毒的定义

计算机病毒（Computer Virus）是一组人为设计的程序，通过非授权而隐藏在计算机系统中，通过自身复制来传播，满足一定条件即被激活，从而给计算机系统造成一定损害甚至严重破坏。计算机病毒不仅是计算机学术的问题，还是一个严重的社会问题。

《中华人民共和国计算机信息系统安全保护条例》中明确定义，病毒指"编制者在计算机程序中插入的破坏计算机功能或者数据，影响计算机使用并且能够自我复制的一组计算机指令或者程序代码"。计算机病毒是一个程序、一段可执行代码，从本质上来讲它也属于计算机软件。计算机病毒就像生物病毒一样，有独特的复制能力，可以很快地蔓延，又常常难以根除。它们能把自身附着在各种类型的文件上，当文件被复制或从一个用户传送到另一个用户时，它们就随同文件一起蔓延开来，对计算机或计算机内的文件造成损害。计算机病毒存在的目的是影响计算机的正常工作，甚至破坏计算机的数据以及硬件设备。

2. 计算机病毒的起源

计算机之父冯·诺依曼在 1949 年通过《复杂自动机组织论》就提出了计算机病毒的基本概念："一部事实上足够复杂的机器能够复制自身。"20 世纪 60 年代初，在美国贝尔实验室，程序员编写一个磁芯大战的游戏，游戏通过自身复制来摆脱对方的控制，这成了"病毒"的雏形。

1987 年，第一个计算机病毒 C-BRAIN 诞生，由巴基斯坦兄弟巴斯特（Basit）和阿姆捷特（Amjad）编写。1988 年，在我国的国家统计部门发现小球病毒，计算机病毒由此传入我国。

3. 计算机病毒的分类

计算机病毒分类的方法很多。

- 按病毒激活的时间分：定时的和随机的。
- 按病毒是否有传染性分：不可传染性和可传染性病毒。
- 按病毒入侵方式分：操作系统型、外壳型和入侵型病毒。
- 按病毒传染方式分：有磁盘引导区传染病毒、操作系统传染病毒和一般应用程序传染病毒。
- 按病毒存储方式分：有引导扇区病毒和分区表病毒。
- 按病毒破坏能力和程度分：有无害型病毒、幽默型病毒、更改型病毒和灾难型病毒。
- 按病毒感染的对象分：有系统引导型病毒、可执行文件型病毒、宏病毒、蠕虫病毒和混合型病毒等。
- 按病毒攻击的机种分：攻击微型计算机、攻击小型机、攻击工作站。
- 按病毒存在的媒体分：病毒可以划分为网络病毒、文件病毒、引导型病毒。
- 按病毒攻击的系统分：攻击 DOS 系统的病毒、攻击 Windows 系统的病毒、攻击 UNIX 系统的病毒、攻击 OS/2 系统的病毒。
- 按计算机病毒的链接方式分：源码型病毒、嵌入型病毒、外壳型病毒、操作系统型病毒。
- 按传播媒介分：单机病毒、网络病毒。

4. 计算机病毒的主要特点

- 可执行性。病毒程序就像其他合法程序一样，可以直接或者间接地运行。最可怕之处是它们能够隐藏在正常的可执行程序或数据文件中而不易被察觉。
- 传染性。计算机病毒传播的速度极快，范围很广。病毒通过修改别的程序，或者将自身复制进去，以达到扩散的目的。
- 潜伏性。计算机病毒进入系统并开始破坏数据的过程不宜被用户察觉。它有一段潜伏期，条件成熟后开始活动。
- 破坏性。计算机病毒的主要目的是破坏计算机系统，占用 CPU 时间和内存空间，造成进程阻塞、数据和文件被破坏并打乱屏幕显示等。
- 隐蔽性。病毒程序大多夹在正常程序中，平时很难发现。
- 激发性。不是所有病毒在任何情况下都发作的，当具备一定条件时，一些病毒才感染或破坏其他程序。触发计算机病毒的条件可以是某个特定的文件类型或数据，或者为某个特定的日期或时间等。

5. 计算机病毒的传染途径

计算机病毒主要利用网络及电子邮件进行传播，通过磁盘介质传播为辅助传播方式。用户通过上述媒介往来电子邮件、浏览网页、下载软件、即时通信聊天、网络游戏、拷贝文件等，病毒、木马及其他恶意程序依靠上述载体或媒介传播并使计算机染毒。计算机病毒的传染媒介有以下三种。

● 计算机网络：随着 Internet 的日益普及，计算机病毒会通过网络传播，具有清除难度大、破坏力强、传染方式多、传播速度快等特点。

● 电子邮件：以电子邮件进行传播的方式有相当高的隐蔽性和诱骗性，使用户在不知情的情况下打开邮件及其附件而被病毒感染。

● 磁盘：磁盘是计算机病毒传染的另一个重要途径。只要带有病毒的软盘、优盘或磁盘在没有病毒的计算机上使用，会传染给该机的内存和硬盘。

● 光盘：计算机病毒也可以通过光盘传播，尤其是盗版光盘。

病毒是计算机软件系统的最大敌人，每年都造成无法估量的损失。预防计算机病毒也是计算机安全的一个重要方面。

6. 计算机病毒的防治

计算机感染上病毒或者病毒在传播过程中，系统会出现异常现象，计算机发作时的表现大都各不相同，一百个计算机病毒发作有一百个花样，这与编写计算机病毒者的心态、采用的技术手段有密切关系。

用户可以根据如下的现象，初步判定计算机是否被病毒感染。

● 程序装入或硬盘访问时间长。

● 磁盘空间变小。

● 程序或数据丢失。

● 显示器上出现有规律的或异常信息（提示一些不相干的话、发出一段音乐、产生特定的图像等）。

● 可执行文件的大小发生变化。

● 异常死机或重启。

● 非工作时间硬盘灯不断闪烁。

● 鼠标自己在动。

7. 计算机病毒的查杀

对计算机病毒应该采取“预防为主、防治结合”的策略，当发现计算机系统被病毒感染时，往往已对系统造成了破坏，即使及时采取了措施，被破坏的部分常常是不可恢复的。牢固树立计算机安全意识，防患于未然。

清除计算机病毒最常用的方法是要使用杀毒软件，如江民系列、瑞星系列、金山毒霸、诺顿系列、360 等。这些杀毒软件都采用了菜单式的操作方式，首先能自动检测和消除内存的病毒，然后由用户选择消除哪个病毒。

8. 计算机病毒的防范措施

● 不随便使用外来磁盘或来历不明的软件，若使用最好先使用杀毒软件进行检查。

● 不做非法复制。

● 专机专用，专盘专用、系统启动盘要专用。

● 不要在系统引导盘上存放用户数据和程序。

● 对重要软件要做备份，万一系统崩溃，可最大限度减少损失。

● 不轻易打开陌生人发来的电子邮件中的附件。

- 如果发现网络上有病毒，应及时断开网络，控制共享数据。
- 修改可执行文件的属性为只读。
- 注意计算机游戏是病毒的载体。

定期使用杀毒软件扫描进行病毒检测，确定是否感染上病毒，及早防范，及早清除。使用网络时，拒绝访问陌生网络链接、拒绝进入不良网站，拒绝访问陌生链接。如果系统瘫痪，已经无法挽救，可以选择重装系统，彻底删除病毒。

1.6.3 黑客与计算机犯罪

1. 计算机犯罪

公安部计算机管理监察司给出的定义是：所谓计算机犯罪，就是在信息活动领域中，利用计算机信息系统或计算机信息知识作为手段，或者针对计算机信息系统，对国家、团体或个人造成危害，依据法律规定，应当予以刑罚处罚的行为。

所谓计算机信息系统，是指由计算机及其相关和配套的设备、设施（含网络）构成的，按照一定的应用目标和规则对信息进行采集、加工、存储、传输、检索等处理的人机系统。

计算机犯罪是行为人实施的在主观或客观上涉及计算机的犯罪，是一种反社会行为，是一种危害性极大的新型犯罪。而非法获取计算机信息系统数据或者非法控制计算机信息系统的行为，法律将按照情节严重程度分别给不同的惩罚。

政治、经济、军事、生活、文化等方方面面有价值的数据信息都会成为计算机犯罪分子和间谍盗取和破坏的目标。计算机犯罪行为主要有：知识产权侵犯；窃取机密信息；发布反动、色情信息；网络诈骗；网络诽谤，侵犯他人隐私和权益；制造传播病毒，攻击、破坏核心计算机系统等。常见的计算机犯罪手段有：数据欺骗、线路截获、废品信息利用、截获电磁波辐射信息、运用计算机病毒等。计算机犯罪类型主要有：侵入计算机信息系统罪；破坏计算机信息系统功能罪；破坏计算机数据和应用程序罪；制作、传播破坏性程序罪等。

计算机犯罪的特点：犯罪智能化、犯罪手段隐蔽性强、跨地区性、犯罪分子看年轻化、犯罪后果严重性大。

2. 黑客（HACKER，骇客）

黑客通常是指对计算机科学、编程和设计方面具高度理解的人，泛指擅长 IT 技术的人群、计算机科学家。黑客通常采用的攻击方法多种多样，一般有以下几种方式。

（1）探测目标网络系统的安全漏洞。在收集到一些准备要攻击目标的信息后，黑客们会探测目标网络上的每台主机，来寻求系统内部的安全漏洞。

（2）建立模拟环境。根据前面两小点所得的信息，建立一个类似攻击对象的模拟环境，然后对此模拟目标进行一系列的攻击。在此期间，通过检查被攻击方的日志，观察检测工具对攻击的反应，可以进一步了解在攻击过程中留下的“痕迹”及被攻击方的状态，以此来制定一个较为周密的攻击策略。

（3）具体实施网络攻击。入侵者根据前几步所获得的信息，同时结合自身的水平及经验总结出相应的攻击方法，在进行模拟攻击的实践后，将等待时机，以备实施真正的网络攻击。

1.6.4 防火墙和防护安全策略

1. 防火墙

防火墙是指在内部网和外部网之间构造一个由软件和硬件设备组合而成的保护屏障，它是一种计算机硬件和软件的结合，从而保护内部网免受非法用户的侵入。防火墙主要由服务访问规则、验证工具、包过滤和应用网关 4 个部分组成，防火墙是一种位于内部网络与外部网络之间的网络安全系统，由软件或硬件组成，如图 1-14 所示。

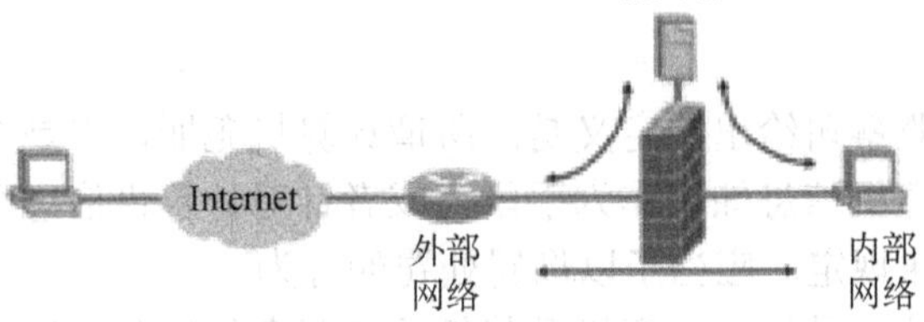

图 1-14　防火墙装配示意图

这种信息安全的防护系统，依照特定的规则，允许或是限制传输的数据通过。实际上防火墙是一种隔离技术，它在两个网络通信时执行的一种访问控制尺度，它能允许你“同意”的人和数据进入你的网络，同时将你“不同意”的人和数据拒之门外，最大限度地阻止网络中的黑客来访问你的网络。该计算机流入流出的所有网络通信和数据包均要经过此防火墙。

（1）防火墙的种类

① 网络层防火墙。网络层防火墙可视为一种 IP 封包过滤器，运作在底层的 TCP/IP 协议堆栈上。

② 应用层防火墙。应用层防火墙是在 TCP/IP 堆栈的“应用层”上运作，应用层防火墙可以拦截进出某应用程序的所有封包，并且封锁其他的封包（通常是直接将封包丢弃）。理论上，这一类的防火墙可以完全阻绝外部的数据流进到受保护的机器里。

③ 数据库防火墙。数据库防火墙是一款基于数据库协议分析与控制技术的数据库安全防护系统，基于主动防御机制，实现数据库的访问行为控制、危险操作阻断、可疑行为审计。

（2）防火墙的特点

① 内部网络和外部网络之间的所有网络数据流都必须经过防火墙。

② 防火墙能有效地记录 Internet 上的活动，只有符合安全策略的数据流才能通过防火墙。防火墙便成为安全问题的检查点，使可疑的访问被拒绝于门外。

③ 防火墙限制暴露用户点。防火墙能够用来隔开网络中一个网段与另一个网段。这样，能够防止影响一个网段的问题通过整个网络传播。

④ 防火墙是一个安全策略的检查站，防火墙自身应具有非常强的抗攻击免疫力。

2. 网络防护安全策略

（1）根据目前的网络安全现状，以及各领域企业的网络安全需求，能够简单、快捷地实现整个网络的安全防御架构。企业信息系统的安全防御体系可以分为三个层次。

- 安全评估：通过对企业网络的系统安全检测，Web 脚本安全检测，以检测报告的形式，及时地告知用户网站存在的安全问题。

● 安全加固：以网络安全评估的检测结果为依据，对网站应用程序存在的漏洞、页面中存在的恶意代码进行彻底清除，同时通过对网站相关的安全源代码进行审计，找出源代码问题所在，进行安全修复。

● 网络安全部署：在企业信息系统中进行安全产品的部署，可以对网络系统起到更可靠的保护作用，提供更强的安全监测和防御能力。

（2）防护措施。

● 访问控制：对用户访问网络资源的权限进行严格的认证和控制。例如，进行用户身份认证，对口令加密、更新和鉴别，设置用户访问目录和文件的权限，控制网络设备配置的权限，等等。

● 数据加密防护：加密是防护数据安全的重要手段。加密的作用是保障信息被人截获后不能读懂其含义。

● 网络隔离防护：网络隔离有两种方式，一种是采用隔离卡来实现的，另一种是采用网络安全隔离网扎实现的。

● 其他措施：其他措施包括信息过滤、容错、数据镜像、数据备份和审计等。

在计算机安全方面我们应认真制定有针对性的策略，明确安全对象，设置强有力的安全保障措施，建立保障体系，层层设防让攻击者无懈可击、无计可施。力求采取行之有效的防范措施，有力地保护计算机和网络安全。

第 2 章　Windows 7 操作系统

Windows 7 是由微软公司开发的，具有革命性变化的操作系统。该系统旨在让人们的日常计算机操作更加简单和快捷，为人们提供高效易行的工作环境。

Blackcomb 是微软对 Windows 未来的版本的代号，原本安排于 Windows XP 后推出。但是在 2001 年 8 月，Blackcomb 突然宣布延后数年才推出，取而代之由 Windows Vista（代号 Longhorn）在 Windows XP 之后及 Blackcomb 之前推出。

为了避免把大众的注意力从 Vista 上转移，微软起初并没有透露太多有关下一代 Windows 的信息。另外，重组不久的 Windows 部门也面临着整顿，直到 2009 年 4 月 21 日发布预览版，微软才开始对这个新系统进行商业宣传，该新系统随之走进大众的视野。

2009 年 7 月 14 日，Windows 7 7600.16385 编译完成，这标志着 Windows 7 历时三年的开发正式完成。

本章要点：

- 掌握 Windows 7 的特点，使用方法；
- 掌握 Windows 7 的个性化设置；
- 掌握 Windows 7 的用户账户设置和文件管理；
- 掌握 Windows 7 的网络连接设置。

2.1　Windows 7 入门

Windows 7 的设计主要围绕 5 个重点——针对笔记本电脑的特有设计；基于应用服务的设计；用户的个性化；视听娱乐的优化；用户易用性的新引擎。2010 年正式发布，相比之前的微软 Windows XP 操作系统，Windows 7 添加了多种个性功能。

2.1.1　Windows 7 版本

Windows 7 包含 6 个版本，分别为 Windows 7 Starter（初级版）、Windows 7 Home Basic（家庭普通版）、Windows 7 Home Premium（家庭高级版）、Windows 7 Professional（专业版）、Windows 7 Enterprise（企业版）和 Windows 7 Ultimate（旗舰版）。

1. Windows 7 Starter（初级版）

这是功能最少的版本，缺乏 Aero 特效功能，没有 64 位支持，它最初设计不能同时运行 3 个以上应用程序。幸运的是，微软最终取消了这个限制，最终版其实几乎可以执行任何 Windows 任务。一个奇怪的限制是不能更换桌面背景。另外，没有 Windows 媒体中心和移动中心等。

它主要设计用于类似上网本的低端计算机，通过系统集成或者 OEM 计算机上预装获得，并限于某些特定类型的硬件。

2. Windows 7 Home Basic（家庭普通版）

这是简化的家庭版，支持多显示器，有移动中心，限制包括部分支持 Aero 特效，没有 Windows 媒体中心，缺乏 Tablet 支持，没有远程桌面，只能加入不能创建家庭网络组（Home Group）等。

3. Windows 7 Home Premium（家庭高级版）

面向家庭用户，满足家庭娱乐需求，包含所有桌面增强和多媒体功能，如 Aero 特效、多点触控功能、媒体中心、建立家庭网络组、手写识别等，不支持 Windows 域、Windows XP 模式、多语言等。

4. Windows 7 Professional（专业版）

面向爱好者和小企业用户，满足办公开发需求，包含加强的网络功能，如活动目录和域支持、远程桌面等，另外还有网络备份、位置感知打印、加密文件系统、演示模式（Presentation Mode）、Windows XP 模式等功能。64 位可支持更大内存（192GB）。

5. Windows 7 Enterprise（企业版）

面向企业市场的高级版本，满足企业数据共享、管理、安全等需求，包含多语言包、UNIX 应用支持、BitLocker 驱动器加密、分支缓存（BranchCache）等。

通过与微软有软件保证合同的公司进行批量许可出售，不在 OEM 和零售市场发售。

6. Windows 7 Ultimate（旗舰版）

拥有所有功能，与企业版基本是相同的产品，仅仅在授权方式及其相关应用及服务上有区别，面向高端用户和软件爱好者。

2.1.2　桌面布局

在 Windows 7 桌面下有桌面图标、任务栏、开始按钮等其他选项，如图 2-1 所示。

图 2-1　Windows 7 桌面

2.1.3 区域、日期、时间设置

1. 更改国家或地区设置

Windows 中的国家或地区设置（也称为“位置”）表明您所在的国家或地区。有些软件程序和服务会根据此设置提供诸如新闻和天气之类的本地信息。

2. 更改国家或地区设置的步骤

① 通过依次单击“开始”按钮、“控制面板”、“时钟、语言和区域”和“区域和语言”，打开“区域和语言”。

② 单击“位置”选项卡，从列表中选择您的位置，然后单击“确定”。

2.2 Windows 7 日常使用

有人拿 Windows 7 当 Windows XP 使，还努力使其回归，并奉上一个冠冕堂皇的理由——还是 Windows XP 经典。可怜微软工程师们的心血啊。Windows 7 的一些改进让日常操作方便了不少。

2.2.1 屏幕分辨率

在 Windows 7 下，屏幕分辨率，小工具，个性化这些选项是没出现过的。

屏幕分辨率设置方法如下：

①右击桌面空白处，在弹出的快捷菜单中选择“屏幕分辨率”如图 2-2 所示。

② 选择要使用的操作系统的分辨率如图 2-3 所示，最后单击“确定”按钮。

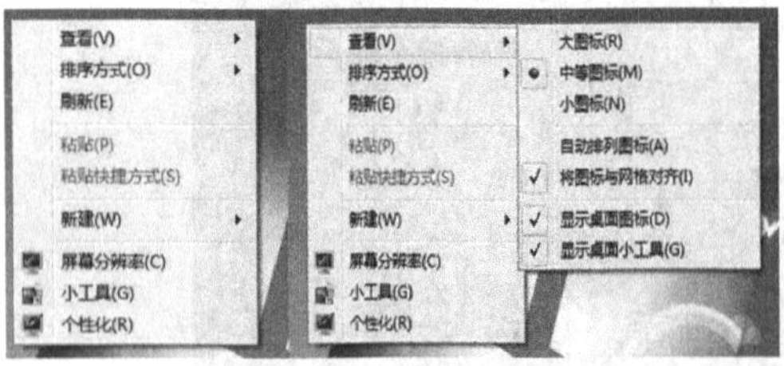

图 2-2　右击桌面

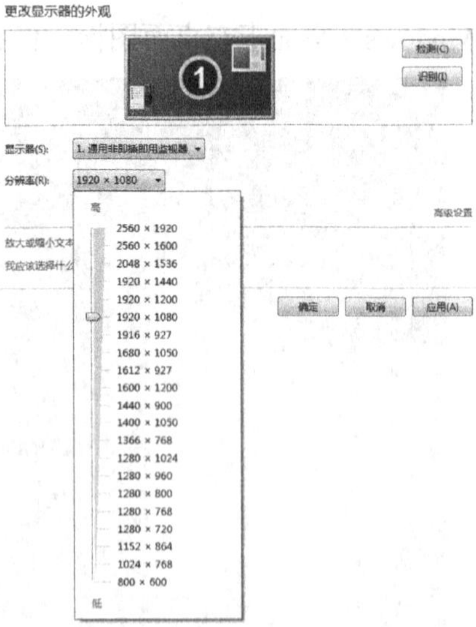

图 2-3　更改分辨率

2.2.2　用户库

在 Windows 7 系统中“我的文档”已经取消，取而代之的是以用户名命名的文件夹，如图 2-4 所示在 Windows 7 中称为“库”，库中包含了“我的文档”、“下载”、“收藏夹”等。

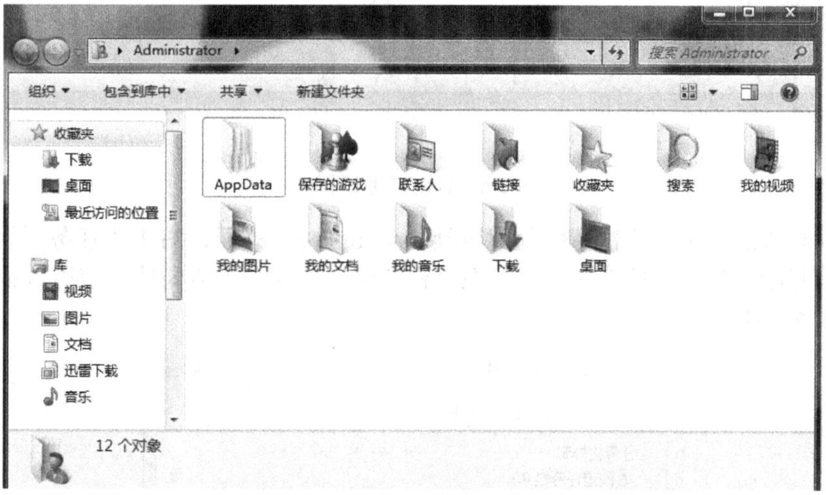

图 2-4　用户库

2.2.3　搜索

在 Windows 7 系统中查找某文件，可以在文件夹窗口的右上角窗口填写需要的文件名字，也可以进行模糊查找，如图 2-5 所示。

图 2-5　搜索

2.2.4　任务栏

将常用软件锁定在任务栏中，运行想要锁定的软件，在任务栏的该软件的图标上右击，选择“将此程序锁定到任务栏”，或者直接将程序拖动到任务栏。解锁方法相同，如图 2-6 所示。

（a）　　　　（b）

图 2-6　锁定任务栏程序

若想体验 Windows 7 绚丽界面可以开启 Aero Peek 桌面，右击“任务栏属性”，打开“任务栏和‘开始’菜单属性”对话框。在“任务栏”选项卡下方勾选“使用 Aero Peek 预览桌面”，如图 2-7 所示。

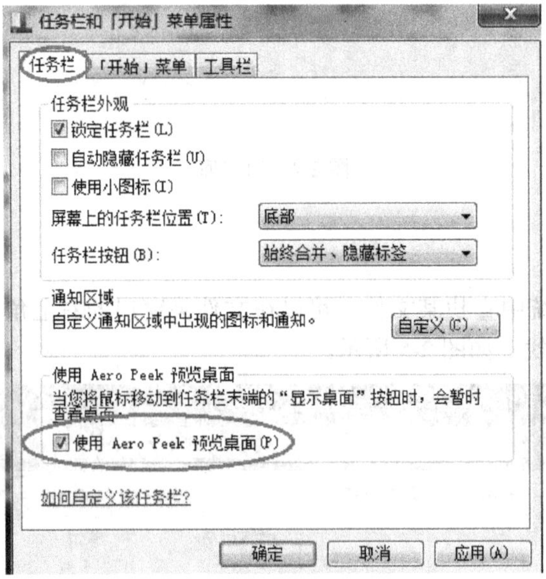

图 2-7　开启透明窗口

2.2.5　Windows 7 小工具

Windows 小工具是一组小程序，这些小程序可以提供即时信息以及可轻松访问常用工具的途径。例如，可以使用小工具查看当前状态下 CPU 与内存的占用率、查看实时的货币兑换比率等。打开小工具的方法如下：右击桌面空白处，在弹出的快捷菜单中选择“小工具”，即可打开如图 2-8 所示 Windows 7 小工具界面。

1. CPU 仪表盘

Windows 7 中的 CPU 仪表盘外观很像汽车的仪表盘，两个仪表盘中一个用于显示 CPU 使用率，另一个用于显示随机存取内存（RAM），也就是系统内存占用率。我们可以通过仪表盘上的指针、刻度和百分比数值随时监测自己计算机的资源占用情况，非常直观。双击 Windows 7 小工具界面中的 CPU 仪表盘小图标，即可在桌面上显示。

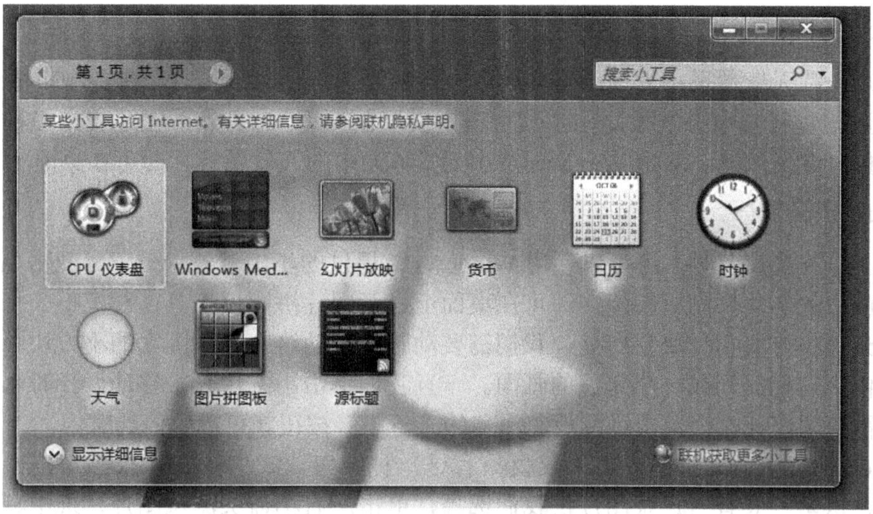

图 2-8 Windows 小工具界面

添加到 Windows 7 桌面的“CPU 仪表盘”可以用鼠标随意拖曳到桌面任何位置。当光标放到仪表盘时，右侧会出现关闭和尺寸调整的小按钮。右击仪表盘可以看到其设置菜单，通过相应的菜单命令我们可以移动小工具，调整大小，设置小工具的显示透明度。

2. Windows 媒体中心

Windows 7 媒体中心提供一种 WMC 桌面小工具，是将原有的 Media Player 所有的功能整合上 Windows DVD Maker 等其他程序及一些硬件功能构建的一个娱乐程序。它可以用来播放音乐（在线音乐及本地音乐播放）、播放图片和媒体中心的视频，并按类型加以分类，用户回顾起来十分方便。双击 Windows 7 小工具界面中的 Windows Media Center 小图标，即可在桌面上显示。

3. 货币

在 Windows 7 中，系统提供了货币小工具，用于提供实时的货币兑换比率。双击 Windows 7 小工具界面中的货币工具小图标，即可在桌面上显示。Windows 7 桌面上成功添加的货币换算小工具，默认显示两种货币换算（人民币对美元）。单击右上角的第二个按钮，可以以较大尺寸显示货币小工具。

若需要进行其他币种的转换，可以执行如下操作：单击“+”按钮可以添加更多的货币种类换算；单击货币名称，可以从下拉菜单中选择不同的货币种类，十分方便。只需选择币种，输入数字，就可以看到换算出来的其他货币对应数值。

4. 日历

在 Windows 7 中，系统提供了桌面日历，用于提供实时的日期。双击 Windows 7 小工具界面中的日历工具小图标，即可在桌面上显示。

5. 时钟

在 Windows 7 中，系统提供了桌面时钟，用于提供实时的时间。双击 Windows 7 小工具界面中的时钟工具小图标，即可在桌面上显示。在打开时钟后，还可以右击时钟，在弹出的快捷菜单中选择“选项”，其中提供了 8 种不同样式的时钟供用户选择。

6. 天气

天气是一款天气预报小工具，它采用中央气象局数据，可以实时全国各城市最近 4 日天气情况，数据资料与中央气象局同步（可自定义更新频率）。另外，它还支持多种风格显示外观并支持自定义风格。双击 Windows 7 小工具界面中的天气图标，即可在桌面上显示。

7. 图片拼图板

当你工作感到疲劳时，还可以使用 Windows 7 提供的小工具放松一下。双击 Windows 7 小工具界面中的图片拼图板图标，即可在桌面上显示图片拼图板工具，它模拟一个方形的木框中的 15 个小方块和一块空白处，我们需要动脑筋移动这些包含图案的小方块，争取在最短的时间内将它们排列成一个完整的画面。一旦我们单击小方块开始移动，计时器就开始计时，如果需要暂停计时，单击拼图板左上角的“暂停”按钮就可以暂停计时。

Windows 7 小工具拼图板可不仅仅只有这一种图案，我们单击“扳手”按钮进入“选项”设置，这里一共有 11 张图片供我们选择，单击左右小箭头浏览图片，选中喜欢的图片再单击“确认”按钮就可以了。

在我们拼图的过程中，还可以单击“显示图片”按钮暂时瞄一眼应该完成的正确图案，做到心里有数：鼠标左键按住小按钮即可看到完整图片，松开鼠标则回到原来的拼图状态，

2.3 个性化自己的 Windows 7

看腻了 Windows 7 自带的那些主题，天天和 beta 鱼共度时光的日子太单调了，这里来教大家制作 Windows 7 的个性化主题。Windows 7 操作系统不仅仅在桌面背景和主题方面有了自己个性化的设置，在文件夹外观方面也有了很大程度的改进，让我们大刀阔斧地修改文件夹，让文件夹也彰显你的个性气息。不知道怎么操作？没关系，下面就跟随我们一起来轻松打造属于你的个性化 Windows 7 系统。

2.3.1 更改桌面图标

在默认状态下，在 Windows 7 安装完之后桌面上只保留了回收站的图标，如果用户希望在桌面上添加其他图标可以执行下面的操作：

① 右击桌面空白处，在弹出的快捷菜单中选择“个性化”，打开个性化窗口如图 2-9 所示。

② 在窗口的左侧选择“更改桌面图标”如图 2-10 所示。

③ 选择要在桌面上显示的图标，然后选择“确定”。

2.3.2 更改系统主题

设置方法如下所述。

① 右击桌面空白处，在弹出的快捷菜单中选择“个性化”如图 2-9 所示。

② 选择主题，再选择桌面背景、窗口颜色、声音、屏幕保护程序如图 2-11～图 2-13 所示。

图 2-9　个性化窗口

图 2-10　更改桌面图标

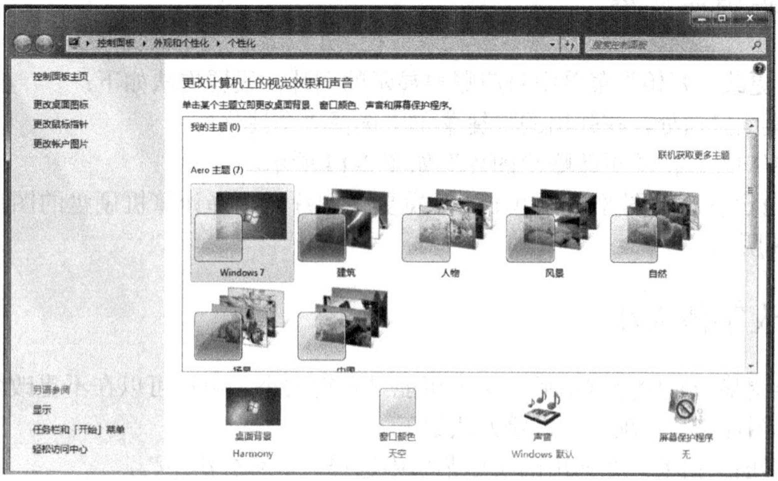

图 2-11　更改主题

图 2-12　更改壁纸

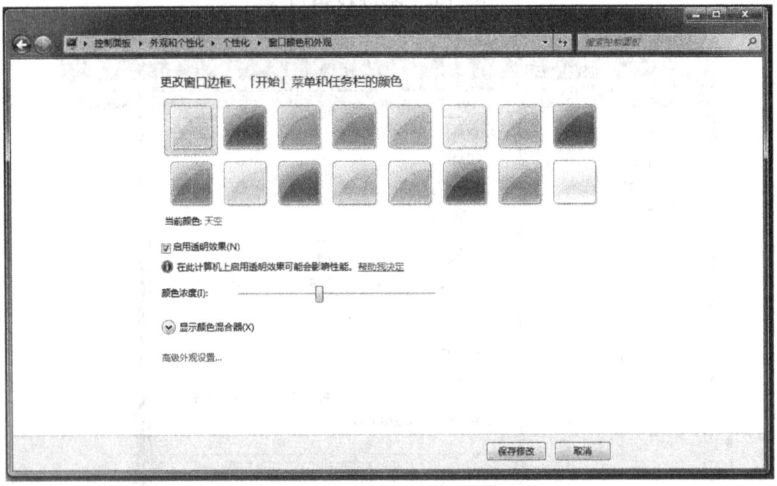

图 2-13　更改窗口颜色

2.3.3　更改用户头像

用户可以更改“开始”菜单中对应账户显示的图片，设置方法如下：

① 右击桌面空白处，在弹出的快捷菜单中选择“个性化”。

② 选择窗口左边的“更改账户图片”如图 2-14 所示。

③ 选择自己喜欢的图像或者单击“浏览更多图片”选择计算机硬盘的图片来设置用户图片如图 2-15 所示。

2.3.4　更改字体大小

将显示器调整为原始分辨率后，文本可能显示得太小。用户可以在不更改分辨率的情况下放大文本和图标等其他项目，设置方法如下：

① 右击桌面空白处，在弹出的快捷菜单中选择“屏幕分辨率”。

② 单击蓝色文字“放大或缩小文本和其他项目”再选择需要的选项如图 2-16 所示。

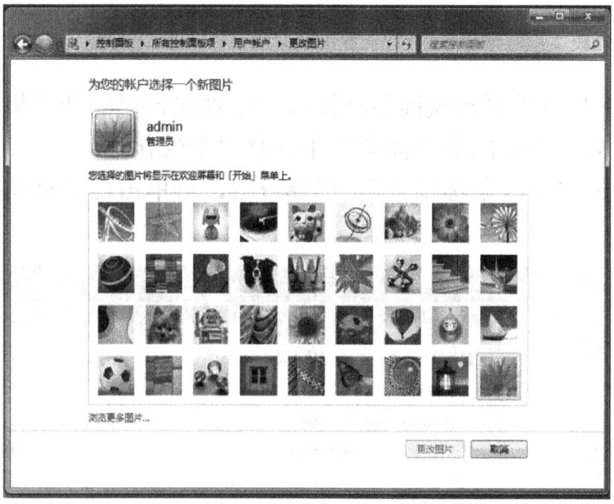

图 2-14　更改用户头像

图 2-15　通过本地图片来设置头像

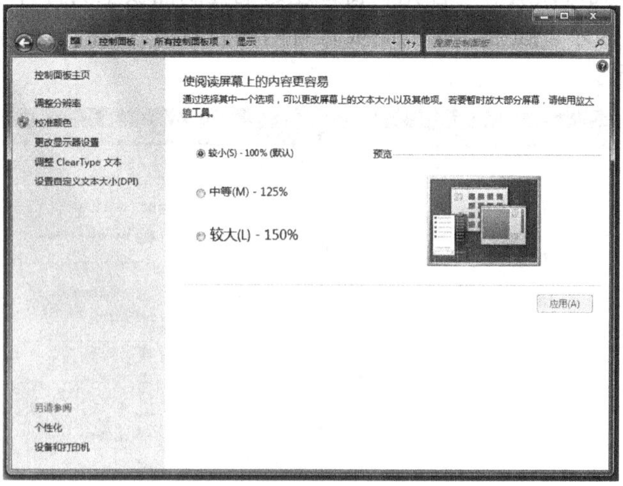

图 2-16　更改字体大小

2.3.5 更改鼠标指针

在 Windows 7 中用户可以更改鼠标指针图标来个性化自己的计算机，设置方法如下：

① 右击桌面空白处，在弹出的快捷菜单中选择“个性化”。

② 选择窗口左边的“更改鼠标指针”，选择方案，再单击自己喜欢的鼠标指针如图 2-17 所示，选择确定。

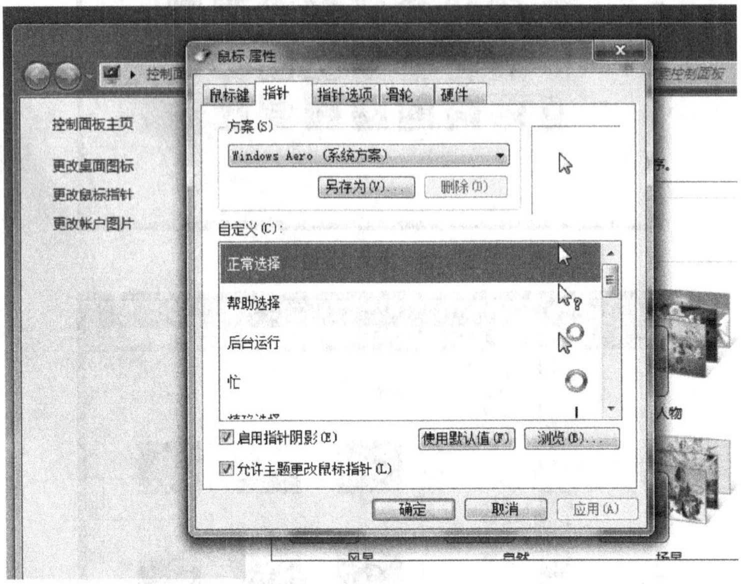

图 2-17 更改鼠标指针

2.3.6 控制面板

控制面板可以更改计算机一系列的设置，可以设置系统安全、添加用户、设置网络、设置外观、添加硬件更改声音、调整时间、更改语言、添加和卸载程序等操作。

控制面板打开方式可以从“个性化”窗口左边的控制面板主页打开，或者从“开始”菜单里打开如图 2-18 所示。在打开控制面板时有两种查看方式——大图标和小图标，更改查看方式如图 2-19 所示。

图 2-18 控制面板两种显示方式

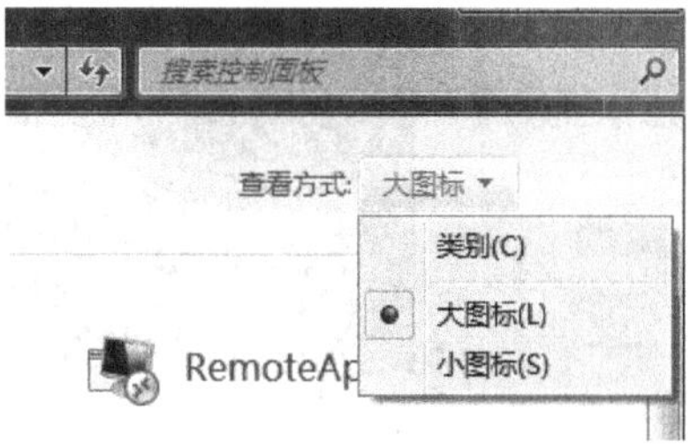

图 2-19　更改控制面板显示方式

2.4　文件的管理

如果你使用的是 Windows XP 系统，日常工作中常常会遇到这种情况，几十个文件夹同时存放在一起，其中一些比较重要，却苦于没办法与其他文件夹分开，这让查找和管理变得特别不便。但是如果你使用的是 Windows 7 系统，则不存在这种情况了。在 Windows 7 系统中，操作更简单，效率更高，在文件夹管理方面也如此。

如果要经常使用某一个文件夹，可以在 Windows 7 资源管理器中进入到该文件夹目录，然后选中该文件用鼠标将拖放到 Windows 7 的任务栏上，这样就将这个文件夹固定到任务栏上了。以后想要找到这个文件，只要右击 Windows 7 任务栏上的“库”然后在弹出菜单中就可以发现该文件夹了。是不是很方便？

如果以后不再经常使用这个文件夹了，只需要在 Windows 7 任务栏中右击文件夹图标，然后选择“从此列表解锁（U）”就可以将其取消固定了，这样它就不会再占用 Windows 7 任务栏了。

2.4.1　简单的操作

1. 资源管理器的打开

方法一：右击“开始”按钮，在弹出的快捷菜单中选择“打开 Windows 资源管理器”。

方法二：单击“开始”按钮，在弹出的“开始”菜单中选择“所有程序”→“附件”→“Windows 资源管理器”命令。

2. 新建文件或文件夹

在窗口文件区域空白处右击，在弹出的快捷菜单中单击“新建”→“文件夹”或“某类型文件”，即可新建一个文件或文件夹，然后进行命名即可，如图 2-20 所示。

3. 选定文件或文件夹

选定文件或文件夹是对其进行管理操作的前提。用户可以选定一个或多个文件或文件夹，它们可以是连续的，也可以是不连续的。

（1）选定单个文件或文件夹：拖动鼠标直接指向文件或文件夹图标，单击此图标即可。

（2）选定多个连续的文件或文件夹：先选定第一个文件或文件夹，按住 Shift 键，再单击最后一个文件或文件夹即可。

（3）选定多个不连续的文件或文件夹：先选定第一个文件或文件夹，按住 Ctrl 键，依次单击所需要的文件或文件夹即可。

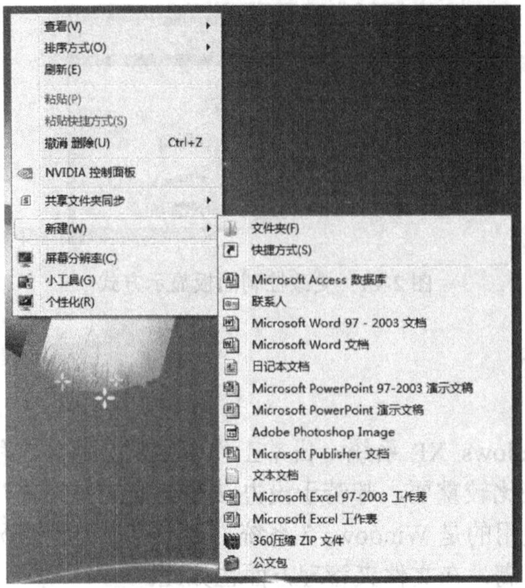

图 2-20　新建文件/文件夹

（4）选定窗口中全部文件或文件夹：单击“编辑”菜单中的“全部选定”命令；或者直接按快捷键 Ctrl+A；或者通过拖动鼠标直接选定。

4. 重命名文件或文件夹

右击要重命名的文件或文件夹，在弹出的快捷菜单中选择“重命名”命令，如图 1-21 所示，或者按一下 F2 键。这时文件或文件夹的名称将处于编辑状态（蓝色反白显示），用户直接输入新的名称即可，如图 2-22 所示。

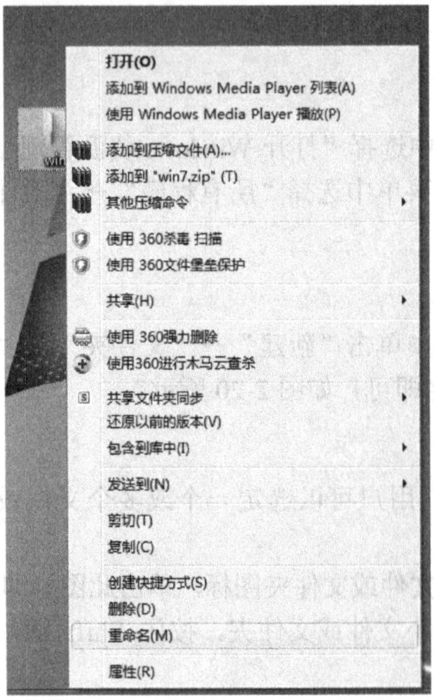

图 2-21　“重命名”命令

图 2-22　重命名

5. 移动文件或文件夹

移动文件或文件夹可用下面三种方法来完成：

（1）鼠标指向文件或文件夹图标，右击，选择“剪切”命令，打开目标文件夹，再右击，选择“粘贴”命令。

（2）鼠标指向文件或文件夹图标，按快捷键 Ctrl+X，打开目标文件夹，按快捷键 Ctrl+V。

（3）若在同一磁盘中移动文件或文件夹，则直接拖动所选文件或文件夹到目标文件夹后即可完移动。若在不同磁盘中移动文件或文件夹，则在拖动所选文件或文件夹到目标文件夹的过程中按住 Shift 键即可完成移动。

6. 复制文件或文件夹

复制文件或文件夹也可用下面三种方法来完成：

（1）鼠标指向文件或文件夹图标右击，选择“复制”命令，打开目标文件夹，右击，选择“粘贴”命令。

（2）鼠标指向文件或文件夹图标，按快捷键 Ctrl+C，打开目标文件夹，按快捷键 Ctrl+V。

（3）若在同一磁盘中复制文件或文件夹，则在拖动所选文件或文件夹到目标文件夹的过程中按住 Ctrl 键即可完成复制，若在不同磁盘中复制文件或文件夹，则直接拖动所选文件或文件夹到目标文件夹后即可完成复制。

提示

移动和复制文件的区别

移动文件或文件夹就是将文件或文件夹移动到其他地方，执行“移动”命令后，文件或文件夹在原位置消失，在目标位置出现。复制文件或文件夹就是将文件或文件夹复制一份，放到其他地方，执行“复制”命令后，原位置和目标位置均有该文件或文件夹。

7. 删除文件或文件夹

先选择要删除的文件或文件夹，然后使用下列方法进行删除：

（1）右击要删除的文件或文件夹，在快捷菜单中单击“删除”命令。

（2）选择“文件”菜单中的“删除”命令。

（3）使用快捷键 Ctrl+D 或按 Del 键。

（4）直接将所选文件或文件夹拖到“回收站”中。

在上面的操作中，若拖动时或选择“删除”命令前按住 Shift 键后再操作，即可彻底删除文件或文件夹。彻底删除的文件，将不被放到回收站中，不能使用回收站还原，所以用户执行彻底删除操作时一定要慎重。

8. 更改文件或文件夹属性

文件或文件夹都包含三种属性：只读、隐藏和存档。若将文件或文件夹设置为“只读”属性，则该文件或文件夹不允许更改。若将文件或文件夹设置为“隐藏”属性，则该文件或文件夹在常规显示中将不被看到。若将文件或文件夹设置为“存档”属性，则表示该文件或文件夹已存档，有些程序用此选项来确定哪些文件需做备份。更改文件或文件夹属性的步骤如下：

鼠标指向要更改属性的文件或文件夹，右击，在弹出的快捷菜单中选择“属性”，随即打开其属性对话框，如图 2-23 所示。选择“常规”选项卡，在该选项卡的“属性”选项组中选定要求的属性复选框。单击“确定”按钮即可。

9. 显示或隐藏文件或文件的扩展名

默认情况下，在资源管理器中不显示受保护的系统文件或隐藏文件，也不显示已知文件类型的扩展名。如果要查看这些文件信息，则需要进行下列操作：打开“资源管理器”窗口，再单击“工具”菜单中的“文件夹选项”命令，随即打开“文件夹选项”对话框。在“查看”选项卡的“高级设置”中，选择“隐藏文件和文件夹”下的“显示隐藏的文件、文件夹和驱动器”选项，取消“隐藏已知文件类型的扩展名”复选框中的对钩，如图 2-24 所示，单击“确定”按钮。

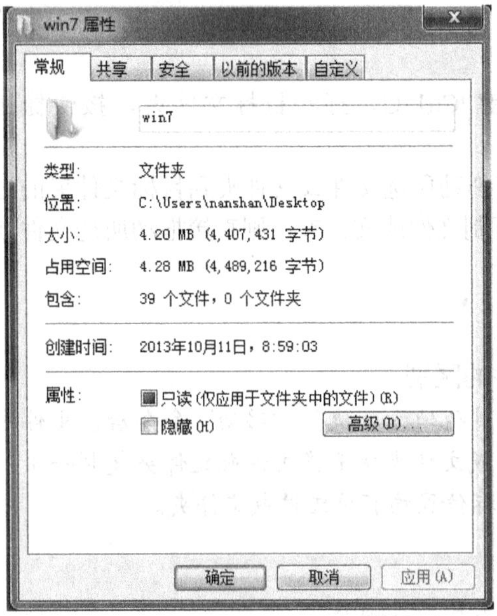

图 2-23　文件/文件夹属性

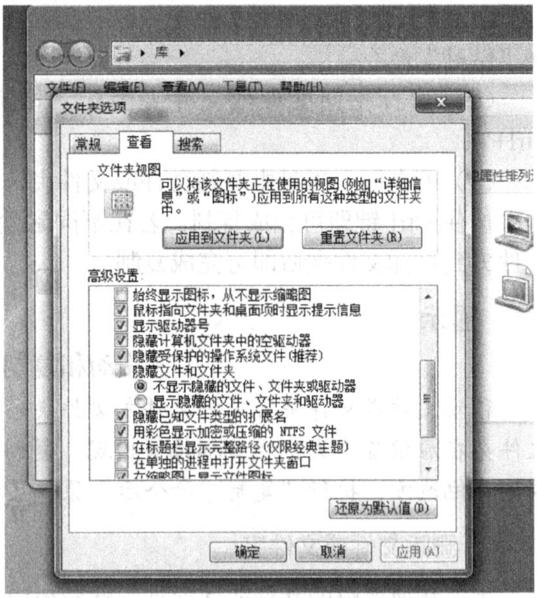

图 2-24　“文件夹选项”对话框

10. 查找文件或文件夹

在工作或学习中，我们需要在计算机中查找某些文件或文件夹时，可以使用“搜索”命令进行查找：一种是在资源管理窗口中搜索，另一种是在“开始”按钮中搜索。在“开始”按钮中搜索的操作如下：单击“开始”按钮，在弹出的“搜索程序和文件”命令框中输入要查找的文件或文件夹名。在输入搜索内容的同时，在上方会出现相应的搜索内容，如图 2-25 所示。若在给出的结果列表中没有要查找的文件或文件夹，可以单击“查看更多结果”以便查找到需要的文件。

11. 文件或文件夹的加密设置

假设为名为 Windows 7 的文件夹加密，步骤如下：右击文件夹 Windows 7，在弹出的快捷菜单中选择“属性”命令，弹出“Windows 7 属性”对话框，如图 2-26 所示。单击“高级”按钮，弹出“高级属性”对话框，如图 2-27 所示。在“压缩或加密属性”中勾选“加密内容以便保护数据”前的复选框，单击“确定”按钮即可。

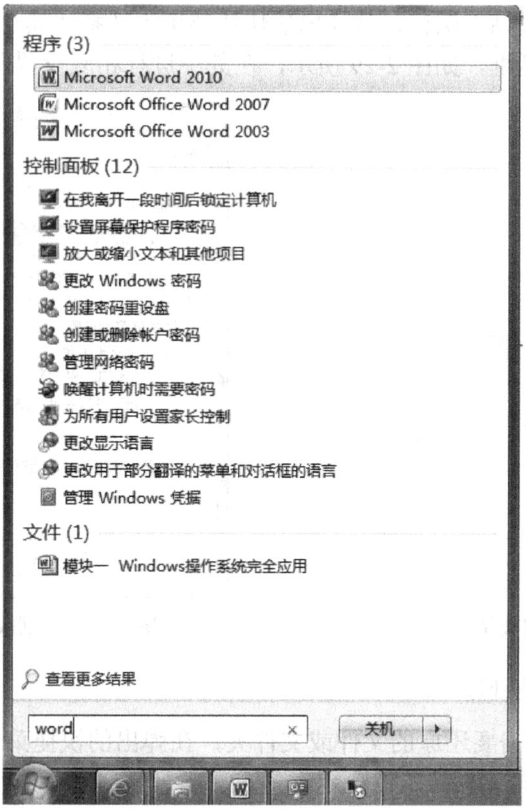

图 2-25　搜索文件/文件夹

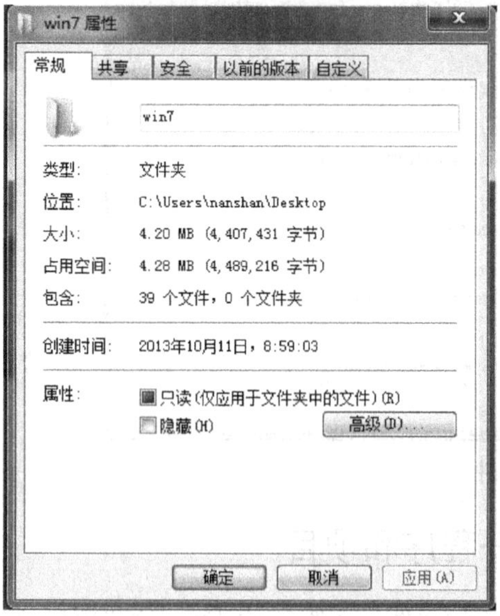

图 2-26　文件/文件夹属性

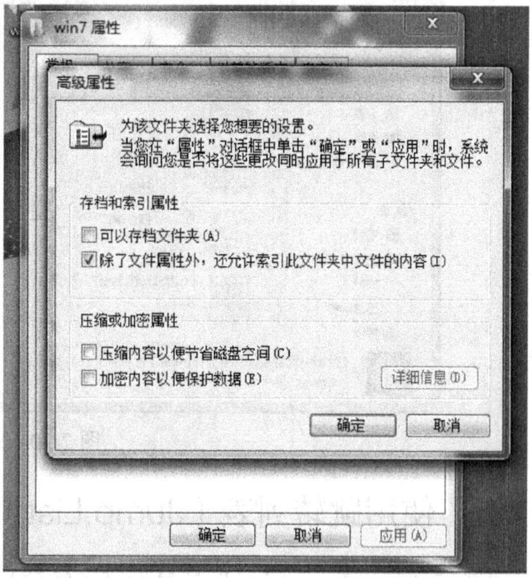

图 2-27　文件加密设置

12. 使用和设置回收站

右击桌面上的“回收站”图标，从弹出的快捷菜单中选择“属性”，如图 2-28 所示，将打开“回收站属性”对话框，如图 2-29 所示，在其中进行相应设置即可。

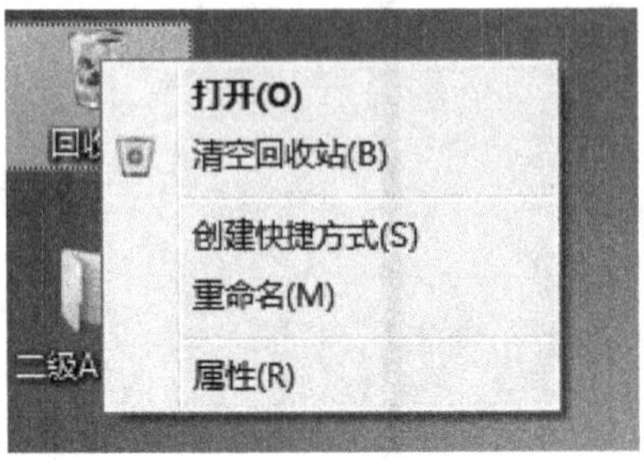

图 2-28　回收站

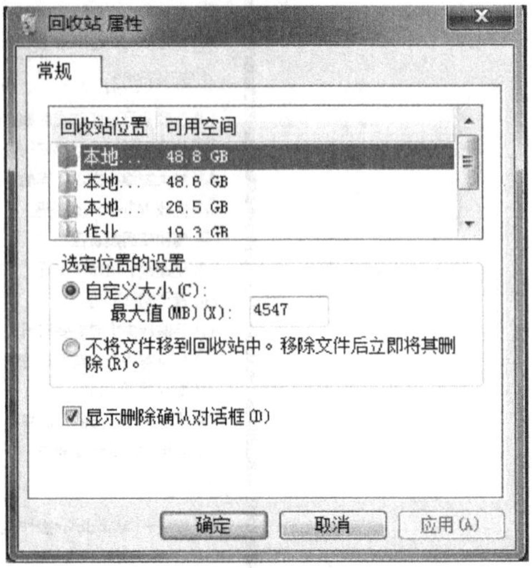

图 2-29　“回收站属性”对话框

13. 回收站中文件的还原

打开“回收站”，右击要还原的文件或文件夹，在弹出的快捷菜单中选择“还原”，则文件被还原到删除时的位置，如图 2-30 所示。

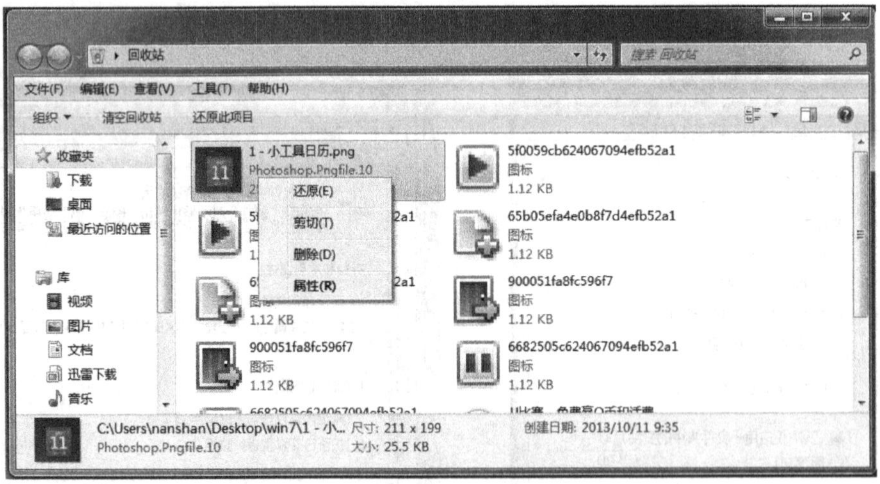

图 2-30　还原文件

2.4.2　使用跳转列表（Jump List）打开程序和项目

“跳转列表（Jump List）”是最近打开的项目列表，如文件、文件夹或网站，这些项目按照用来打开它们的程序进行组织。可以使用“跳转列表（Jump List）”打开项目，还可以将收藏夹锁定到“跳转列表（Jump List）”，以便可以快速访问每天使用的项目如图 2-31 所示。

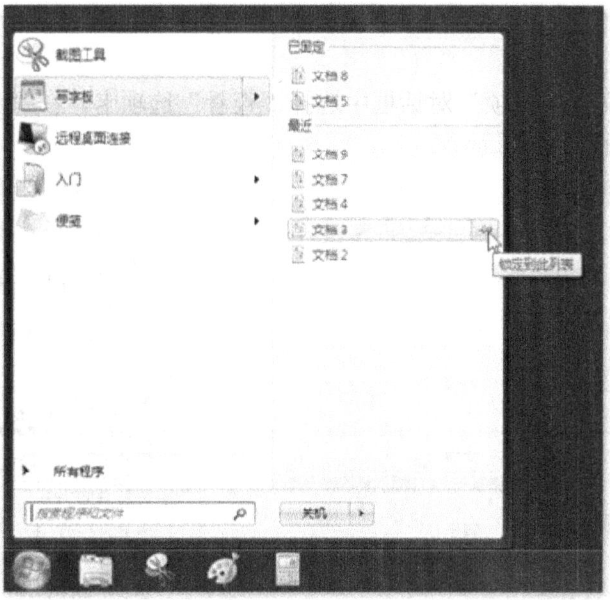

图 2-31　使用跳转列表（Jump List）

将项目锁定到“跳转列表（Jump List）”的步骤如下：

① 单击“开始”菜单，然后打开程序的“跳转列表（Jump List）”。

② 指向该项目，单击图钉图标，然后单击“锁定到此列表”。

解锁项目的步骤如下：

在跳转列表中锁定项目后，该项目即可固定于该列表的最上方，方便用户优先使用。当然，要在跳转列表中取消锁定时，只需将鼠标移至跳转列表中固定项目上，在该项目的右侧，会显示“解锁”按钮，单击该按钮，即可快速取消锁定。

2.4.3　文件或文件夹路径

在 Windows 7 系统中，文件或文件夹路径在文件窗口的路径栏中，想知道或复制具体的路径，可以单击路径栏显示路径，如图 2-32、图 2-33 所示。

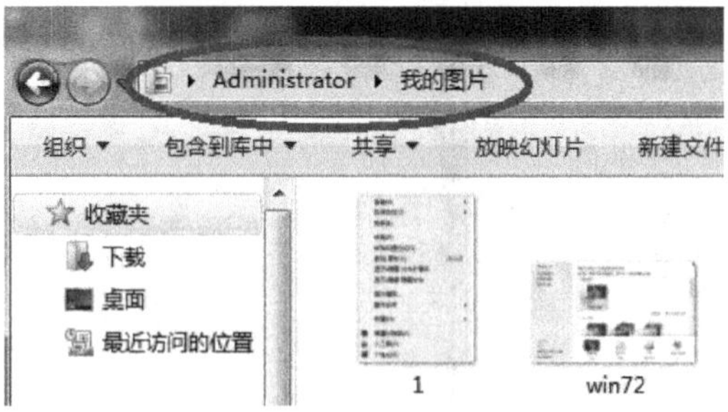

图 2-32　文件窗口

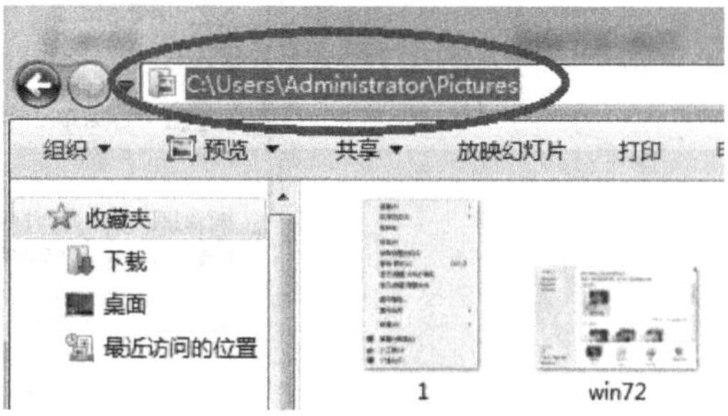

图 2-33　文件路径

2.4.4　显示或隐藏文件和扩展名

显示或隐藏文件和扩展名步骤如下：

① 在 Windows 7 任意文件夹窗口下，单击左上角的“组织”菜单如图 2-34 所示，选择“文件夹和搜索选项”。

② 在弹出的“文件夹选项”对话框中选择“查看”选项卡，在“查看”列表中取消或选择对应的选项，如图 2-35 所示。

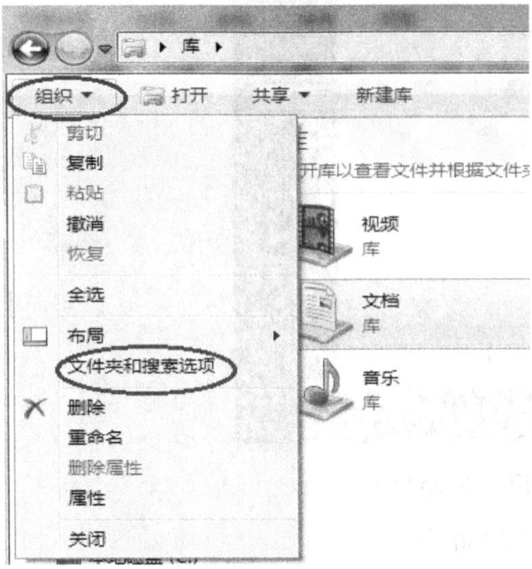

图 2-34　组织菜单

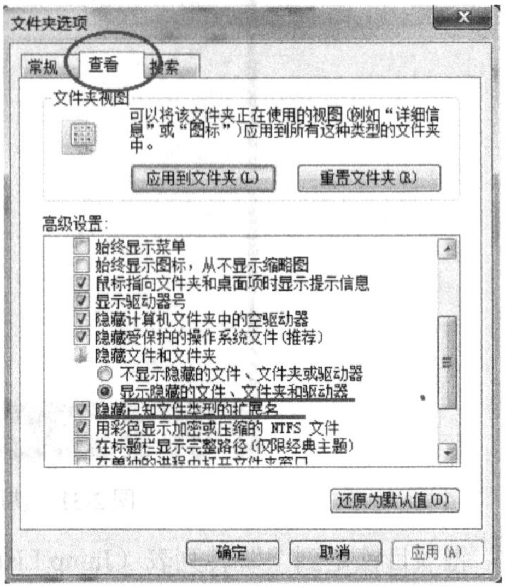

图 2-35　显示或隐藏文件和扩展名

2.4.5　文件的恢复

从计算机上删除文件时，文件实际上只是移动到回收站并暂时存储在其中，直至清空回收站。因此，可以恢复意外删除的文件，将它们还原到其原始位置。设置方法如下：

① 通过双击桌面上的“回收站”，打开回收站。

② 双击要还原的文件，打开如图 2-36 所示对话框，单击“还原”按钮即可。

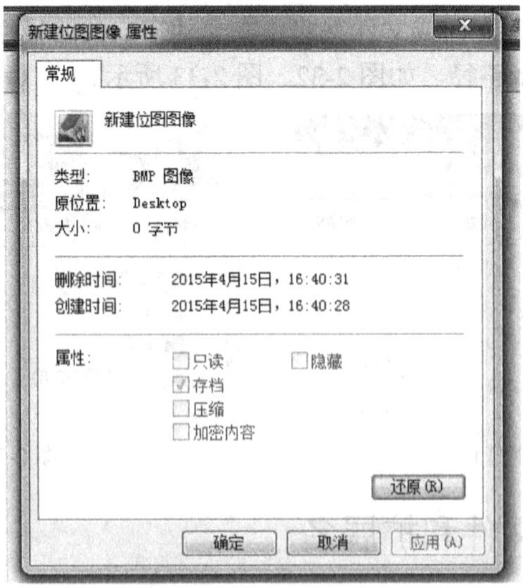

图 2-36　文件的恢复

2.5 网络连接

在 Windows 7 系统中，网络邻居组件改成了“网络和 Internet”，其功能和使用方式也有所更改，右下角托盘区的网络图标更改为▣。下面我们将围绕 Windows 7 网络连接的 5 种方式：无线网络连接、宽带连接、拨号上网、本地连接和远程桌面连接进行讲解。

2.5.1 创建无线网络连接

① 打开“开始”菜单，单击“控制面板”，如图 2-37 所示。

② 单击“网络和 Internet”，再单击“网络和共享中心”如图 2-38、图 2-39 所示。

③ 单击“设置新的连接或网络”如图 2-40 所示，打开“设置连接或网络”向导。

④ 选择“连接到 Internet”，单击“下一步”按钮如图 2-41 所示。

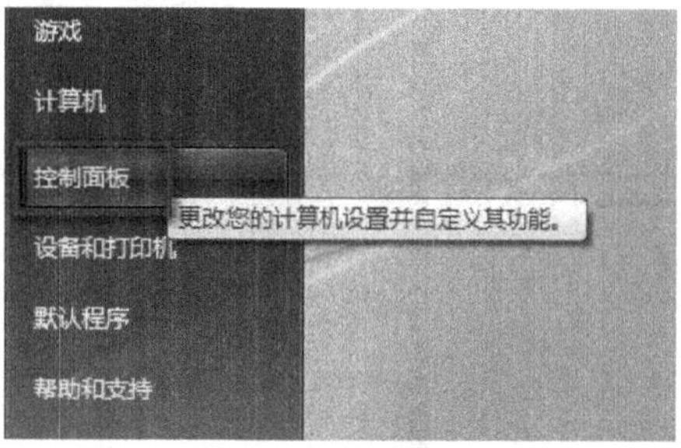

图 2-37 “控制面板”

⑤ 单击“无线”图标如图 2-42 所示。

⑥ 桌面右下角出现搜索到的无线网络，选择要连接的无线网络再单击“连接”如图 2-43 所示。

⑦ 如果无线网络有密码，则输入密码后连接即可，如图 2-44 所示。

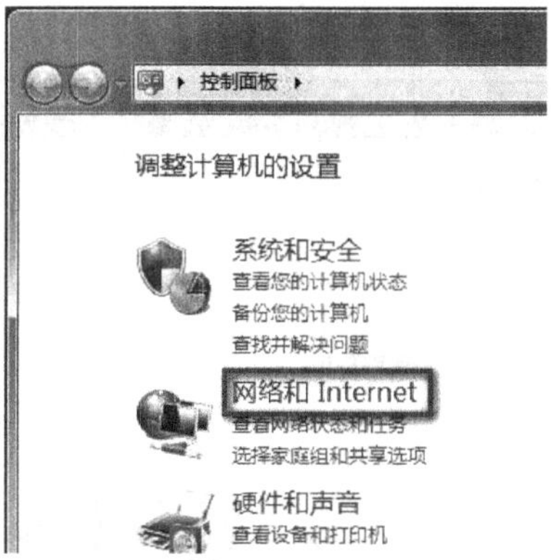

图 2-38 网络和 Internet

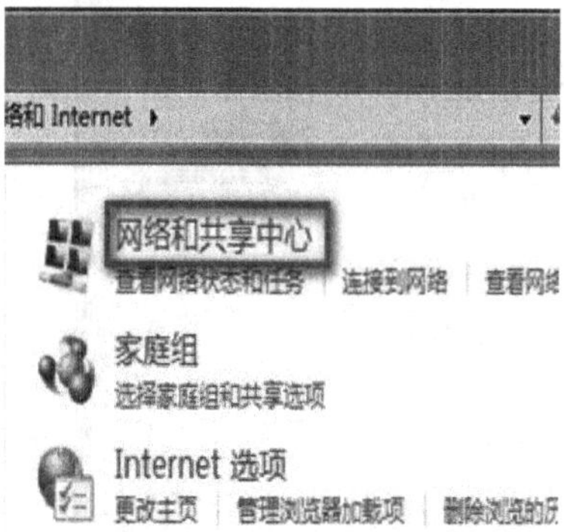

图 2-39 设置新的连接或网络

图 2-40 连接到 Internet

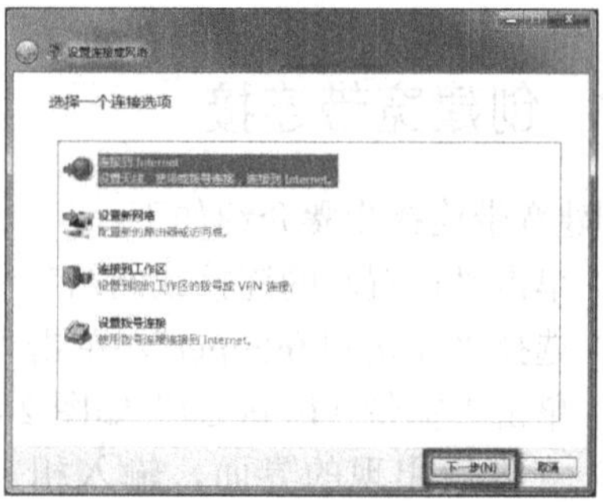

图 2-41 连接选项

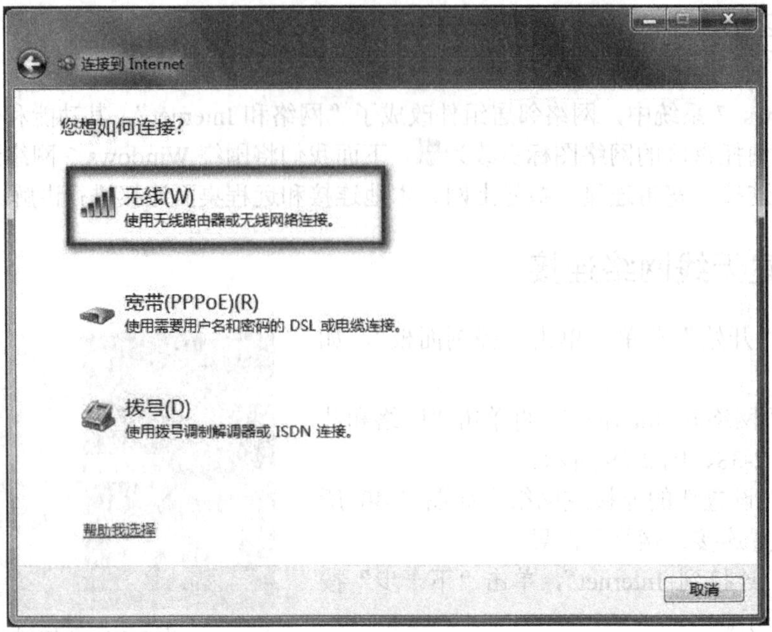

图 2-42　连接到 Internet

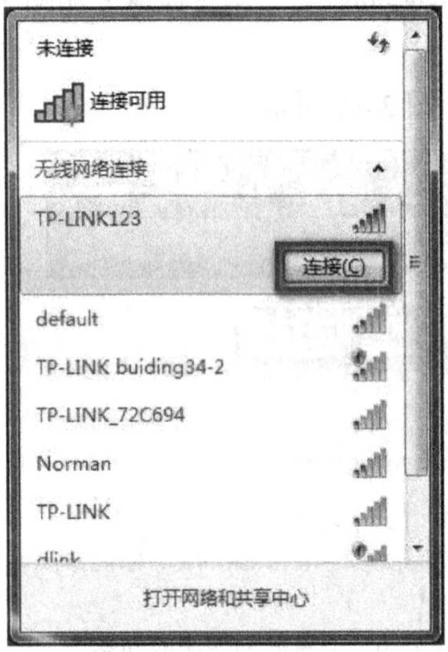

图 2-43　无线连接

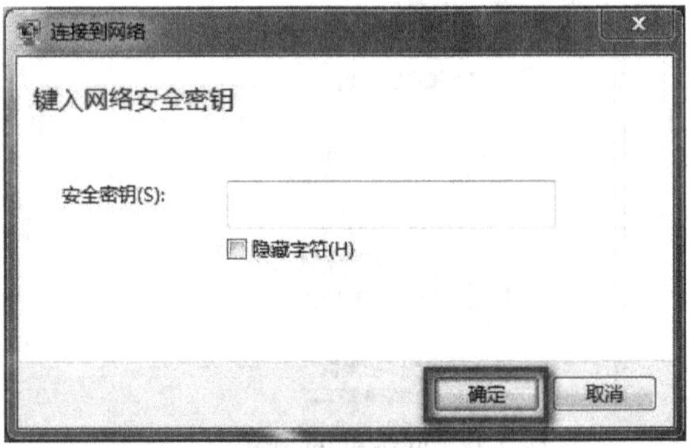

图 2-44　输入密码

2.5.2　创建宽带连接

创建宽带连接步骤介绍如下：

① 单击“设置新的连接或网络”，打开“设置连接或网络” 向导。

② 选择“连接到 Internet”，单击“下一步”按钮。

③ 单击“宽带（PPPoE）”如图 2-45 所示。

④ 在之后出现的界面，输入相关 ISP 提供的信息后单击“连接”即可，如图 2-46 所示。

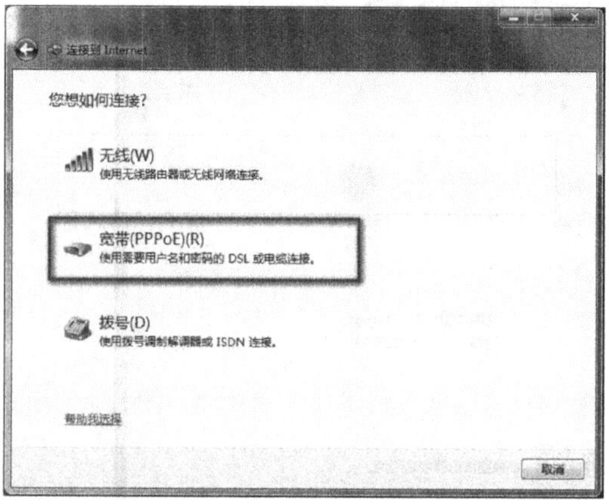

图 2-45　宽带连接

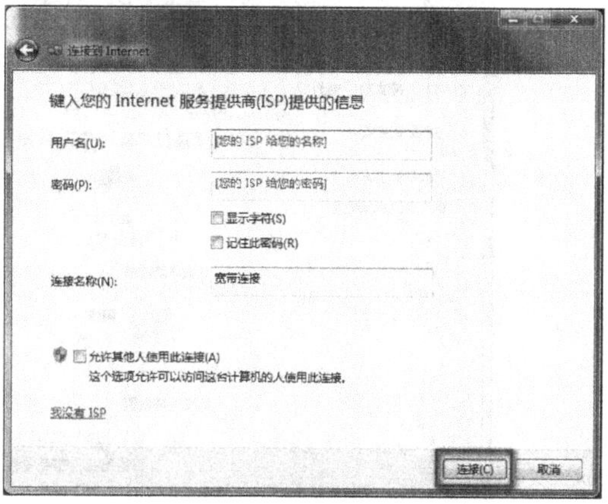

图 2-46　输入账号密码

2.5.3　创建拨号上网

创建拨号上网的步骤如下：

① 单击“设置新的连接或网络”，打开“设置连接或网络”向导。

② 选择“连接到 Internet”，单击“下一步”按钮。

③ 单击“拨号”如图 2-47 所示。

④ 在之后出现的界面，输入相关 ISP 提供的信息后单击“连接”即可如图 2-48 所示。

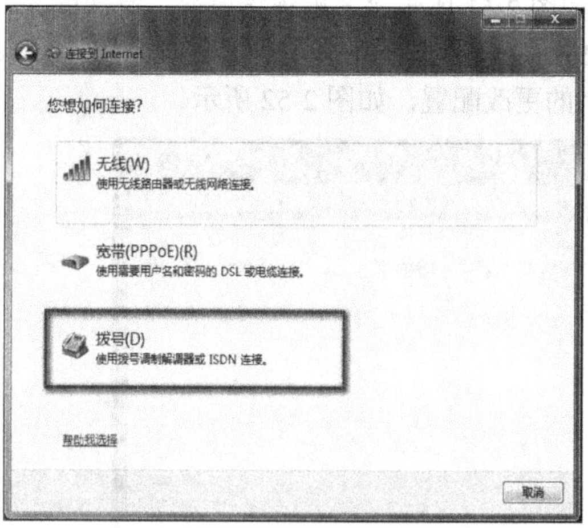

图 2-47　连接类型选择

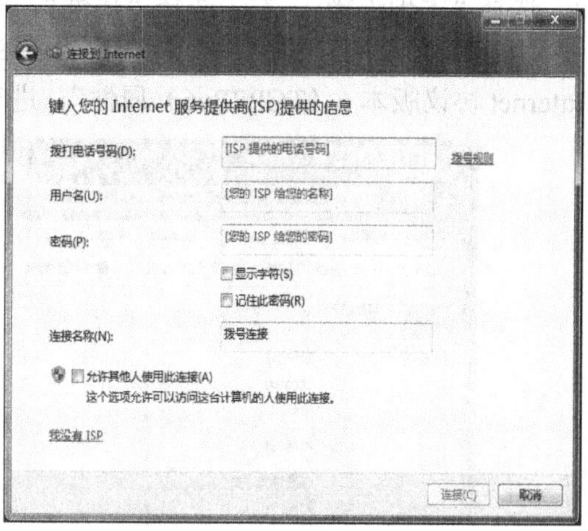

图 2-48　输入用户名密码

2.5.4　本地连接

1. 查看网络连接

（1）单击“开始”按钮，然后单击“控制面板”，即可启动控制面板窗口。

（2）单击“网络和 Internet”，再单击“网络和共享中心”，如图 2-49 所示，即可看到当前机器的网络连接。

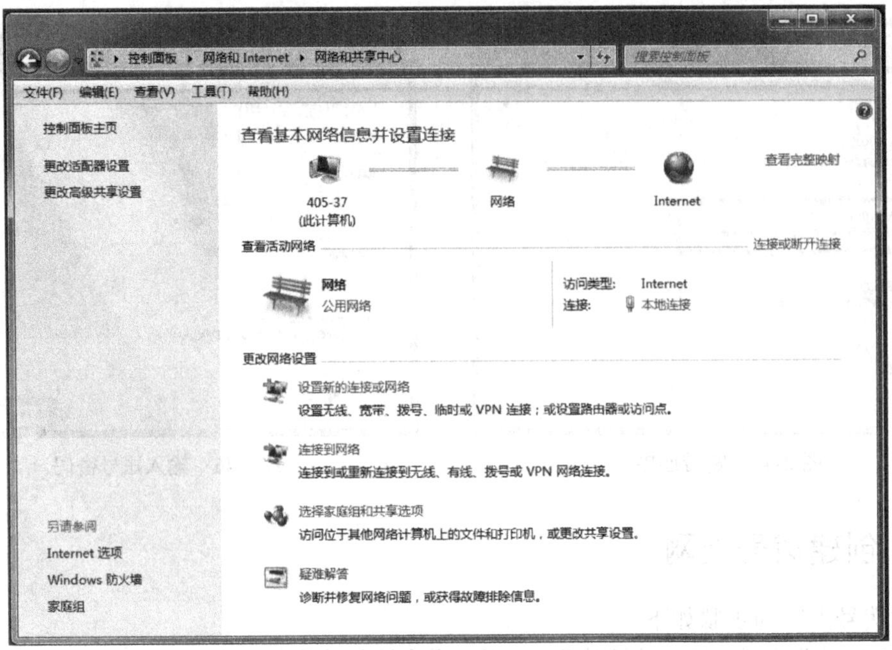

图 2-49　网络和共享中心

2. 查看与更改 IP

（1）在图 2-49 所示窗口中，选择“更改适配器设置”，出现如图 2-50 所示网络连接窗口。选择“本地连接”，右击选择“属性”，出现如图 2-51 所示“本地连接属性”对话框。

（2）在“本地连接属性”对话框中选择“Internet 协议版本 4（TCP/IPv4）属性”或“Internet 协议版本 6（TCP/IPv6）属性”，进行 IP 的更改配置，如图 2-52 所示。

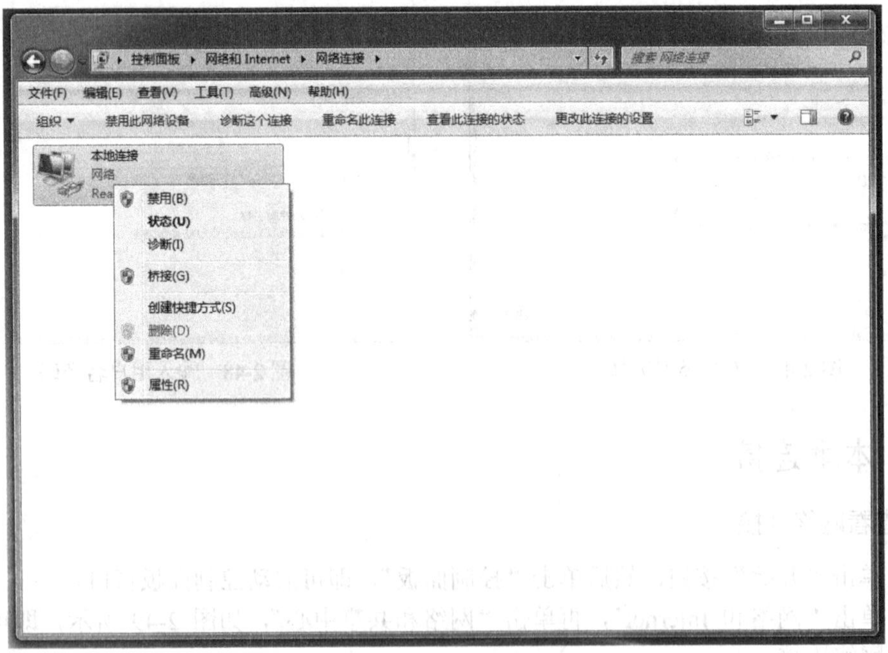

图 2-50　网络连接窗口

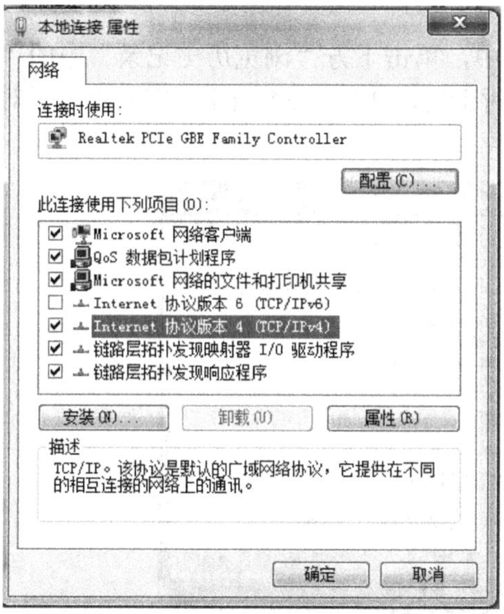

图 2-51 “本地连接属性”对话框

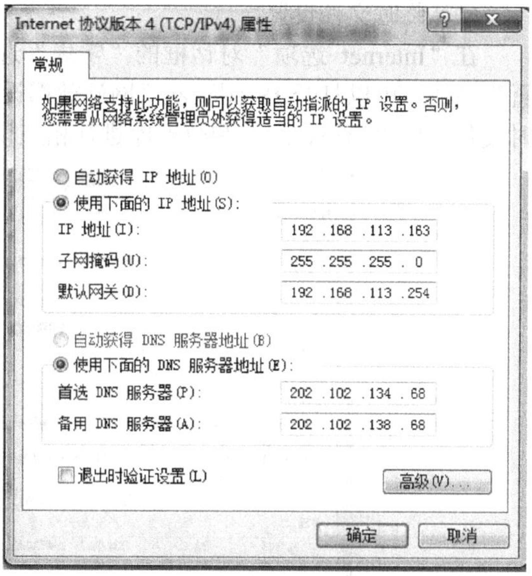

图 2-52 IP 属性设置

3. Internet Explorer 浏览器的使用

（1）IE 主页设置

打开 IE 浏览器后，选择“工具”→“Internet 选项”即可打开如图 2-53 所示的“Internet 选项”对话框。在“常规”选项卡中，我们可以设置浏览器的主页，设置启动选项等。

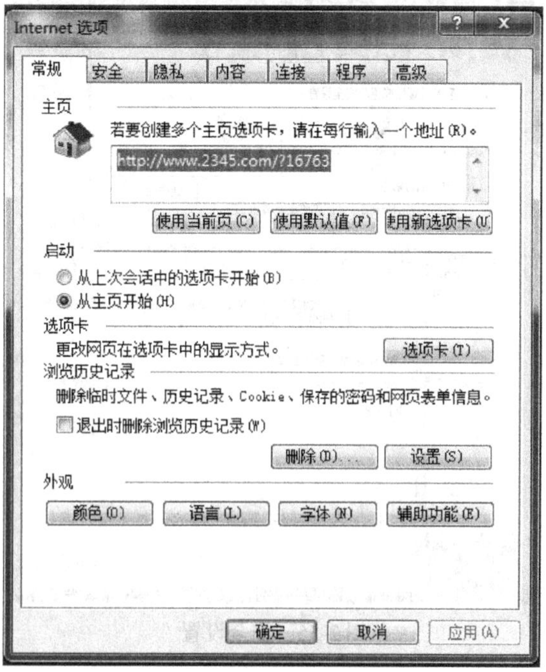

图 2-53 Internet 选项

（2）临时文件设置

在“Internet 选项”对话框的“常规”选项卡中，单击下方“浏览历史记录”中的“设置”按钮，可以打开 IE 浏览器“网站数据设置”对话框，如图 2-54 所示，在其中可以对临时文件、历史记录、缓存和数据库进行相应设置。

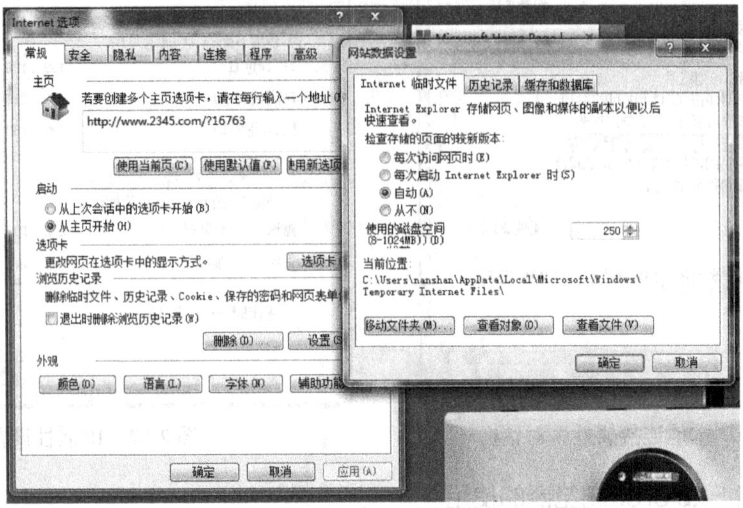

图 2-54　网站数据设置

（3）安全设置

在“Internet 选项”对话框的“安全”选项卡中，我们可以对受信任的站点、受限制的站点进行设置，以保证我们访问网络的安全，如图 2-55 所示。

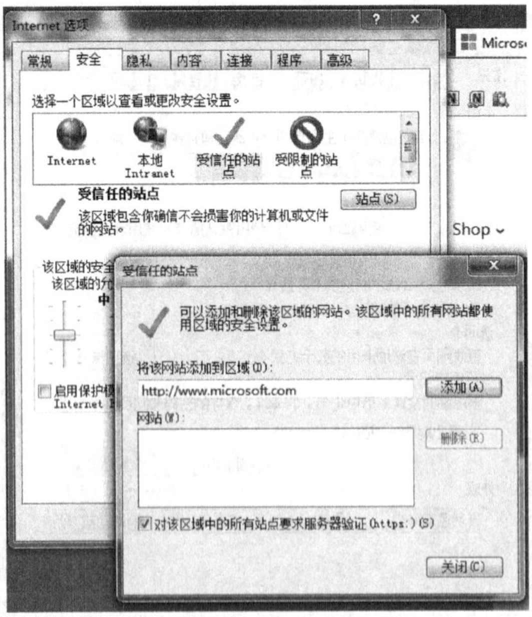

图 2-55　安全设置

（4）内容过滤

在我们访问网络的过程中，有时希望浏览器可以自动对网络内容进行过滤，将某些负面的东西直接过滤掉，此时可以在“Internet 选项”对话框的“内容”选项卡中单击“内容审查程序”中的“启用”，在弹出的对话框中进行设置，如图 2-56 所示。

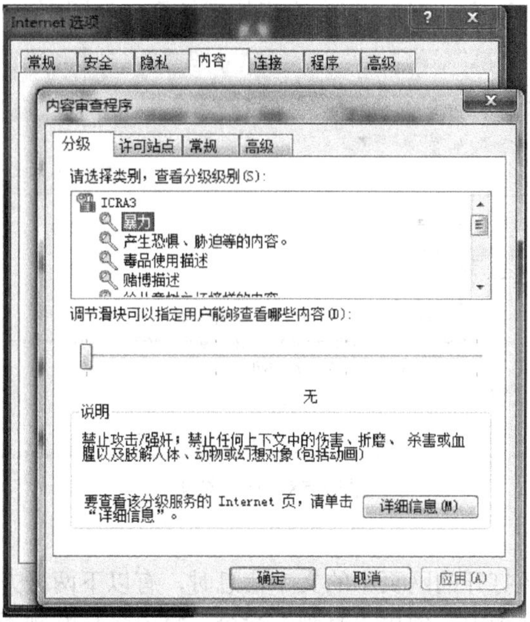

图 2-56 内容过滤

（5）信息浏览与下载

我们通过网络进行信息浏览，可以及时了解世界各处的各种信息，有时我们需要将网页中的内容进行保存。

我们进行信息浏览时，只需在地址栏中输入指定的网址，或在网络搜索框中输入相应内容，即可访问到指定的信息，如图 2-57 所示。

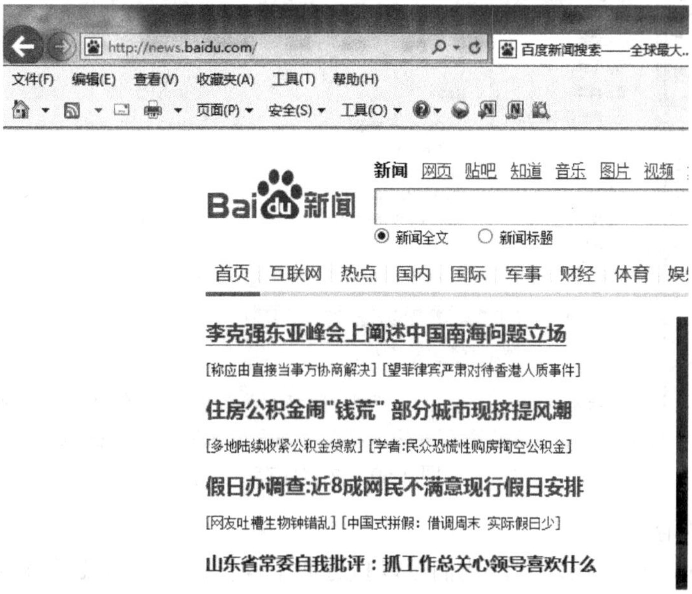

图 2-57 浏览信息

（6）搜索信息

在地址栏中输入 www.baidu.com，会出现百度主页。在搜索栏中输入要搜索的信息，如“我爱我家”，然后单击“百度一下”，将会出现搜索结果，如图 2-58 所示。

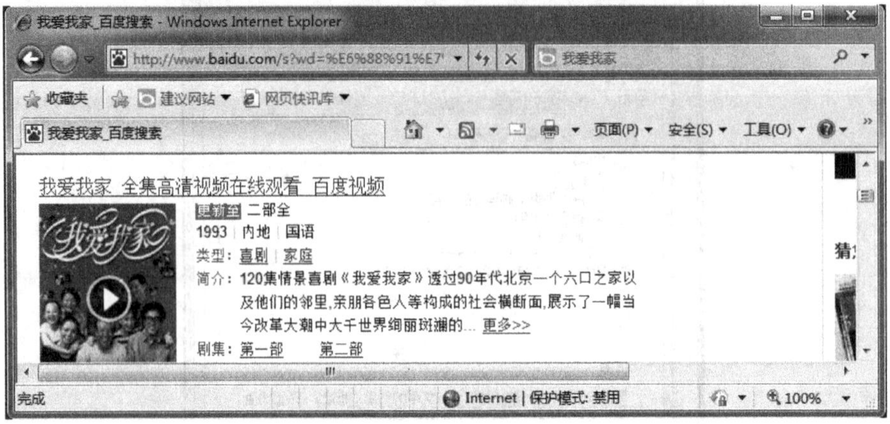

图 2-58　搜索结果

（7）文字内容的保存

当我们需要保存已经打开的网页中的文字信息时，有以下两种方法。

方法一：将文字信息选中，使用“复制”命令，将内容粘贴到指定位置，保存即可。

方法二：使用“文件”→“保存网页”命令，在弹出的对话框中设置保存位置、保存类型、文件名即可，如图 2-59 所示。

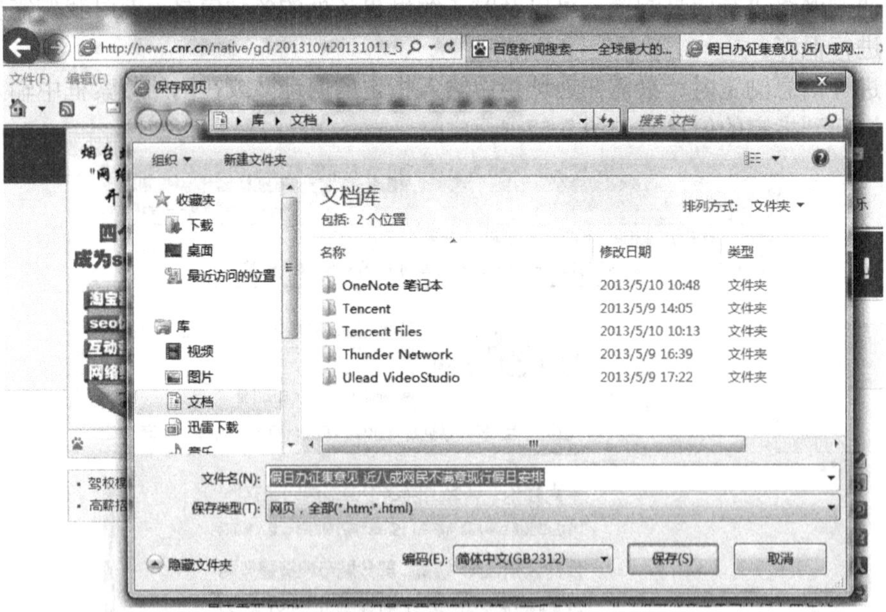

图 2-59　文字保存

（8）图片的保存

当需要保存网页中的图片时，我们可以执行如下操作：右击需要保存的图片，在弹出的快捷菜单中选择“图片另存为”，如图 2-60 所示，在弹出的对话框中指定保存位置、名称即可，如图 2-61 所示。

图 2-60　图片的保存

图 2-61　“另存为”对话框

2.5.5　远程桌面连接

使用远程桌面连接，可以从一台运行 Windows 的计算机访问另一台同样运行 Windows 的计算机，条件是两台计算机连接到相同网络或连接到 Internet。例如，可以在家中的计算机使用所有工作场所中工作着的计算机的程序、文件及网络资源，就像坐在工作场所的计算机前一样。

若要连接到远程计算机，则条件为：该计算机必须处于开启状态；必须具有网络连接；远程桌面必须可用；必须能够通过网络访问该远程计算机（可通过 Internet 实现）；必须具有连接权限。若要获取连接权限，您必须位于用户列表中。以下步骤介绍了如何将名称添加到该列表中。

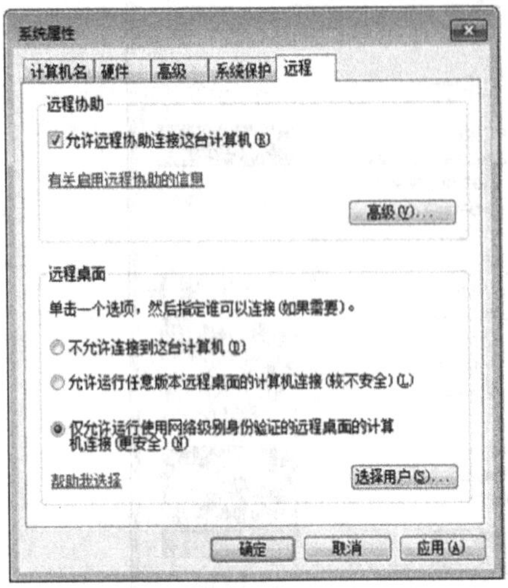

图 2-62 “系统属性”对话框允许远程协助

（1）通过单击“开始”按钮，右击“计算机”，然后单击“属性”，打开“系统属性”对话框。

（2）单击“远程设置”，打开“系统属性”对话框，如图 2-62 所示。如果系统提示输入管理员密码或进行确认，请键入该密码或提供确认。

（3）在“远程桌面”选项组下面，选中三个选项之一。

（4）单击“选择用户”按钮。如果你是计算机上的管理员，则当前的用户账户将自动添加到此远程用户列表中，并且可以跳过以下两个步骤。

（5）在打开的“远程桌面用户”对话框中，单击“添加”按钮。

（6）在打开的“选择用户或组”对话框中，执行下列操作：若要指定搜索位置，请单击“位置”按钮，然后选择要搜索的位置。在“输入对象名称来选择”中，键入要添加的用户名，然后单击“确定”按钮。

该名称将出现在“远程桌面用户”对话框的用户列表中，单击“确定”按钮，然后再次单击“确定”按钮。

2.6 用户账户和家庭安全

用户账户是通知 Windows 你可以访问哪些文件和文件夹，可以对计算机和个人首选项（如桌面背景和屏幕保护程序）进行哪些更改的信息集合。通过用户账户，你可以在拥有自己的文件和设置的情况下与多个人共享计算机。每个人都可以使用用户名和密码访问其用户账户。

Windows 中有三种类型的账户，每种类型为用户提供不同的计算机控制级别：

- 标准账户适用于日常计算。
- 管理员账户可以对计算机进行最高级别的控制，但应该只在必要时才使用。
- 来宾账户主要针对需要临时使用计算机的用户。

2.6.1 创建一个新账户

（1）单击“开始”按钮，再单击右边的“控制面板”打开控制面板。
（2）在控制面板中单击“用户账户和家庭安全”如图 2-63 所示。
（3）在打开的窗口中单击“用户账户”如图 2-64 所示。
（4）在打开的窗口中单击下方的“管理其他账户”如图 2-65 所示。

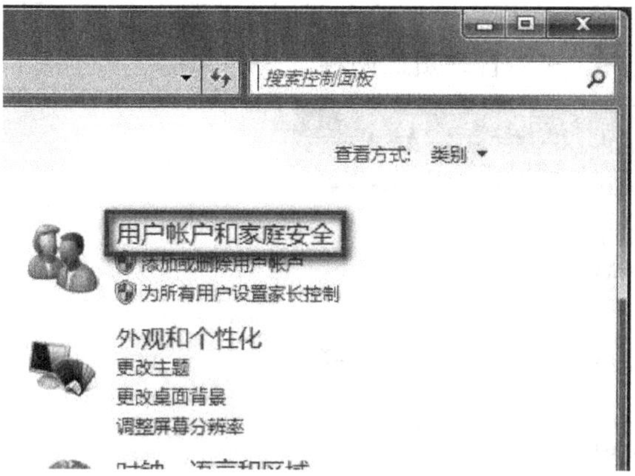

图 2-63　用户设置

图 2-64　用户账户设置

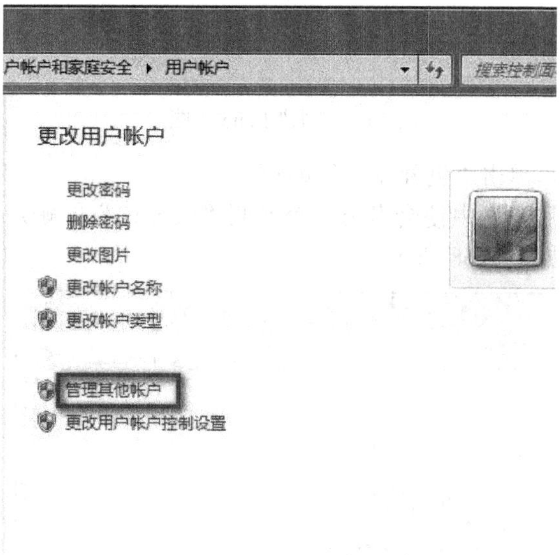

图 2-65　账户界面

（5）打开“管理账户”界面后，单击左下方如图 2-66 所示“创建一个新账户”。

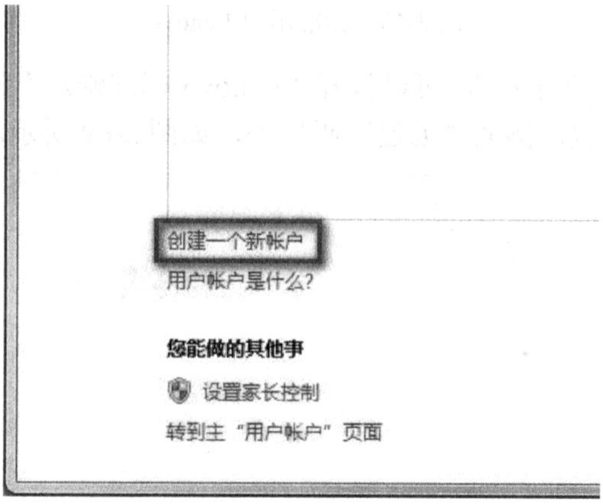

图 2-66　创建新账户

（6）打开“创建新账户”界面后，在中间的文本框中可以输入要创建的账户名，如图 2-67 所示，如 Lenovo，类型可以选择“标准账户”和“管理员”两种。

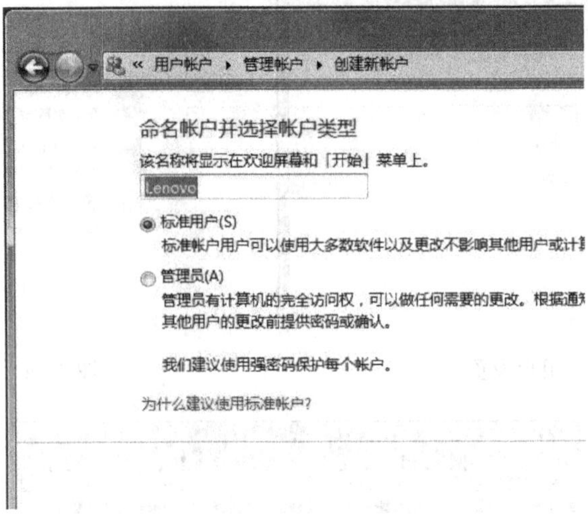

图 2-67　创建 Lenovo 账户

（7）输入完成之后，单击“创建账户”即可。

（8）这时在“管理账户”中便会多出一个名叫“Lenovo”的账户，即为刚才创建的新账户，级别为标准用户，如图 2-68 所示

图 2-68　标准用户 Lenovo

（9）单击“Lenovo 标准用户”，可以打开“Lenovo 标准账户”的管理设置界面，在该界面中可以对其进行一些设置，例如“创建密码”等，如图 2-69 所示。

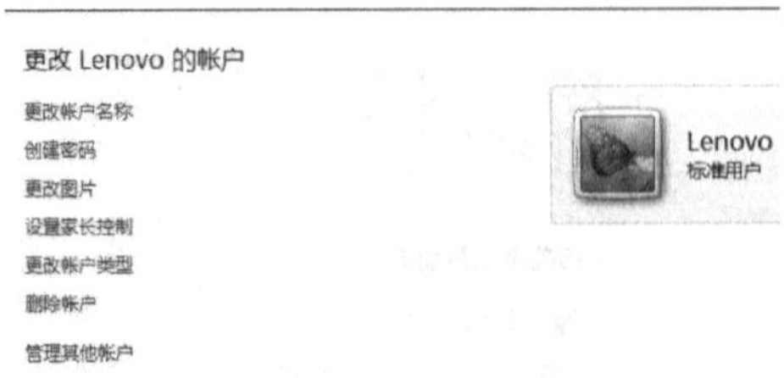

图 2-69　修改账户

2.6.2　设置用户账户密码

设置用户账户密码步骤如下：

（1）单击开始菜单中或任务栏上的“控制面板”。

（2）如打开的是类别视图，如图 2-70 所示单击“用户账户和家庭安全”。

（3）在打开的窗口中单击“用户账户”如图 2-71 所示。

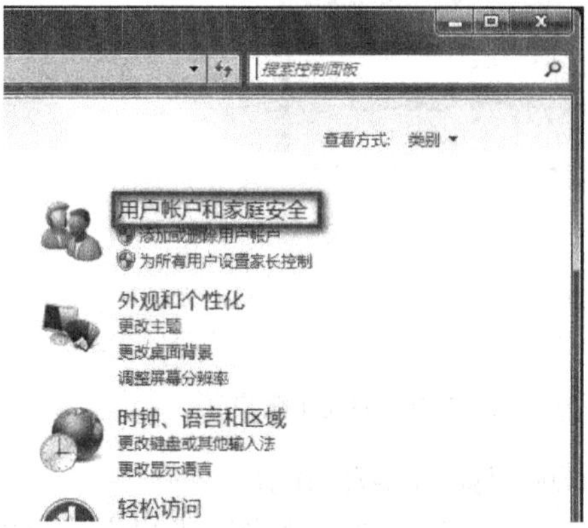

图 2-70　账户安全

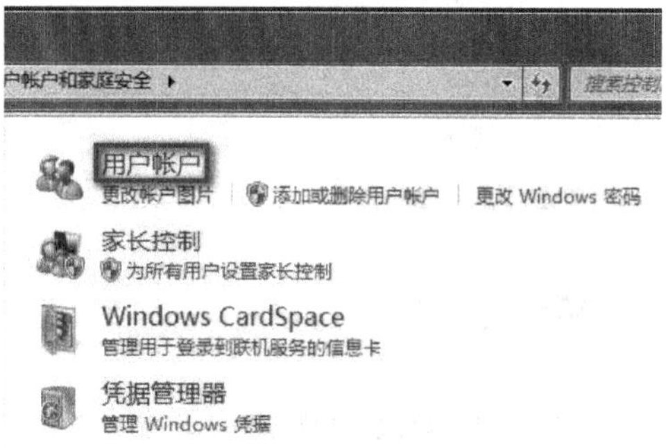

图 2-71　用户账户

（4）在打开的窗口中单击“为您的账户创建密码”如图 2-72 所示。

（5）在打开的窗口的文本框中输入密码并确认，必要时可以设置强密码和密码提醒（关于强密码和密码提醒可单击对应的链接参考帮助文档），并单击“创建密码”。如图 2-73 所示完成后的状态。

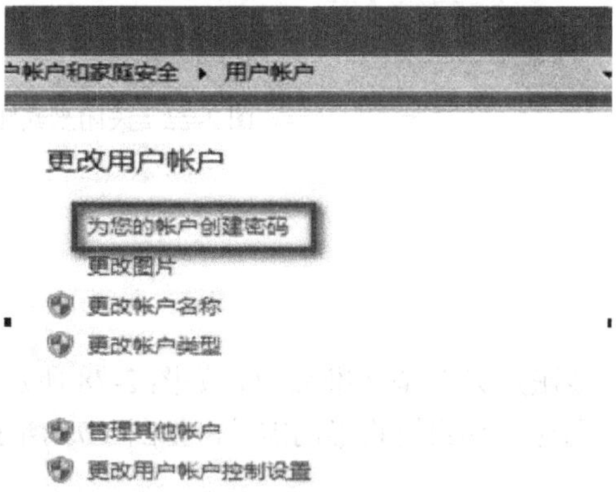

图 2-72　创建密码

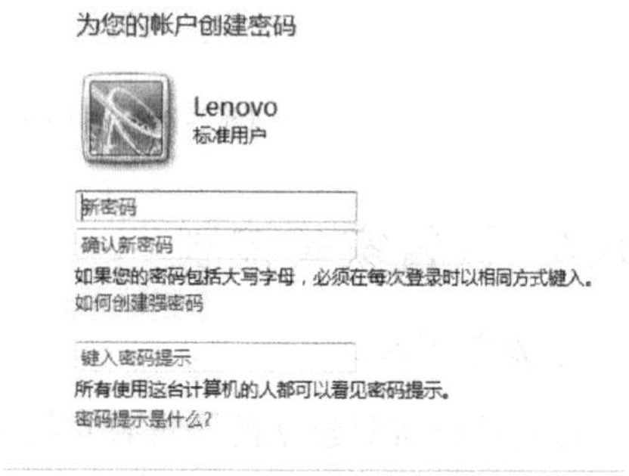

图 2-73　设置密码

（6）如果此账户有密码，窗口变为“更改密码”和“删除密码”。

2.6.3　启用或禁用来宾账户

启用或禁用来宾账户的步骤如下：

（1）打开“开始”菜单选择“控制面板”。

（2）在打开的窗口的“类别”视图下选择“添加或删除用户账户”如图 2-74 所示。

（3）在打开的窗口中单击选择来宾账户 Guest 如图 2-75 所示。

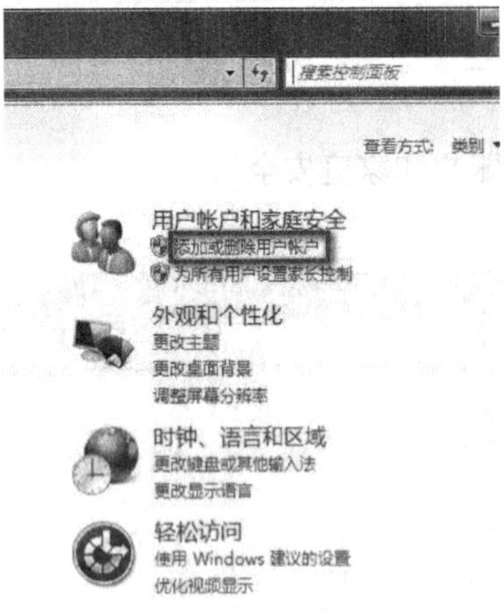

图 2-74　修改用户账户

图 2-75　Guest 账户

（4）在打开的窗口中单击“启用”，即可启用来宾账户如图 2-76 所示。

（5）若禁用来宾账户，同样选择来宾账户 Guest，只是选择“关闭来宾账户”（见图 2-77）即可。

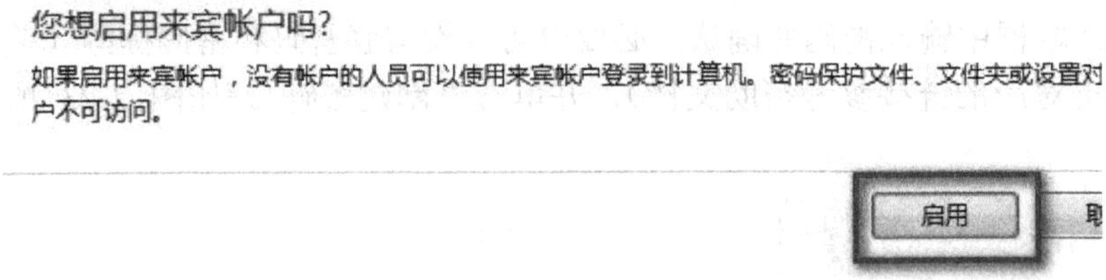

图 2-76　启用来宾账户

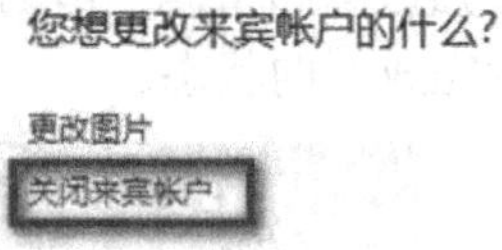

图 2-77　关闭来宾账户

2.6.4　设置家长控制

1. 准备工作

首先我们需要建立被设置家长控制的账户，该账户只能是标准账户，如图 2-78 所示。另外，要为计算机管理员账户设置密码保护，否则一切设置将形同虚设，如图 2-79 所示。

2. 控制开启

Windows 7 的家长控制主要包括 3 方面详细内容：时间控制、游戏控制及程序控制。首先确认登录计算机管理员的账户，打开“控制面板”→“用户账户和家庭安全”→“家长控制”，再选择需要被控制的账号，如图 2-80 所示。

图 2-81 便是家长控制状态下的具体设置界面。

3. 时间控制

鼠标单击事件点便可切换阻止或者允许，如图 2-82 所示。

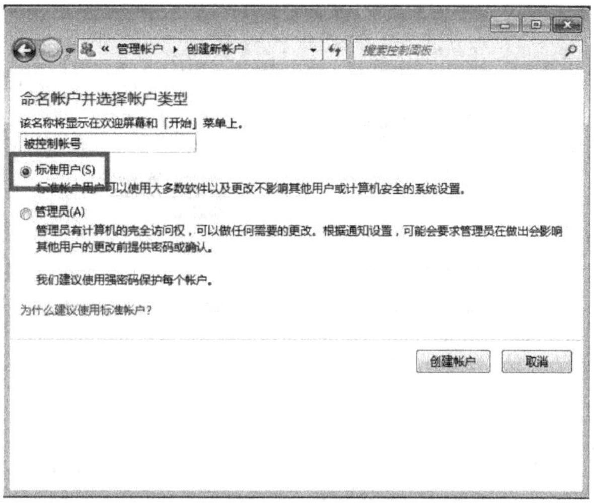

图 2-78　家长控制

图 2-79　控制账号

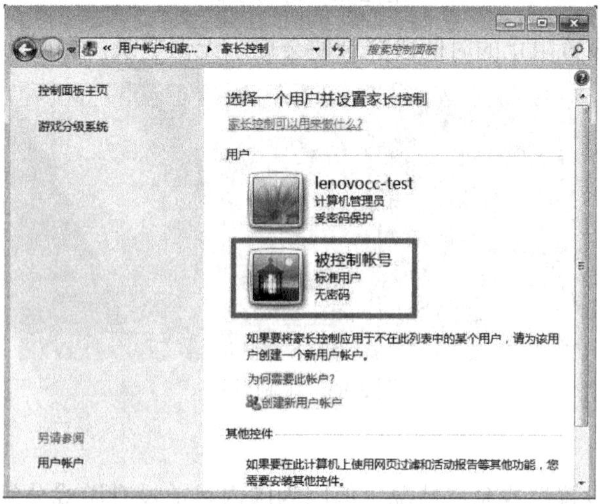

图 2-80　家长控制

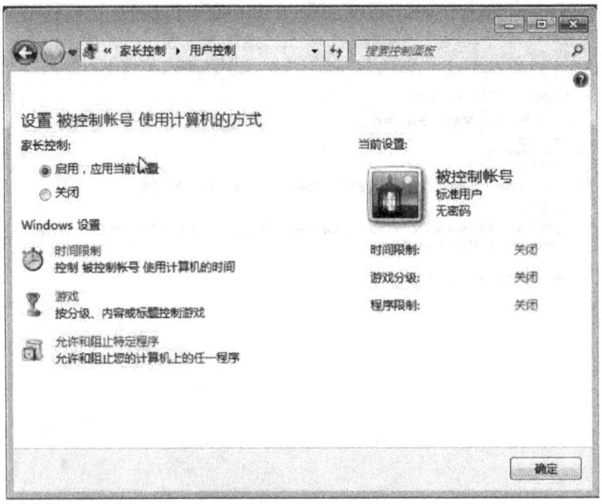

图 2-81　家长控制状态

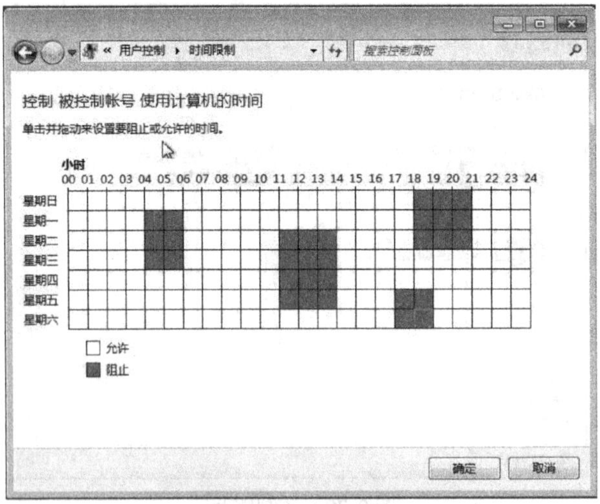

图 2-82　时间控制

当被控制账户在设置阻止的时间段登录便会提示无法登录，如图 2-83 所示。

图 2-83　限制登录

4．游戏控制

可以按游戏分级设置游戏允许情况，但因为国内目前没有游戏分级规定，所以如果有某些游戏无法设置分级阻止则可以使用特定游戏阻止方式，如图 2-84 所示。

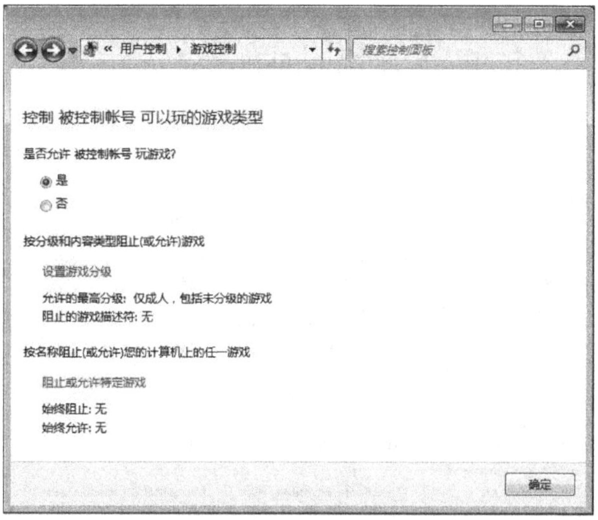

图 2-84　控制游戏

如果游戏被设置为不允许使用会提示已经被阻止，并且还可以从“开始”菜单中直接看到标记为无法使用，如图 2-85、图 2-86 所示。

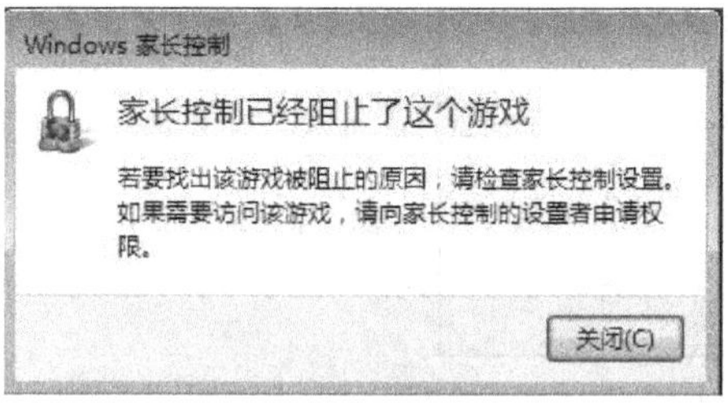

图 2-85　限制游戏

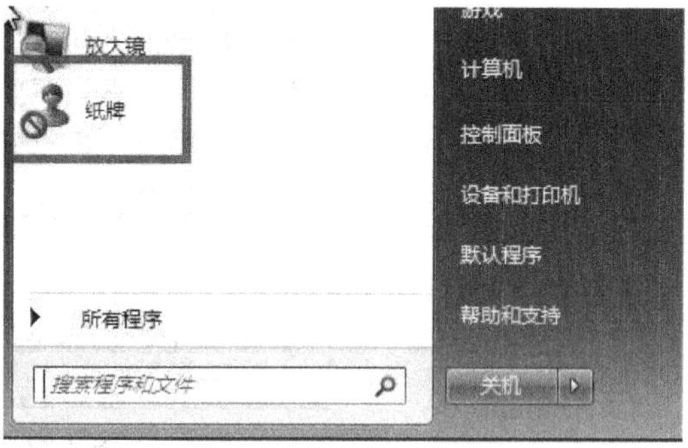

图 2-86　标记不可用

5. 程序控制

程序控制中可以设置为都可以使用，或者只允许某些程序可以使用，系统会自己刷新可以找到的相关程序，勾选便可设置允许使用该程序，或者使用下边“浏览”按钮添加无法找到的其他程序如图 2-87 所示。

当程序被阻止时会有相关提示，如图 2-88 所示。

2.6.5　更改用户账户控制设置

更改用户账户控制设置步骤如下：

（1）单击“开始”菜单，选择“控制面板”，选择“用户账户和家庭安全”。

（2）单击选择“用户账户”，再选择“更改用户账户控制设置”，如图 2-89 所示。

（3）在打开的窗口中拖动滑动条可以更改用户账户控制设置，如图 2-90 所示。完成后单击“确定”按钮，更改用户账户控制设置。

图 2-87　程序控制

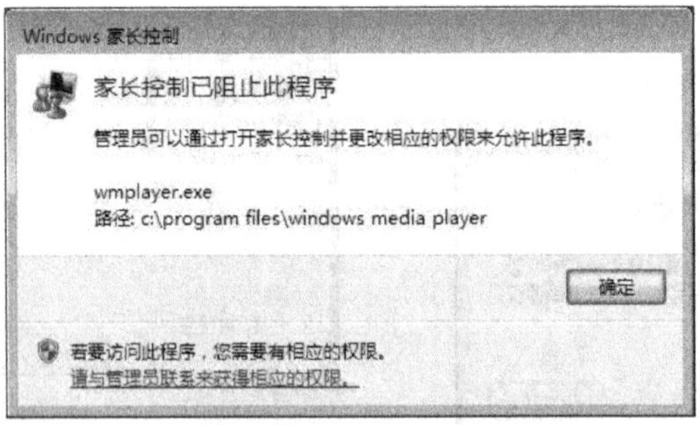

图 2-88　程序控制

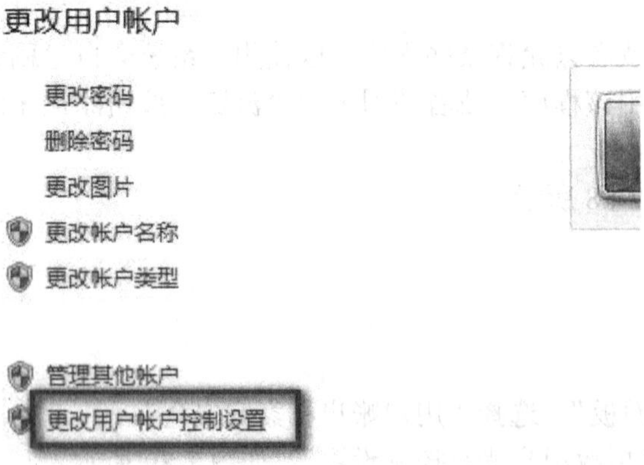

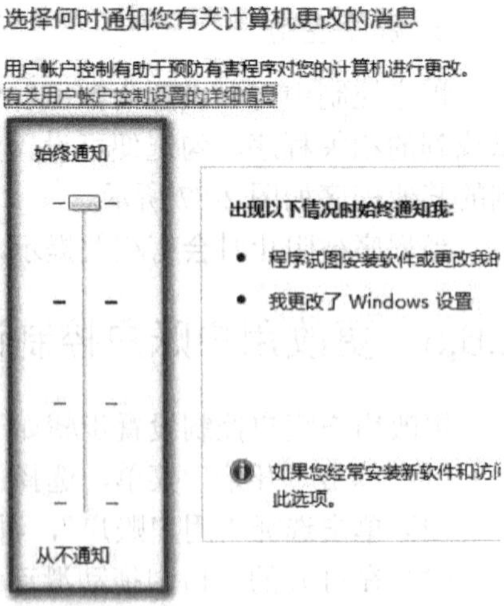

选择何时通知您有关计算机更改的消息
用户帐户控制有助于预防有害程序对您的计算机进行更改。
有关用户帐户控制设置的详细信息
始终通知
出现以下情况时始终通知我:
我更改了 Windows 设置
从不通知

图 2-89　更改用户账户控制　　图 2-90　账户控制设置

用户账户控制级别的说明

（1）始终通知：对每个系统变化进行通知。这也是 Vista 的模式，任何系统级别的变化（Windows 设置、软件安装等）都会出现 UAC 提示窗口。

（2）默认设置：仅当程序试图改变计算机时发出提示。当用户更改 Windows 设置（如控制面板和管理员任务时）将不会出现提示信息。

（3）不降低桌面亮度：仅当程序试图改变计算机时发出提示，不使用安全桌面（即降低桌面亮度）。这与默认设置有些类似，但是 UAC 提示窗口仅出现在一般桌面，而不会出现在安全桌面。这对于某些视频驱动程序是很有用的，因为运行这些程序会使桌面转换很慢，请注意安全桌面对于试图安装响应的软件而言是一种阻碍。

（4）从不通知：从不提示，这也等于完全关闭 UAC 功能。

2.6.6　Windows 7 的一些特色功能

单击"开始"按钮→"所有程序"→"附件"，可以看到 Windows 7 提供的常用小程序，如图 2-91 所示，通过这些小程序，我们可以更方便地处理一些日常事务。

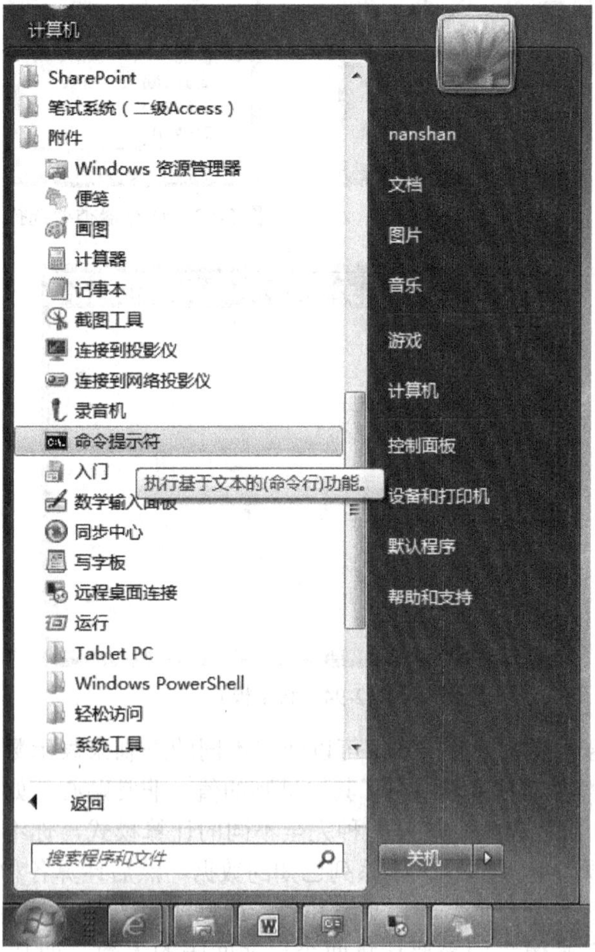

图 2-91　Windows 7 常用小程序

（1）计算器

微软在 Windows 7 中新增了很多非常实用的小程序，在这其中计算器也许算是最不起眼的一个角色。但是这次 Windows 7 中的计算器功能可绝不容小觑，微软的开发工程师对其进行大力“整修”，除了常规的计算功能之外，其中还包含了很多最新的实用功能。单击“开始”菜单→“附件”→“计算器”即可启动计算器窗口，如图 2-92 所示。

① 标准计算器。如图 2-92 所示标准计算器是最常用也是最简单的模式，可以进行加、减、乘、除、开方、倒数等基本运算，相信每个人都很熟悉。若需要使用其他类型的计算器，可以单击“查看”，在弹出的菜单中选择计算器类型，如图 2-93 所示。

② 科学计算器。属于标准模式的扩展，主要是添加了一些比较常用的数学函数，如三角函数，度、弧度、梯度换算等功能，如图 2-94 所示。

图 2-92　标准模式

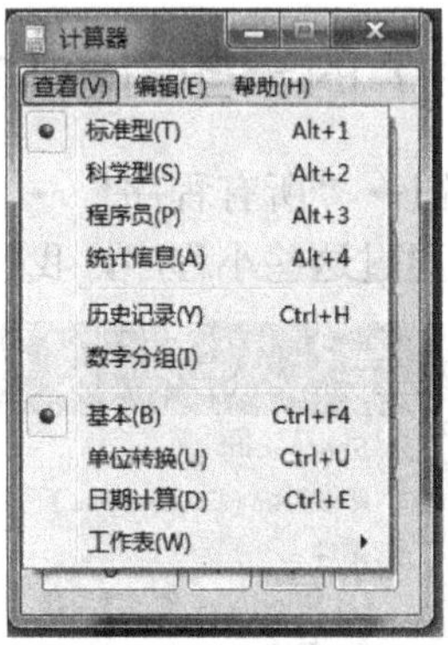

图 2-93　计算器类型选择

图 2-94　科学模式

③ 程序员计算器。程序员的模式，可以使用不同的进制来表示数，也可以限定数据的字节长度，而且每个数字都在下方给出了其二进制的值，非常贴心，如图 2-95 所示。

④ 统计计算器。统计模式，这是一种完全不同的计算模式，你不再逐次地输入数据与操作符而得到一个结果，而是先输入一系列已知的数据，然后计算各种统计数据。支持的统计数据包括平均值、平方平均值、和、平方和、标准差，如图 2-96 所示。

⑤ 日期计算。有时候我们需要计算两个日期间隔的天数，即从某月某日起到某月某日，要经过几天。假设必须计算 2009 年 12 月 29 日到 2010 年 1 月 18 日有多长时间。有了

计算器的帮忙，事情就变得很简单，再也不用掐着手指慢慢算了。只需在计算器窗口中单击“查看”→“日期计算”，然后在右侧详细窗格中输入目标日期，并单击“计算”按钮，即可得出结果是还有 2 个星期零 6 天（共 20 天），如图 2-97 所示。

图 2-95　程序员模式

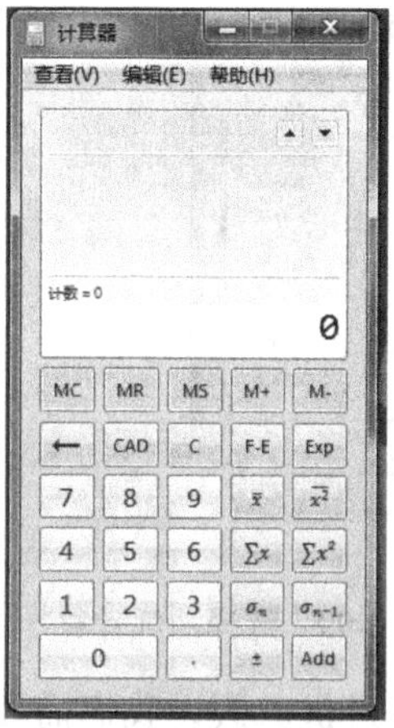

图 2-96　统计模式

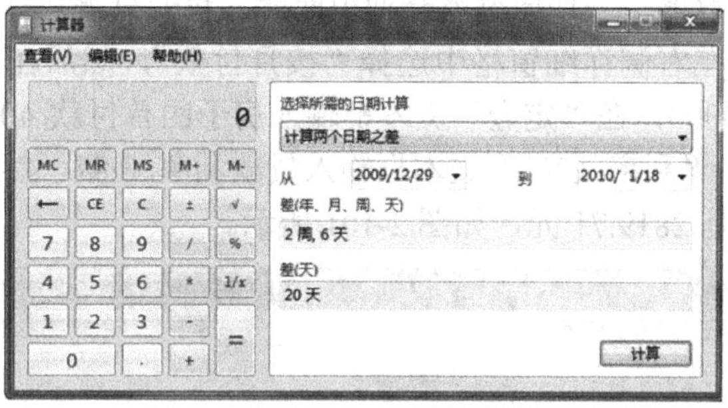

图 2-97　日期计算

⑥ 单位转换。Windows 7 计算器的单位转换功能也非常实用。例如我们经常听到 1 克拉、1 盎司等说法，但是未必每个人都很清楚这些“陌生”的计重单位等于多少。这时候可以打开计算器，并单击“查看”→“单位转换”，然后在右侧的窗格中选择要转换的单位类型，例如可以选择“重量/质量”，然后选择具体的待换算单位（例如“克拉”），和目标单位（例如“克”），再指定是多少克拉，结果马上会显示出来，如图 2-98 所示。

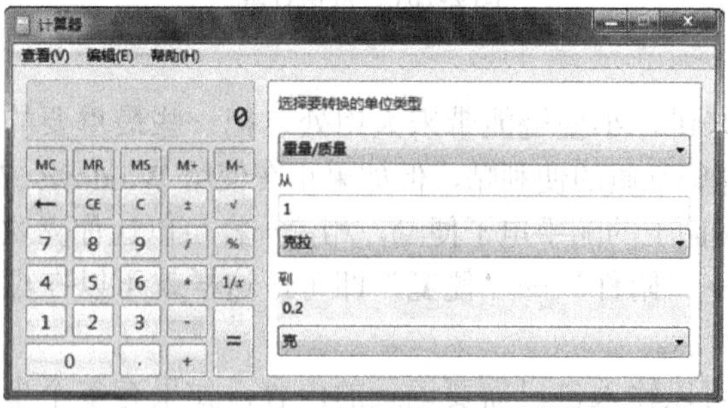

图 2-98　单位转换

⑦ 油耗计算。对于有车族来说，Windows 7 自带的计算器也大有裨益，甚至还可以帮

助我们计算油耗！方法很简单，只需单击“查看”→“工作表”→“油耗（l/100km）”，如图 2-99 所示。假设汽车一共开了 480 公里的路程，而共计加油 40 升，则可以很容易在计算器的右侧详细窗格里计算出实际油耗是 8.33 升/百·公里，非常方便，如图 2-100 所示。

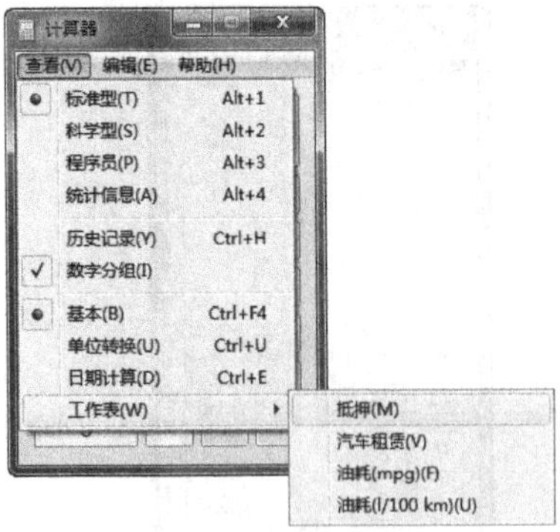

图 2-99　选择油耗计算

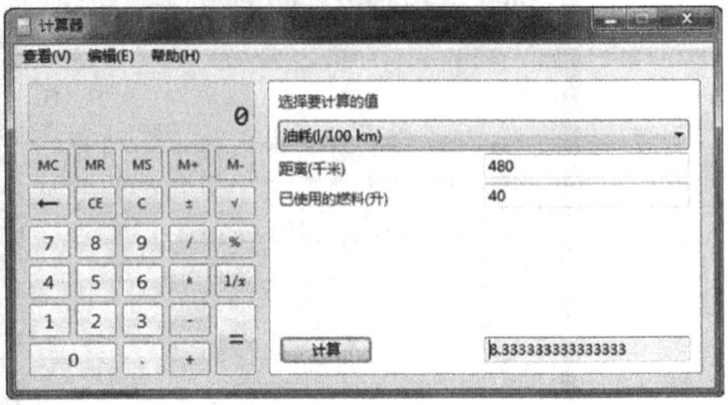

图 2-100　油耗计算

⑧ 计算月供。假设我们需要购买一套价值 100 万元的房子，首付款为 40 万元，其他的费用采用公积金贷款。那我们一个月需要还多少贷款呢？

有了 Windows 7 计算器，一切问题就会迎刃而解。我们只需在菜单项里选择“查看”→“工作表”→“抵押”，在右侧详细窗格中选择“按月付款”，然后在“采购价”文本框输入房子的购买总金额 1000000，在“定金”文本框输入房子的首付款 400000，在“期限”文本框输入还款年限 30，在“利率（%）”文本框输入贷款利率 3.87，然后单击“计算”按钮，即可计算出每月还款额是 2819.71 元，如图 2-101 所示。

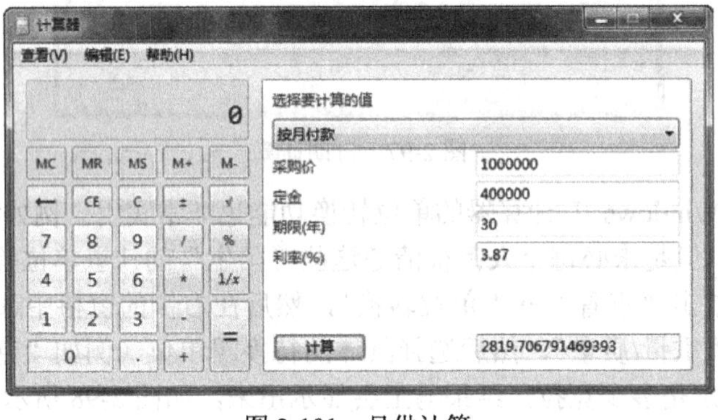

图 2-101　月供计算

（2）便笺

对于一些办公人士来讲，小便笺能带来大用处，把一些最重要的事件随手记录是个好习惯。大多数人会借助于那些纸质的便利贴，但如果正在使用 Windows 7 系统，不妨环保一下，来体验一下 Windows 7 桌面上的随手电子便笺，相信一样可以让你喜欢。操作方法如下：

单击“开始”菜单→“附件”→“便笺”即可，这样就可以在桌面上看到一个“便笺”的小窗口，如图 2-102 所示。

在便笺窗口，用户可以输入自己需要记录的内容，如果有多个事件，就单击小窗口左上角的“+”号可以增加一个便笺窗口，如图 2-103 所示。

鼠标左键按住便笺上边缘随意移动，可以在 Windows 7 桌面上把便笺拖来拖去，轻松调整便笺的显示位置。

鼠标移动到便笺右下角，等到出现双向斜箭头时，按住鼠标左键拖动，可以自由调整便笺的面积大小。

右击便笺文字区域，可以从弹出菜单中选择便笺的颜色。我们可以为多张便笺设置不同的颜色，分类记录不同的事情，一目了然，如图 2-104 所示。

图 2-102　便笺

图 2-103　新建便笺

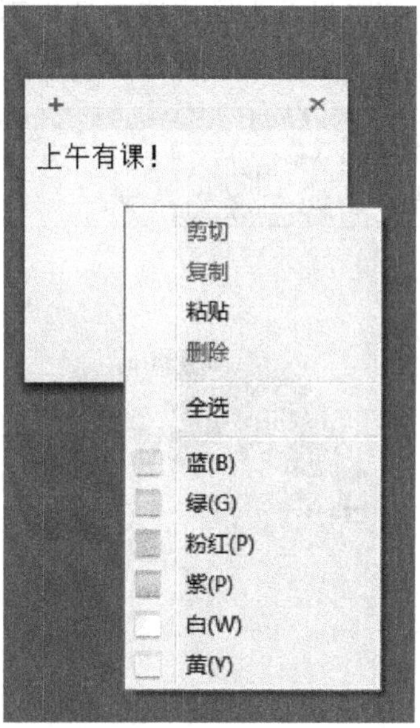

图 2-104　便笺颜色选择

（3）截图工具

使用 Windows 7 截图工具很简单，单击“开始”菜单→“附件”→“截图工具”，即可启动截图工具。在截图工具的界面上单击“新建”按钮右边的小三角按钮，在弹出的下拉菜单中选择截图模式，有四种选择任你所选：任意格式截图、矩形截图、窗口截图和全屏幕截图。选择一种模式后，即可通过拖动鼠标进行抓图，如图 2-105 所示。所抓图片会直接在截图工具中显示，如图 2-106 所示。

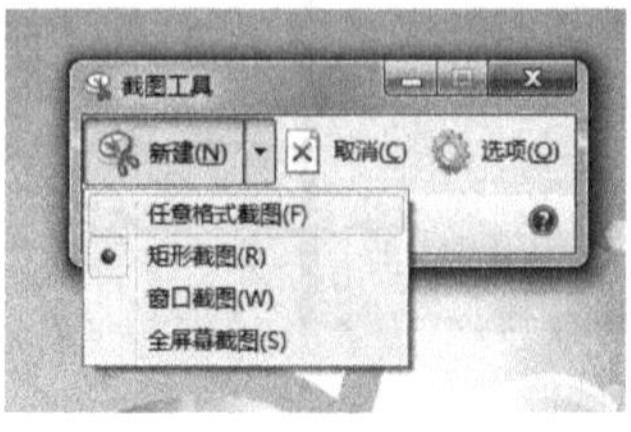

图 2-105　抓图工具

图 2-106　抓图效果

Windows 7 的截图工具出彩的地方就在于可以采取任意格式截图，或截出任意形状的图形。操作方法为：单击“任意格式截图”，然后使用剪刀圈出想要的图形即可将你希望的图形截取出来，如图 2-107 所示。

Windows 7 在截图的同时还可以即兴涂鸦，在截图工具的编辑界面，除了可以选择不同颜色的画笔，另外一个非常贴心的功能就是它的橡皮擦工具。在任何时候对某一部分的操作不满意，都可以单击橡皮擦工具将不满意的部分擦去，而不用一直按“Ctrl+Z”键撤销操作或者全部重新制作，如图 2-108 所示。

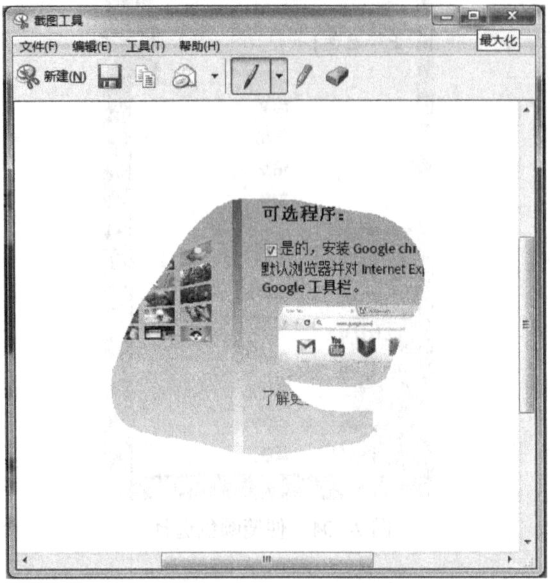

图 2-107 任意格式截图

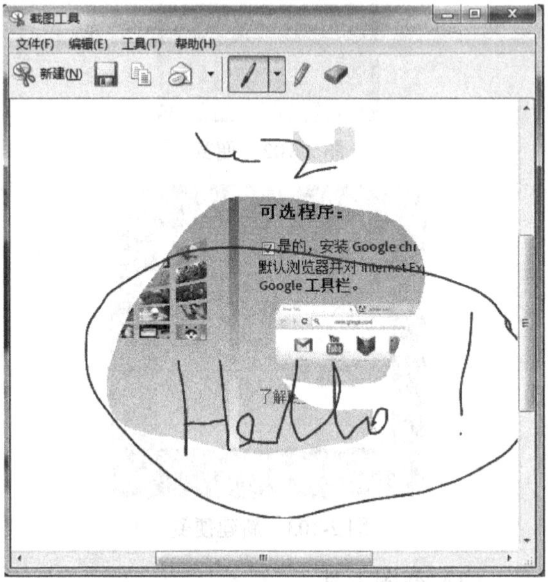

图 2-108 涂鸦效果

（4）数学输入面板

通常情况下，我们需要输入公式时，总是首先打开 Word，然后调用公式编辑器进行输入，这也是比较麻烦的，尤其是常年和数学公式打交道的教授学者们（当然也有学生们），经常要写一些论文文章，如果没有一个好的公式输入工具，还真是很头疼。其实，如果你已经用上 Windows 7，那么可以使用更简单的方法。

如果之前没有打开数学输入面板，我们可以通过单击“开始”菜单→“附件”→“数学输入面板”来打开数学输入面板，如图 2-109 所示。

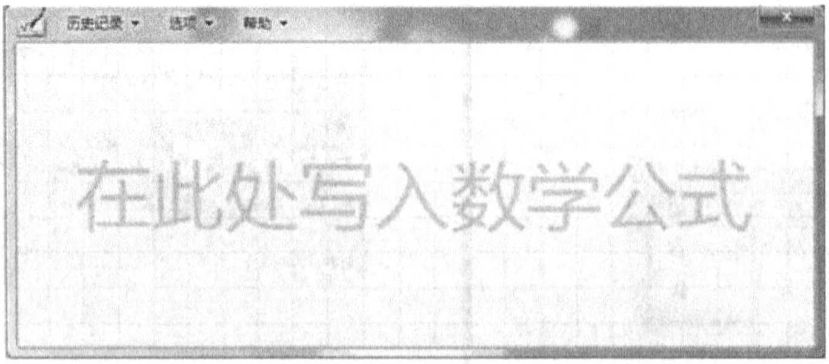

图 2-109 数学输入面板

打开数学输入面板，使用鼠标手动写入公式，上方白色区域显示的是识别的结果。如果与你需要的公式不同，可通过右边的“选择和更正”等按钮来修改。如果与你需要的公式相同，可单击右下方的“插入”按钮将该公式插入到一个需要插入的位置中，如图 2-110 所示。

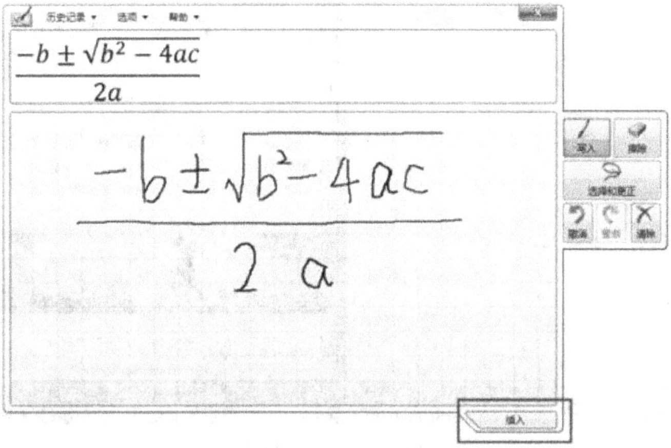

图 2-110　数学公式输入

2.6.7　Windows 7 快捷键

Win+Home：将所有使用中的窗口以外的窗口最小化（和摇动使用中的窗口一样意思）。

Win+Space 空格键：将所有桌面上的窗口透明化（和鼠标移到工作列的最右下角一样意思）。

Win+上方向键：最大化使用中的窗口（和将窗口用鼠标拖到屏幕上缘一样意思）。

Shift+Win+上方向键：垂直最大化使用中窗口（但水平宽度不变）。

Win+下方向键：最小化窗口 / 还原先前最大化的使用中窗口。

Win+左 / 右方向键：将窗口靠到屏幕的左右两侧（和将窗口用鼠标拖到左右边缘一样意思）。

Shift+Win+左 / 右方向键：将窗口移到左、右屏幕（如果你有接双屏幕的话）工作列快速列。

Win+1～9：开启工作列上相对应的软件，从左到右依顺序为 Win+1 到 Win+9。

Shift+Win+1～9：开启对应位置软件的一个新“分身”，例如使用 firefox 的话会是开新窗口。

Ctrl+Win+1～9：在对应位置软件已开的“分身”中切换。

Alt+Win+1～9：开启对应位置软件的右键菜单。

把打开的文档拖曳后向桌面的左边缘碰触，该文档窗口就自动实现窗口的屏幕半侧显示了，如图 2-111 所示。

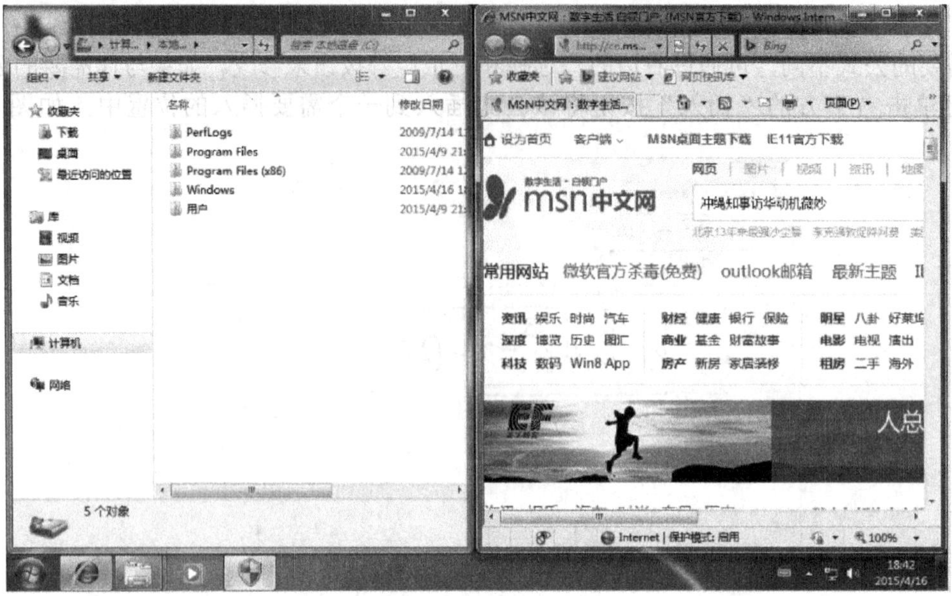
组织 ▼
共享 ▼
新建文件夹
收藏夹
下载
桌面
最近访问的位置
库
视频
图片
文档
音乐
计算机
网络
名称
修改日期
PerfLogs
Program Files
Program Files (x86)
Windows
用户
5 个对象
收藏夹
建议网站 ▼
网页快讯库 ▼
页面(P) ▼
设为首页
客户端
MSN桌面主题下载
IE11官方下载
网页
msn中文网
常用网站
微软官方杀毒(免费)
outlook邮箱
最新主题
资讯 娱乐 时尚 汽车
深度 播览 历史 图汇
科技 数码 Win8 App
财经 健康 银行 保险
商业 基金 财富故事
房产 新房 家居装修
明星 八卦 好莱坞
电影 电视 演出
租房 二手 海外
Internet | 保护模式: 启用
100%
18:42
2015/4/16

图 2-111　半侧显示

第3章　Word 2010 文字处理软件

日常生活和工作中，文字处理是计算机应用必不可少的非常重要的一个方面。中文 Word 2010 是 Microsoft 公司推出的 Microsoft Office 2010 的一个重要模块，使用它可方便地完成制作文稿、报告、商业资料等办公的重要工作文档。随着计算机的迅速普及和计算机技术日新月异的发展，计算机将办公方式带入全新的无纸化时代，文字处理软件的使用越来越重要。目前，进行文档处理的软件有很多，不同系统也有着不同的文档处理软件。其中，基于 Windows 平台的 Word 是目前最流行的字处理和排版软件之一。

本章以 Microsoft 公司开发的 Office 2010 中的 Word 2010 为例介绍文字处理软件及其使用方法。Word 2010 是编辑、修改文档最常用的 Office 组件，不但可以对文字，还可以对图形、图片、表格等信息进行操作，从而能够方便自如地制作出图文并茂的文章、报纸、书籍等。Word 2010 具有很强的直观性，其最大特点是“所见即所得”。采用面向结果的全新用户界面，让操作者轻松找到并可快速实现文本的录入、编辑、格式化、排版等。

本章要点：

■ Word 2010 基本知识概述；
■ 使用 Word 2010 建立文档以及其基本操作；
■ Word 2010 文本的格式化；
■ Word 2010 各种对象插入及表格的操作；
■ Word 2010 页面设置和排版技术。

3.1　Word 2010 概述

3.1.1　Word 2010 简介

1. Word 2010 的主要特点

Microsoft Word 2010 提供了世界上最出色的功能，其增强后的功能可创建专业水准的文档，你可以更加轻松地与他人协同工作并可在任何地点访问你的文件。Word 2010 旨在向你提供最上乘的文档格式设置工具，利用它可更轻松、高效地组织和编写文档。Word 2010 具备了以前版本所具有的大部分功能：文字输入、修改，管理文档，制作、修改表格，实现图文混排，支持“所见即所得”的显示方式，文档格式化及排版，自动拼写检查以及对象的连接，并能把文档生成网页。Word 2010 的十大优势特点如下：

（1）改进的搜索与导航体验。
（2）与他人协同工作，而不必排队等候。
（3）几乎可从任何位置访问和共享文档。
（4）向文本添加视觉效果。
（5）将文本转换为醒目的图表。

（6）为你的文档增加视觉冲击力。

（7）恢复你认为已丢失的工作。

（8）跨越沟通障碍。

（9）将屏幕截图和手写内容插入到你的文档中。

（10）利用增强的用户体验完成更多工作。

2. Word 2010 新增功能

（1）Word 2010 中使用功能区查找所需命令

选项卡都是按面向任务型设计的，每个选项卡都通过组将一个任务分解为多个子任务，每个组中的命令按钮都执行一个命令或显示一个命令菜单。

（2）Word 2010 中使用新的“文档导航”窗格和“搜索”功能浏览长文档

在 Word 2010 中，可以在长文档中快速导航，还可以通过拖放标题而非复制和粘贴来方便地重新组织文档。可以使用增量搜索来查找内容，因此即使并不确切了解所要查找的内容也能进行查找。

（3）Word 2010 使用 OpenType 功能微调文本

Word 2010 提供了对高级文本格式设置功能的支持，包括一系列的连字设置以及选择样式集和数字形式。可以将这些新增功能用于多种 OpenType 字体，实现更高级别的版式润色。

（4）点几下鼠标，Word 2010 即可添加预设格式的元素

通过 Word 2010，可以使用构建基块将预设格式的内容添加到文档中。通过构建基块还可以重复使用常用的内容，帮助你节省时间。

（5）利用 Word 2010 极富视觉冲击力的图形更有效地进行沟通

新的图表和绘图功能包含三维形状、透明度、投影以及其他效果。

（6）向图像添加艺术效果

Word 2010 可以为图片应用复杂的“艺术”效果，使图片看起来更像草图、绘图或油画。这可以轻松地优化图像，而无须使用其他照片编辑程序。

（7）即时对文档应用新的外观

可以使用样式对文档中的重要元素快速设置格式，例如标题和子标题。样式是一组格式特征，例如字体名称、字号、颜色、段落对齐方式和间距。使用样式来应用格式设置时，在长文档中更改格式设置会变得更为容易。例如，你只需更改单个标题样式而无须更改文档中每个标题的格式设置。

（8）添加数学公式

在 Word 2010 中向文档插入数学符号和公式非常方便。只需转到“插入”选项卡，然后单击“公式”，即可在内置公式库中进行选择。使用“公式工具”上下文菜单可以编辑公式。

（9）轻松避免拼写错误

在编写让其他人查看的文档时，当然不希望出现影响理解或破坏专业形象的拼写错误。利用拼写检查器的新功能便于您满怀信心地分发工作。

（10）在任意设备上使用 Word 2010

借助 Word 2010 可以根据需要在任意设备上使用熟悉的 Word 强大功能。可以从浏览器和移动电话查看、导航和编辑 Word 文档，而不会减少文档的丰富格式。

3.1.2　Word 2010 的启动与退出

1. Word 2010 的启动

启动 Word 2010 的方法有很多种，打开程序的同时会建立一个 Word 空白文档或者显示已有的 Word 2010 文档。一般可以使用下面几种方法启动：

（1）利用菜单启动。单击任务栏中的“开始”菜单→“所有程序”→“Microsoft Office”→“Microsoft Office Word 2010”命令，即可启动 Word 2010。

（2）利用快捷图标启动。若在桌面上已经建立了 Word 的快捷图标，只需双击此图标就可启动 Word 2010。如果没有建立，可通过“开始”菜单→“Microsoft Office Word 2010”命令，按住 Ctrl 键将其拖曳到桌面，或者右击后在弹出的快捷菜单中选择“发送到”→“桌面快捷方式”来创建桌面快捷图标。

（3）利用 Word 文档启动。在“我的电脑”或“资源管理器”中查找已有的 Word 文档，双击要打开的 Word 文档，即可进入 Word 2010。

（4）运行“Winword”命令。单击任务栏中的“开始”菜单，在“搜索”的输入框中输入命令“Winword”，也可以运行 Word 2010 程序。

2. Word 2010 的关闭退出

文档编辑完成后，需要正确退出，退出之前不要忘记把文档进行保存一下。Word 2010 的退出方法一般有以下 3 种：

（1）单击“文件”菜单选项最下边的“退出”命令。

（2）单击标题栏右侧的“关闭”按钮☒。

（3）双击 Word 窗口标题栏左边的“快速访问工具栏”中图标W。

（4）使用快捷键 Alt+F4 退出。

3.1.3　Word 2010 的窗口界面

启动 Word 2010 后，首先看到的是 Word 2010 的标题屏幕，然后出现 Word 2010 窗口，并自动创建一个名为“文档 1”的新文档，如图 3-1 所示。

1. Word 2010 窗口组件

Word 2010 的窗口界面主要有标题栏、功能区、文档编辑区、标尺、状态栏、滚动条和视图控制按钮等组成。

（1）标题栏

标题栏位于整个 Word 窗口的最上面，呈灰色。它包括快速访问工具栏的几个控制按钮、文档名、最小化按钮、最大化/还原按钮和关闭按钮。双击时可改变窗口显示状态，用鼠标按住标题栏时自动切换成小窗体显示，拖动鼠标可以移动窗体在屏幕上的位置。

① 快速访问控制栏：位于标题栏的左侧，默认显示的最左边是“文档图标”按钮W，单击会弹出一个下拉菜单，可以控制窗口的位置、大小以及关闭窗口。直接双击此按钮，可以关闭整个 Word 窗口。往右是“保存”按钮，单击时保存编辑的文档；再后边是“撤销和恢复”按钮，对于文档的操作可撤销或恢复撤销操作，只要没有保存，可以撤销或恢复到操作的任一步，单击右边的下拉三角按钮可以打开下拉菜单选择恢复或撤销的操作步骤。往右

是“自定义快速访问控制栏”，可以多项选择标题栏中显示的工具按钮。快速访问控制栏可以调整在窗口中显示位置，在任意一个图标上右击均可弹出菜单，可以设置快速访问控制栏在功能区下方或上方显示。

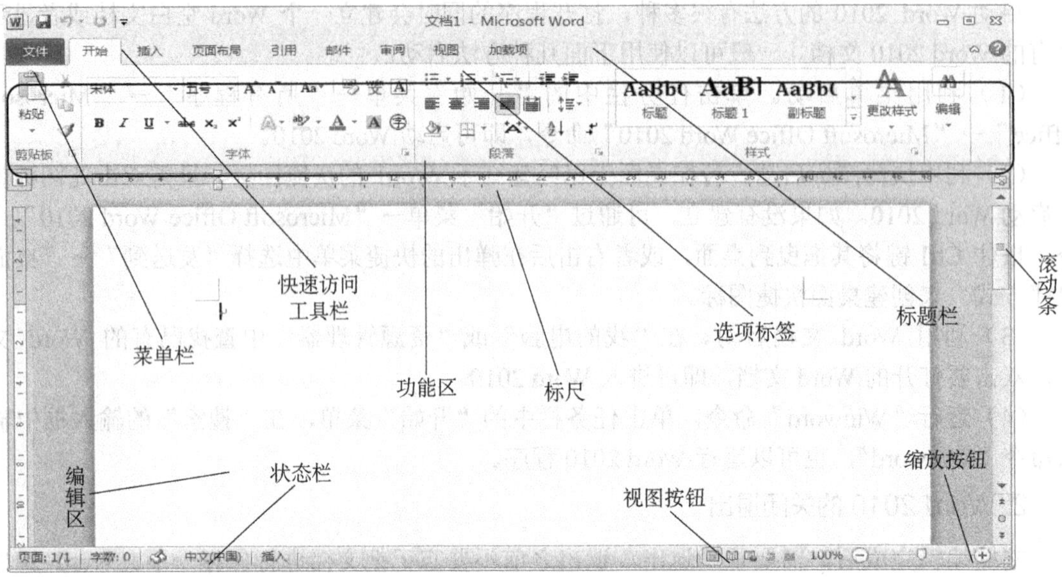

图 3-1　Word 2010 窗口界面

② 文档名：在标题栏的正中间显示当前正在编辑的文档名称和文档类型。

③ 文档窗口控制按钮：标题栏最右边是 3 个窗口控制按钮。

- “最小化”按钮 ▭：位于标题栏的右侧，单击此按钮，可以将 Word 窗口缩小成一个小按钮显示在任务栏上。
- “最大化”按钮 ▭/“还原”按钮 ⧉：位于标题栏的右侧，这两个按钮交替出现。当窗口不是最大化时，单击它可以使窗口最大化，占据整个屏幕；当窗口是最大化时，单击可以使窗口恢复到原来的大小。
- “关闭”按钮 ☒：位于标题栏的最右侧，单击时可以关闭当前窗口，退出整个 Word 2010 应用程序。

（2）菜单栏

Word 2010 中取消了传统的菜单操作方式，而代之于各种功能区，只保留了一个“文件”菜单，位于标题栏的下方最左边，单击则切换成菜单窗格界面，可以对 Word 文档进行相应操作。

“文件”菜单下有针对文档的“保存”、“另存为”、“打开”、“关闭”、“信息”、“最近所用文件”、“新建”、“打印”、“保存并发送”、“帮助”、“选项”和“退出”命令。各项命令的使用后面会详细说明，“文件”菜单下的命令都针对整个文档来操作的，对整个文件起作用，如图 3-2 所示。

（3）选项标签和功能区，相当于以往版本的工具栏

在“文件”菜单的右边是选项标签，单击各个标签切换各类别的功能按钮显示在以前版本窗口的工具栏位置。功能区于选项标签的下方，功能区上显示常用的各工具按钮，单击工具按钮即可进行某项操作，更加方便、快捷。Word 中有多类工具按钮，位于不同的选项标

签下，单击选项标签可以实现各相似类别的工具按钮的显示和使用。

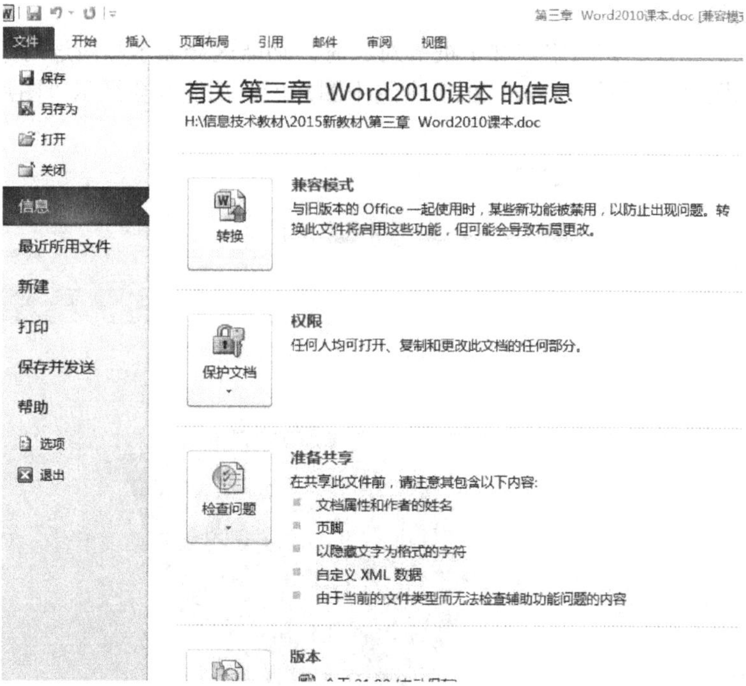

图 3-2　“文件”菜单内容

①“开始”功能区：该功能区中包括剪贴板、字体、段落、样式和编辑 5 个组，对应 Word 2003 的“编辑”和“段落”菜单部分命令。该功能区主要用于帮助用户对 Word 2010 文档进行文字编辑和格式设置，是用户最常用的功能区。

②“插入”功能区：该功能区包括页、表格、插图、链接、页眉和页脚、文本、符号和特殊符号几个组，对应 Word 2003 中“插入”菜单的部分命令，主要用于在 Word 2010 文档中插入各种元素。

③“页面布局”功能区：该功能区包括主题、页面设置、稿纸、页面背景、段落、排列几个组，对应 Word 2003 的“页面设置”菜单命令和“段落”菜单中的部分命令，用于帮助用户设置 Word 2010 文档页面样式。

④“引用”功能区：该功能区包括目录、脚注、引文与书目、题注、索引和引文目录几个组，用于实现在 Word 2010 文档中插入目录等比较高级的功能。

⑤“邮件”功能区：该功能区包括创建、开始邮件合并、编写和插入域、预览结果和完成几个组，该功能区的作用比较专一，专门用于在 Word 2010 文档中进行邮件合并方面的操作。

⑥“审阅”功能区：该功能区包括校对、语言、中文简繁转换、批注、修订、更改、比较和保护几个组，主要用于对 Word 2010 文档进行校对和修订等操作，适用于多人协作处理 Word 2010 长文档。

⑦“视图”功能区：该功能区包括文档视图、显示、显示比例、窗口和宏等，主要用于帮助用户设置 Word 2010 操作窗口的视图类型，以方便操作。

⑧“加载项”功能区：该功能区包括菜单命令一个分组，加载项是可以为 Word 2010 安

装的附加属性，如自定义的工具栏或其他命令扩展。“加载项”功能区可以在 Word 2010 中添加或删除加载项。

当文档如选中图片、艺术字或文本框等对象时，功能区会显示与所选对象设置相关的上下文选项卡。如图 3-3 所示，Word 2010 中选中图片后，功能区会显示“图片工具 | 格式”选项卡。

图 3-3　图片相关的功能区选项卡

（4）编辑区

和以前版本一样，编辑区就是窗口中间的空白区域，是用户输入、编辑和排版的区域。闪烁的“｜”形光标为当前输入内容的位置。

（5）标尺

标尺分为水平标尺和垂直标尺，用来确定文档在屏幕或纸张上的位置，也可以调整文本段落的缩进。选中“视图”选项标签后，在“显示”中可以设置显示或隐藏标尺，或者在垂直滚动条最上边单击“标尺”按钮，来显示或隐藏标尺。

（6）滚动条

滚动条分为垂直滚动条和水平滚动条，分别位于文档的右方和下方。用鼠标拖动滚动条，可以显示当前屏幕上看不到的内容，从而快速定位文档在窗口中的位置。

图 3-4　选择浏览对象

除了两个滚动条之外，还有上翻、下翻、左移、右移、上翻一页和下翻一页这 6 个按钮，通过它们也可以调整文档在窗口中的位置。另外，在垂直滚动条上还有选择浏览对象按钮，单击此按钮显示如图 3-4 所示菜单，可以选择不同的浏览方式，如按域浏览、按批注浏览、按标题浏览等。

（7）任务窗格和对话框

在 Word 2010 中，选中某些命令时会在窗口的左侧显示任务窗格。例如，选择“视图”选项标签中“导航窗格”前的复选框时在左边就会显示“导航”的任务窗格，如图 3-5

所示。有些功能区选项标签的工具按钮选项组右下角有一个小图标，我们称为"对话框启动器"按钮，单击会弹出对应的对话框或任务窗格。鼠标指向时会显示弹出的对话框或任务窗格。

（8）状态栏

状态栏位于窗口的底部，显示当前文档的状态，包括当前页码、节号、当前页及总页数、光标插入点的位置、改写/插入状态、当前使用的语言等信息，如图 3-6（边部分）所示。

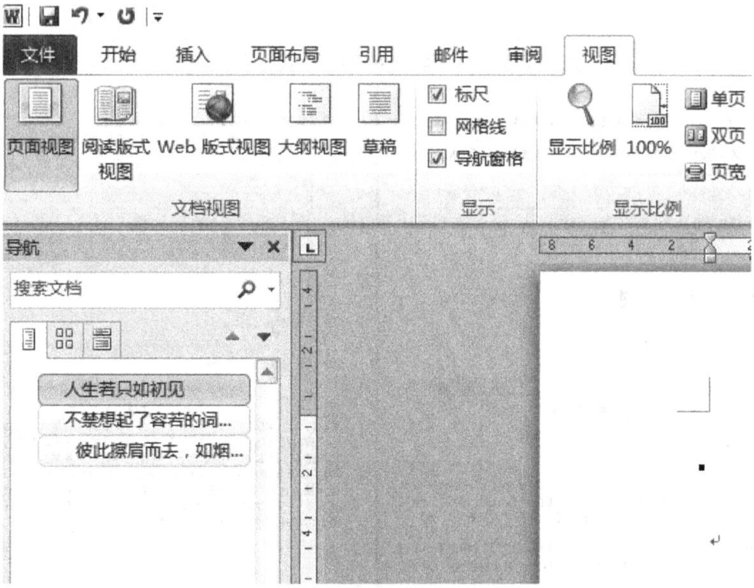

图 3-5　导航任务窗格

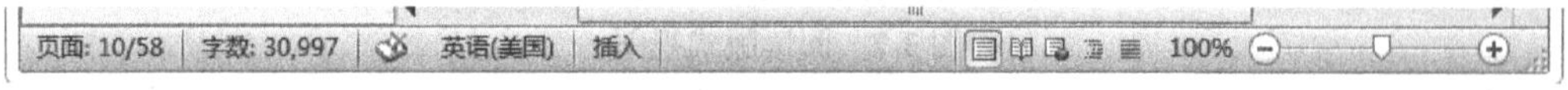

图 3-6　状态栏

（9）视图按钮和缩放滑块

Word 2010 窗口的右下方有 5 个视图按钮，分别为页面视图、阅读版式视图、Web 版式视图、大纲视图和草稿，单击相关按钮可以改变文档的显示视图。在 Word 中浏览文档时，可以放大或缩小文档的显示比例，它就是由最右方的缩放滑块控制的，左右拖动滑块可以改变视图的显示比例，往左拖动缩小显示，往右则放大显示。

2. Word 2010 的文档视图

Word 2010 提供了多种视图模式供用户选择，除了在视图选项标签的功能区中操作外，还在窗口右下边显示了 5 个视图切换按钮。

（1）页面视图

页面视图是以页的方式出现的文档显示模式，实现"所见即所得"的功能，在此视图中可以查看与实际打印效果一样的文档样式，方便编辑格式化文档，它是 Word 2010 的默认视图。用户在页面视图下可以查看各种对象，如页眉、页脚、水印、图形、分栏排版等，但占用计算机资源较多，处理速度稍慢。

（2）阅读版式视图

阅读版式视图以图书的分栏样式显示，Word 2010 文档功能区等窗口元素被隐藏，便于用户像阅读电子图书一样阅读文档内容，视觉效果好，眼睛不会感到疲劳。它把整篇文档分屏显示，文档中的字号变大了，文档中没有页的概念，也不显示页眉、页脚，可以用这种视图方式来阅读文档，并且阅读起来比较贴近自然习惯。阅读版式视图在屏幕的顶部显示了文档当前的屏数与总屏数，可以利用“阅读版式”工具栏执行各种操作，如图 3-7 所示。

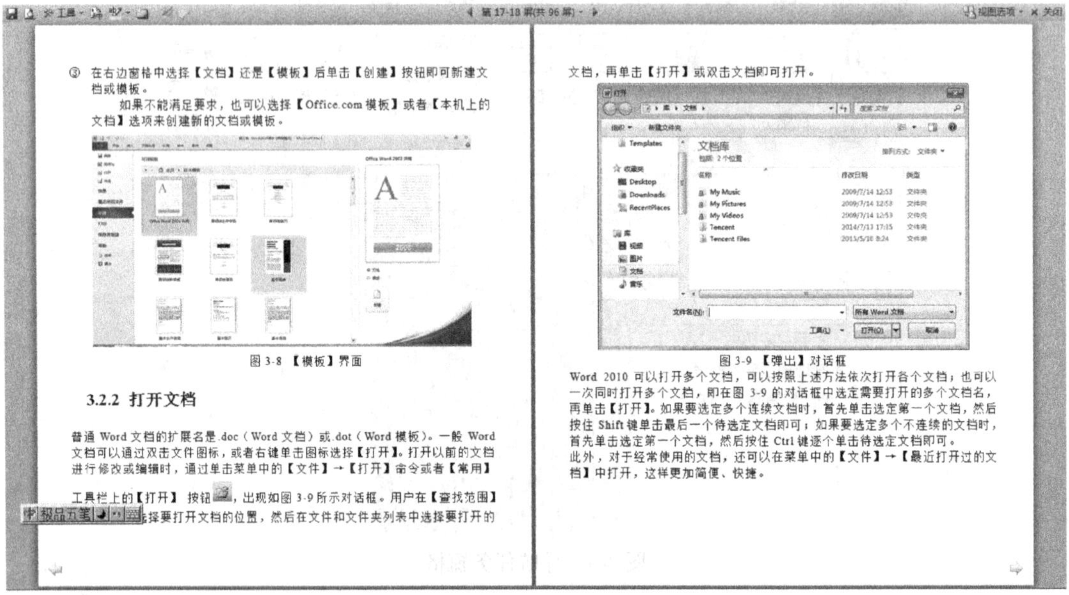

图 3-7 阅读版式视图

（3）Web 版式视图

Web 版式视图是以网页的形式显示文档内容，适用于发送电子邮件和创建网页。在这种视图方式下，可以看到背景和文本，并且图形对象位置与在 Web 浏览器中的位置一致，在屏幕上阅读和显示文档效果最佳，自动适应窗口，同时还可以设置文档的背景颜色等。

（4）大纲视图

大纲视图用来显示文档的结构，是按照文档标题的层次来显示文档的，多用于处理较长文档。此视图下可以折叠文档只显示文档的各个标题，对大纲中各级标题进行上移和下移、提升或降低。但前提必须用标题样式来设置文档的各级标题。样式是应用于文档中的各级标题和文本的一套格式特征，它能迅速改变文档的外观。在大纲视图下，窗口上增加了一个大纲工具栏，可以清楚地看到各级标题，层次分明。大纲视图可以根据标题折叠文档、打开文档，能够方便地改变文档的层次结构和内容，如图 3-8 所示。

（5）草稿

草稿是 Word 2010 最简化的视图模式，取消了页面边距、分栏、页眉页脚和图片等元素，仅显示标题和正文，用户可以设置字体和段落的格式，是最节省计算机资源的视图，工作速度最快，比较适用于编辑内容和格式比较简单的文档。

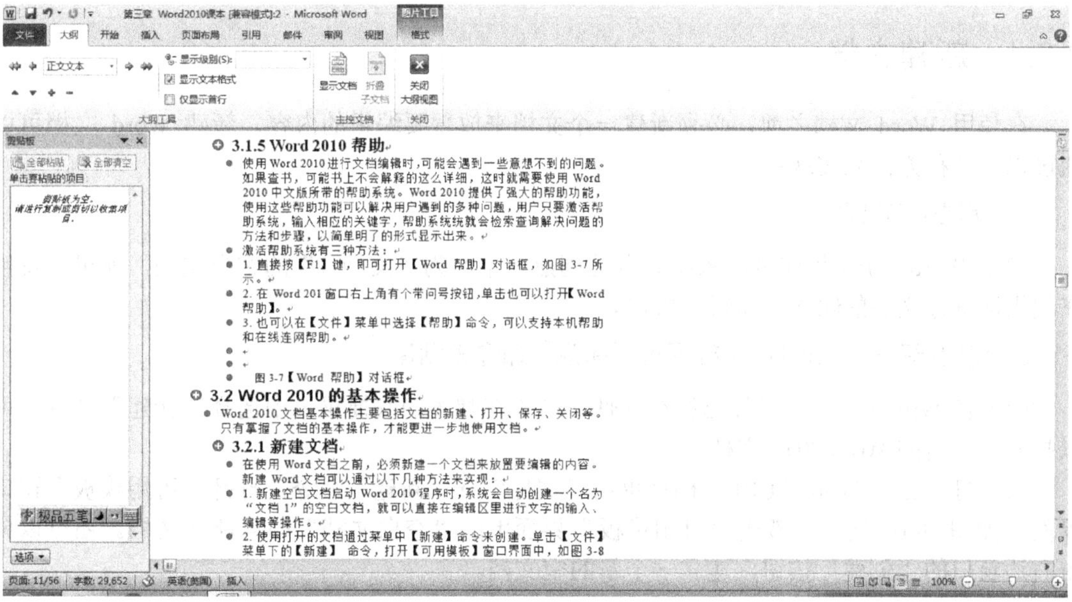

图 3-8　大纲视图

3.1.4　Word 2010 帮助

使用 Word 2010 进行文档编辑时，可能会遇到一些意想不到的问题。如果查书或资料，可能书上不会解释得这么详细，这时就需要使用 Word 2010 中文版自带的帮助系统。Word 2010 提供了强大的帮助功能，使用这些帮助功能可以解决用户遇到的多种问题。用户只要激活帮助系统，输入相应的关键字，帮助系统就会检索查询解决问题的方法和步骤，以简单明了的形式显示出来。

激活帮助系统有三种方法：

（1）直接按 F1 键，即可打开“Word 帮助”对话框，如图 3-9 所示。

（2）在 Word 201 窗口右上角有个带问号按钮，单击也可以打开。

（3）在“文件”菜单中选择“帮助”命令，可以支持本机帮助和在线帮助。

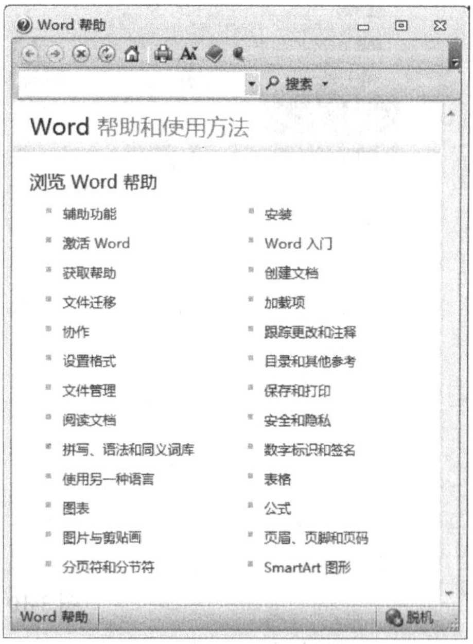

图 3-9　“Word 帮助”对话框

3.2　Word 2010 的基本操作

Word 2010 文档基本操作主要包括文档的新建、打开、保存、关闭和输入文本等。只有掌握了文档的基本操作，才能更进一步地使用 Word 2010 其他高级操作。

3.2.1 新建文档

在使用 Word 文档之前，必须新建一个文档来放置要编辑的内容。新建 Word 文档可以通过以下几种方法来实现：

1. 新建空白文档

启动 Word 2010 程序时，系统会自动创建一个名为“文档 1”的空白文档，就可以直接在编辑区进行文字的输入、编辑等操作。

2. 使用已存在 Word 的文档通过“新建”命令来创建

（1）在 Windows 7 下选择已存在文件，右击在弹出的快捷菜单中选择“新建”命令，可以打开一个新的 Word 2010 文档。

（2）打开已有 Word 2010 文档后单击“文件”→“新建”命令，打开“可用模板”窗口界面，如图 3-10 所示。双击“可用模板”界面下的“空白文档”即可新建文档。还可以单击右边窗口的“创建”按钮，建立一个新的空文档。

图 3-10 “可用模板”窗口界面

3. 使用快捷键新建文档

在打开 Word 2010 程序的情况下使用快捷键 Ctrl+N，建立一个新的 Word 空白文档。

4. 使用模板新建文档

Word 2010 有很多不同类型的模板，根据模板和向导创建文档，可以快速创建具有一定格式和内容的文档，具体步骤如下：

（1）单击“文件”菜单→“新建”命令，打开“可用模板”窗口界面中，如图 3-10 所示。

（2）选择“新建”界面的“样本模板”，切换成“模板”界面，如图 3-11 所示，根据需要从中选择需要的模板。

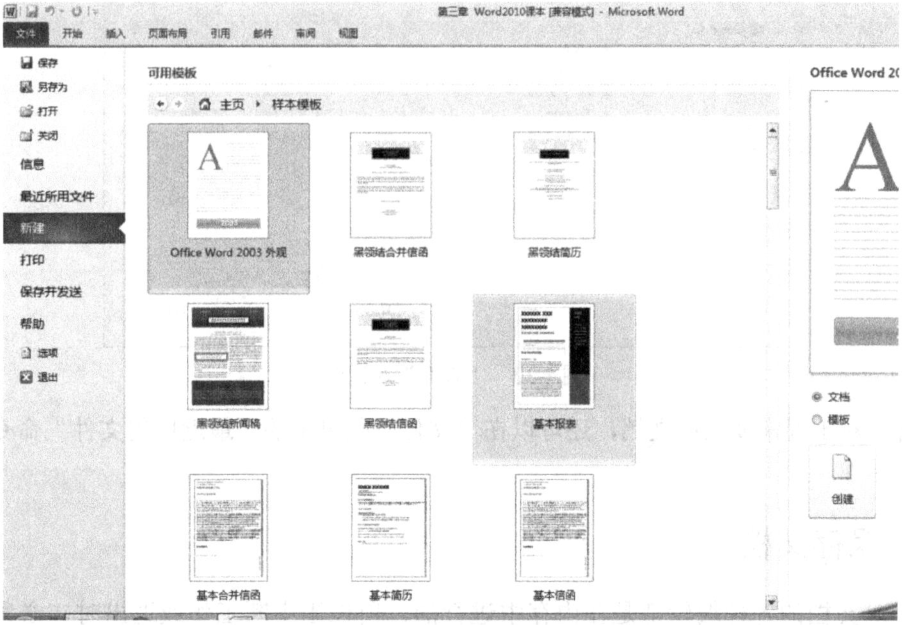

图 3-11　“模板”界面

（3）在右边窗格中选择“文档”还是“模板”后单击“创建”按钮即可新建文档或模板。

如果不能满足要求，也可以选择“Office.com 模板”或者“本机上的文档”选项来创建新的文档或模板。

3.2.2　打开文档

要查看、修改和编辑已存在的文档时首先要打开它。文档的类型可以是 Word 2010 文档，默认扩展名是.docx（Word 文档）或.dotx（Word 模板），另外可以利用 Word 2010 的兼容性打开低版本的 Word 文档（扩展名为.doc 或.dot）以及经过转换打开非 Word 文档，如 WPS 文件、纯文本文件等。一般 Word 文档可以通过双击文件图标，或者右击图标选择“打开”。打开以前的文档进行修改或编辑时，通过单击“文件”菜单中的“打开”命令按钮，出现如图 3-12 所示对话框。既可以在上面框中输入文档所在的路径也可以在左边列表中选择要打开文档的位置，然后在右边文件和文件夹列表中选择要打开的文档，再单击“打开”按钮或双击文档即可打开。

Word 2010 可以打开多个文档，可以按照上述方法依次打开各个文档；也可以一次同时打开多个文档，即在图 3-12 所示的对话框中选定需要打开的多个文档名，再单击“打开”。如果要选定多个连续文档时，首先单击选定第一个文档，然后按住 Shift 键单击最后一个待选定文档即可；如果要选定多个不连续的文档时，首先单击选定第一个文档，然后按住 Ctrl

键逐个单击待选定文档。

图 3-12 “打开”对话框

此外，对于经常使用的文档，还可以在“文件”菜单中的“最近所用文件”命令中显示并打开。

3.2.3 保存文档

由于对文档的各种编辑都是在内存中进行的，所以当中断工作或退出时，必须保存文档，以备以后使用，否则将丢失编辑好的文档。

保存一个新建文档时，单击“文件”菜单下的“保存”命令，或“快速访问工具栏”中的“保存”按钮，弹出“另存为”对话框，如图 3-13 所示。然后选择“保存位置”，修改“文件名”以及“保存类型”，最后单击“保存”按钮，即完成保存。

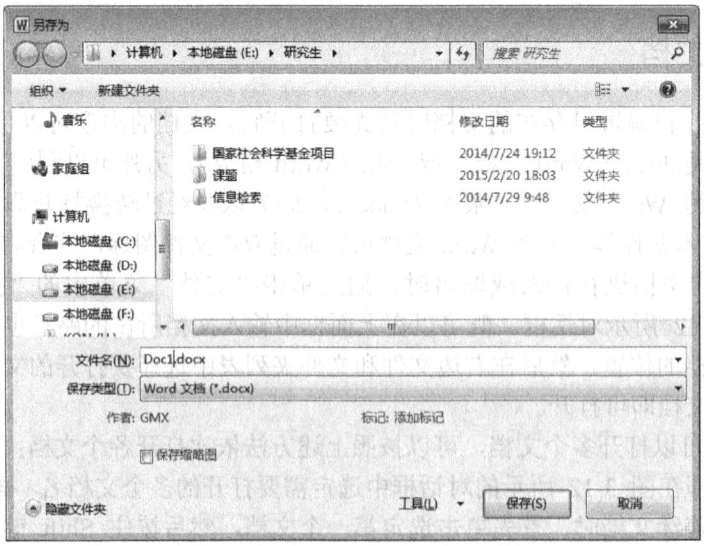

图 3-13 “另存为”对话框

如果是打开的已有文档，对此文档做了修改而需要保存时，通过“文件”菜单中的“保存”命令或“快速访问工具栏”上的“保存”按钮，则保存覆盖原文件。单击菜单中的“文件”菜单中的“另保存”命令，同样弹出图 3-12 所示对话框，可选择文档的“保存位置”、修改“文件名”，实现文件另存在其他位置或另一个不同名字的文档。

在编辑文档的过程中，为防止死机、意外断电等情况造成的大量文档丢失现象，可以使用自动保存功能，即每隔一定时间，Word 文档就会自动保存，操作方法如下：

（1）单击“文件”菜单中的“选项”命令，弹出“Word 选项”对话框。

（2）选择左边“保存”选项，如图 3-14 所示，在“保存”选项卡右边设置区域，在选定“保存自动恢复信息时间间隔”复选框的基础上，于右边数值框设置保存时间间隔。

（3）单击“确定”按钮，即完成自动保存设置。

图 3-14　“Word 选项”下的“保存”选项卡

3.2.4　关闭文档

当完成对文档的操作后，最好将已打开的文档关闭，关闭文档的方法有很多种，下面是常用的几种：

（1）单击标题栏右侧的“关闭”按钮。

（2）右击标题栏任一位置，在弹出的菜单中选择“关闭”按钮。

（3）双击标题栏左侧的图标。选择“文件”菜单中的“退出”命令。

在执行“关闭”文档命令时，如果该文档没有保存，则会弹出“保存提示”对话框，如图 3-15 所示。如果保存对文档的修改，则单击“是”按钮；如果不保存修改，则单击“否”按钮；如果要重新返回文档编辑界面，则单击“取消”按钮。

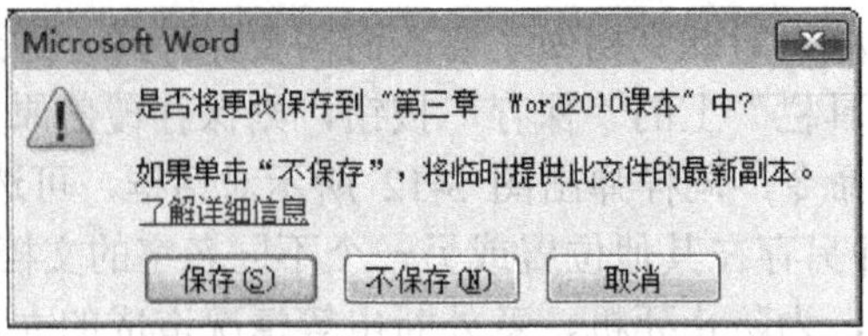

图 3-15 “保存提示”对话框

3.2.5 输入文本

打开文档后除了查看阅读外最基本的操作就是输入文本，在文档中的输入操作最主要的是输入汉字、英文字符、符号等。Word 2010 中输入文本操作简单易学，主要有以下几种类型文本输入到文档中。

1. 输入中文、英文字符

在 Word 中输入汉字，需要切换到中文输入状态输入，输入英文字符则需要切换到英文输入状态输入，由于用户常常需要输入中/英文，所以要频繁切换输入法。中/英文输入法的切换可采取以下几种方法：

（1）按 Ctrl+Shift 组合键，可以在各种输入法之间切换。

（2）按 Ctrl+Space 组合键，可以在中/英文输入法之间切换。

（3）单击任务栏中的“语言选项栏”按钮，在其列表中选择所需输入法。

选择好输入法后，在光标闪烁的地方就可以输入文本了。这个闪烁光标的地方称为插入点，随着文本的输入，插入点自左往右移动。如果输入一个错误的字符或汉字时，可以按 Backspace 键或“撤销”按钮来删除错误字再重新输入。

Word 具有自动换行功能，输入的字符到达行尾时，随着下一个字符的输入会自动跳到下一行。若要另起一行可以按 Shift+Enter 组合键，插入分行符（也称软回车），分行符的显示可以在“开始”选项标签下“段落”工具组中的“显示/隐藏编辑标记”按钮来控制段落标记是否显示。

另起一行时也可以使用 Enter 键进行硬回车，则另起的一行是一个新的段落。如果要把两个段落合并成一个段落，可以采用删除分段处的段落标记的方法，把插入点移到分段处的标记前按 Delete 键或插入点移到段落标记后按 Backspace 键同样可删除该段落标记，完成两个段落的合并。

Word 2010 提供了“即点即输”功能，利用这个功能，可以在文档空白处的任意位置快速定位插入点和对齐格式位置，进行输入文字，插入表格、图片和图形等对象。

Word 2010 提供了两种输入模式：一种是“插入”，另一种“改写”。这两种模式的区别是：“插入”状态时输入的内容作为新增加的部分插入到插入点后，原有的内容随之后移，不会减少；“改写”状态时输入的内容会替换原有的内容，被替换的文本长度由输入文本的长度决定。这两种输入模式可以切换，单击状态栏中的“插入”或“改写”按钮进行切换。如图 3-16 所示，显示“插入”就是插入模式，显示“改写”时说明处于改写模式，也可在小键区关闭状态下按 Insert 键改变输入模式。

图 3-16 状态栏中的两种输入模式

2. 输入符号

在文本输入过程中，可能需要输入一些键盘上没有的符号，如数学符号、单位符号、希腊文字等。

（1）单击功能区中的“插入”选项标签，再单击“符号”按钮就会显示常用的 20 个特殊符号。单击所需要的符号就可将所选符号插入文档中。

（2）如果“符号”下拉菜单中没有所需要的符号，可单击下拉菜单中的“其他符号”命令弹出“符号”对话框，在“符号”选项卡和“特殊符号”两个选项卡中选择需要的符号，然后单击“插入”按钮即可将所选符号插入文档中，最后单击“关闭”来关闭对话框。如图 3-17 和图 3-18 所示。

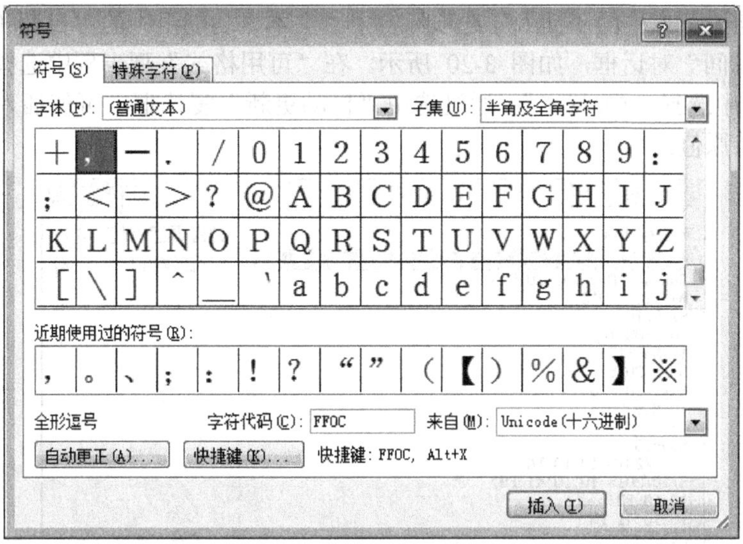

图 3-17 “符号”对话框

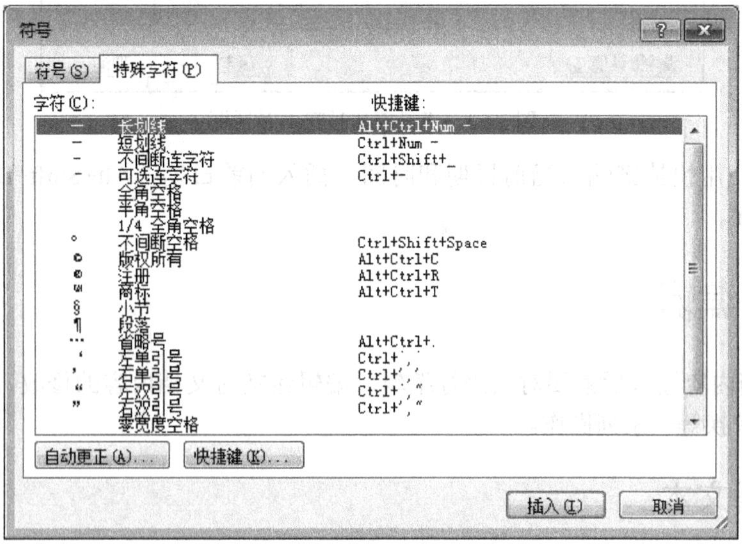

图 3-18 “特殊符号”对话框

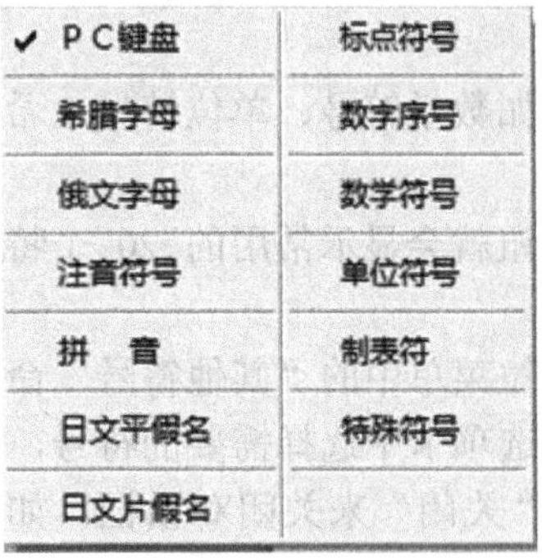

图 3-19　软键盘菜单

（3）右击输入法状态框，再右击“软键盘”按钮，弹出“软键盘”菜单，如图 3-19 所示，其中包含多种软键盘。单击任一种格式的软键盘，它就会显示在屏幕上。不需要时，再次单击输入法状态框上的“软键盘”按钮，则关闭软键盘。

3. 输入日期和时间

在用 Word 时经常要输入日期和时间，手动输入比较麻烦，那么有没有一种快速输入的方法呢？在 Word 2010 中有两种快速直接输入日期和时间的方法。

方法一：通过菜单中的“插入”选项标签中“文本”功能组中的“日期和时间”命令，弹出“日期和时间”对话框，如图 3-20 所示。在“可用格式”列表框中选择所需格式；在“语言”下拉框中选择“中/英文”；通过选中“自动更新”复选框，可使插入的日期和时间自动更新或保持原值。

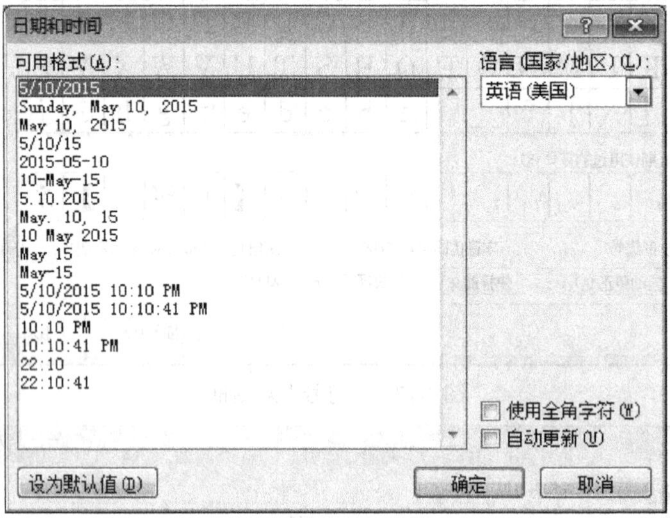

图 3-20　“日期和时间”对话框

方法二：使用快捷键输入当前日期和时间，插入当前日期：Alt+Shift+D；插入当前时间：Alt+Shift+T。

3.3　文档编辑

Word 文档内容输入后就要对其进行编辑。编辑包括对文档内容的修改、复制、移动、删除、查找和替换等一系列操作。

3.3.1　编辑文本

1. 选定文档

想要对文档内容进行编辑，首先必须选定文本或段落，然后进行相应操作。文本选定后，被选定的编辑区呈现蓝色背景颜色。选定文本方法有鼠标选定、键盘选定和键盘鼠标组合选定三种方法。

（1）将鼠标停在要选定文本的起始位置，单击鼠标并拖曳至所选文本最后一个字的右侧即可，这是最简单、常用的文本选定。单击文档的空白区域，就可以取消文本的选定。

用鼠标在文本的起始位置单击，然后按住 Shift 键，同时单击文本的终止位置，这样也可以选定从起始位置到终止位置的文本；拖曳鼠标选定一部分文本后，按住 Ctrl 键再拖曳鼠标选定不相邻的其他文本，可实现不连续文本的选定。

此外，还有许多用鼠标选定文本的方法，如表 3-1 所示。

表 3-1 鼠标选定

选定范围	操作
选定一个英文单词或汉字	鼠标在单词或汉字上双击或在所要选择的内容上拖动鼠标
选定一行	鼠标指向此行左面，指针变成向右的箭头时单击
选定整句	按住 Ctrl 键，鼠标在所选句子上单击
选定整段	鼠标指向此段左面，指针变成向右的箭头时双击
选定整篇文档	鼠标指向文档左面，指针变成向右的箭头时三击； 鼠标指向文档左面，指针变成向右的箭头时，按住 Ctrl 键单击； 按组合键 Ctrl+A

（2）使用键盘选定文档具有快速、准确的优点，主要通过方向键、Shift 键和 Ctrl 键来实现，如表 3-2 所示。

表 3-2 键盘选定

选定范围	操作
Shift+→	向右选定一个字符
Shift+←	向左选定一个字符
Shift+↑	向上选定一行
Shift+↓	向下选定一行
Shift+Ctrl+↑	选定内容扩展至段首
Shift+Ctrl+↓	选定内容扩展至短尾
Shift+Home	选定内容扩展至行首
Shift+End	选定内容扩展至行尾
Shift+PageUp	选定内容向上扩展一屏
Shift+PageDown	选定内容向下扩展一屏
Shift+Ctrl+Home	选定内容扩展至文档开始处
Shift+Ctrl+End	选定内容扩展至文档结尾处
Shift+Ctrl+Alt+PageUp	选定内容扩展至文档窗口开始处
Shift+Ctrl+Alt+PageDown	选定内容扩展至文档窗口结尾处
Ctrl+A	选定整个文档

2. 移动文本

在编辑文档的过程中，常常需要将大块文本移动到其他位置，对文档的结构、前后顺序进行调整。对文本的移动通常有以下两种方式。

（1）使用鼠标拖动文本选定需要移动的文本。按住鼠标左键，鼠标指针头部出现一条竖虚线，尾部出现一个虚线方框。然后拖动鼠标到目标位置，即虚竖线指向的位置，松开鼠标，完成文本的移动。

（2）使用剪贴板移动文本。选定需要移动的文本，然后单击“开始”选项标签下的“剪贴板”功能组中的“剪切”按钮，再将光标插入点定位到目标位置，最后单击“剪贴板”功能组中的“粘贴”按钮即可。

3. 复制文档

在编辑文档的过程中，常常进行复制操作，以简化文本的输入。对文本的复制通常有以下两种方式。

（1）使用鼠标复制文本。选定需要复制的文本，按下 Ctrl 键，鼠标指针头部出现一条竖虚线，尾部出现一个右下角带“+”号的虚方框。这时拖曳鼠标到目标位置，最后松开鼠标和 Ctrl 键即完成复制。

（2）使用剪贴板复制文本。选定要复制的文本，单击“开始”选项标签下的“剪贴板”功能组中的“复制”按钮，将光标插入点定位到目标位置，最后单击“剪贴板”功能组中的“粘贴”按钮即可。使用这种方法复制，只要不改变剪贴板的内容，可连续执行“粘贴”命令，实现文本的多次复制。

（3）要想把多个文本多次进行粘贴的话，要打开“剪贴板”任务窗格，在这里面所有复制或剪切的文本都保存着，根据需要随时粘贴“剪贴板”中的不同文本。

4. 删除文档

需要删除的文字较少时，可以使用 BackSpace 键删除光标插入点之前的字符，使用 Delete 键删除光标插入点之后的字符。

需要删除大块文字时方法如下：

（1）首先选定文本，再按 Delete 键或单击“开始”选项标签下的“剪贴板”功能组中的“剪切”按钮。

（2）首先选定文本，再右击，在弹出的快捷菜单中选择“剪切”或然后单击“开始”选项标签下的“剪贴板”功能组中的“剪切”按钮。

5. 撤销与恢复

（1）撤销。在编辑、修改文档时，如果对当前所进行的操作不满意，可以通过单击菜单中的“编辑”→“撤销键入”命令或“常用”工具栏中的“撤销”按钮来撤销此操作，恢复之前状态。

（2）恢复。在使用“撤销”命令后，“常用”工具栏中的“恢复”命令就会由灰色变亮。通过此按钮可以恢复被撤销的操作。

3.3.2 查找和替换

查找用于快速定位文档中所需要查看的内容，替换快速修改文档中的多处相同的文本内容。

1. 查找

（1）单击“开始”选项标签下“编辑”功能组中的“查找”命令或者使用快捷键 Ctrl+F，弹出“导航”任务窗格，在“导航”任务窗格的输入框中输入要查找的内容，如图 3-21 所示，这时 Word 2010 自动开始查找相同内容的文本。要查找的内容全文中会以“黄色”背景色来突出显示。用户可以浏览整个文档显示的查找结果。

（2）对于查找文本的匹配条件也可以进行详细设置，单击“开始”选项标签下“编辑”功能组中的“高级查找”按钮，弹出如图 3-22 所示对话框。

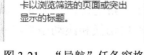

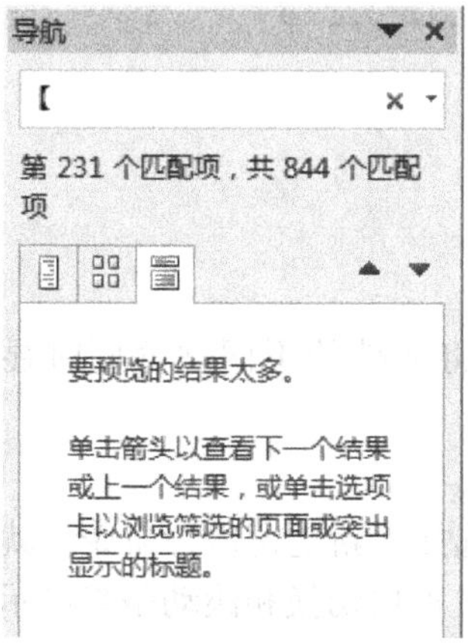

图 3-21 “导航”任务窗格

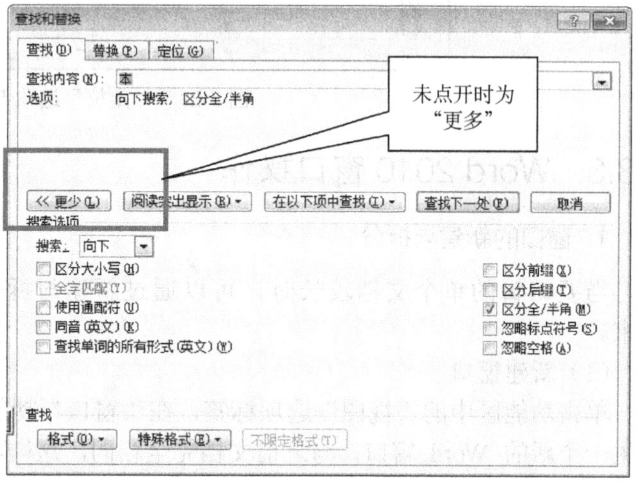

图 3-22 “高级查找”对话框

（3）在“高级查找”对话框中单击“更多”选项按钮，下拉框中可以选择“搜索”方向，“区分大小写”复选框使查找文本的大小写完全匹配；“全字匹配”复选框会查找完整单词，而不是单个字母等。还可以单击“格式”下拉框对字体、样式、文本框等进行设置，这些使得查找结果更加精确。

2. 替换

使用“替换”功能，可以用新的文本替换在文档中查找到的文本，操作步骤如下：

（1）打开文档后，单击“开始”选项标签下“编辑”功能组中的“高级查找”按钮，打开“查找和替换”对话框。

（2）在“查找内容”文本框中输入要替换的原文本，在“替换为”文本框中输入要替换成的目标文本。

（3）在对话框中单击“更多”选项按钮，同样如“查找”操作时一样可以在下拉框中对搜索选项进行设置，使得查找结果更加细化精准。

（4）单击“替换”按钮，则替换当前这一个，继续单击此按钮向下替换；单击“全部替换”按钮，则整个文档中满足条件的内容全部被替换；单击“查找下一处”按钮，则当前查找内容不被替换，继续查找下一处需要查找的内容，这样所查找的内容替换与否由用户决定。

3. 定位

定位与查找的功能相似，不同的是在定位中查找的不是文字而是页码、、节、行、书签、批注等。使用定位的方法：参照前面的查找和替换方法，选中“定位”选项卡，如图 3-23 所示。在左面的“定位目标”列表框中选择定位目标，在右侧的文本框中输入相应内容。单击“前一处”或“下一处”，光标就会定位到指定位置，最后单击“关闭”按钮来关闭“查找和替换”对话框即可。

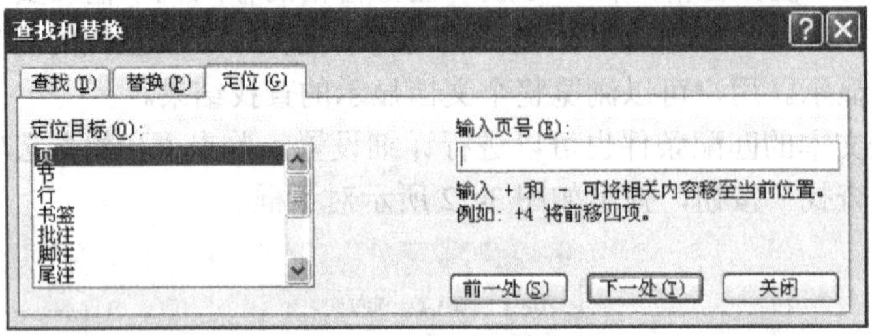

图 3-23　“定位”选项卡

3.3.3　Word 2010 窗口操作

1. 窗口的新建与拆分

当要编辑的单个文档较长时，可以通过新建与拆分窗口将文档的不同部分同时显示出来。

（1）新建窗口

单击功能区中的“视图”选项标签，在“窗口”功能组中选择“新建窗口”命令，就会产生一个新的 Word 窗口，与之前文档完全相同，这样可以通过窗口切换和滚动条来显示文档的不同部分。

（2）拆分窗口

单击功能区中的“视图”选项标签，在“窗口”功能组中选择“拆分”命令，鼠标变成一条灰黑色的水平线，单击要拆分的位置，就可以把窗口分成两个子窗口，如图 3-24 所示。这样可以在同一个窗口通过切换和滚动条来显示文档的不同部分。

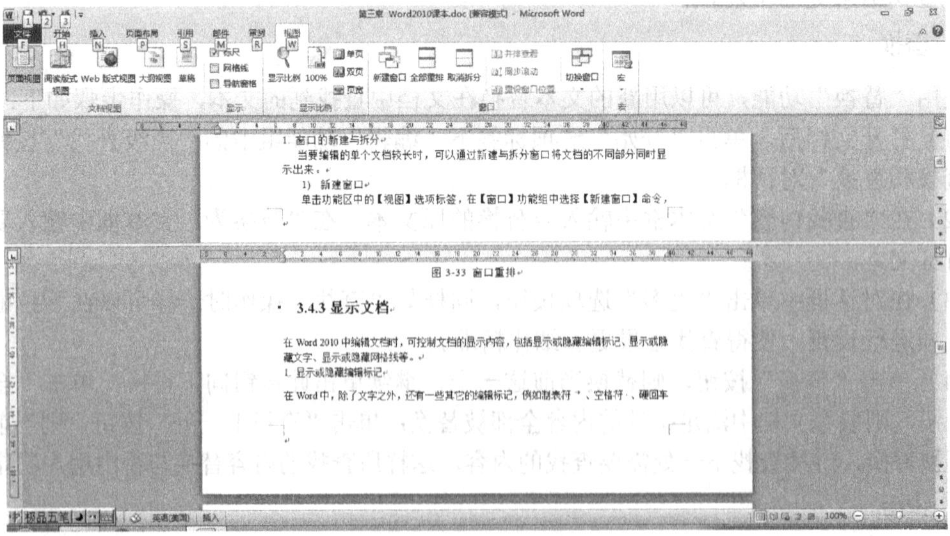

图 3-24　窗口拆分

2. 重排窗口

如果同时对多个 Word 文档进行操作，可以通过 Word 窗口重排功能来实现。单击功能组中的“视图”选项标签，在“窗口”功能组中选择“全部重排”命令，可将多个 Word 文档排列在屏幕上，如图 3-25 所示。重排窗口可以同时对多个文档进行编辑，方便对不同文档的对比、复制、粘贴等操作。

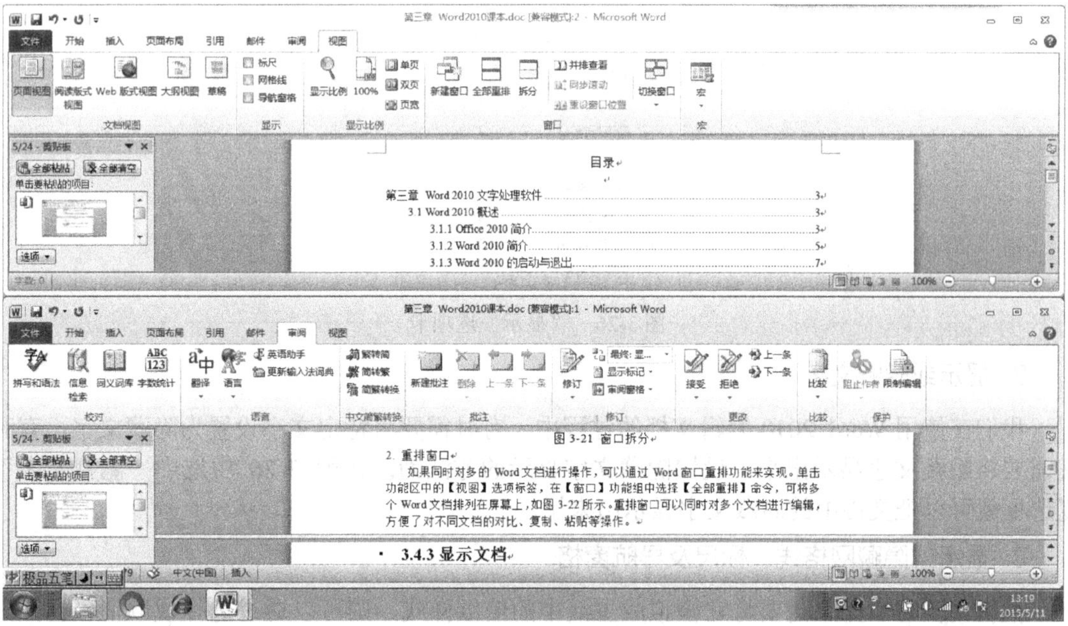

图 3-25　窗口重排

3.3.4 显示文档

在 Word 2010 中编辑文档时，可控制文档的显示内容，包括显示或隐藏编辑标记、显示或隐藏文字、显示或隐藏网格线等。

1. 显示或隐藏编辑标记

在 Word 中，除了文字之外，还有其他的编辑标记，例如制表符、空格符、硬回车符、软回车符等。这些字符都各有各的功能：制表符代表制表位；空格符代表空格；硬回车符表示一个段落的结束，另一个新段落重新开始；软回车符只是换行，后面的文本格式和前面保持一致，即软回车符前后文本属同一段落的内容。这些符号能够在文档中显示，但不会被打印出来。它的主要作用是便于查看文档的设定。

这些编辑标记是一种非打印字符。显示或隐藏编辑标记的方法有如下几种：

（1）单击“开始”选项标签中“段落”功能组的“显示/隐藏编辑标记”按钮，即可显示或隐藏文档中的这些编辑标记。

（2）单击“文件”菜单下的“选项”命令打开“Word 选项”对话框，选中“显示”项目，如图 3-26 所示。右边区域中单击要显示或隐藏的标记对应的复选框，就可切换各种标记的显示和隐藏了。

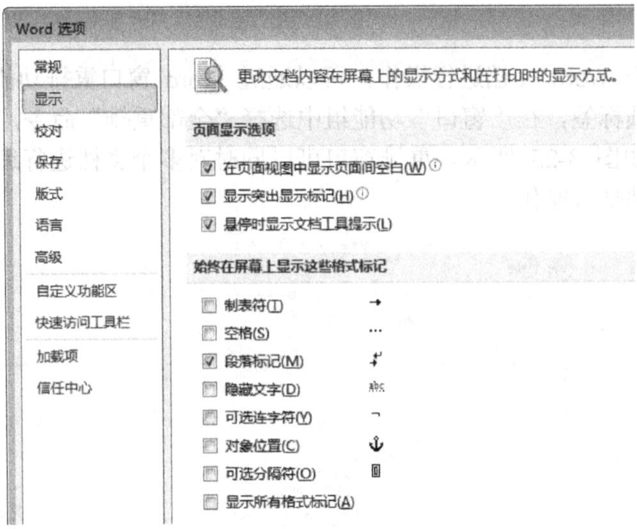

图 3-26　“显示”选项卡

2. 显示或隐藏文字

我们在使用 Word 2010 编辑文档的过程中，有时需要将特定文字设置为隐藏文字，有时又需要将隐藏文字显示出来。设置隐藏文字显示的方法为：在图 3-26 中选中“隐藏文字”复选框就可以把文档中的隐藏文字显示出来了。

3. 显示或隐藏网格线、标尺及导航窗格

编辑文档时，如果需要将它模拟成生活中的信纸样式，则可以通过选择或取消“视图”选项标签下“显示”功能组中的“网格线”命令来显示或隐藏网格线，如图 3-27 所示。

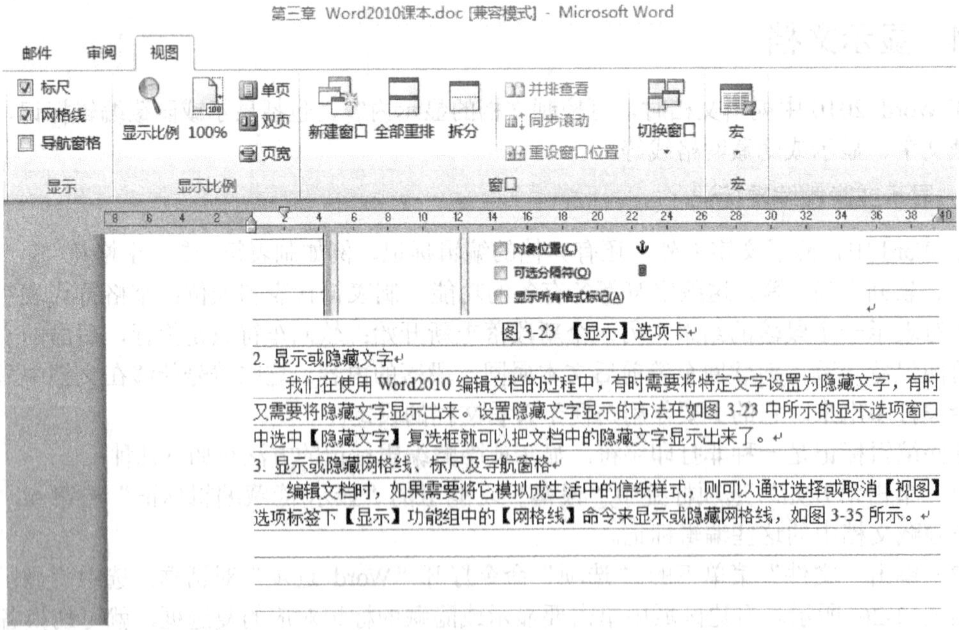

图 3-27　网格线显示效果

3.3.5 文档的校对和统计

1. 拼写和语法检查

通常情况下，Word 2010 对输入的字符自动进行拼写检查，用红色波浪形下画线表示可能的拼写问题、输入错误或不可识别的单词；用绿色波浪形下画线表示可能的语法问题。编辑文档时如果想要对输入的英文进行单词拼写错误或句子语法错误的检查，则可以使用 Word 2010 提供的拼写与语法检查功能。打开“拼写和语法”对话框的方法有两种。

方法 1：单击“审阅”选项标签，在“校对”功能组中，再单击“拼写和语法”按钮，就可打开如图 3-28 所示对话框。

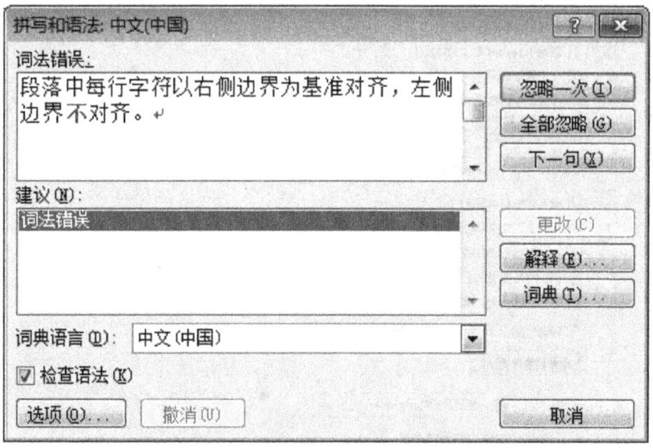

图 3-28 “拼写和语法”对话框

方法 2：使用快捷键 F7，也可弹出“拼写和语法”对话框。

2. 自动更正

利用 Word 2010 中的自动更正功能可以防止输入错误单词。当输入一个错误单词时，Word 2010 能自动修正为相近的正确单词。另外还可以通过短语的缩写形式快速输入短语。在让 Word 2010 自动更正时或将短语的缩写形式替换成短语时可以为错误的单词或短语建立一个自动更正词条。

其方法如下：单击“文件”菜单中的“选项”命令，弹出“Word 选项”对话框。选择左边“校对”选项，如图 3-29 所示，窗口中有“更正拼写”和“拼写和语法”的各种设置选项，可根据需要来复选。在上面单击“自动更正选项”按钮，弹出“自动更正”对话框，如图 3-30 所示。在“自动更正”对话框中有 5 个选项卡，可以在“自动更正”选项卡下的选项对更正的要求和格式进行相应的设置。当为错误单词或短语的缩写建立自动更正词条后，当输入该错误的单词或短语的缩写时按 Space 空格键或标点符号，Word 2010 便自动将错误单词或短语的缩写形式替换为正确的单词或短语全称。

3. 字数统计

在 Word 2010 中可以方便地使用“字数统计”功能完成对文档的字数统计。实际上在编辑文档时 Word 2010 一直对文档进行着字数统计。如图 3-6 所示，状态栏中随着内容的输入左边有“页面”和“字数”显示，如果选中文本就会变成选中的字数和全文的字数显示。

同时，在 Word 2010 中单击“审阅”选项标签，在“校对”功能组中，再单击“字数统计”按钮，会弹出如图 3-31“字数统计”对话框，显示更加详细的统计信息。该对话框中显示了当前文档的页数、字数、段落数、行数以及其他非汉字的字符的统计，也可以对选定的文档一部分内容进行字数统计。

图 3-29 “校对”选项

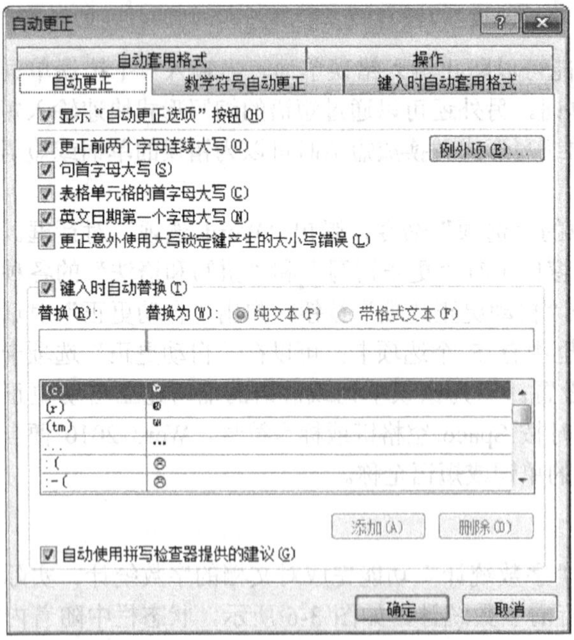

图 3-30 “自动更正”对话框

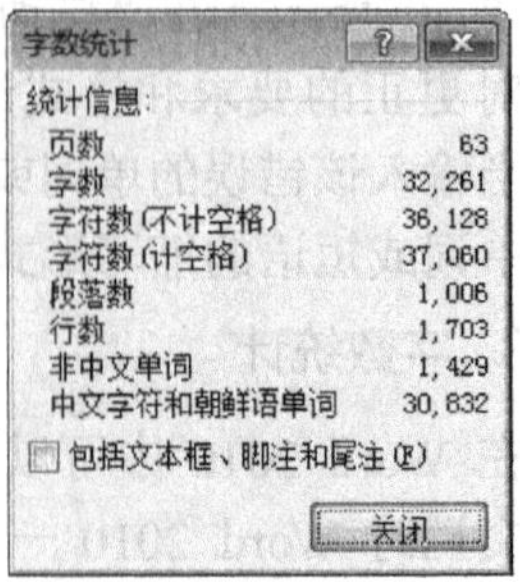

图 3-31 “字数统计”对话框

3.3.6　文档的保护

Word 2010 中可以设置密码对文档进行保护，使得其人员在没有密码的情况下无法查看此文档。密码也可以取消，但文档的保密性降低。

1. 设置权限密码

（1）单击“文件”菜单中的“另保存”命令，弹出“另存为”对话框。在右下角单击“工具”选项按钮，再选择弹出的下拉菜单中的“常规选项”命令，如图 3-32 所示。

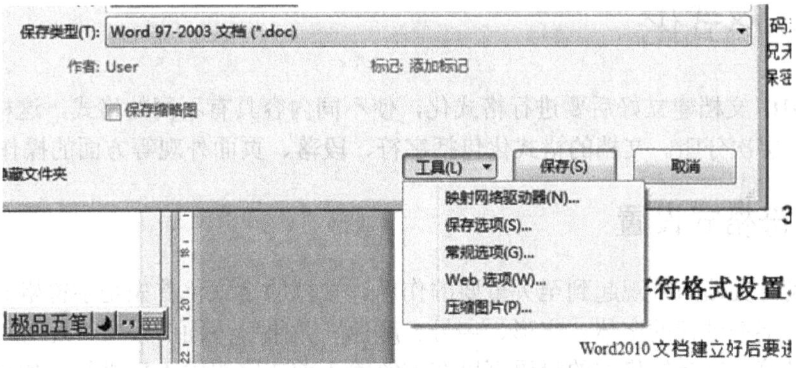

图 3-32　“另存为”对话框中的“工具”选项按钮

（2）在下拉菜单中选择“常规选项”命令后会弹出一个“常规选项”对话框，如图 3-33 所示。

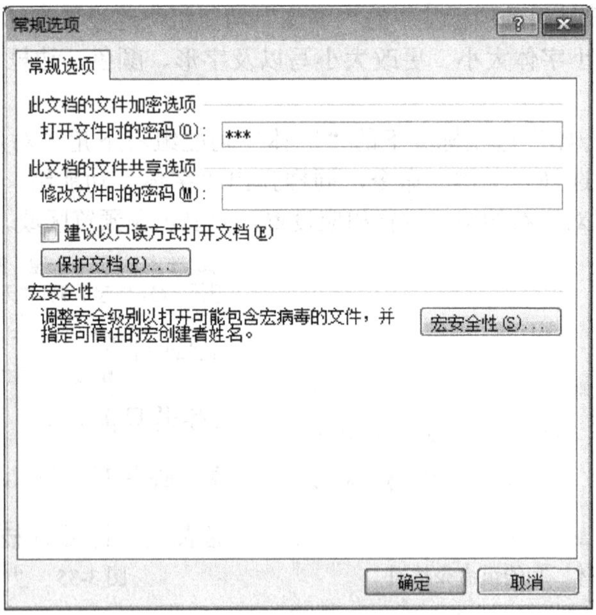

图 3-33　“常规选项”对话框

（3）在“常规选项”对话框中，设置“打开文件时的密码”或者“修改文件时的密码”，两者可以相同也可以不同。选中“建议以只读方式打开文档”复选框时则文件属性设置成了“只读”。

（4）设置完成后单击“确定”按钮，根据提示再输入一次密码，再单击“确定”按钮就给文档设置上了密码。

2. 权限密码

取消密码的方法也很简单，打开如图 3-33 所示的“常规选项”对话框后，在设置密码的输入框中选中所设置的一排“*”号后，按 Delete 或 Backspace 键即可。然后单击“确定”按钮退出对话框，就完成了对文档密码权限的取消。

3.4 文档格式化

Word 2010 文档建立好后要进行格式化，使不同内容具有不同的格式，这样会使得文档的重点突出、层次分明。文档的格式化包括字符、段落、页面外观等方面的操作。

3.4.1 字符格式设置

字符格式对文档的外观起到至关重要的作用。文档的格式化首先是字符格式设置，就是指对文档中的字符进行的字体、字形、字号、颜色、效果等方面的设置，还可以设置字符间距、动态效果等。对字符格式的设置可以在字符输入前或字符输入后进行。如果在字符输入前进行设置，即先设置格式，再输入字符；如果对已输入字符进行设置，即先选定相应字符，再设置格式。

设置字符格式有如下三种方法。

方法 1：使用“开始”选项标签中的“字体”功能组快速设置字体的常用格式，包括字体、字号、加大或减小字体大小、更改大小写以及字形、颜色、边框底纹等各种效果，如图 3-34 所示。

方法 2：单击“开始”选项标签下的“字体”功能组右下角“对话框启动器”按钮，或右击在快捷菜单中选择“字体”命令，同样弹出“字体”功能组，如图 3-35 所示。在“字体”选项卡中可以对字符的格式进行相应设置，并显示在预览区域。

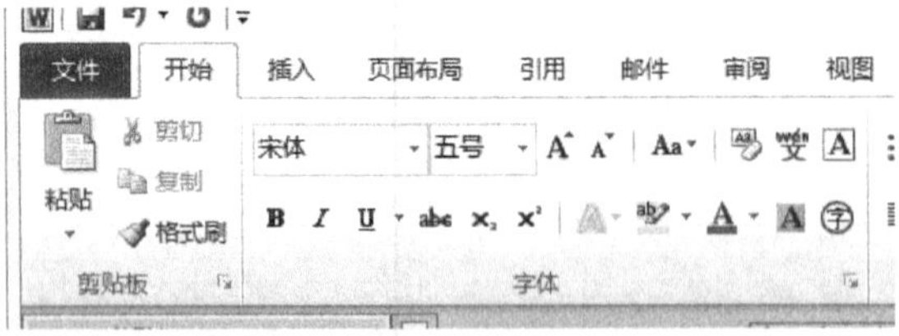

图 3-34 “字体”功能组命令按钮

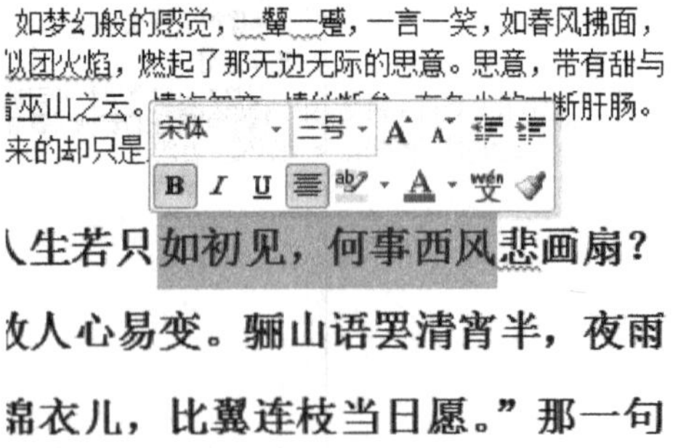

图 3-35 “字体”对话框

① “中文字体”和“西文字体”下拉列表框分别用来选定中文字体和英文字体。

② “字形”列表框用来设置文本字形，如加粗、倾斜等。

③ “字号”列表框用来选定字号或磅数。

④ “字体颜色”下拉列表框用来设置字体颜色，如果需要使用更多颜色可以单击“其

他颜色”按钮，在“颜色”对话框中选择标准颜色或自定义颜色。

⑤ “下画线线型”下拉列表框和“下画线颜色”下拉列表框配合用于设置下画线。

⑥ “着重号”下拉列表框用来选定着重号标记。

⑦ “效果”区域可以设置删除线、上标、下表、阴影、阴文、阳文、隐藏文字等效果。

⑧ 在“字体”对话框的“高级”选项卡中对相邻字符之间的距离进行设置，如图 3-35 所示“字体”对话框。

方法 3：当选中要设置的文本后，把鼠标置于所选文本的上部，这时 Word 2010 就会将“字体”功能组一些按钮显示出来，这时就可以对所显示的工具按钮进行操作了，如图 3-36 所示。

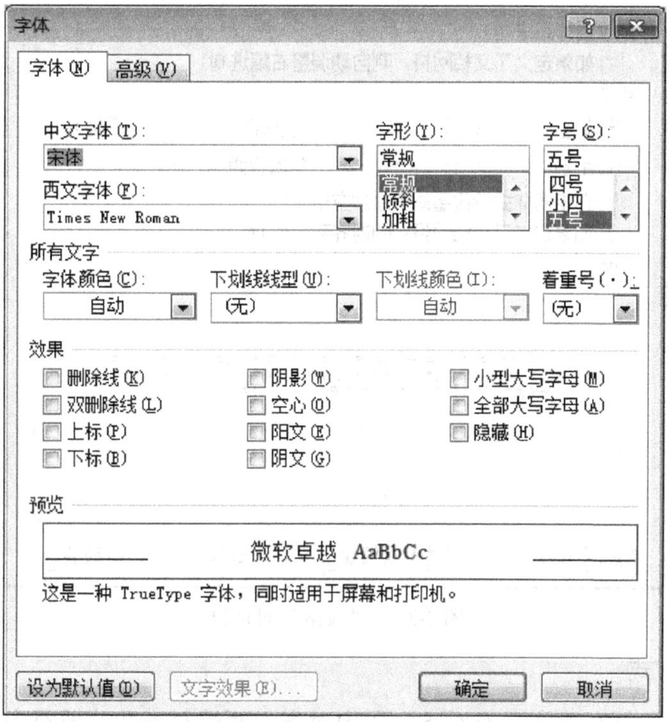

图 3-36　选定文本后显示便捷功能按钮

3.4.2　段落格式设置

在文档中段落格式的设置可以粗略分为两方面：一个是结构性格式，影响文本整体结构的属性，如对齐、缩进、制表位等；另一个是装饰性格式，影响文本内部外观的属性，如底纹、边框、编号与项目符号。段落格式设置是以段落为单位进行的格式设置。如果只对一个段落进行设置，只需将光标置于段落中即可；如果需要同时对多个段落进行设置，则需要先选定这几个段落再进行设置。但是当设置好一个段落后，用户向下开始一个新的段落时，新段落的设置会自动与上一段落保持一致，不必重新设置。

右击，在快捷菜单中选择“段落”命令或单击菜单中的“格式”→“段落”命令，弹出“段落”对话框，如图 3-37 所示。也可以单击“开始”选项标签下的“段落”功能区右下角的“对话框启动器”按钮来打开“段落”对话框。

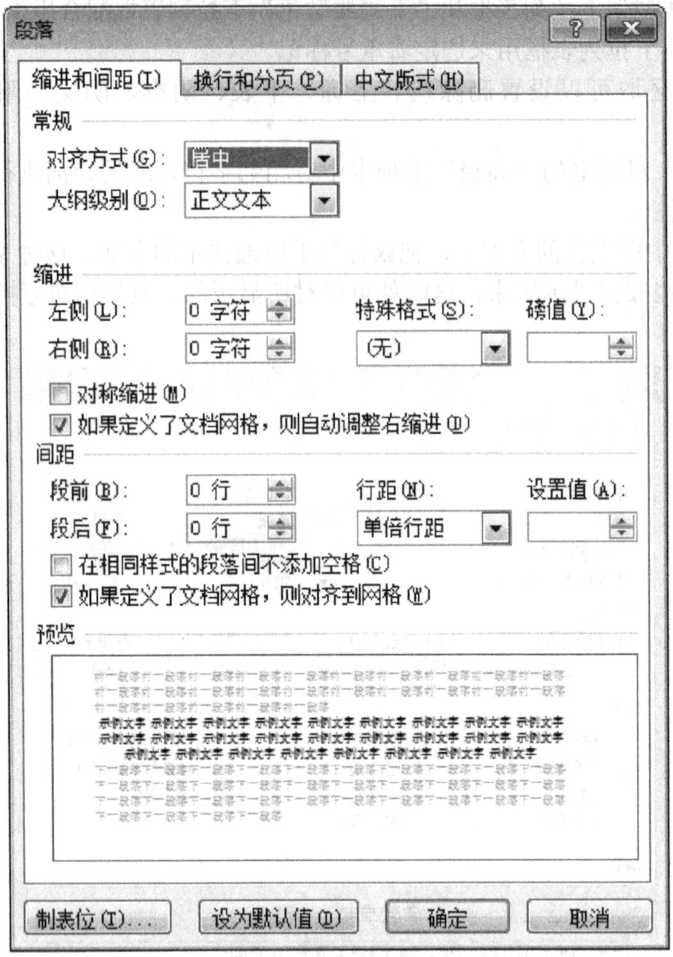

图 3-37 “段落”对话框

1. 段落对齐方式

段落对齐方式包括左对齐、右对齐、居中对齐、两端对齐和分散对齐，图 3-38 所示为这 5 种对齐方式的效果。段落对齐方式设置除了在“段落”对话框中设置还可以通过单击“段落”功能组中相应的对齐方式。

（1）左对齐：段落中每行字符以左侧边界为基准对齐，字符间距均匀、固定，右侧边界不一定对齐。一般用于英文排版。

（2）右对齐：段落中每行字符以右侧边界为基准对齐，左侧边界不对齐。一般用于日期、署名等。

（3）居中对齐：段落中每行字符距左、右边界距离相等，一般用于标题设置。

（4）两端对齐：是 Word 中默认的对齐方式，自动调整段落中每行字符的间距，使字符均匀分布在左右边界之间，保持段落两端对齐。对于字符不满的行则保持左对齐。

（5）分散对齐：与两端对齐方式相似，区别是当一行字符不满时，分散对齐方式依然将字符均匀分散，保持两端对齐。

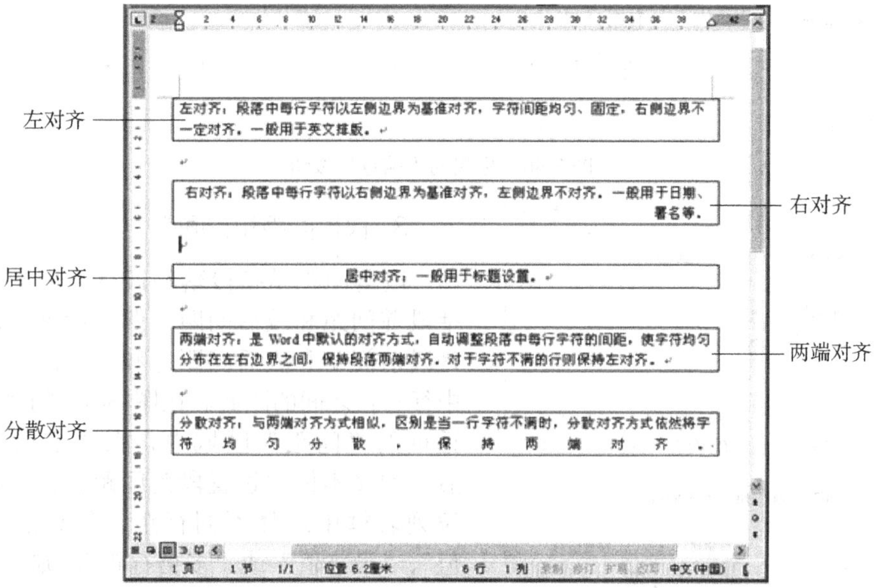

图 3-38　对齐方式的效果

2. 段落缩进

段落缩进是指段落中字符的边界到左、右页边距之间的距离。段落缩进包含 4 种格式，图 3-39 所示为这 4 种缩进格式的效果。

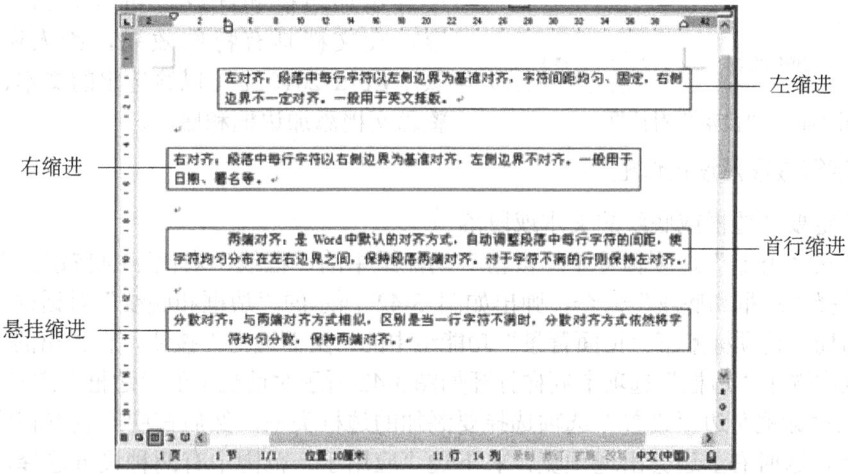

图 3-39　缩进格式的效果

（1）左缩进：段落左侧边界与左页边距保持一定距离，右侧不变。

（2）右缩进：段落左侧边界与右页边距保持一定距离，左侧不变。

（3）首行缩进：段落第一行进行左缩进，其他行不变。

（4）悬挂缩进：段落中除第一行之外，其他行进行左缩进。

段落缩进除了在“段落”对话框设置以外，也可以通过标尺来设置。如图 3-40 所示，选定要设置的段落后，通过向左或向右拖曳相应的标记来完成各种段落的缩进。还可以通过“段落”功能组中的“减少缩进量”和“增加缩进量”按钮对所选段落进行缩进设置。

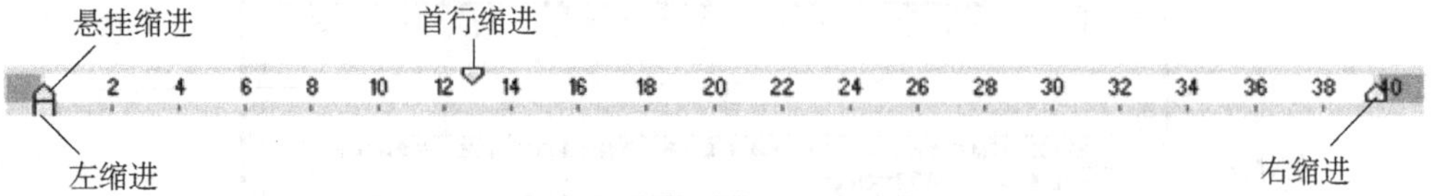

图 3-40　标尺的“缩进”按钮

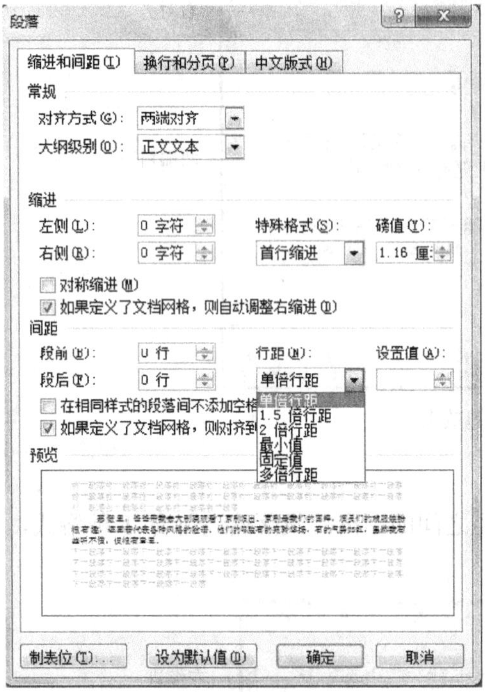

图 3-41　“段落”对话框

3. 段落间距和行间距

段落间距是指段落与段落之间的距离，包括段前间距和段后间距。两个段落之间的距离是段前间距和段后间距之和。行间距是指段落中行与行之间的距离。在图 3-41 的“段落”对话框的“间距”区域中，在“段前”和“段后”的文本框中设置段落间距。在“行距”下拉列表框中选择不同行距，如果选择“固定值”、“最小值”或“多倍行距”，则需要在“设置值”文本框中输入相应数值。

3.4.3　边框和底纹

在文档中为选定的文本、段落、表格或图形等添加边框和底纹，可以突出显示文档内容，使文档具有特殊效果，给人留下深刻印象。Word 2010 中可以给选定的文本、段落以及整篇文档添加边框和底纹。

1. 为字符或段落设置边框

（1）选定要加边框或底纹的文本或段落。

（2）单击“开始”选项标签下“段落”功能组中的“框线”右侧下拉按钮，在弹出的下拉菜单中选择“边框和底纹”命令，弹出如图 3-42 所示的“边框和底纹”对话框。也可以单击“页面布局”选项标签下“页面背景”功能组中的“页面边框”按钮，在弹出的“边框和底纹”对话框中选中“边框”选项卡同样打开如图 3-42 所示对话框中的“边框”选项卡。

（3）在对话框左边“设置”选项选择要添加的边框类型，然后在中间设置相应的样式、颜色和宽度。这时右上边会出现预览，右下边“应用于”范围中有两种设置选择，如果要设置文本的边框就选择“文字”，如果要设置段落的边框就选择“段落”。最后单击“确定”按钮，文本或段落的边框就设置好了。

2. 为文档设置边框

（1）单击“页面布局”选项标签下“页面背景”功能组中的“页面边框”按钮，在弹出的“边框和底纹”对话框选中“页面边框”选项卡。也可单击“开始”选项标签下的“段落”功能组的“框线”右侧下拉按钮，在弹出的下拉菜单中选择“边框和底纹”命令，弹出“边框和底纹”对话框，选中“页面边框”选项卡，和图 3-42“边框和底纹”对话框的“边框”选项卡相似。

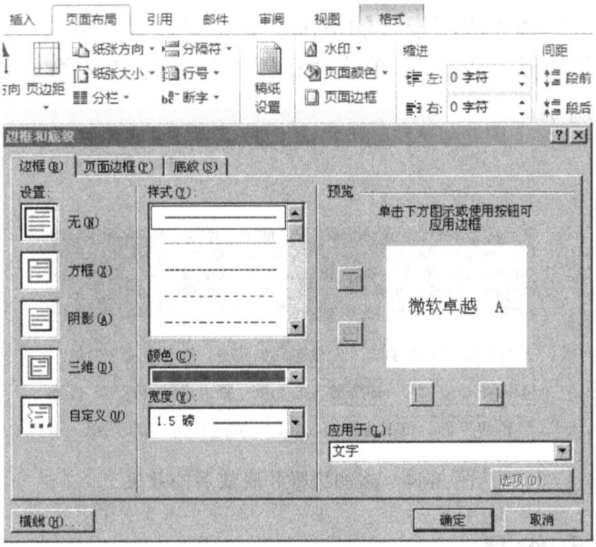

图 3-42　“边框和底纹”对话框中“边框”选项卡

（2）在对话框左边“设置”选项中选择要添加的边框类型，然后在中间设置相应的样式、颜色、宽度以及艺术型。这时右上边会出现预览，右下边“应用于”范围中有多种设置可供选择，如果要设置整篇文框的边框就选择“整篇文档”，如果要设置某个章节的边框就选择“本节”或“本节-仅首页”、“本节-除首页外所有页”。最后单击“确定”按钮，文档的边框就设置好了。

3. 为文本或段落设置底纹

（1）为文本或段落添加底纹和添加边框的操作设置相似，采用以上两种方法打开如图 3-43 所示的“边框和底纹”对话框下的“底纹”选项卡。

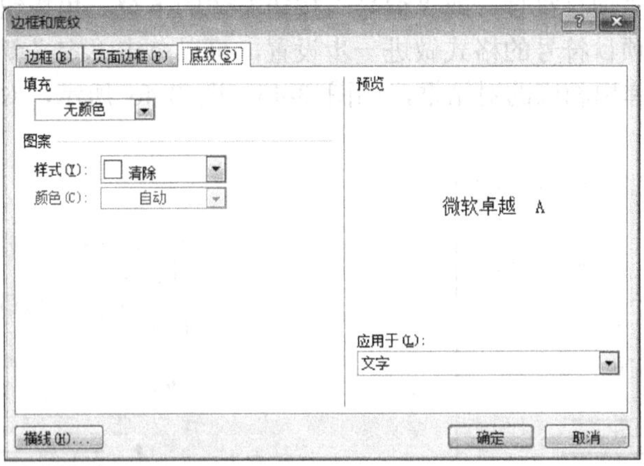

图 3-43　“边框和底纹”对话框中“底纹”选项卡

（2）在“填充”中设置相应的颜色，也可单击下拉菜单下的“其他颜色”按钮在弹出的“颜色”对话框中选择“标准”或“自定义”颜色。

（3）在“图案”中可以选择相应的“样式”，选中后“颜色”设置框就由灰色变成可用的状态，使用它可以为图案设置颜色。

（4）最后在右下角选择“应用于”的范围，如果要设置文本的边框就选择“文字”，如果要设置段落的边框就选择“段落”。单击“确定”按钮就完成底纹设置了。添加了边框和底纹的文档如图 3-44 所示。

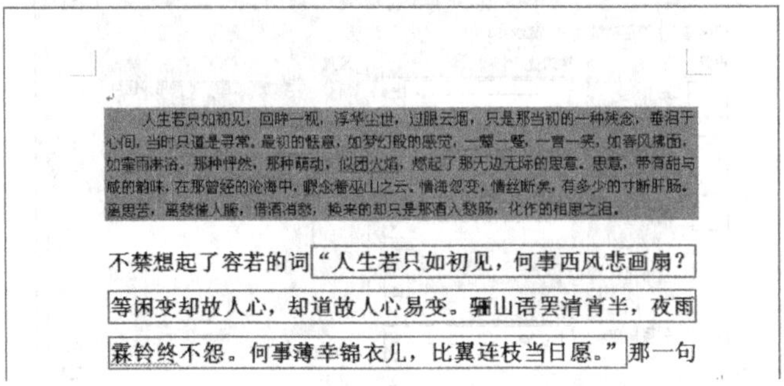
人生若只如初见，回眸一视，浮华尘世，过眼云烟，只是那当初的一种残念，垂泪于心间，当时只道是寻常。最初的悸意，如梦幻般的感觉，一颦一笑，一言一笑，如春风拂面，如霖雨沐浴。那种怦然，那种萌动，似团火焰，燃起了那无边无际的思意。思意，带有甜与咸的韵味。在那曾经的沧海中，暇念着巫山之云。情海忽变，情丝断矣，有多少的寸断肝肠。离思苦，离愁催人脆，借酒消愁，换来的却只是那酒入愁肠，化作的相思之泪。

不禁想起了容若的词“人生若只如初见，何事西风悲画扇？等闲变却故人心，却道故人心易变。骊山语罢清宵半，夜雨霖铃终不怨。何事薄幸锦衣儿，比翼连枝当日愿。”那一句

图 3-44　添加边框和底纹后的效果

3.4.4　项目符号和编号

在制作规章制度、管理条例时常常要用到项目编号或符号来组织内容，使得文档层次分明、条理清楚。Word 2010 中可以快速地给文档添加项目符号和编号，这样把文档中的相关内容组织成容易阅读的格式，使之更有层次感、条理分明、重点突出。

1. 添加项目符号

为文档添加项目符号方法如下：

（1）选定要添加项目符号的文档内容或将光标放在一段的前面。

（2）在“开始”选项标签下“段落”功能组中单击“项目符号”或“编号”按钮，会给所选文本自动添加最近一次使用的项目符号或编号。

（3）也可以单击“项目符号”或“编号”按钮右边的下拉三角按钮，选定相应的项目或编号样式。如果要对项目符号的格式做进一步设置，可以单击“定义新项目符号”或“定义新编号格式”按钮，弹出相应的对话框，如图 3-45、图 3-46 所示，对项目符号的字体、形状、格式等进行设置。

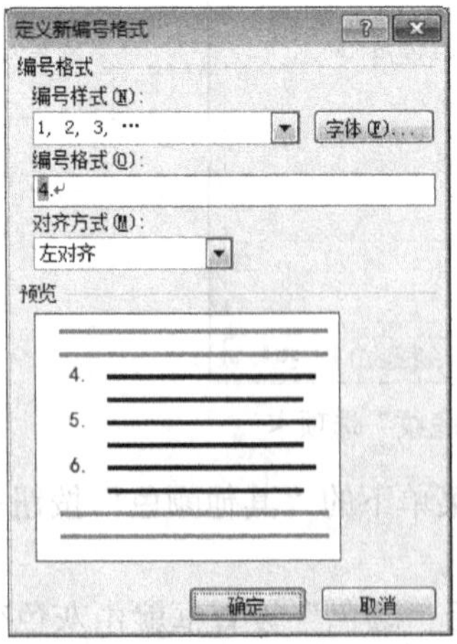

图 3-45　“定义新编号格式”对话框

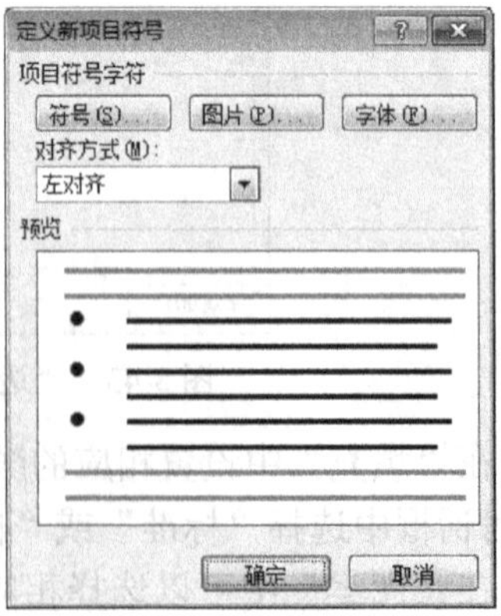

图 3-46　“定义新项目符号”对话框

注：如果在下拉菜单的“项目符号库”或“编号库”中选择“无”，则可清除已设置的样式。

（4）单击“确定”按钮完成设置。

2. 添加编号

添加编号时，首先选定要添加编号的段落，再打开“编号”选项卡，其使用方法与项目符号相同，不再累述。编号与项目符号最大的不同是：前者为一系列连续的数字或字母，而后者使用相同的符号。

注：对已添加编号的文档进行删除或插入操作后，Word 会自动调整编号，无须人为修改。而且在一些编号或符号开始的段落中，按下 Enter 键换到下一行时，下一段自动产生连续的编号或相同的符号。

3. 添加多级列表

为了清晰表达段落的层次结构，Word 2010 中还可添加多级列表。选择段落或文本，单击“段落”功能组中的“多级列表”按钮，在弹出的下拉列表中选择需要的列表样式。初始所有段落的编号都是 1 级，需要进一步调整。把插入点定位在应是 2 级列表编号的段落中。单击“多级列表”按钮，在弹出的下拉列表中再单击“更改列表级别”选项，然后在弹出的级联列表中选择“2 级”按钮，此时该段落调整成 2 级列表。

要将插入点定位在编号和文本之间的段落中，可使用“段落”功能组中的“减少缩进量”按钮或按 Tab 键来降低一个列表级别；单击“增加缩进量”或按 Shift+Tab 键组合键来提升一个列表级别。

3.4.5　格式刷工具

格式刷是一种快速应用格式的工具，能够将某文本对象的格式复制到另一个对象上去，从而简化烦琐的设置操作步骤。使用“格式刷”按钮可以快速将已有文本格式复制到其他文本上面。具体步骤如下：

（1）选定已设置好格式的文本或者把插入点放在要使用格式刷的文本中。

（2）单击“开始”选项标签下“剪贴板”功能组中的“格式刷”按钮，光标变成带刷子的形状。最后拖曳鼠标刷过目标文本，鼠标所经过的文本立即和已设置过的文本格式完全一样了。

如果需要多次使用格式刷，需要双击“格式刷”按钮就可以在多处反复使用，使用完毕后，单击“格式刷”按钮或 Esc 键即可取消使用格式刷。

3.4.6　首字下沉

有些文章用每段的首字下沉来代替每段的首行缩进。首字下沉是将文档开头的第一个字放大，并以下沉或悬挂的方式来表现。一般用于文档的开头，其目的是使内容更加醒目，引起读者注意。设置步骤如下：

（1）将光标置于需要设置首字下沉的段落中或选中段落的首字。

（2）单击“插入”选项标签下“文本”功能组中的“首字下沉”按钮，在弹出下拉菜单中进行选择“下沉”或“悬挂”样式，也可单击“首字下沉”选项打开的对话框如图 3-47 所示，选择“下沉”样式，“下沉行数”选择 2 行。单击“确定”按钮完成设置，如图 3-48 示。

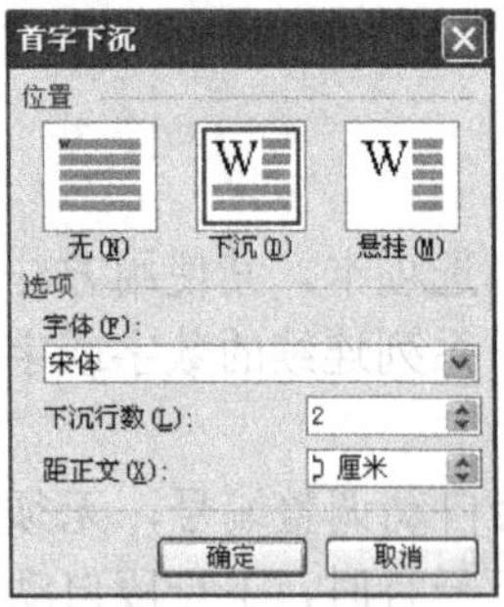

图 3-47 “首字下沉”对话框

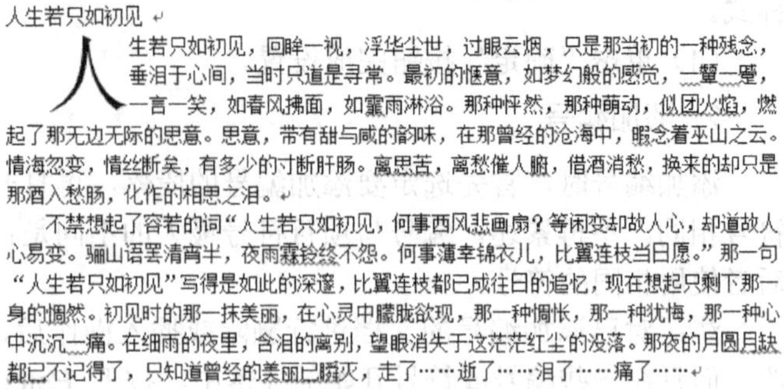

人生若只如初见

人生若只如初见，回眸一视，浮华尘世，过眼云烟，只是那当初的一种残念，垂泪于心间，当时只道是寻常。最初的惬意，如梦幻般的感觉，一颦一蹙，一言一笑，如春风拂面，如霏雨淋浴。那种怦然，那种萌动，似团火焰，燃起了那无边无际的思意。思意，带有甜与咸的韵味，在那曾经的沧海中，眼念着巫山之云。情海忽变，情丝断矣，有多少的寸断肝肠。离思苦，离愁催人瘦，借酒消愁，换来的却只是那酒入愁肠，化作的相思之泪。

不禁想起了容若的词“人生若只如初见，何事西风悲画扇？等闲变却故人心，却道故人心易变。骊山语罢清宵半，夜雨霖铃终不怨。何事薄幸锦衣儿，比翼连枝当日愿。”那一句“人生若只如初见”写得是如此的深邃，比翼连枝都已成往日的追忆，现在想起只剩下那一身的惆然。初见时的那一抹美丽，在心灵中朦胧欲现，那一种惆怅，那一种犹悔，那一种心中沉沉一痛。在细雨的夜里，含泪的离别，望眼消失于这茫茫红尘的没落。那夜的月圆月缺都已不记得了，只知道曾经的美丽已瞬灭，走了……逝了……泪了……痛了……

图 3-48 首字下沉效果

注：如果要除去已设置的首字下沉，只需在弹出的下拉菜单中选择“无”选项即可。

3.5 图文混排

Word 2010 具有较强的图文处理功能，不仅可以编辑文本，还可以在文本中插入图片、剪贴画、艺术字、文本框等，使文档变得生动有趣。根据用户需要还有把图片与文本进行图文混排，从而使文档更加美观。

3.5.1 插入图片和剪贴画

1. 插入图片

在 Word 2010 中可以直接插入的图片类型有.bmp、.jpg、.pic 等。例如要为文档插入图片，操作步骤如下。

（1）将插入点置于要插入图片的位置。

（2）单击“插入”选项标签下“插图”功能组中的“图片”按钮，弹出“插入图片”对话框，如图 3-49 所示。选择要插入图片所在的文件夹，然后定位到要插入的图片。

图 3-49 “插入图片”对话框

（3）双击图片或选中图片后单击“插入”按钮就可完成图片的插入。

2. 插入剪贴画

Word 2010 提供了一个剪辑库，其中包含大量的剪贴画、图片。在文档中插入剪贴画操作如下：

（1）将插入点置于插入剪贴画的位置。

（2）单击“插入”选项标签下“插图”功能组中的“剪贴画”按钮，打开“剪贴画”任务窗格。单击“搜索”按钮，显示计算机上所保存的所有剪贴画，也可以在“搜索文字”文本框中输入要查找的类别，如图 3-50 所示输入“计算机”，再单击“搜索”按钮则 Word 2010 程序中有关计算机的剪贴画就显示在下边了。

（3）单击要插入的剪贴画，就可以插入到文档中。

（4）单击任务窗格右上角的“关闭”按钮，完成剪贴画的插入。

图 3-50　“剪贴画”任务窗格

3. 屏幕截图

Word 2010 中提供了截取计算机中打开程序窗口的功能，使用该工能可以将截取的程序窗口图片插入到文档中，截取过程中可以根据需要选择全屏图像或自定义截取范围。截屏的步骤如下：

（1）将插入点定位到要插个截屏图片的地方。

（2）单击“插入”选项标签下“插图”功能组中的“屏幕截图”按钮，弹出当前打开的程序窗口，在里面选取要截取的窗口后就以图片形式插入到文档中。

（3）也可以选择“屏幕截图”下拉菜单中的“屏幕剪辑”命令，这时当前文档窗口隐藏，同时屏幕出现灰色，鼠标变成“十”字形状，在需要截取的图面上拖动鼠标截取需要的画面部分。

（4）截取的自定义范围的画面会自动以图片的形式插入到文档中。

3.5.2　编辑图片

插入图片对象后，图片的设置不一定符合要求，这时需要对图片进行编辑，如缩放、裁剪、环绕方式等。编辑图片可以通过双击“图片工具”的“格式”选项卡中的按钮进行图片的编辑，如图 3-51 所示；也可以右击选定图片，再使用快捷菜单中的命令进行编辑。

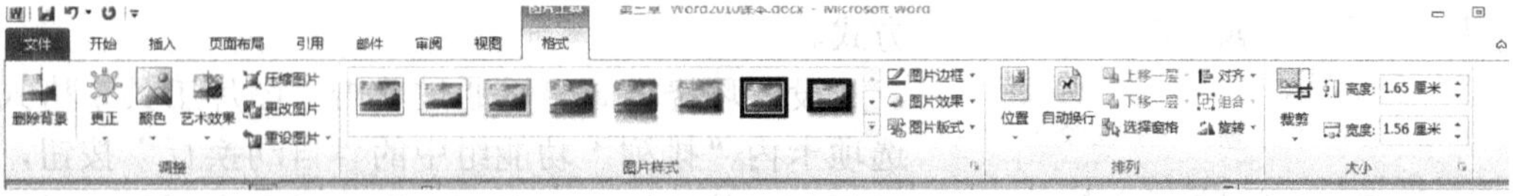

图 3-51　“格式”功能按钮

1. 缩放和裁剪图片

缩放图可以使用鼠标操作，选定图片后，图片四周出现 8 个控制点，将鼠标指针指向某个控制点时，鼠标指针变成双向箭头，拖曳鼠标即可改变图片大小。

再就是利用图片“布局”对话框中的“大小”选项卡来设置图片的大小。在“图片工具”的“格式”选项卡里单击“大小”功能组右下角的“对话框启动器”按钮，弹出图片“布局”对话框，选中“大小”选项卡，如图 3-52 所示。在此可以输入数值来改变图片大小，当输入数值时要想不改变图片比例，必须勾选“锁定纵横比”选项。对话框的下边还可设置旋转和缩放的比例和宽度。

图 3-52　“布局”对话框的“大小”选项卡

如果只需要所插入图片中的一部分，则可以对图片进行裁剪。单击图 3-51 所示的“格式”选项标签中的“裁剪”按钮，按住鼠标左键向图片内移动，这时裁剪掉的区域成黑色，正常显示的部分为要保留的区域，按下 Enter 键即可完成裁剪。

2. 设置图片位置

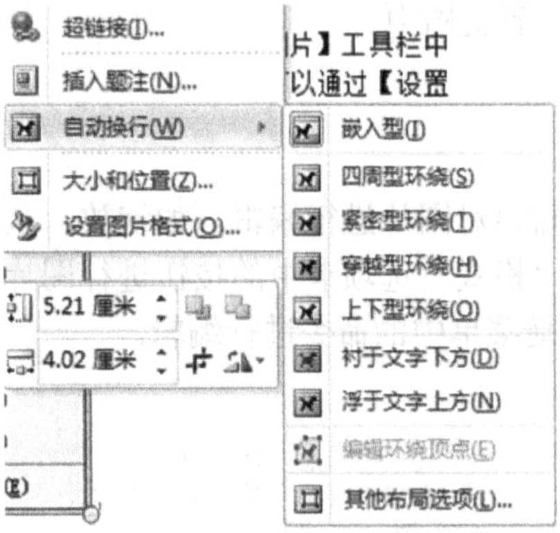

图 3-53　文字环绕子菜单

插入文档中的图片与文字的位置有两大类：浮动式和嵌入式。嵌入式图片直接置于文档插入点处，占据文本位置；浮动式图片可以在页面上自由移动，可放在文本或其他对象的前面或后面，只有对浮动式的图片对象才能使用重叠和组合操作。文字和图片的环绕方式能使排版效果美观，Word 2010 默认的是嵌入型，要想设置图片浮动型就要改变图片与文的环绕方式。

设置环绕方式可以通过单击“图片工具 | 格式”选项卡内“排列”功能组中的“自动换行”按钮，再选择相应的环绕方式即可。也可以右击图片在弹出快捷菜单中选择“自动换行”子菜单，如图 3-53 所示。

3.5.3　绘制图形

在 Word 2010 中除了可以插入图片，还可以创建各类矢量图形。Word 2010 提供了丰富的基本图形形状，可以方便地使用这些功能来绘制各类图形。

1. 绘制自选图形

单击“插入”选项标签下“插图”功能组的“形状”按钮，打开如图 3-54 所示“形状”工具框，里面有最近使用的形状、线条、矩形、基本形状等图形，选中需要的形状，这时鼠标变成“十”字形状，然后在要绘制图形的地方拖动鼠标就可绘出所需图形。

2. 设置自选图形格式

为了美化图形，还可以对图形进行格式设置，如设置线型、箭头、填充等。选中自选图形后可以打开“图片工具”的“格式”选项卡并对里面各设置项进行设置；也可以通过自选图形快捷菜单中的“设置形状格式”命令如图 3-55 所示，在弹出的“设置形状格式”对话框中进行设置。

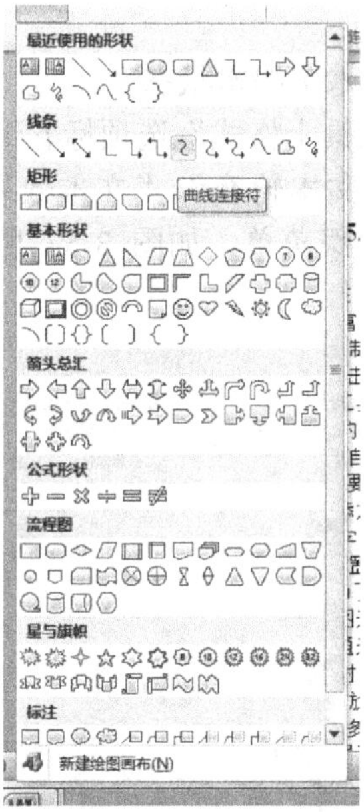

图 3-54　“形状”工具框

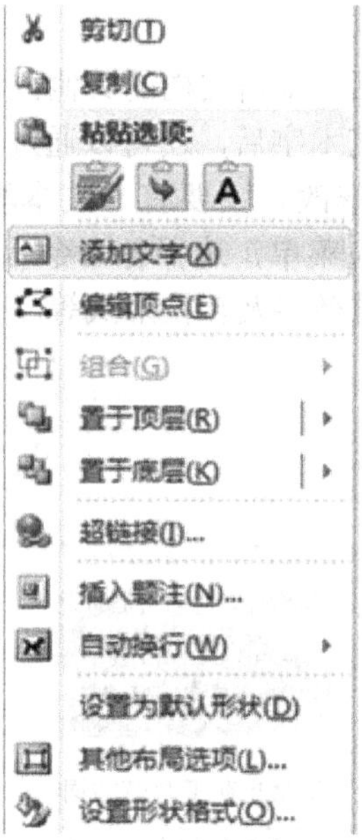

图 3-55　图形快捷菜单

3. 叠放次序和组合图形

当多个图形需要重叠放置时，就要设置图形的放置顺序。通过自选图形快捷菜单中的“置于顶层”和“置于底层”子菜单下的“置于顶层”或“上移一层”和“置于底层”或“下移一层”进行设置。也可使用“页面布局”下的“排列”功能组中的“上移一层”或“下移一层”按钮来调整叠放次序。

当图形绘制完成，可以对其进行组合，以防止各图形之间的相对位置发生改变。首先按着 Shift 键再用鼠标依次选定所有要组合的图形，然后在任意图形上右击，弹出自选图形的快捷菜单，选择“组合”命令即可。

3.5.4 艺术字

Word 2010 中艺术字作为一种图形对象，不是普通文字，用来输入和编辑具有色彩、阴影等具有特殊效果的文字。插入文本框的方法有两种：可以先选择文本内容，再插入艺术字，这时不用输入文字内容；也可以先插入艺术字编辑框，再输入文本内容。

插入艺术字编辑的操作方法如下：

（1）单击“插入”选项标签下“文本”功能组中的“艺术字”按钮，在下拉的“艺术字”样式集合中选择所需样式，单击就在文档中出现艺术字的编辑框，如图 3-56 所示。

图 3-56 编辑艺术文字的编辑框

（2）在编辑框中输入要显示的文字内容，也可以对这些文字的字体、字号、字形等进行设置。

（3）编辑完成后，单击文档的其他位置退出艺术字编辑状态。

在文档中插入艺术字后，还可以通过“绘图工具 | 格式”选项标签下“艺术字样式”功能区中各按钮进行修改，主要有“文本填充”、“文本轮廓”、“文本效果”，单击“文本效果”按钮后弹出下拉菜单，选择各命令后展开下一级菜单，如图 3-57 所示。在菜单中可以设置文字形状、三维效果及转换形式等。

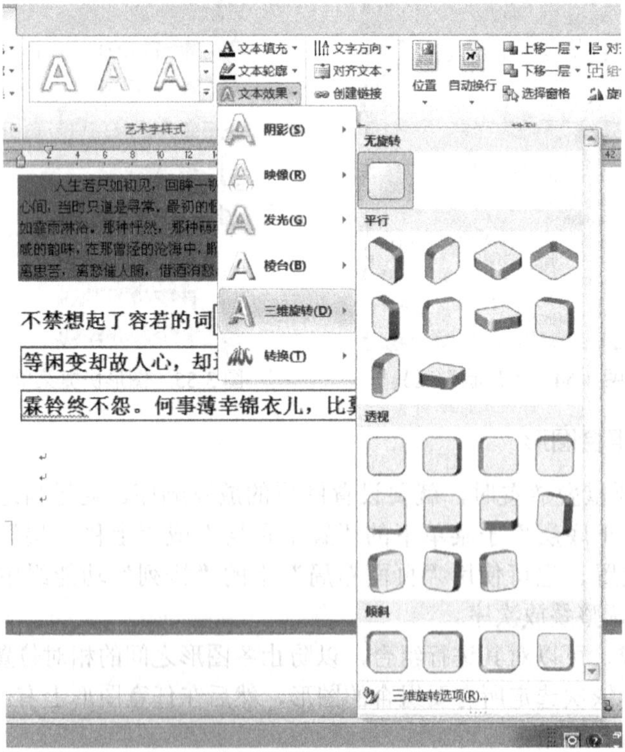

图 3-57 文本效果的级联菜单

也可在“艺术字样式”功能组右下角单击“对话框启动器”按钮打开“设置文本效果格式”对话框，如图 3-58 所示。在对话框的各选项下对艺术字进行更多的设置，这些设置和功能区中设置按钮一样效果。

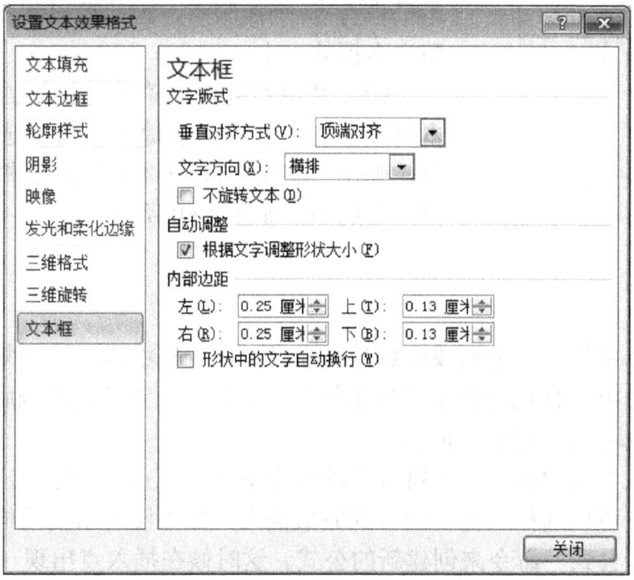

图 3-58　“设置文本效果格式”对话框

3.5.5　文本框

文本框是在文档中建立的一个图形区域，也是一种可移动、可调整大小的文字或图形容器，作为一个独立的窗口，可以放置文本、图形等。用户也可以根据需要随意调整文本框的大小，以及文字的不同方向排列。

1. 插入文本框

文本框分为横排和竖排，用户可以根据需要插入。插入文本框的方法是：

（1）单击“插入”选项标签下“文本”功能组中的“艺术字”按钮，在弹出的下拉菜单中选择 Word 2010 内置的文本框样式，单击就在文档插入点处插入了一个具有提示内容的文本框，直接输入文本就可以了。输入完文本可以对文本进行格式设置，如图 3-59 所示。

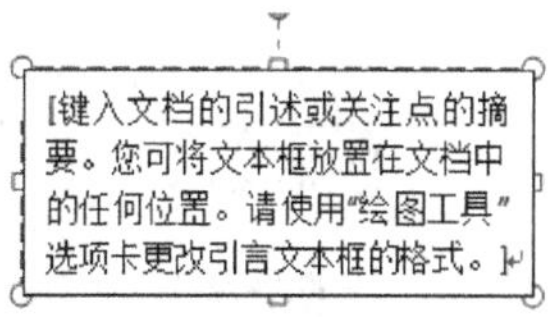

图 3-59　插入文本框效果

（2）可以单击“插入”选项标签下“文本”功能组中的“艺术字”按钮，在弹出的下拉菜单中选择“绘制文本框”或“绘制竖排文本框”命令，这时鼠标变为“十”字形状，按住鼠标左键在要插入文本框的地方拖动就会出现一个空白文本框。之后再在里面输入文本内容就可以了。如果选择的是“绘制竖排文本框”命令，文本框的文字是竖着排列的。

2. 编辑文本框

文本框创建好以后，要进行美化操作，例如，在其中编辑文字或插入图片。还可以对文本框的位置、大小等进行调整，调整文本框有两种方法。

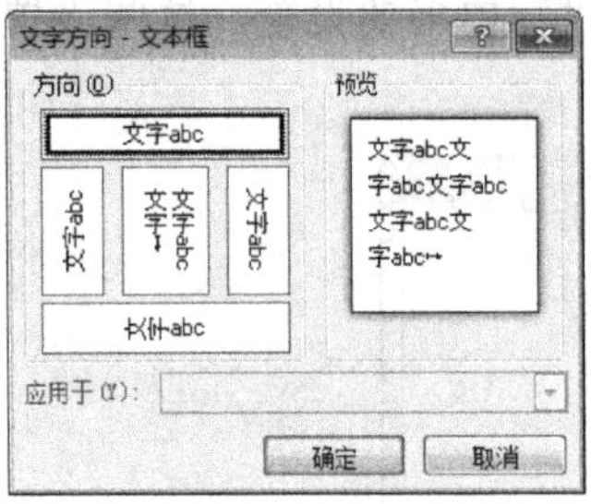

图 3-60 “文字方向-文本框”对话框

（1）利用鼠标调整文本框。鼠标左键按住文本框的边框不放，拖曳鼠标就可对文本框的位置进行调整；文本框也有 8 个控制点，因此可以和图片一样用鼠标来调整文本框的大小。

（2）利用右键快捷菜单对话框内容进行设置。在文本框上右击，在弹出快捷菜单可以选择“文字方向”命令，弹出“文字方向-文本框”对话框，可以设置文字的方向布局等，如图 3-60 所示。

3.5.6 公式

一些情况下，特别是编辑论文或出数学试卷时，在文档中需要输入复杂的数学公式，此时可以通过 Word 2010 集成的公式编辑器来插入一个公式，它不会影响版面的美观和布局。在 Word 2010 文档中输入公式方法如下：

（1）单击“插入”选项标签下“符号”功能组中的“公式”按钮，出现常用公式样式的下拉“公式”菜单，可以选择所需要的公式完成插入。如果没有所需的样式，也可以单击下拉菜单中的“插入新公式”命令来创建新的公式。这时候在插入点出现一个公式输入框。

（2）在公式输入框中输入内容后，单击内容右边的“三角”按钮，激活“公式工具丨设计”选项标签，如图 3-61 所示。还可以根据这些工具选项按照公式的拆解进行输入公式。功能区中除了默认显示的“基础数学”符号外还提供了希腊字母、字母符号、运算符、箭头、求反关系运算符、几何学等多种符号，单击“符号”功能组的右下角的“其他”按钮弹出如图 3-62 所示的“基础数学”符号库，单击左上角的“基础数学”旁的下拉三角可以切换其他的符号。

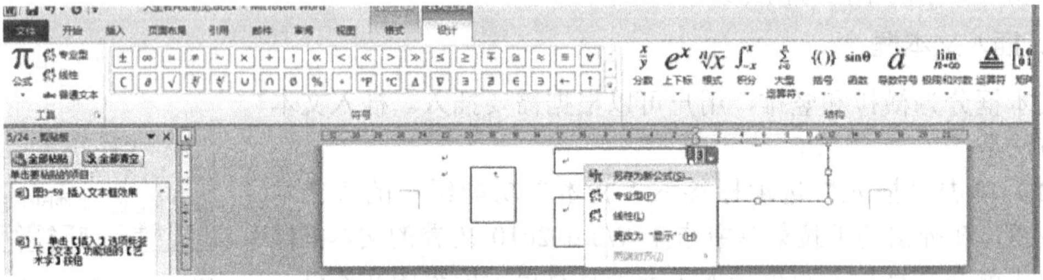

图 3-61 公式工具设计选项标签下的功能区

图 3-62 “基础数学”符号库

3.6 表格的创建与编辑

表格由若干行和列交叉的单元格组合而成，使用非常广泛，一般用于显示数据，如成绩表、工资表等。它具有条理清楚、结构严谨、效果直观、说明性强等优点。在 Word 2010 中表格属于特殊的图形，Word 具有简单有效的制表功能。一个表格通常由若干个单元格组成，一个单元格就是一个方框，是表格的基本单位。

3.6.1 创建表格

在 Word 中，可以自动插入表格，也可以手动创建表格，有以下几种方法。

1. 通过“表格网格”按钮创建表格

（1）将插入点置于要插入表格的位置。

（2）单击“插入”选项标签下的“表格”按钮，会弹出如图 3-63 所示的 10 行 8 列的虚拟表格。

（3）在虚拟表格上拖动鼠标选定所需的列和行数，松开鼠标后即可在插入点插入一个的所选行列数的表格。

2. 通过“插入表格”命令创建表格

（1）单击“插入”选项标签下的“表格”按钮，在弹出“插入表格”虚拟表格下边选择“插入表格”命令，弹出如图 3-64 所示的“插入表格”对话框。

（2）在“表格尺寸”区域设置表格的行数、列数；在“‘自动调整’操作”区域选择相应调整方式。

（3）单击“确定”按钮，完成表格插入。

图 3-63 插入表格虚拟表格

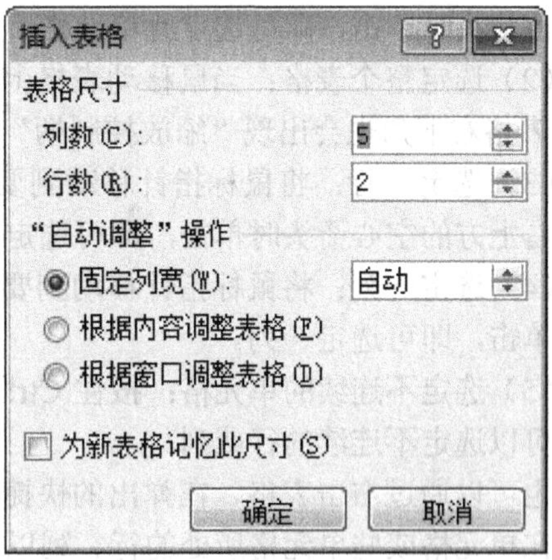

图 3-64 “插入表格”对话框

3. 手动绘制表格

有些表格结构复杂，除了直线外还有斜线，Word 2010 中提供了手动绘制表格的功能，方法如下：

（1）单击“插入”选项标签下的“表格”按钮，在弹出“插入表格”虚拟表格下边选择“绘制表格”命令，这时鼠标在文档中变成了一支铅笔形状。

（2）将鼠标移到要插入表格的位置，按住笔形鼠标左键，拖曳到适当位置释放，绘制出一个矩形，即为表格的外框。这时会显示如图 3-65 所示的“表格工具｜设计”和“表格工具｜布局”选项标签。

（3）在表格内横向拖曳笔形鼠标，绘制出表格的行；纵向拖动鼠标则绘制出表格的列。

（4）如果画错，可以用“表格工具｜设计”下“绘图边框”功能组中的“擦除”按钮删除。另外还可以使用“绘图边框”功能组中的“笔样式”、“笔画粗细”和“笔颜色”的下拉按钮打开下拉菜单来设置绘图表的样式、粗细和颜色。

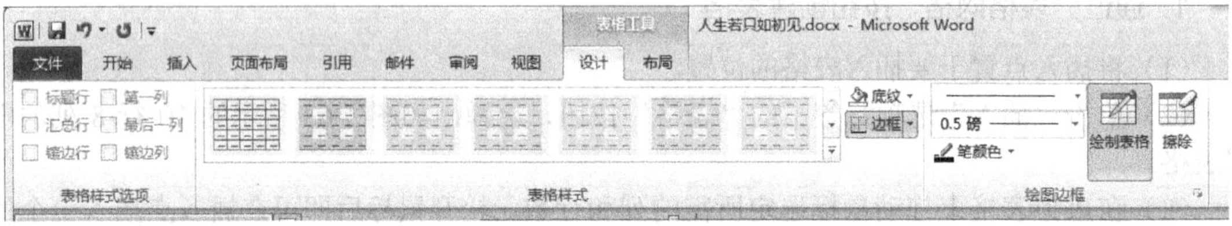

图 3-65　“表格工具｜设计选项”功能区

3.6.2　编辑表格

创建表格后，需要对表格的内容和表格进行编辑与修饰。在表格中编辑内容与在文档中是一样的，将鼠标置于相应单元格，即可输入文本内容。表格的编辑包括行和列的插入/删除、调整行高/列宽、单元格及表格的合并/拆分等。

1. 选定表格

对表格进行编辑首先需要选定单元格。

（1）选定单元格：将鼠标指针移动到要选定单元格的左侧，当鼠标指针变成指向右上方的黑色箭头时单击，即可选定此单元格。

（2）选定整个表格：当鼠移动表格上时，表格左上角会出现“表格移动与控制点”图标 ⊞，表格右下角也会出现“缩放控制柄” ┤，单击任意一个都可以选定整个表格。

（3）选定一行：将鼠标指针移动到要选定行的左侧（尽量靠近表格），当鼠标指针变成指向右上方的空心箭头时单击，即可选定一行。

（4）选定一列：将鼠标指针移动到要选定列的上方，当鼠标指针变成指向下方的黑色箭头时单击，即可选定一列。

（5）选定不连续的单元格：按住 Ctrl 键，可以依次选中多个不连续的单元格，使用该方法也可以选定不连续的行或列。

也可以通过右击表格，在弹出的快捷菜单中执行“选择”命令，在下级菜单中选择插入点所在单元格或些单元格所处的行、列以及整个表格。

2. 调整行高和列宽

在 Word 中，用户可以根据实际需要来修改表格的行高和列宽。

（1）通过鼠标调整行高和列宽

将鼠标指针置于表格的行或列上，鼠标指针变成双向箭头的形状，拖曳鼠标到适当的位置释放，即可调整表格的行高或列宽，这一种方法在改变列宽和行高时不改变表格的大小。

如果选择表格最下角的拖动柄，拖动鼠标把整个表格的行高和列宽改变，就会改变整个表格大小。将鼠标移向标尺上指向行线或列线的表示符时，鼠标就变成双向空心小箭头形状，此时按住左键拖动，表格中出现行线或列线的虚线也随之移动，松开鼠标即可调整行高或列宽。

（2）通过“表格属性”对话框调整行高和列宽

① 选定要调整的行或列。

② 单击“表格工具 | 布局”下“表”功能组中的“属性”按钮，弹出“表格属性”对话框，如图 3-66 所示。

③ 在“行”和“列”选项卡中，可以设置行高和列宽。

④ 单击“确定”按钮，完成设置。

（3）通过“自动调整”命令调整行高和列宽

① 将鼠标指针置于表格的任意单元格中。

② 单击“表格工具 | 布局”下的“自动调整”按钮，在弹出的三个子菜单选择相关选项，如图 3-67 所示。也可在表格中右击，在弹出的快捷菜单中选择“自动调整”命令的子菜单调整表格。

③ 根据需要选择一种方式，表格就会自动调整。

图 3-66　“表格属性”对话框

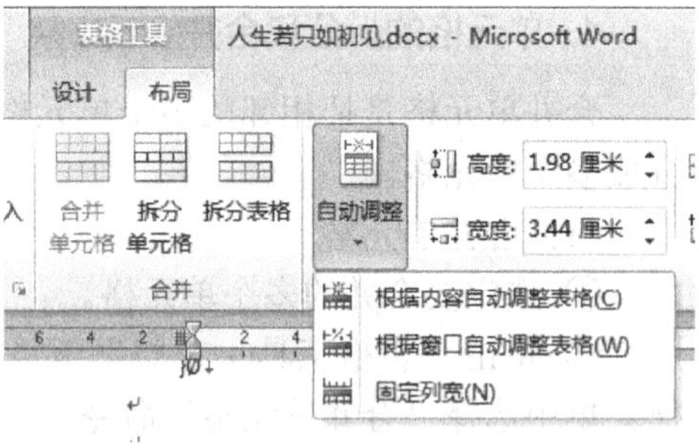

图 3-67　自动调整的三个子菜单

3. 插入/删除行、列、单元格

（1）插入单元格

有两种方法可插入单元格：一种是通过单击“表格工具 | 布局”下“行和列”功能组右下角的“对话框启动器”按钮，弹出如图 3-68 所示的“插入单元格”对话框，在对话框中

选择插入单元格的位置，单击“确定”按钮就可。另一种方法是在单元格中右击，在弹出的快捷菜单中选择“插入”命令下的“插入单元格”子命令，同样可以打开图 3-68 所示的对话框。

（2）插入行、列

① 使用功能区操作：首先在表格中选定插入行（或列、单元格）的位置，通过单击“表格工具丨布局”下“行和列”功能组中的“在上方插入”、“在下方插入”、“在左侧插入”、“在右侧插入”按钮，即可在相应位置插入行（或列、单元格）。

② 使用快捷菜单：把鼠标放在表格中右击，在弹出的快捷菜单中“插入”命令的下一级菜单中选择“在上方插入行”或“在下方插入行”、“在左侧插入列”或“在右侧插入列”，完成在指明位置插入行或列。

③ 使用快捷键：将光标移到表格外右侧的回车符上，按 Enter 键可以插入一行。

（3）删除行、列、单元格

① 在表格中选定要删除的行（或列、单元格），然后单击“表格工具丨布局”下“行和列”功能组中的“删除”按钮，即可删除选择的行（或列、单元格）或者整个表格。

② 把插入点放入要删除的单元格后右击，在弹出的快捷菜单中选择“删除单元格”命令，弹出如图 3-69 所示的“删除单元格”对话框，在对话框中选择处理方式后单击“确定”按钮。

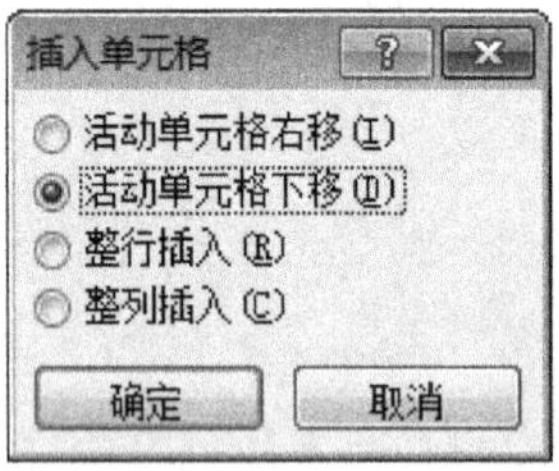

图 3-68 “插入单元格”对话框

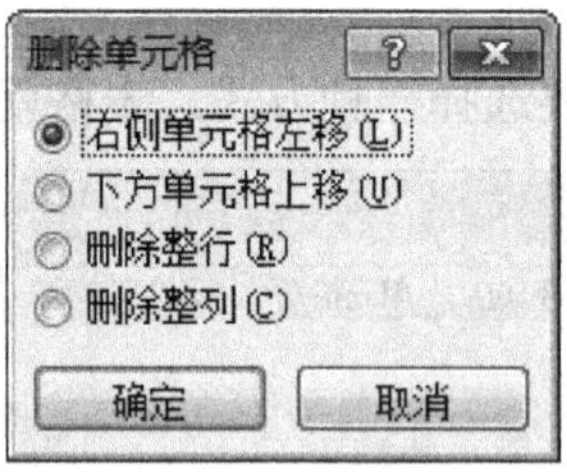

图 3-69 “删除单元格”对话框

③ 还有一种方法是删除从光标所在单元格的行到表格的最后行。把光标放入表格，按下 Ctrl+Enter 组合键就从光标所在的行往下所有行都删除了。

4. 单元格的拆分和合并

合并单元格是把相邻的多个单元格合并成一个单元格；拆分单元格则是把一个单元格拆分成多个单元格。

（1）合并单元格

① 选定要合并的多个单元格。

② 单击“表格工具丨布局”下“合并”功能组中的“合并单元格”命令或右击，在快捷菜单中选择“合并单元格”命令。

（2）拆分单元格

① 选定要拆分的单元格。

② 单击“表格工具丨布局”下“合并”功能组中的“拆分单元格”按钮或者右击，在弹出的快捷菜单中选择“拆分单元格”，然后在打开的对话框中输入要拆分的行数和列数。

③ 单击“确定”按钮，完成拆分。

选择“表格工具丨布局”下“合并”功能组中的“拆分表格”按钮也可以把表格从当前

插入点所在的行上边线为界拆分成两个表格。要想把相邻的两个表格合并，则把插入点移动两个表格间的回车符上，按 Delete 键即可把两个表格合并成一个大的表格。

5. 单元格内容的移动、复制和删除

对表格单元格中的内容的操作和在 Word 2010 文档中对文本的复制、移动、删除操作一样，所不同的是单元格中的内容被删除，表格的结构则不受影响。其实在删除单元格或行、列时也包括了内容的删除。

3.6.3　格式化表格

表格制作完成后，还可以对表格进行格式化设置，使表格美观漂亮。格式化表格有多种方式。

1. 表格/单元格的对齐方式

（1）表格的对齐方式

通过“表格属性”对话框，可以设置表格的对齐方式以及与文字的环绕方式。也可以使用“段落”功能组的按钮设置，先选定整个表格，再单击“开始”选项标签下的“段落”功能组中的相应对齐方式按钮即可。

（2）单元格的对齐方式

首先选定要设置的单元格，右击，在快捷菜单中选择“单元格对齐方式”子菜单，如图 3-70 所示。也可以使用“表格工具｜布局”下“对齐方式”功能组中的按钮来设置。

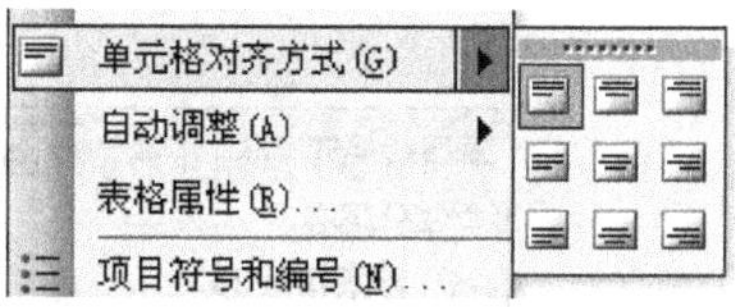

图 3-70　单元格对齐方式子菜单

2. 表格的边框和底纹

可以与文本一样为表格添加边框和底纹，有两种方法可以进行设置。

（1）单击“表格工具｜设计”选项标签下“绘图边框”功能组中的“对话框启动器”按钮，弹出“边框和底纹”对话框，如图 3-42 所示，可以分别在“边框”和“底纹”选项卡中对表格进行相应设置，操作和文本的相似。

（2）单击“表格工具｜设计”选项标签下“表格样式”功能组右边的“底纹”按钮或“边框”右边的下拉按钮，在弹出的下拉菜单中进行选择相应的格式设置表格的边框和底纹。

3. 表格自动套用格式

Word 提供了多种预设的表格格式，用户可以直接套用这些格式，以节省时间。具体操作步骤如下：

（1）将鼠标指针置于表格中任意位置。

（2）单击“表格工具｜设计”选项标签下“表格样式”功能组中的任一种样式按钮，表格就自动套用这个样式，呈现相应的格式。还可以单击这些样式右边的“其他”按钮展开下拉样式菜单进行更多样式的选择。

3.6.4 转换表格与文本

在 Word 中，有时需要将表格转换成文本，也需要将文本转换成表格。

1. 表格转换成文本

（1）选定要转换成文本的表格，再将插入点置于要转换的表格中。

（2）单击“表格工具 | 布局”下“数据”功能组中的“转换为文本”按钮，弹出“表格转换成文本”对话框，如图 3-71 所示。在其中选择合适的分隔符，或者在“其他字符”按钮后面的文本框中输入需要的分隔符号。

（3）单击“确定”按钮，完成转换。

2. 文本转换成表格

（1）选定要转换成表格的文本。

（2）单击“插入”选项标签下的“表格”按钮，在弹出的菜单中选择“文本转换成表格”命令，打开如图 3-72 所示对话框。在其中设置生成表格的行数和列数、文字分隔符等。

（3）单击“确定”按钮，完成转换。

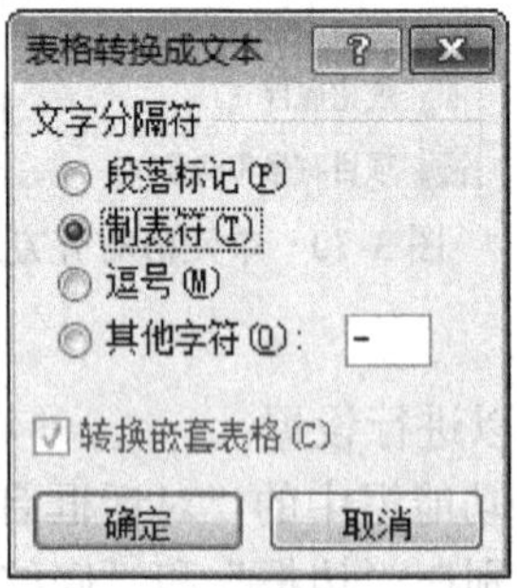

图 3-71 “表格转换成文本”对话框

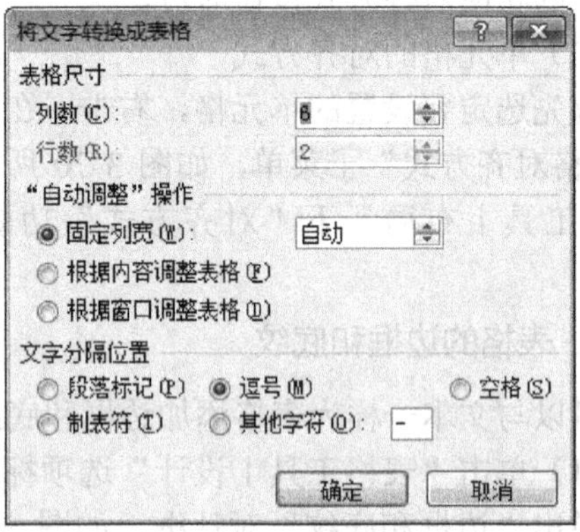

图 3-72 “将文字转换成表格”对话框

3.6.5 表格的数据处理

1. 数据的计算

在 Word 中，可以对表格的数据快速地进行一些简单计算，如求和、求平均等。具体操作步骤如下：

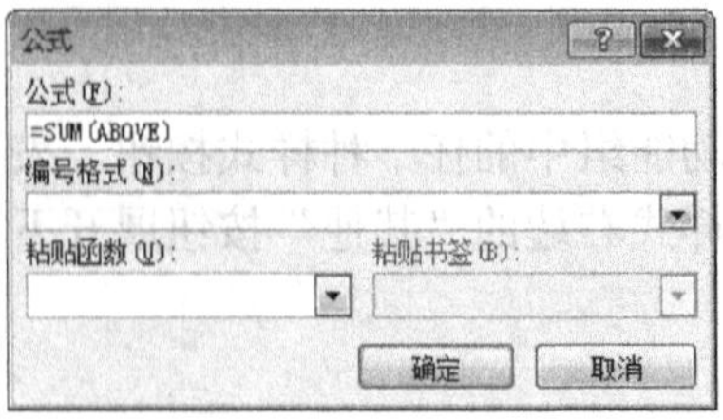

图 3-73 “公式”对话框

（1）将鼠标置于放置计算结果的单元格中。

（2）单击“表格工具 | 布局”下“数据”功能组中的“公式”按钮，弹出“公式”对话框，如图 3-73 所示。

（3）在“公式”区域输入计算公式，可以在“粘贴函数”下拉列表中选择所需的函数；在“编号格式”区域选择计算结果的格式。

（4）单击“确定”按钮，完成计算。

2. 数据排序

在 Word 中，表格中的内容可以按照数字、拼音、日期、笔画等进行升序或降序的排列。具体操作步骤如下：

（1）选定要进行排序的表格。

（2）单击“表格工具丨布局”下“数据”功能组中的“排序”按钮，弹出“排序”对话框，如图 3-74 所示。选择排序的优先次序、排序的列以数据的“类型”、“升序”或“降序”选项为依据。

（3）单击“确定”按钮，完成排序。

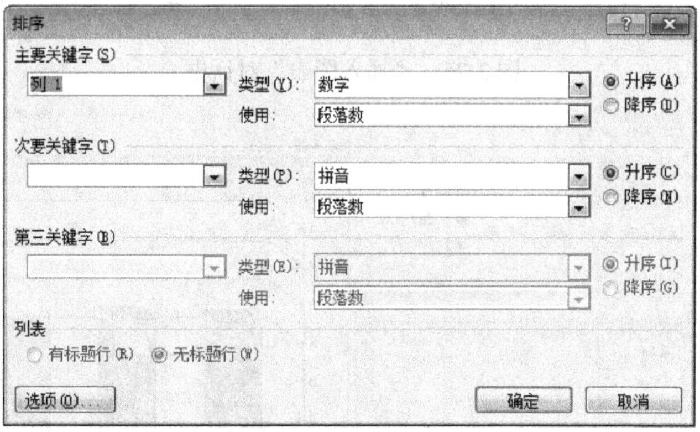

图 3-74　“排序”对话框

3.6.6　图表和 SmartArt 图形

在早期 Word 中，可以将表格的全部或部分生成各种统计图，如饼图、折线图等，从而达到图文并茂的效果。Word 2010 中的图表基本和表格没有什么关联，又增加了 SmartArt 图形，SmartArt 图形是信息和观点的视觉表示形式。可以通过从多种不同布局中进行选择来创建 SmartArt 图形，从而快速、轻松、有效地传达信息。

1. 图表

（1）单击“插入”选项标签下“插图”功能组中的“图表”按钮，在打开的“插入图表”对话框中，左侧的图表类型列表中选择需要创建的图表样式，右侧图表中选择合适的图表，如图 3-75 所示。单击“确定”按钮，这时在 Word 2010 中打开的图表编辑对象，并排显示一个 Excel 窗口。

（2）在 Excel 文档中编辑图表数据，例如修改名称，以及编辑具体数值，编辑数据的同时，Word 窗口中也显示了相应的数据，如图 3-76 所示。

（3）Excel 表编辑完成后关闭，Word 窗口中已经创建了图表。

（4）当需要修改数据表时，只需右击图表在弹出的快捷菜单中选择“编辑数据”即可显示数据 Excel 表，在里面进行修改。其他操作还可以进行图表的样式、类型、背景墙等格式设置。

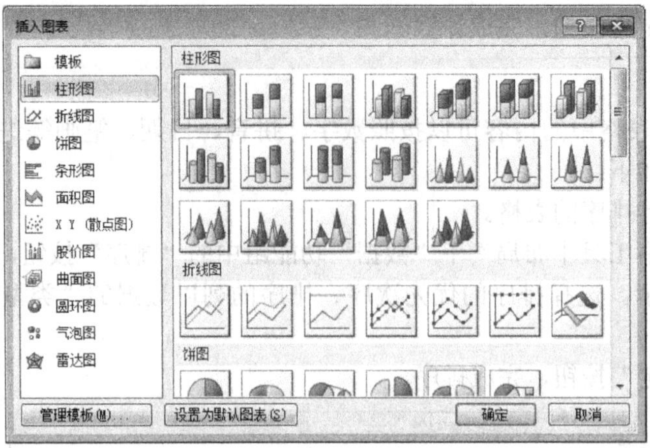

图 3-75 “插入图表”对话框

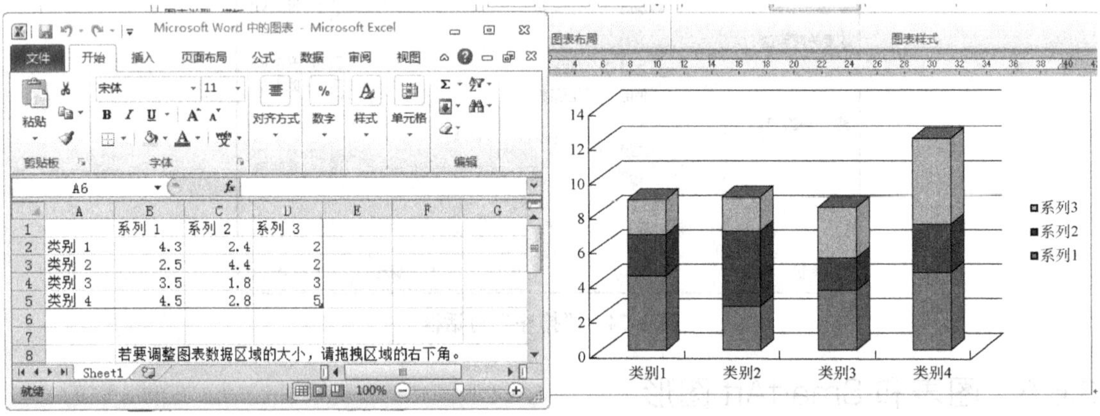

图 3-76 插入图表

3. SmartArt 图形

SmartArt 取代了 Word 以前版本的“插入结构图”的功能，并且增加了循环图、射线图、棱锥图、维恩图和目标图等类型。在 Word 2010 中插入 SmartArt 图形的方法如下。

（1）将光标移动到需要插入 SmartArt 图形的位置。切换到“插入”选项标签下的“插图”功能组，单击“ SmartArt”按钮，弹出如图 3-77 所示的“选择 SmartArt 图形”对话框。

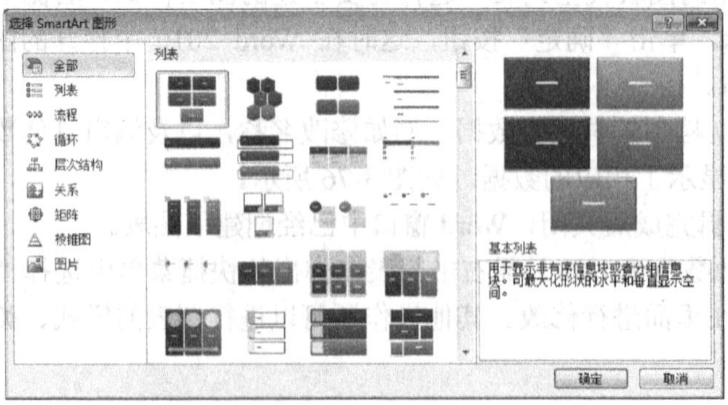

图 3-77 “选择 SmartArt 图形”对话框

（2）在对话框中选择相应的类型和样式后单击“确定”按钮，在文档中出现 SmartArt 图形编辑窗口，如图 3-78 所示。

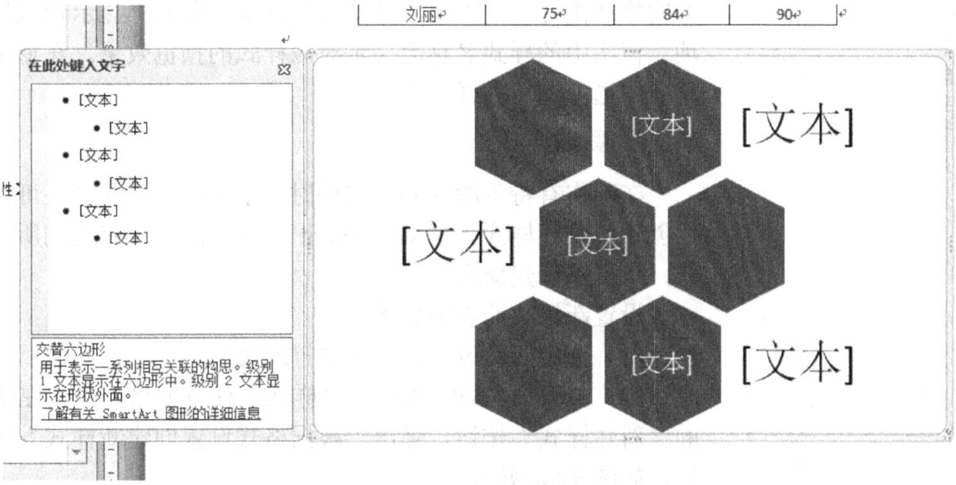

图 3-78　SmartArt 图形编辑

（3）在 SmartArt 图形编辑窗口中 SmartArt 图形本身具有各种样式，对各文本进行修改编辑就可以了。

（4）要想修改 SmartArt 图形，随时单击图形都可以如新建时一样进行操作。

3.7　文档排版

样式、模板、宏和域一直以来都是 Word 的四大核心功能，样式和模版是 Word 2010 提供的快速排版文档的重要功能，常用于较长的文档，例如书稿、论文等。一篇文档有各级标题、正文、目录等，如果每设置一个标题都要使用多次相同的命令，会增加许多重复操作，而通过使用样式和模板功能，可以大大简化排版操作，节省排版时间，提高工作效率。

3.7.1　应用样式和模板

样式是 Word 系统自带的或由用户自定义的一系列排版命令的集合，包括字符格式和段落格式两种。字符样式是对字符格式的保存，包括字符的字体、字号、字形、效果等；段落样式是对段落格式的保存，包括对齐方式、段间距、行间距等。

在 Word 2010 中模板是一种预先设置好的特殊文档，由多个样式组合而成，又称样式库。模板具有一种塑造最终文档外观的框架，可以在该框架中加入自己的信息。所以，对某些格式相同文档的排版时，模板是必不可少的工具。下边对样式和模板的操作进行介绍。

1. 应用样式

在 Word 中存储了大量的标准样式和用户定义的样式。用户可以方便地使用这些样式。应用样式有两种情况：使用字符样式，需选定所要设置的字符；使用段落样式，需选定需要设置的多个段落或将插入点置于要设置的段落中。

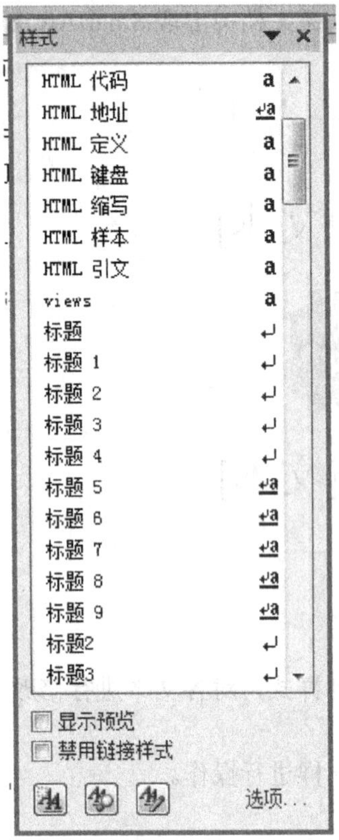

图 3-79 “样式”任务窗格

使用样式的步骤如下：单击“开始”选项标签下的“样式”功能区右下角的“对话框启动器”按钮，打开“样式”任务窗格如图 3-79 所示。可以勾选窗格下面的“显示预览”选项，窗格中的样式名称会显示对应样式的预览效果。在窗格的列表中选择期望的样式即可。

2. 新建样式

在制作有特色的 Word 文档时除了就应用样式外还可以自己创建和设计样式。如果在 Word 自带样式中没有找到所需样式，也可以创建新样式。

设置新样式的步骤如下：

（1）选中所需设置样式的字符或段落。

（2）打开图 3-79 所示的“样式”任务窗格，单击左下角的“新建样式”按钮，弹出“根据格式设置创建新样式”对话框，如图 3-80 所示。

（3）在“属性”区域，可以分别设置“名称”、“样式类型”、“样式基准”、“后续段落样式”。选择相应的选项后在下面“格式”区域进行设置样式的字体、字号、字形等。单击“格式”按钮还可以打开“格式”下不同的选项以设置相应的格式。

单击“确定”按钮保存样式，在样式窗格中就出现新建的样式名称和预览样式效果了。如图 3-81 所示新建样式后样式窗格中增加了新建的“样式 2”。

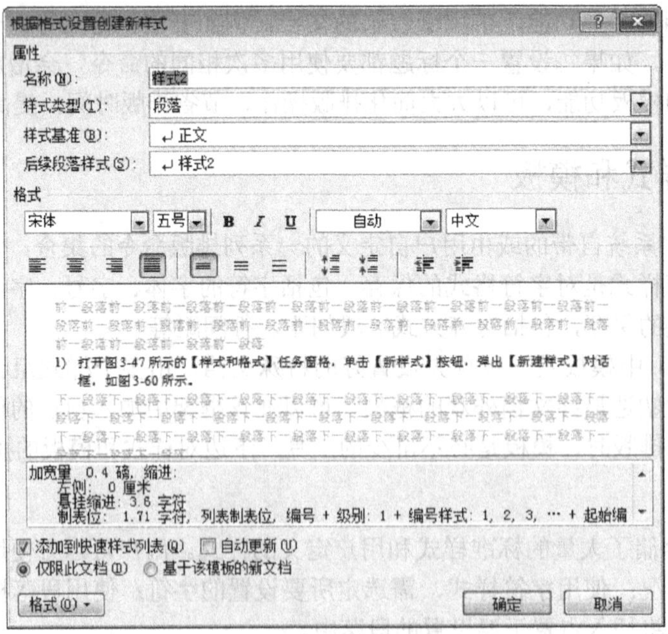

图 3-80 “根据格式设置创建新样式”对话框

3. 修改样式

在 Word 中，可以对于内置样式和自定义样式进行修改，使之符合实际需求。对已有样式修改后，所有使用这种样式的文本会自动使用新的样式，方法和步骤如下：

（1）打开“样式”任务窗格。鼠标移到需要修改的样式上时右侧会出现一个下拉列表按钮如图 3-82 所示，选择“修改”命令后，弹出“修改样式”对话框。

（2）与新建样式相似，除了样式名不要修改外，可以修改、删除相关格式以满足需要。

（3）格式设置后单击“确定”按钮完成修改样式。

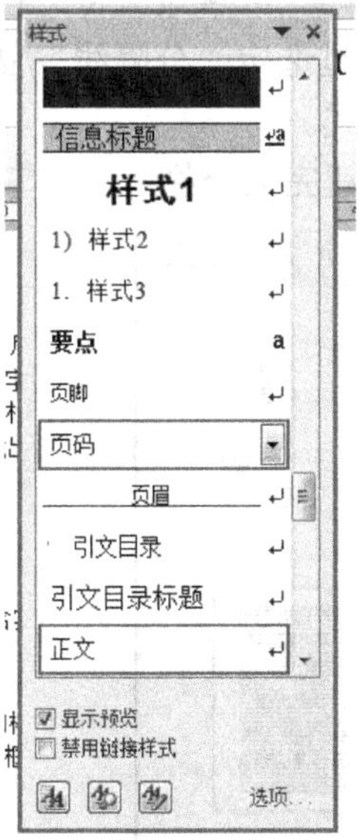

图 3-81　新建样式后的样式窗格

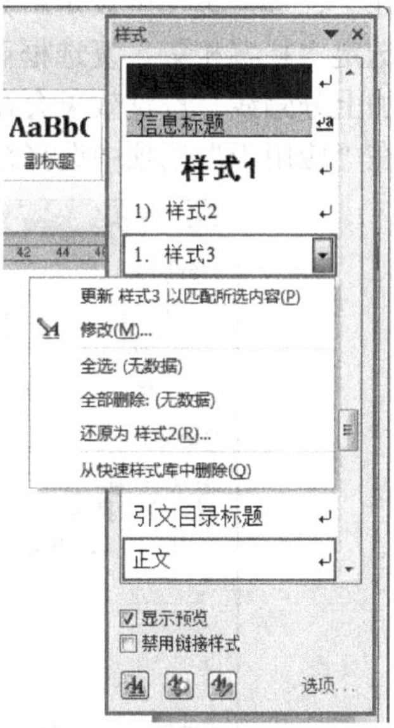

图 3-82　样式修改选项菜单

4. 应用模板

在 Word 2010 中应用模板时，可以使用 Word 自带的模板和向导，见“3.2.1 新建文档”章节，此处不再讲述。

5. 创建模板

如果在 Word 自带模板中没有找到所需模板，可以把已有的模板修改后作为新模板使用。创建模板的方法如下：

（1）编辑一个 Word 文档，把所需要的格式和样式都设置完成。

（2）单击“文件”菜单下的“另存为”命令，弹出“另存为”对话框，设定保存位置后在“保存类型”项中选择“word 模板（*.docx）”，修改模板名称“新模板 1.dotx”。注：模板的扩展名为.dotx。

（3）单击“保存”按钮完成模板创建。

3.7.2　设置分栏和制表位

1. 分栏

分栏排版是报纸、杂志中常用的格式，它可以将文档版面分成不同数量或不同版式的栏，也使版面显得生动、灵活，增强了可读性。Word 可以将全部文档或部分文档分成多栏，并可以设置每一栏的宽度和栏间距。具体操作方法如下：

（1）选定需要设置分栏的文本内容。如果对整篇文档进行分栏，鼠标放在文档任一位置都可以。

（2）单击“页面布局”选项标签下“页面设置”功能组中的“分栏”按钮，在下拉菜单中选择要分栏的结构样式就可了。如果下拉菜单中没有需要的样式则单击下拉菜单下边的“更多分栏”命令，弹出“分栏”对话框，如图 3-83 所示。

（3）在“栏数”选项中设定所分的栏数，在“宽度和间距”区域设置每一栏的宽度和间距，通过选定“栏宽相等”复选框可以使所有栏宽相等；通过选定“分隔线”复选框可以在各栏之间加上分隔线。设置效果会在预设区域显示相应的样式。

（4）在“应用于”选项中选择范围后，单击“确定”按钮完成分栏。

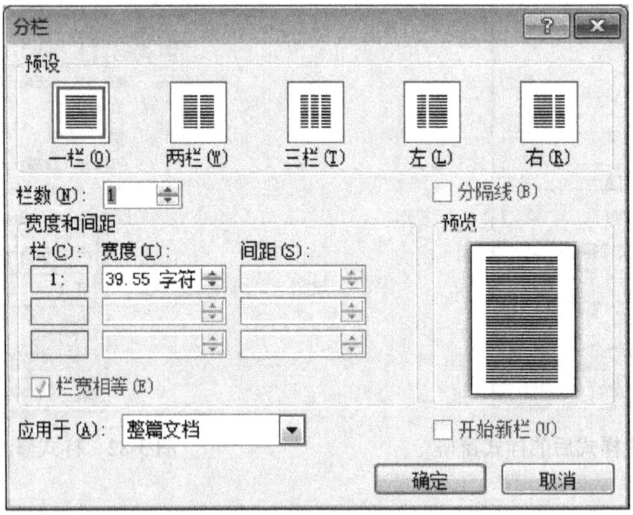

图 3-83 “分栏”对话框

2. 制表位和制表符

Word 2010 中可以使用制表位实现不用表格的情况下整齐地输入多行、多列文本。制表位是按下 Tab 键后水平标尺上插入点所移动到的位置。使用 Tab 键移动插入点到下一个制表位很容易做到各行文本的列对齐。Word 2010 中提供了 5 种制表符来设置制表位，分别是“左对齐式制表符”、“居中式制表符”、“右对齐式制表符”、“小数点对齐式制表符”、“竖线对齐式制表符”。操作方法如下：

（1）首先将插入点置于要设置制表位的段落，在水平标尺的最左端有一个“制表位对齐方式”按钮，单击它可以循环出现不同的 5 种制表符，另外还有两种缩进方式。在这里选择所需要的制表符。

（2）单击水平标尺上要设置制表位的地方，这时标尺上就出现选定的制表符。

重复以上操作完成制表位设置工作。如图 3-84 所示采用 5 种制表符设置制表位的输入文本后的不同效果。

对于制表位可以移动或删除，点位标尺上的制表符拖动鼠标可以移动到任一位置，拖出水平标尺以外就把制表位删除了。

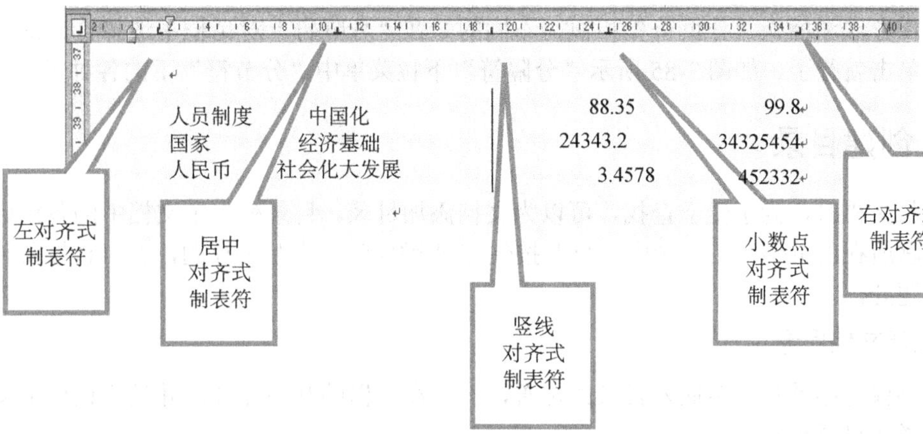

图 3-84　5 种制符设定制表位后的效果

3.7.3　插入分隔符

Word 2010 有多种分隔符来处理文档的布局，Word 中采用在文档中自动添加分页符来分页，除此之外还有分节符、分栏符、换行符。使用这些分隔符，可以达到美化页面，具有丰富多彩的排版效果。

1. 插入分页符

Word 具有自动分页功能，当输入内容满一页时系统会自动切换到下一页，在文档中插一个自动分页符，开始新一页。还可以使用手动插入分页符的方法，根据需要对文档进行分页，像每章节总是开始在新的一页。插入分页符的操作如下：

（1）将鼠标指针置于需要分页的位置。

（2）单击“页面布局”选项标签下“页面设置”功能组中的“分隔符”按钮，如图 3-85 所示。在菜单中有“分页符”、“分栏符”、“自动换行符”以及“分节符”。在下拉菜单中选择“分页符”就插入了一个分页符，文档从插入点所在位置重新另起一页。

（3）另外在“插入”选项标签下“页”功能组中单击“分页”按钮，同样可以在插入点插入一个分页符，文档另起新的一页。

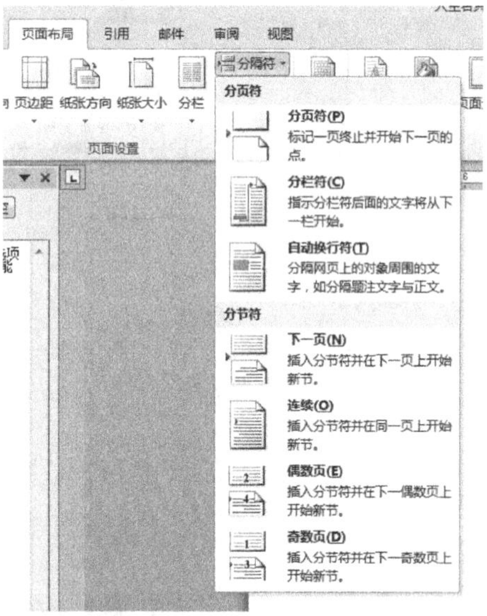

图 3-85　分隔符下拉菜单

2. 设置分节

节是独立的编辑单位，每一节都可以设置成不同的版式，使用分节符可以根据需要把文档分成多节，用户可以对每一节独立设置格式，如页码、页眉和页脚、页边距等。节可以是整篇文档，也可以是文档的一部分，如一段、一页等。在 Word 中，默认整个文档是一节，当对文档进行排版时，如果要把文档分成几节，就需要插入分节符。

其操作方法和插入“分页符”相似，不同的是在“分隔符”对话框中选择合适的分节符类型只要单击就行了。如图 3-85 所示“分隔符”下拉菜单中“分节符”下的各种类型。

3.7.4 创建目录

编辑长文档时，为了便于查找，可以为文档添加目录。目录列出了文档中的各级标题以及每个标题所在的页码。在目录中，只要按住 Ctrl 键同时单击某个标题，就可直接跳转到文档的此标题处。

1. 创建文档目录

（1）将鼠标指针置于要插入目录的位置，一般在文档的开头部分，并且确认已把文档的各级标题样式设置正确。

（2）单击“引用”选项标签下“目录”功能组中的“目录”按钮，在下拉菜单中选择系统内置的目录样式即可，如图 3-86 所示。

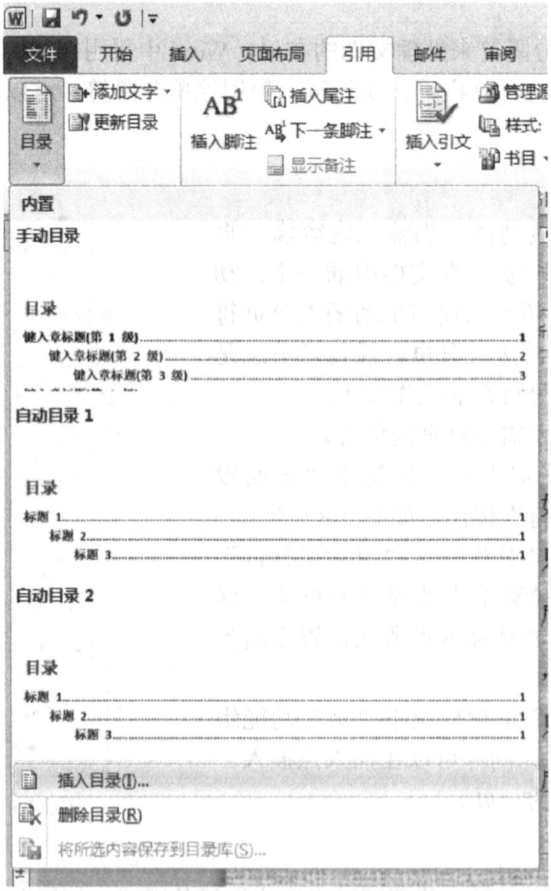

图 3-86　目录下拉菜单

（3）若菜单中没有所需要的样式，可单击图 3-86 所示下拉菜单中的“插入目录”命令，弹出“目录”对话框如图 3-87 所示。在“目录”选项卡中，设置其格式、显示级别、显示页码、页码右对齐等，并可以在“Web 预览”区查看显示效果。

（4）单击“确定”按钮，将编辑好的目录插入到文档中。

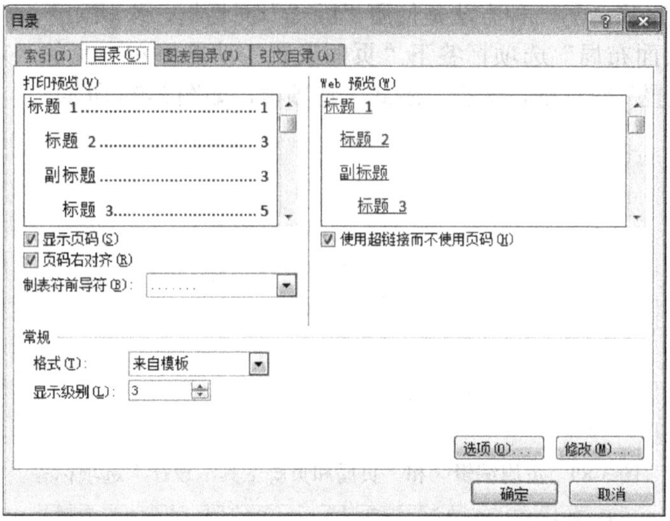

图 3-87　“目录”对话框

2. 更新文档目录

编辑好目录后，如果再对文档进行修改，如增加或删除文本、增加或删除小标题等，就需要更新目录。

（1）选定要修改的目录。

（2）右击，在快捷菜单中选择“更新域”命令，弹出“更新目录”对话框，如图 3-88 所示。选择“只更新页码”按钮，则目录格式不改变，只更新页码；如果选择“更新整个目录”按钮，将重新编辑更新后的目录。

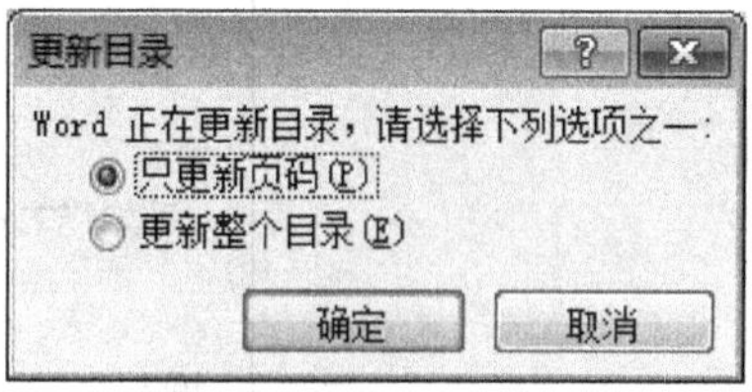

图 3-88　“更新目录”对话框

更新文档目录也可以使用另外一种方法——采用 Word 中针对域的操作：在目录中单击鼠标后按 F9 键，弹出“更新目录”对话框，后面设置方法同上。

3.7.5　设置页眉、页脚和页码

1. 页眉和页脚

页眉和页脚是指文档每一页顶部或底部的标志，出现在页顶部的标志称为页眉，出现在页底部的标志则称为页脚。页眉和页脚的内容包括标题、章节编号、页码、日期等。添加页眉和页脚的操作方法如下：

（1）单击“插入”选项标签下“页眉和页脚”功能组中的“页眉”或“页脚”按钮，在弹出的下拉菜单中选择相应的内置样式后就进入文档页眉或页脚编辑状态。如图 3-89 所示为页眉编辑状态。

（2）在进入的页眉或页脚编辑区里，输入页眉或页脚要显示的内容后，在文档内容处单击就完成页眉、页脚的设置了。

一般情况下，同一文档中所有页眉、页脚是相同类型的，但有些情况下，需要设置不同的页眉和页脚。设置不同的页眉和页脚的一种方法是在“页眉和页脚工具丨设计”选项标签中进行相应的设置选择，另一种方法是使用“版式”对话框，步骤如下：

（1）单击“页面布局”选项标签下“页面设置”功能组右下角的“对话框启动器”按钮，弹出“页面设置”对话框，选择“版式”选项卡，如图 3-90 所示。

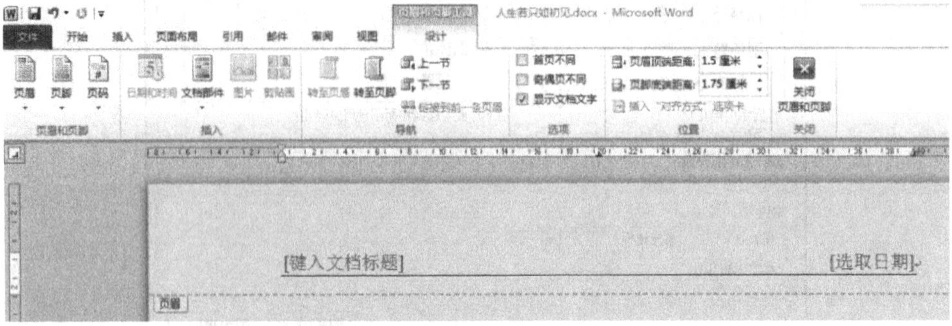

图 3-89　页眉编辑区和“页眉和页脚工具丨设计”选项标签

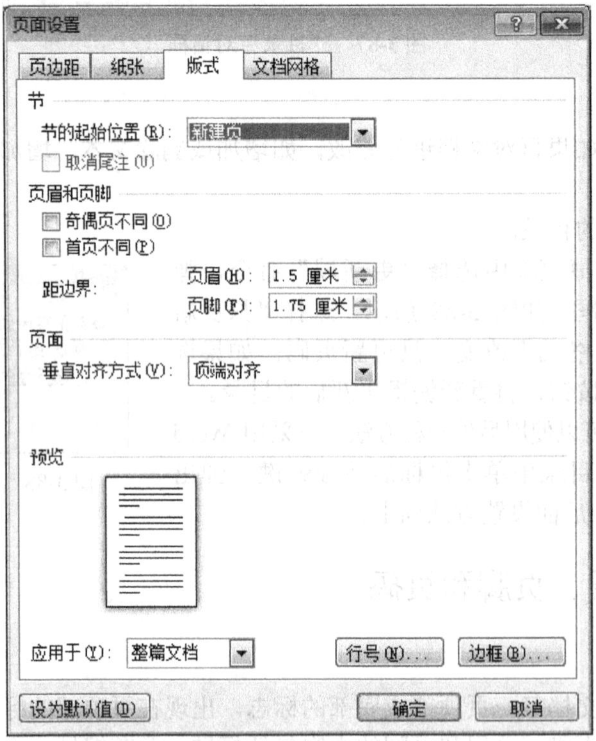

图 3-90　“页面设置”对话框“版式”选项卡

（2）勾选“奇偶页不同”复选框可以在奇数页和偶数页上设置不同的页眉或页脚；勾选“首页不同”复选框可以在文档首页上设置与其他页不同的页眉或页脚；“距边界”右侧可以设置页眉和页脚到纸张边界的距离。

（3）单击“确定”按钮退出对话框，返回原文档的操作状态。

如果想修改或删除页眉、页脚，单击“插入”选项标签下“页眉和页脚”功能组中的“页眉”或“页脚”按钮，在弹出下拉菜单中选择“编辑页眉”、“编辑页脚”或“删除页眉”、“删除页脚”就可以了。

也可以使用鼠标双击的方法在编辑页眉、页脚与编辑文档之间切换，双击页眉、页脚所在的位置，就进入页眉、页脚的编辑状态，编辑完成后双击文档的任一内容部分就退出页眉、页脚的编辑，进入文档的编辑状态。

2. 插入页码

当文档页数较多时，为了便于阅读、查找，应当给文档设置页码。Word 提供了一个专门的命令来实现页码的插入。插入页码的方法如下：

（1）单击“插入”选项标签下“页眉和页脚”功能组中的“页码”按钮，在弹出的下拉菜单中选择页码插入到页面的顶端还是底端，然后在各自的下级菜单中选择相应的样式就可以了。

（2）可以在“页边距”和“当前位置”命令下设置页码的形状和样式。还可以选择“设置页码格式”命令打开“页码格式”对话框，如图 3-91 所示。

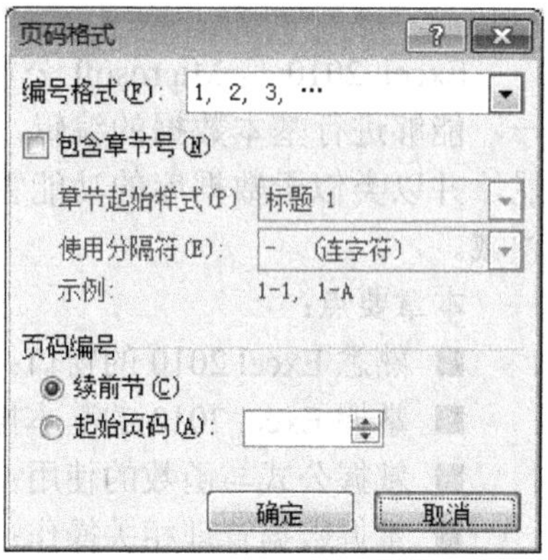

图 3-91　“页码格式”对话框

（3）用户可以根据需要设置页码格式，如阿拉伯数字、罗马数字等，还可以重新设置页码的起始位置。

（4）单击“确定”按钮完成页码的插入。

第 4 章　电子表格系统 Excel 2010

Excel 2010 是 Microsoft 公司推出的办公自动化套装软件 Office 2010 的主要应用程序之一，能够进行基本数据的编辑，制作大型的数据表格，具有强大的数据计算与分析处理功能，并以类似于数据库的功能管理数据，被广泛应用于金融、经济、财会、审计和统计等领域。

本章要点：

■ 熟悉 Excel 2010 的窗口；

■ 掌握 Excel 2010 的基本操作；

■ 掌握公式与函数的使用；

■ 掌握数据管理相关操作；

■ 掌握数据的图表化。

4.1　Excel 2010 基本知识

学习掌握 Excel 2010 的使用方法，首先要掌握 Excel 2010 的启动和退出方法，熟悉 Excel 2010 的编辑环境，了解相关基本概念。

4.1.1　Excel 2010 的启动与退出

1. Excel 2010 的启动

启动 Excel2010 方法有很多种，下面介绍几种常用的启动方法。

（1）使用开始菜单启动：单击任务栏中的“开始”按钮，选择“所有程序”→“Microsoft Office”→“Microsoft Office Excel 2010”命令，即可启动 Excel 2010。

（2）使用快捷图标启动：若在桌面上已经建立了 Excel 2010 的快捷图标，只需双击此图标就可启动 Excel 2010。如果没有建立，可通过上述菜单中选择“Microsoft Office Excel 2010”命令，按下鼠标左键将其拖曳到桌面。

（3）使用 Excel 2010 文档启动：在桌面或者资源管理器中查找已有的 Excel 2010 文档，双击要打开的 Excel 2010 文档，即可进入 Excel 2010。

（4）如果经常使用 Excel 2010，系统会将 Excel 2010 的快捷方式添加到“开始”菜单上方常用的程序列表中，单击即可打开。

2. Excel 2010 的退出

文档编辑完成后，需要正确退出。Excel 2010 的退出方法一般有以下几种。

（1）单击菜单中的“文件”→“退出”命令。

（2）单击标题栏右侧的按钮。

（3）双击 Excel 2010 窗口标题栏左边的控制菜单图标。

（4）使用组合键 Alt+F4 退出。

在退出时，不管使用哪种方法，如果文件修改后没有保存，都会弹出“提示保存”对话框，如图 4-1 所示。用户可以根据实际情况选择保存或者不保存。

图 4-1　“提示保存”对话框

4.1.2　Excel 2010 窗口组成

启动 Excel 2010 后，打开如图 4-2 所示窗口。Excel 2010 主窗口中，主要由快速访问工具栏、标题栏、功能区选项卡、工作表编辑区、状态栏、编辑栏和滚动条等。下面介绍窗口主要应用部分。

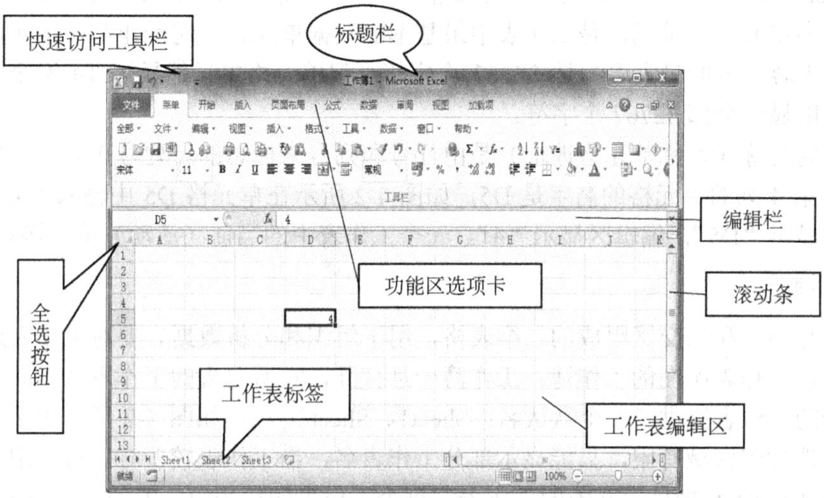

图 4-2　Excel 2010 主窗口

1. 快速访问工具栏

位于窗口左上方系统控制菜单右侧，用于快速执行某些操作。默认的快速访问工具栏只有保存、恢复和撤销三个按钮，用户也可以根据实际需要单击右侧的下拉按钮添加其他的菜单命令。

2. 标题栏

位于窗口的最上方，显示当前正在编辑的电子表格文件名称，双击标题栏可以让窗口在最大化和最小化之间进行切换。标题栏最右侧为“窗口控制”按钮，这三个按钮可以实现窗口的最小化、最大化、还原和关闭。当窗口处于非最大化状态时，拖动标题栏可以移动当前窗口的位置。

3．功能区选项卡

位于标题栏的下方，默认情况下窗口中包含 9 个选项卡：文件、开始、插入、页面布局、公式、数据、审阅、视图和加载项。选择某个选项卡会打开对应的功能区，每个选项卡由若干组功能相似的按钮和下拉菜单组成。

4．编辑栏

编辑栏由名称框、工具按钮和编辑区构成。名称框在编辑栏的最左边，可以显示当前单元格或者单元格区域，如图 4-2 中显示 D5 说明当前用于数据输入的单元格是 D5。名称框右侧的按钮“▼”用于输入公式时显示下拉函数列表，工具按钮包含三个，在当前单元格中输入数据或者公式时，“×”和“√”按钮分别表示撤销和确认当前输入，表示输入函数按钮。编辑区可以用来编辑和显示当前单元格的内容，与直接在单元格中输入效果是一样的。

4.1.3 Excel 2010 的基本概念

1．单元格

在 Excel 2010 窗口中，由暗灰线条组成的一个个单元格组成了工作表编辑区，行和列交叉的部分称为单元格。单元格是工作表中最基本的数据单元，一切操作都在单元格中进行。每个单元格内容长度的最大限制是 32767 个字符，但单元格中只能显示 1024 个字符，而编辑栏中则可以显示全部 32767 个字符。

单元格的名称（也称单元格地址）是由行号和列号来标志的，列号在前，行号在后。例如，第 5 行第 4 列的单元格的名字是 D5，如图 4-2 所示在单元格 D5 中输入了 4。在编辑栏的名称框中显示“D5”，编辑区显示“4”。一个工作表中的当前（活动）单元格只有一个。

2．工作表

工作表是由行和列交叉组成的二维表格，用于组织和分析数据。要对工作表进行操作，必须先打开该工作表所在的工作簿。工作簿一旦打开，它所包含的工作表就一同打开。系统给每个打开的工作表提供了一个默认名：Sheet1、Sheet2、...，如图 4-2 所示中工作表标签。由于工作表选项卡区域有限，只能显示部分工作表名，当工作表较多时，可以用工作表选项卡左边的按钮来显示其他的工作表。每个工作表的行用 1、2、3、4、…表示，称为行号，最多可达 1048576 行；列则用 A、B、C、D、…、Z、AA、AB、…、AZ、BA、BB、…、BZ、CA、CB、…表示，称为列号，最多可达 16384 列。因此，每个工作表最多可有 1048576×16384 个单元格。

3．工作簿

由 Excel 2010 建立的文档就是工作簿，是由若干工作表组成的。当 Excel 2010 成功启动后，系统会自动打开一个名为“工作簿 1”的空工作簿，如图 4-2 所示，这是系统默认的工作簿名，用户可以在存盘时根据文件的命名规则重新命名一个见名知义的文件名。

一个工作簿由若干个工作表组成，工作表的数目由内存决定。一个工作簿就是一个文件，可以存放在磁盘上，其默认的扩展名是.xlsx，而工作表是不能单独存盘的。Excel 2010 启动后，系统默认打开 3 个工作表。用户也可以修改这个数目，以适应自己的需要，修改操作是：单击“菜单”→“工具”→“Excel 选项”命令，打开“Excel 选项”对话框，如图 4-

3 所示，改变新建工作簿时包含的工作表数（s）的数值，比如 5。再次打开 Excel 文件默认的工作表就是 5 个。

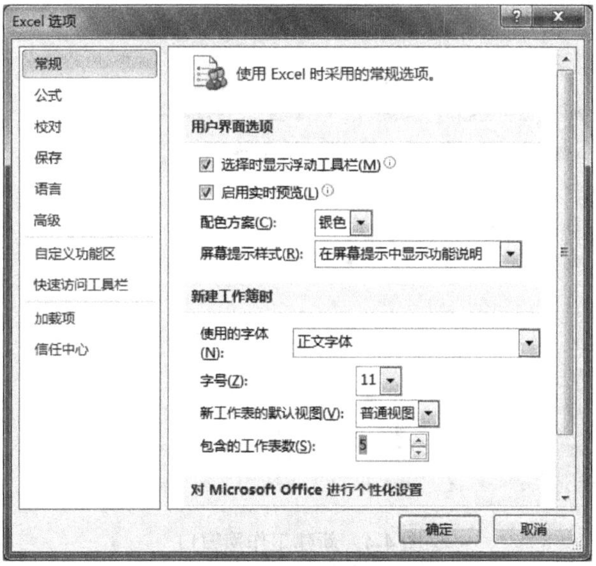

图 4-3　“Excel 选项”对话框

4. 单元格区域

单元格区域指的是由多个单元格形成的矩形区域，其表示方法由该区域的左上角单元格地址、冒号和右下角单元格地址组成。例如，单元格区域 A1：C3 表示从左上角 A1 开始到右下角 C3 的一组相邻的矩形区域，包含 9 个单元格。

多个单元格组成了单元格区域，1048576×16348 个单元格构成了一张工作表，多张工作表构成了一个工作簿。所以单元格、工作表和工作簿之间是包含和被包含的关系。

4.2　Excel 2010 基本操作

Excel 2010 的基本操作包括工作簿、工作表、数据的输入和编辑等内容，这是使用 Excel 2010 的基础，只有掌握了这些基本操作才能进行更进一步的学习。

4.2.1　工作簿的基本编辑

工作簿的基本操作包括新建、保存、打开和关闭。要关闭一个工作簿，可以用关闭一个窗口的方法实现。下面介绍如何新建、保存和打开工作簿。

1. 工作簿的新建

（1）启动 Excel 2010 之后，系统打开的是一个默认名为“工作簿 1”的空白工作簿。

（2）单击“文件”→“新建”，在可用模板中选择需要建立的模板选项，如图 4-4 所示，最后单击“创建”按钮即可，一般选择空白工作簿。

（3）使用组合键 Ctrl+N 或单击功能区“新建”按钮 可以快速建立空白工作簿。

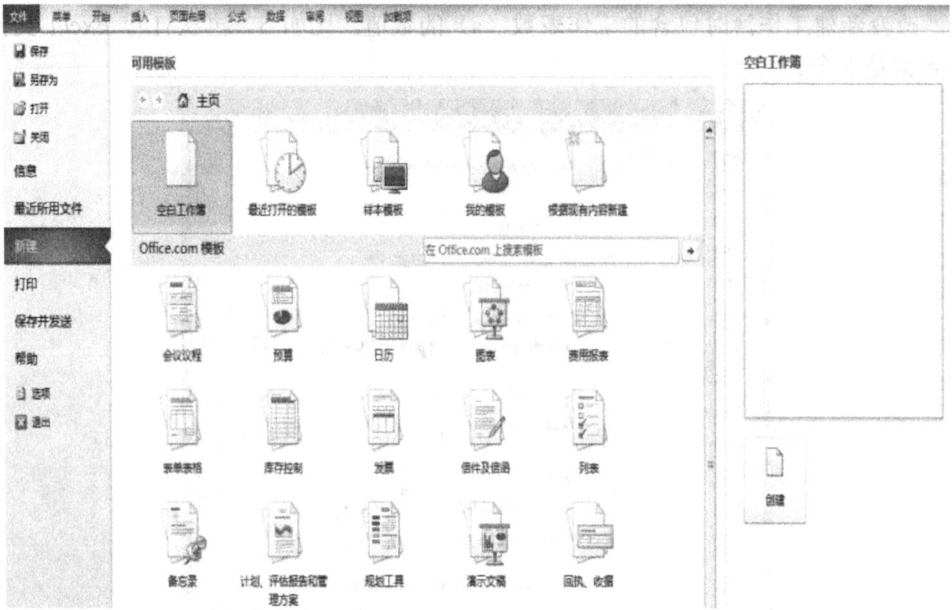

图 4-4 新建工作簿窗口

2. 工作簿的保存

如果编辑已有文档，对此文档做了修改而需要保存时，可以通过“文件”→“保存”命令或快捷工具按钮，编辑后的文件直接覆盖原文件。如果是新建的文件则会弹出“另存为”对话框，如图 4-5 所示，可选择文档的“保存位置”、输入“文件名”，然后单击“保存”按钮即可。系统默认的扩展名为.xlsx。

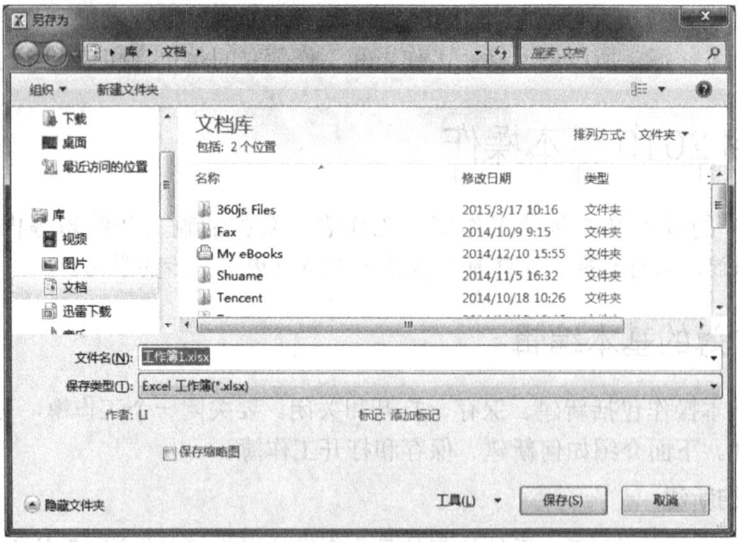

图 4-5 “另存为”对话框

在编辑文件过程中为了防止断电、死机等意外现象引起数据丢失现象，系统为文件设置了自动保存的时间间隔，默认为 10 分钟，用户可以根据实际情况设置自动保存文件的时间间隔。设置步骤为：单击“菜单”选项标签，选择“工具”级联菜单中的“Excel 选项”，打开“Excel 选项”对话框，在“保存”选项中设置文件自动保存的时间和路径，最后单击“确定”按钮，如图 4-6 所示。

图 4-6　“Excel 选项”对话框

3. 工作簿的打开

如果想打开已有的 Excel 文件，可以直接在资源管理器中找到文件双击打开。如果已经启动 Excel 程序，也可在当前工作簿中选择“文件”→“打开”或者单击快捷按钮 ，弹出“打开”对话框，如果 4-7 所示，再选择文件所在路径最后单击“打开”按钮即可。

图 4-7　“打开”对话框

4.2.2 工作表的基本编辑

工作表是 Excel 文件进行数据编辑的基本单元，用户在进行数据编辑时应熟练掌握工作表的基本操作，包括工作表的选中、添加和删除等。

1. 工作表的选择

（1）选择单张工作表。直接在工作表标签处选择相应的工作表即可。

（2）选择连续的多张工作表。需要按下 Shift 键分别在第一张和最后一张工作表处单击。

（3）选择不连续的工作表。可按 Ctrl 键依次单击需要选择的工作表。

另外，在任意工作表标签处右击，再在快捷菜单中选择“选择全部工作表”命令，然后选择多张工作表后标题栏处会出现“工作组”三个字。可同时实现对工作组中所有工作表的单元格进行数据的录入及格式编辑等工作。

2. 工作表的新建

默认的 Excel 工作簿中包含三张工作表，当工作表数目不够使用时可以插入新的工作表。

（1）选择一张工作表，在选项卡“开始”→“插入”级联菜单中选择插入工作表，即可在当前工作表前面插入一新的工作表，如图 4-8 所示。

（2）在某一工作表标签处右击，在弹出的快捷菜单中选择“插入”选项，弹出“插入”对话框，在该对话框中选择“工作表”，如图 4-9 所示，然后单击“确定”即可在当前工作表之前插入新的工作表。

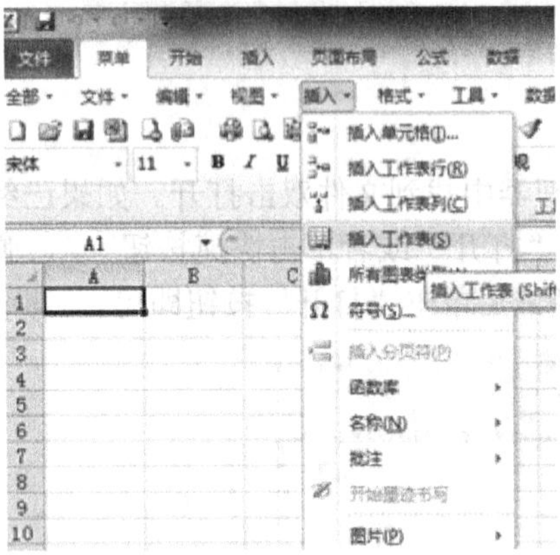

图 4-8　插入新的工作表

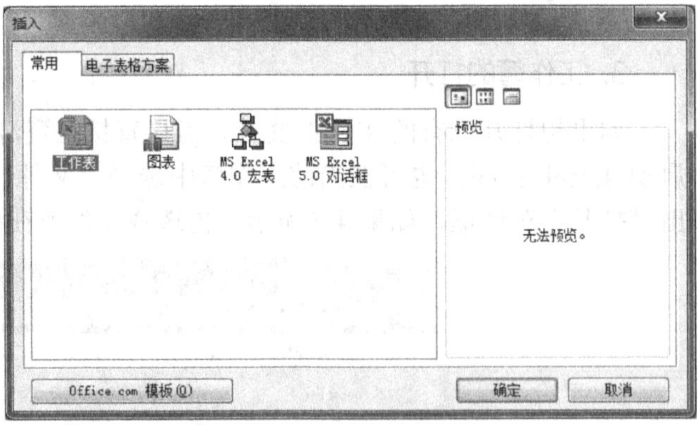

图 4-9　“插入”对话框

如果想同时插入多张工作表，可在选择多张工作表后再执行上面的操作，即可插入与选中数目相等的工作表。另外，在工作表标签的最右侧有一个“插入工作表”按钮，单击此按钮可以在最后插入一张工作表。插入新的工作表统一采用默认名。

3. 工作表的删除

工作表的删除可以采用以下两种方法进行。

（1）首先选中要删除的工作表，在“编辑”选项标签→“删除”级联菜单中选择“删除工作表”，如图 4-10 所示。

（2）在选中的工作表标签处右击，在弹出的快捷菜单中选择“删除”命令即可。

4. 工作表的重命名

重命名工作表可采用下列三种方法：

（1）双击将要改名的工作表标签，直接输入新的名称，然后按回车键。

（2）右击将要改名的工作表标签，然后在快捷菜单中选择“重命名”命令，然后输入新的名称。

（3）选中将要改名的工作表标签，单击“格式”选项标签→“工作表”，在级联菜单中选择“重命名工作表（R）”，然后输入新的名称即可，如图 4-11 所示。

图 4-10　删除工作表菜单

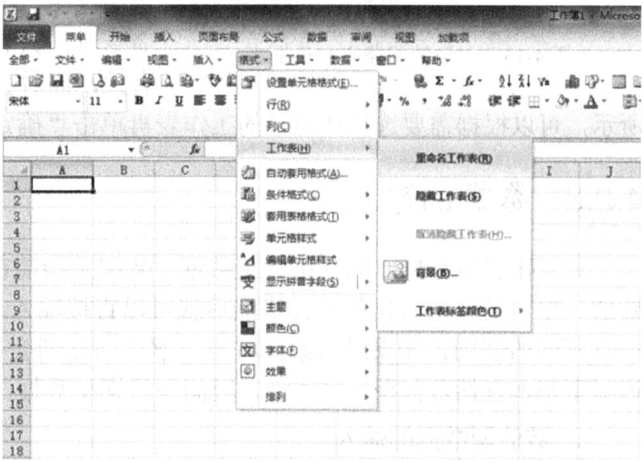

图 4-11　工作表重命名菜单

5. 工作表的移动和复制

某些情况下，我们需要移动或者复制某张工作表，用户既可以在一个工作簿中移动或复制工作表，也可以在不同工作簿之间移动或复制工作表。下面介绍两种主要操作方法。

（1）鼠标拖放法

若要在当前工作簿中移动工作表，则先选中要移动的工作表，按下鼠标左键沿工作表标签栏拖动至目标位置即可完成工作表的移动。如果在拖动的同时按下 Ctrl 键，则可实现工作表的复制，建立该工作表的副本。

（2）“移动或复制工作表”对话框法

在需要移动或者复制的工作表标签处右击，在弹出的级联菜单中选择“移动或复制”，打开“移动或复制工作表”对话框，如图 4-12 所示。在该对话框中选择要移动的目标位置，即移动到哪张工作表之前。若要将工作表移动到其他打开的工作簿，在需要工作簿下拉列表中选择相应的工作簿，默认的移动位置是当前工作簿的第一张表之前。选择目标工作簿以及目标位置之后单击“确定”按钮就可完成工作表的移动，如果勾选“建立副本”复选框可完成工作表的复制。

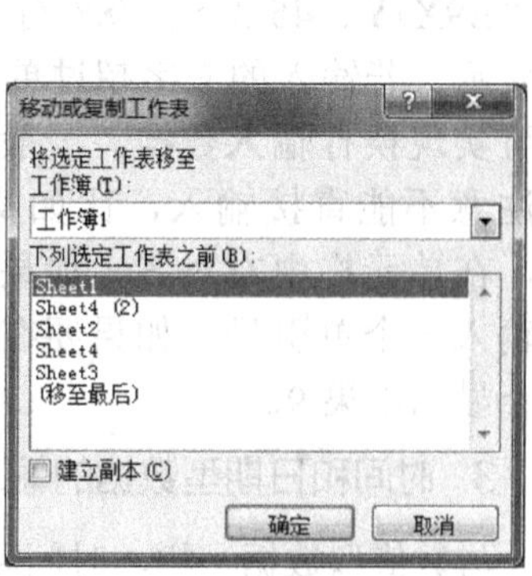

图 4-12　“移动或复制工作表”对话框

6. 工作表的隐藏和取消隐藏

某些情况下可以将一些暂时不用的工作表隐藏，等需要的时候再显示出来。隐藏工作表的主要方法有两种，下面分别介绍。

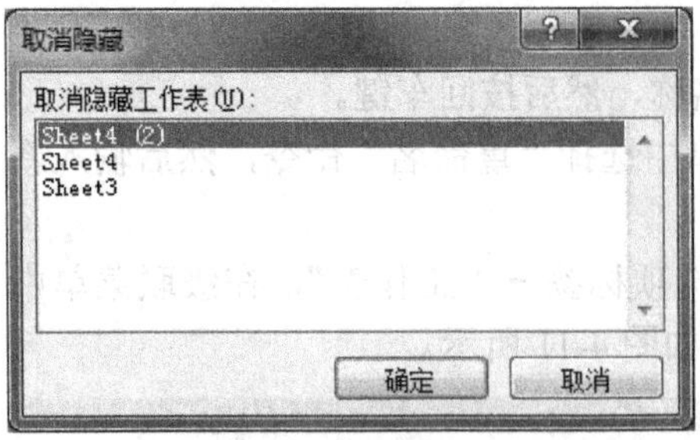

图 4-13 “取消隐藏”对话框

（1）右击需要隐藏的工作表标签，在弹出的快捷菜单中选择“隐藏”。

（2）选中要隐藏的工作表标签，单击“格式”选项标签→“工作表”，在级联菜单中选择“隐藏工作表（s）”，如图 4-11 所示。

如果要取消工作表的隐藏，则在弹出的对应菜单中选中“取消隐藏”命令，在选择“取消隐藏”命令时，只有当某些工作表已经被隐藏的情况下才有效，同时会弹出“取消隐藏”对话框，如图 4-13 所示，可以根据需要选择要显示的工作表再单击“确定”按钮即可。

4.2.3 数据的输入

对工作表进行操作的基础就是数据，数据是指能在表格上显示的所有的字符，不仅仅是数值。单击要输入数据的单元格然后就可以直接输入了，Excel 文件中对不同数据的显示方式有不同的规则，如果录入数据时不了解这些规则会得到意想不到的效果。Excel 文件的数据类型基本包括数值型、文本型、时间和日期型数据。

1. 数值型数据的输入

在 Excel 2010 中，数值型数据包括：数字 0～9、+（正号）、-（负号）、,（千分位号）、/、$、%、.（小数点）、E、e。数值型数据在单元格中默认右对齐显示，当输入数据超过 11 位时，系统自动以科学计数法显示。实际保存在单元格中的数值保留 15 位有效数字，并以四舍五入后的数值显示。所有其他数值与非数值的组合均作文本型数据处理。一般的数值直接输入即可，如果要输入分数 1/2，则要先在单元格中输入一个空格，再输入 1/2。如果直接输入 1/2，系统会默认为日期型数据，显示 1 月 2 日。

2. 文本型数据的输入

文本型数据包括汉字、英文字母、空格等特殊符号以及其与数值型数据的组合。例如“B9X7Y、45-345、78？你好 45”都属于文本型数据。文本型数据在系统中默认左对齐显示。若输入的文字超过单元格的宽度，系统会自动扩展到右侧单元格，按 Alt+Enter 键可实现换行输入数据。一般的文本型数据直接输入即可，有些特殊类型的文本在输入时注意不能直接输入，比如身份证号、邮编，如果直接输入系统会默认为是数值型数据，在单元格中右对齐，如果想以文本型数据输入这类数据，则应先在英文输入法状态下输入一个单引号。如果要在单元格中显示内容“=4+5”也需要先输入一个单引号，否则会显示结果 9。

3. 时间和日期型数据的输入

与数值型数据一样，时间和日期型数据在系统中默认右对齐，但是在输入时要按照系统能够识别的方式输入。

一般情况下，日期分隔符使用“/”或“-”。例如，2015/10/5、2015-10-5、5/Oct/2015 或 5-Oct-2015 都表示 2015 年 10 月 5 日。如果只输入月和日，系统就取计算机内部时钟的年份作为默认值。

时间分隔符一般使用冒号“：”，例如，输入 7：0：1 或 7：00：01 都表示 7 点零 1 秒。可以只输入时和分，也可以只输入时和冒号。如果基于 12 小时制输入时间，则在时间（不包括只有小时数和冒号的时间数据）后输入一个空格，然后输入 AM 或 PM，用来表示上午或下午。否则，Excel 2010 将基于 24 小时制保存时间。

如果要输入当天的日期，则按 Ctrl +；（分号）。如果要输入系统当前的时间，则按 Ctrl + Shift +：（冒号）。

4. 自动填充

当输入的数据有一定的规律时，比如等比、等差或者某些自定义的序列，可以使用自动填充功能，方便、快速地完成基本数据的输入。在介绍填充方法之前，先介绍以下三个概念。

■ 具有增减性的文字型数据：含有数字的文字型数据，如周 1、2000 年。

■ 不具有增减性的文字型数据：不含有数字的文字型数据，如中国、姓名等。

■ 填充柄：自动填充功能就是通过拖动填充柄来完成的。填充柄就是选定区域右下角的黑色方框。

下面介绍不同类型数据自动填充的方法。

（1）同时在多个单元格中填充相同数据（复制）

● 填充相同的数字型或不具有增减性的文字型数据：单击填充内容所在的单元格，将鼠标移到填充柄上，当鼠标指针变成黑色十字形时，按住鼠标左键拖动到所需的位置，松开鼠标，所经过的单元格都被填充上了相同的数据。拖动时，上、下、左、右均可填充。

● 填充日期型时间及具有增减性的文字型数据：在拖动填充柄的同时要按住 Ctrl 键。

（2）填充自动增 1 序列

● 填充数字型数据：按住 Ctrl 键拖动填充柄。

● 填充日期时间型及具有增减可能的文字型数据：直接拖动填充柄。

（3）输入任意等差序列

先选定待填充数据区的起始单元格，输入序列的初始值。再选定相邻的另一单元格，输入序列的第二个数值。这两个单元格中数值的差额将决定该序列的增长步长。选定包含初始值的单元格，用鼠标拖动填充柄经过待填充区域。如果要按升序排列，则从上向下或从左到右填充。如果要按降序排列，则从下向上或从右到左填充。用右键拖动可以指定填充类型。

在执行以上这些操作后会弹出按钮，单击此按钮也可以选择填充的数据类型。这些数据的填充可以通过“序列”对话框完成。在“开始”→“编辑”选项组中选择“填充”级联菜单中的序列，打开如图 4-14 所示对话框，完成序列的相关设置单击“确定”按钮即可。还可以填充更复杂的序列，比如等比序列。

（4）自定义序列的输入

有些数据不具有增减性，但是仍可以填充的方式快速输入，比如在某个单元格输入“甲”，向下拖动填充柄可以输入“乙、丙、丁……”，循环填充这个序列，如图 4-15 所示。系统内置了少部分这样的序列，用户可以根据自己的实际情况把经常需要用的序列添加到自定义序列表中。下面介绍具体的添加过程。

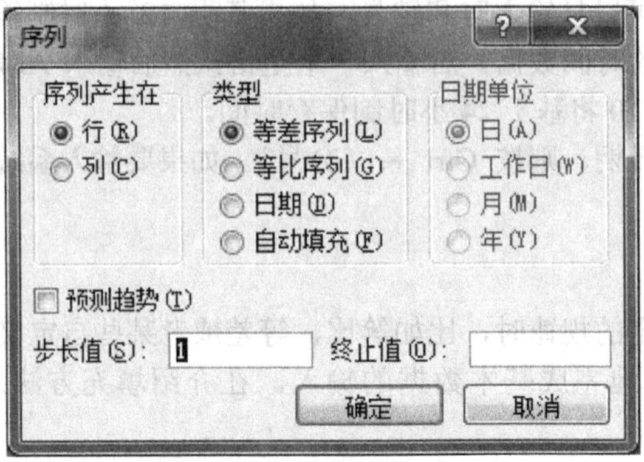

图 4-14　“序列”对话框

图 4-15　填充序列

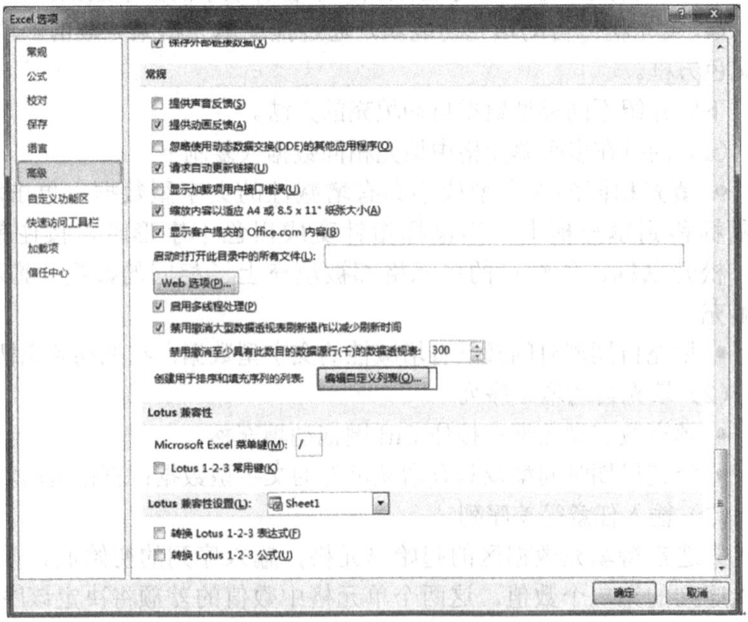

图 4-16　“Excel 选项”对话框

单击“文件”→“选项”，打开“Excel 选项”对话框，如图 4-16 所示。在“高级”选项中单击“编辑自定义序列”按钮，打开“自定义序列”对话框，如图 4-17 所示。在该对话框中列出了系统内置的一些序列，输入序列中的任意项拖动填充柄都可以完成该序列的填充。选择“新序列”后，在输入序列框中输入要添加的序列，比如“学号、姓名、性别、年龄、入学成绩”，输入的每一项之后按回车键，单击“添加”按钮后可以在自定义序列中看到刚刚添加的这个序列，如图 4-18 所示。系统内置的序列不可以更改和删除，自己添加的序列可以修改也可以删除。如果工作表单元格中已经输入了要添加的序列，可以直接导入这些数据，不用一一输入，选中要添加为序列的单元格，单击“导入”按钮前的“数据选择”按钮，选择后再单击“导入”按钮，最后单击“添加”按钮就可以在自定义序列表中看到要添加的序列了。

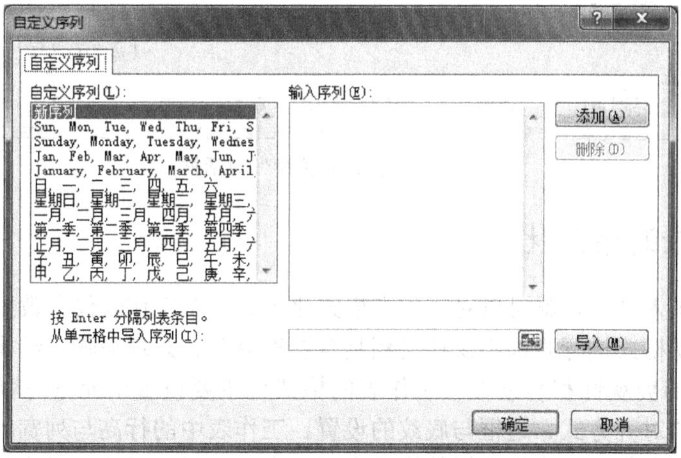

图 4-17　“自定义序列”对话框

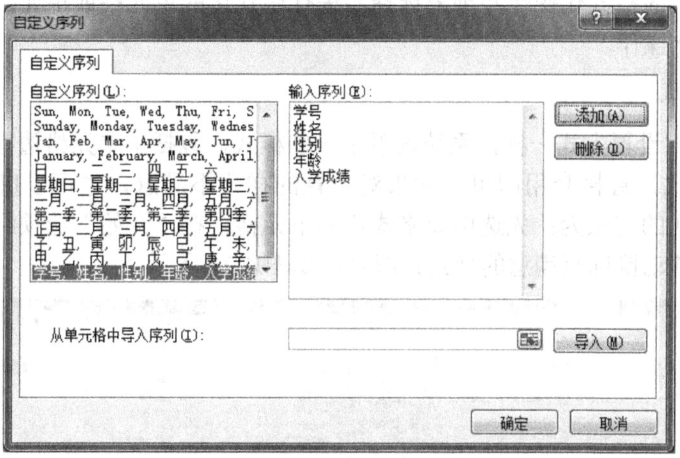

图 4-18　自己添加的序列

5. 数据的查找和替换

“查找”功能用来在一个工作表中快速搜索用户所需要的数据，“替换”功能则用来将查找到的数据自动用一个新的数据代替。完成查找和替换功能可通过单击“开始”→“编辑”选项组中的“查找和选择”按钮实现，单击“查找和选择”按钮后会弹出级联菜单，在级联菜单中选择“查找”或“替换”都会弹出“查找和替换”对话框，如图 4-19 所示。在该对话框中输入要查找或替换的内容，选中“查找”选项卡只进行查找操作。在“替换”选项卡下“查找内容”和“替换为”选项都设置完成则可以单击“全部替换”按钮一次性地替换所有查找内容，也可以单击“替换”按钮只替换当前定位的内容，替换之后光标会定位到查找内容的下一处，通过“选项”按钮可以对查找的工作表范围及数据格式进行设置。

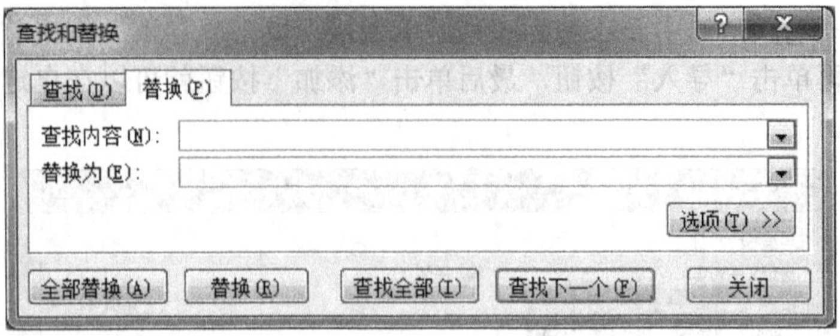

图 4-19 “查找和替换”对话框

4.2.4 工作表的格式化

工作表数据录入之后，就可以对工作表格式化了。一个工作表仅有数据是不够的，适当地对工作表的外观格式进行修饰不仅让文档具有层次分明、条理清晰、结构性强等特点，还可以提高工作表的美观性和易读性。工作表的格式化主要设置单元格内容的显示方式：数字、字体、数据的对齐方式、边框与底纹的设置、工作表中的行高与列宽的调整等。用户既可以对工作表的所有单元格进行同样的格式定义，也可以对不同的单元格进行各不相同的格式定义。对工作表的格式化操作必须先选择要进行格式化的单元格或单元格区域，然后才能进行相应的格式化操作。

1. 单元格样式

同 Word 样式设置方式一样，系统内置了一些样式，包括了单元格边框和底纹，数据的颜色、大小等格式，直接套用即可。如果对内置的样式不满意，也可以自定义新建一个样式。设置内置样式的方法为：先选中要格式化的单元格，在“开始”选项组中，选择“单元格样式”按钮，移动鼠标至满意的样式处即可，如图 4-20 所示。

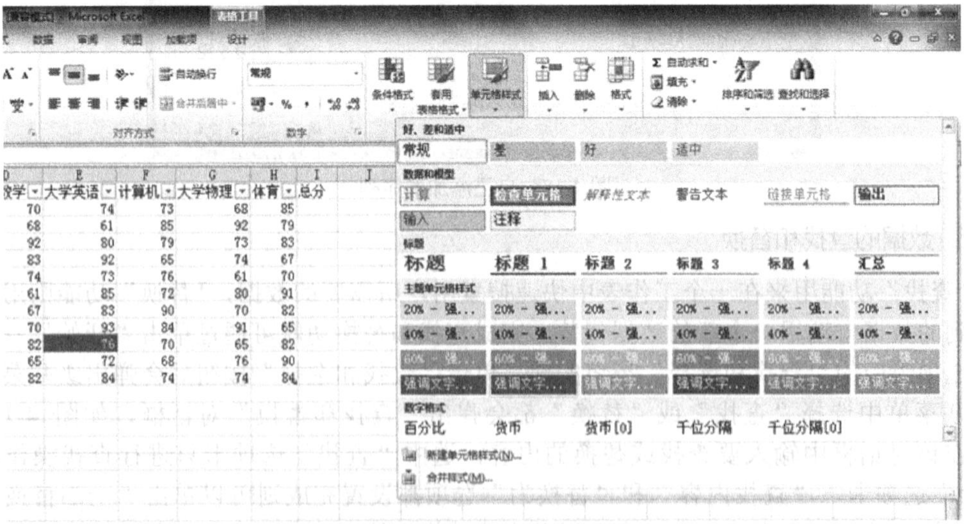

图 4-20 单元格样式设置

2. 设置单元格格式对话框

内置的样式不一定满足我们的要求，大部分情况下我们要根据实际情况和要求对单元格进行个性化的设置，最常用的就是“设置单元格格式”对话框。打开该对话框的方式为：单击“开始”选项标签的“单元格”选项组中的“格式”按钮，在级联菜单中再单击“设置单元格格式”，如图 4-21 所示，打开“设置单元格格式”对话框如图 4-22 所示。格式化工作表主要在“设置单元格格式”对话框实现。

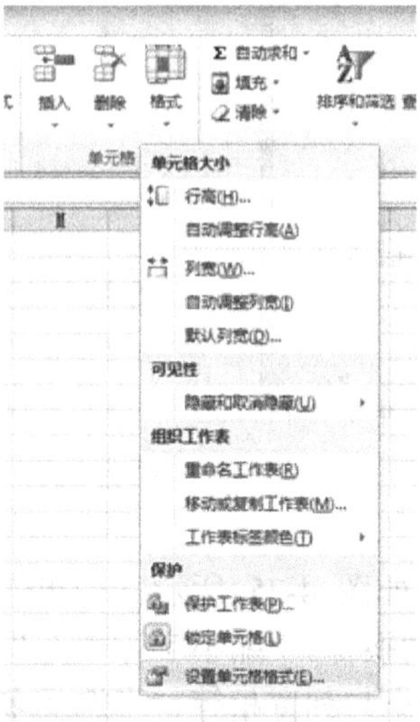

图 4-21　格式按钮级联选项

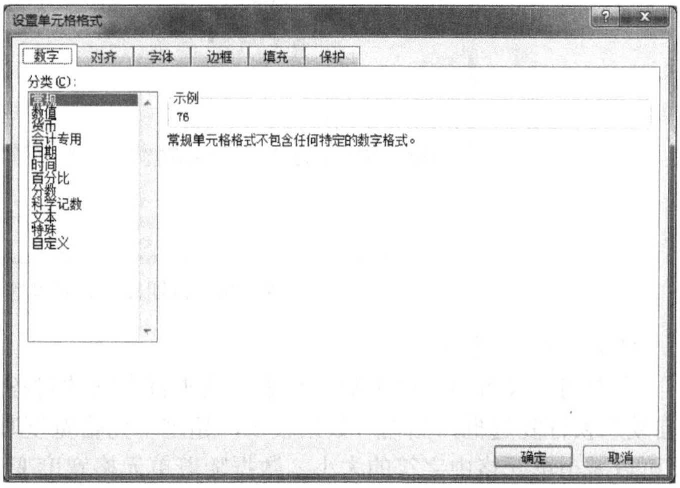

图 4-22　“设置单元格格式”对话框

“设置单元格格式”对话框主要包括数字、对齐、字体、边框、填充和保护几个选项卡，主要介绍前 5 个选项卡的作用。

（1）“数字”选项卡

主要用于对输入的数字显示方式进行设置，包括普通的整数和小数、货币、日期和百分比等形式。在“数字”选项卡下选择数值项可以设置数字的小数位数及是否使用千分分隔符，如图 4-23 所示。日期选项中可以设置日期的显示方式，比如在某个单元格中输入 4/5 后，显示 4 月 5 日，在日期选择格式列表中选择“二零零一年三月十四日”，单元格中就会以这种格式显示当前的日期，如图 4-24 所示。其他货币、时间等格式设置方式类似。

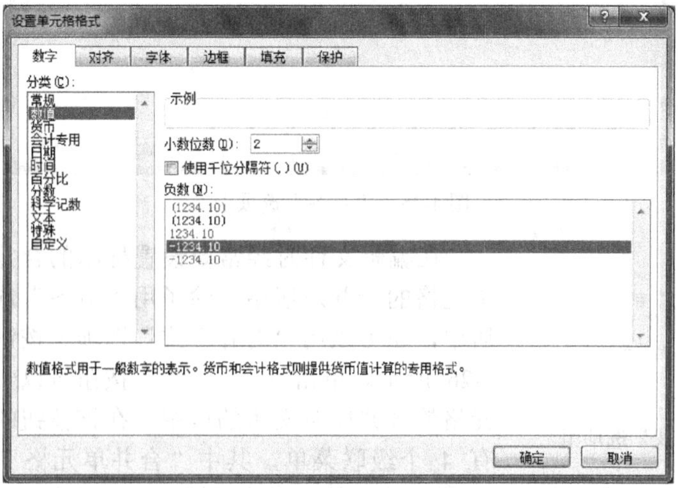

图 4-23　数值显示方式设置

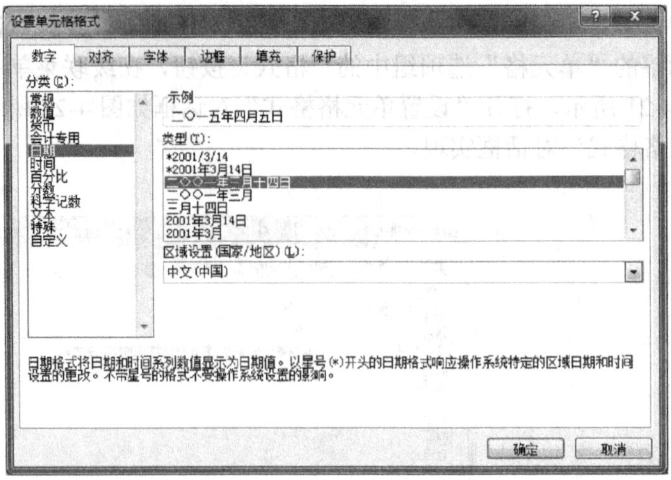

图 4-24　日期显示方式设置

（2）“对齐”选项卡

主要用于设置单元格中数据在水平及垂直方向的对齐方式，如图 4-25 所示。如果勾选“自动”换行复选框，当输入数据较多，超过单元格宽度时会自动换行。“缩小字体填充”选项可以减小单元格中字符的大小，数据随着单元格宽度变小而减小与列宽相等。当选择多个单元格时可以通过“合并单元格”复选框完成单元格的合并，通常和文本的对齐方式一起使用，完成标题的合并及居中。

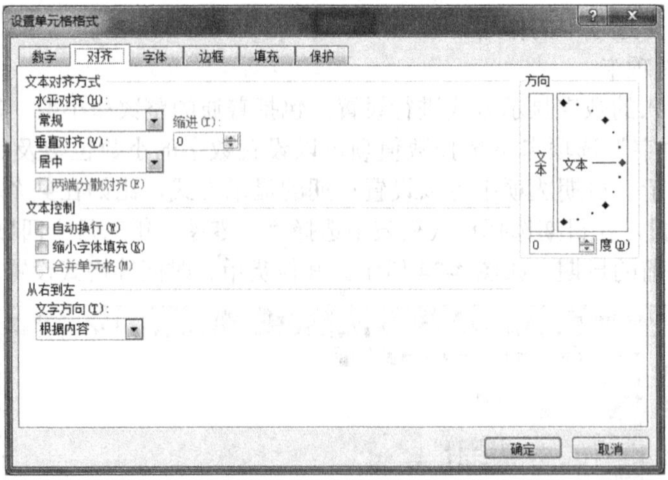

图 4-25　“对齐”选项卡

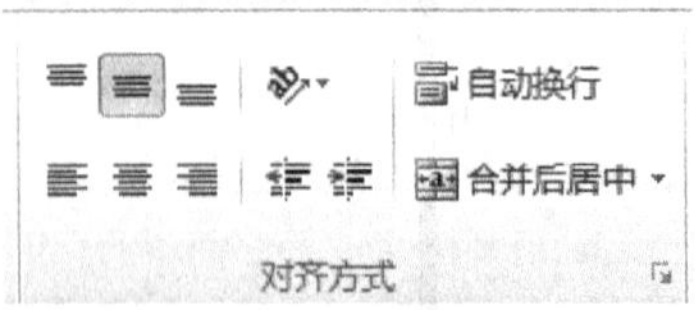

图 4-26　“对齐方式”选项组

在编辑文件时经常要设置标题的合并及居中或者某些单元格的合并及居中，除了用“对齐”选项卡实现合并及居中，还可以用“对齐方式”选项组按钮快速完成，如图 4-26 所示。单击 合并后居中 按钮可以一次完成对所选单元格的合并以及文本的居中，在该按钮的右侧下拉箭头还有 4 个级联菜单，其中“合并单元格”只进行单元格合并，文本位置不变，“跨越合并”可以对选中的单元格区域只完成行方向的合并。这里的合并及居中只是水平方向的居中，如果要在垂直方向设置居中只能使用“对齐”选项卡。注意：合并及居中后文本仍然属于 A1 单元格的内容，只不过占用了其他单元格显示，如图 4-27 所示。

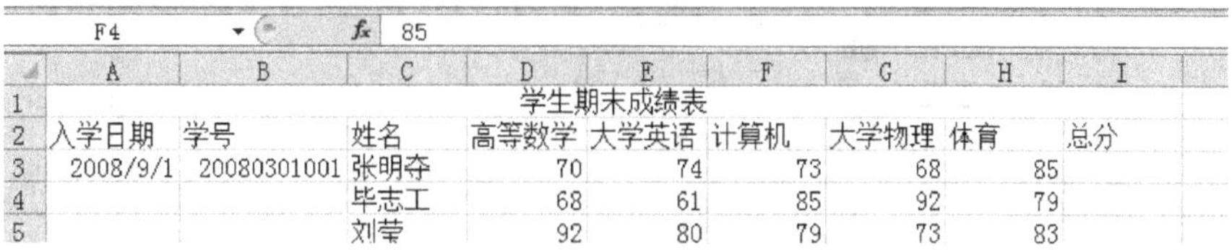

图 4-27　标题的合并及居中

（3）“字体”选项卡

与 Word 中“字体格式”对话框类似，该选项卡主要用于设置字体、字形、字号、字体颜色等，如图 4-28 所示。其用法与 Word 中的“字体”对话框一样。

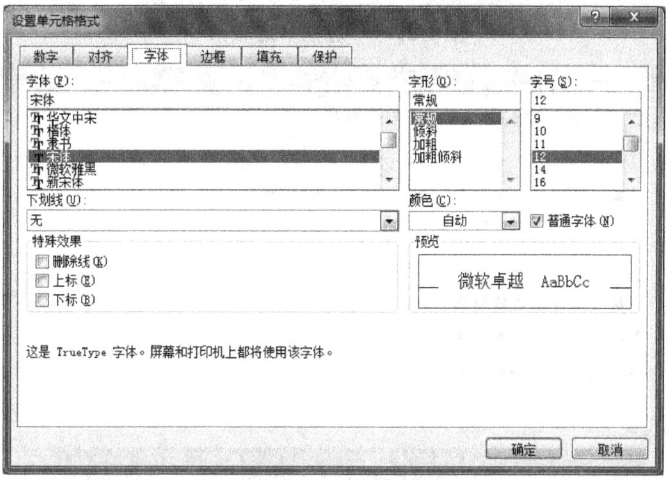

图 4-28　“字体”选项卡

（4）“边框”选项卡

主要用于对选中的单元格设置边框，我们打开的 Excel 文件默认的就是由横线和竖线组成的单元格构成的，但是这些边框线在打印时不会出现，所以为单元格加上边框是很重要的一项格式化工作，不仅让数据看起来更加突出，而且可以以表格的形式打印，更加美观易读。在“边框”选项卡中可以设置线条的样式及颜色。默认的是无边框，如果选择多个单元格，可以对这个区域只加外边框，单击“外边框”按钮即可，如果要对所有的区域单元格都加上边框，则要同时单击“内部”按钮，如图 4-29 所示。

（5）“填充”选项卡

主要用于设置单元格背景填充，单元格背景可以说主要包括背景颜色和背景图案两部分，在如图 4-30 所示“填充”选项卡中，可以选择填充的背景颜色和背景图案样式，如果对当前这些设置不满意可以通过“填充效果”和“其他颜色”按钮进行其他选择和设置。

类似于 Word，有些常用的格式设置可以直接在一些选项组按钮中快速完成，比如字体相关设置、对齐方式设置和数字显示方式设置。单击“开始”选项卡会打开对应的选项组按钮，如图 4-31 所示。

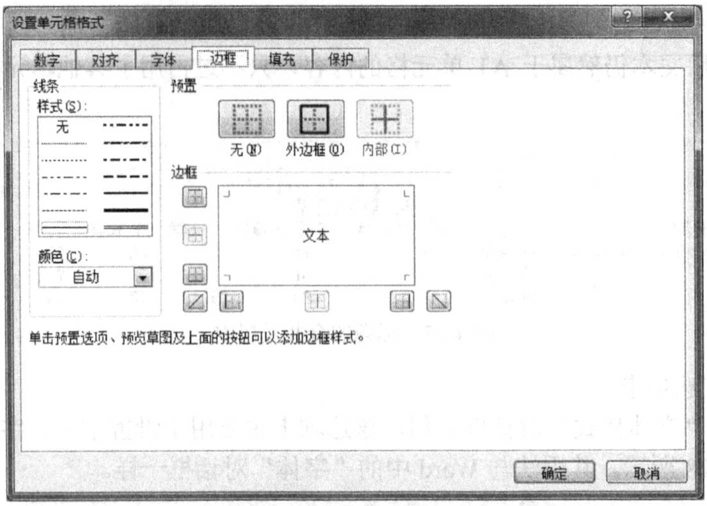

图 4-29 “边框”选项卡

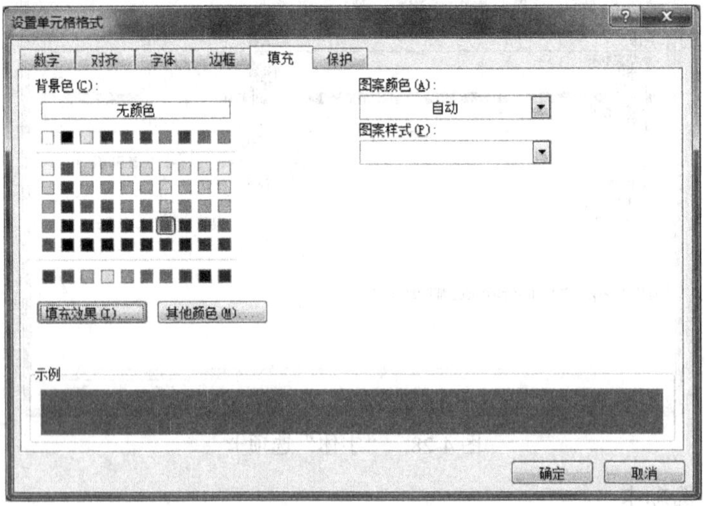

图 4-30 “填充”选项卡

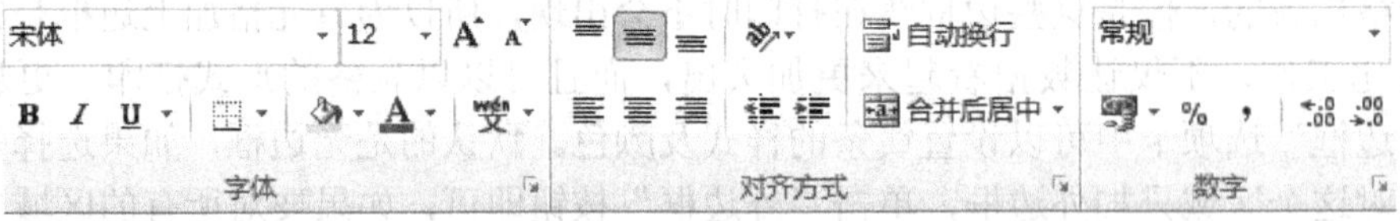

图 4-31 常用选项按钮

3. 表格自动套用格式

类似于单元格的样式，Excel 文件也内置了一些表格的预设格式，可以对大片单元格区域快速格式化。设置方式为：在“开始”选项标签→“样式”选项组中选择“套用表格样式”，展开样式库，如图 4-32 所示，鼠标移至所需样式处单击，弹出“套用表格式”对话框，如图 4-33 所示，确认选择的数据区域，最后单击“确定”按钮。如果用户想要把自己设计的单元格区域格式保存为一种模板样式，在“另存为”对话框的“保存类型”中选中模板选项，模板文件的扩展名为.xltx。

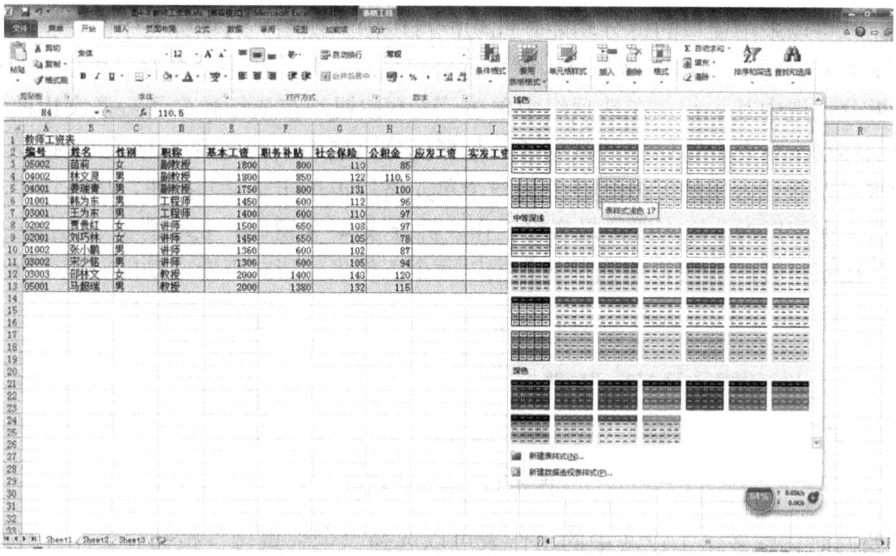

图 4-32　套用表格格式设置

4. 条件格式

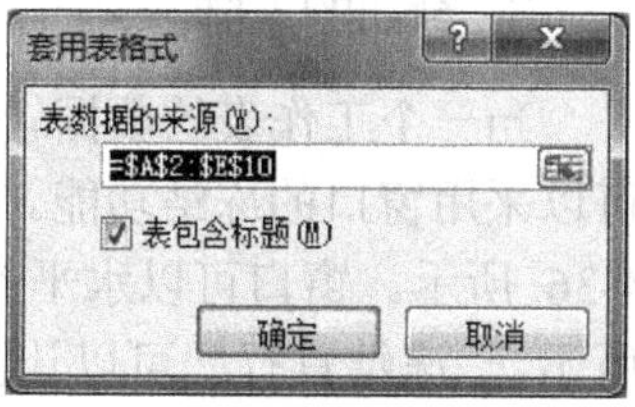

图 4-33　“套用表格式”对话框

实际应用中，用户要根据需要将满足某些条件的数据以指定的样式突出显示，这时需要用到条件格式。比如在一个学生成绩表中，将成绩小于 60 分的成绩以红色显示、浅红色填充，首先选中所有同学的成绩，在“样式”选项组中选择“条件格式”，“突出显示单元格规则”的级联菜单中列出了常用的条件规则，选择“小于”，打开对应的对话框，如图 4-34 所示，“设置为”选择指定的格式，如图 4-35 所示，最后单击“确定”按钮。除此之外不常用的条件规则用户还可以重新建立。

图 4-34　条件格式菜单

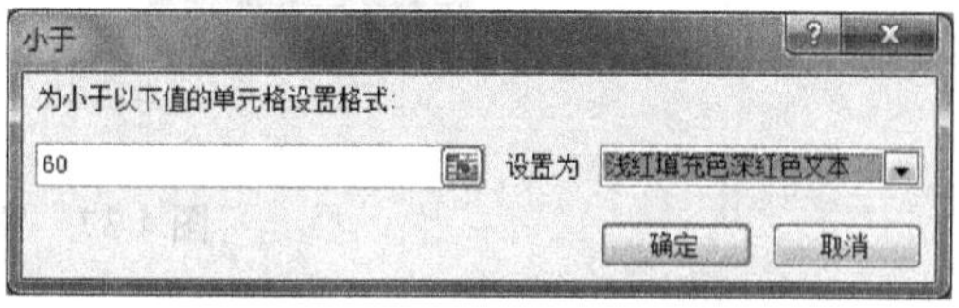

图 4-35　“小于”对话框

5. 窗口的拆分

当一个工作表的数据较多不能一屏显示，而用户又希望可以同时查看距离较远的行或列中的数据，此时可以采用窗口的拆分功能。此功能可以由“视图”选项标签中的“窗口”选项组实现，如图 4-36 所示。窗口的拆分分为水平拆分和垂直拆分。如果要查看距离较远的行的数据可以水平拆分，选中某一行，在选项组中单击 拆分 按钮，在该行处多了一条突出的线，这样就可以分别移动上下两个窗口中的数据了。垂直拆分则选中某一列后单击 拆分 按钮。如果要同时进行水平及垂直方向的拆分则选中某一个单元格后再单击 拆分 按钮，可在选中单元格的上面和左边出现窗口拆分标志线，最多将工作表拆分成 4 个窗口。要取消窗口的拆分则重新单击“拆分”按钮即可。 可以将当前的数据以两个工作表的形式查看，功能类似于拆分。

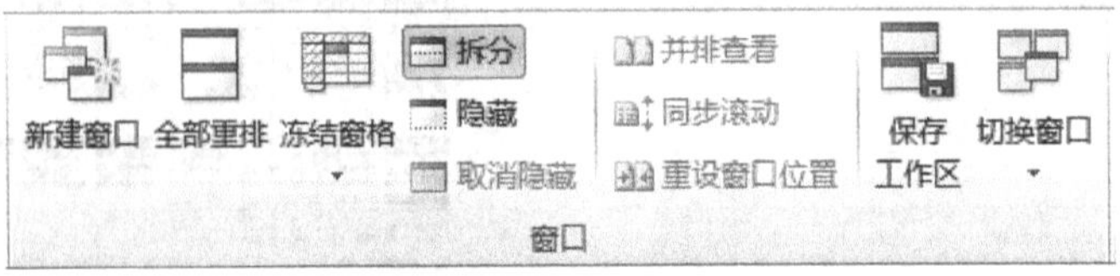

图 4-36　窗口选项组

如果要同时比较多个工作簿中的工作表可以选择“全部重排”按钮将多个工作表在水平或者垂直方向并排比较。

6. 窗口的冻结

当一个工作表的数据较多不能一屏显示，而用户又希望始终显示某些数据行或列，此时可以采用窗口的冻结功能。此功能可以由“视图”选项标签中的“窗口”选项组实现，如图 4-36 所示。窗口可以水平冻结、垂直冻结。单击“窗口冻结”按钮弹出级联菜单如图 4-37 所示，“冻结首行”可以让窗口中始终显示第一行，上下移动鼠标或翻页时第一行总是显示在最前面。“冻结首列”可以实现始终显示第一列。“冻结拆分窗格”可以实现在选中的某行或某列处拆分，如果同时进行水平及垂直方向的冻结则选中某一个单元格再单击上述按钮，则在选中单元格的上面和左边出现窗口冻结标志线。当窗口有冻结行或列时，“冻结窗口”按钮的级联菜单中会有对应的“取消冻结”菜单，可以取消对行或列的冻结。

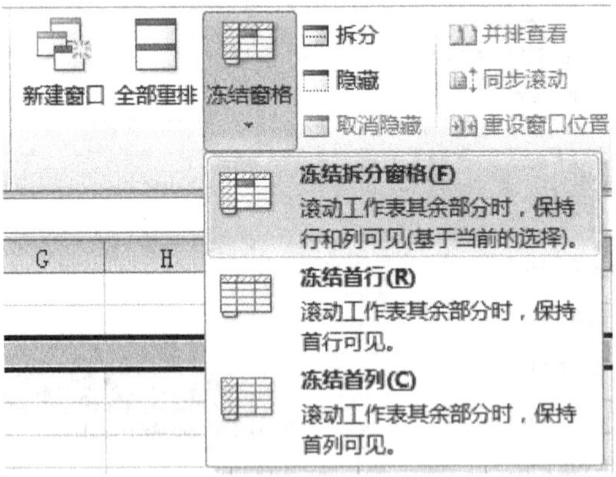

图 4-37　窗口冻结菜单

4.2.5　单元格、行和列的基本操作

在数据编辑过程中经常会用到单元格、行与列的选定、添加和删除等操作，用户要熟练掌握这些基本操作。

1. 单元格/单元格区域的选择与取消

对工作表的编辑都是通过对单元格的操作实现的，在执行大多数命令和任务之前都需要选择单元格和单元格区域，下面介绍常用的单元格和单元格区域的选择操作。

（1）单个单元格

最快捷的方法是单击相应的单元格，还可以用键盘上的光标移动键移动到相应的单元格。

（2）选择某个工作表中的所有单元格

单击“全选”按钮，即第一行和第一列交叉的左上角。单击时名称框中会显示 1048576R×16384C，表示已选中所有的单元格。

（3）选择相邻的单元格区域

首先选择第一个单元格，然后按住 Shift 键选择最后一个单元格，或者直接用鼠标拖动的方法。按下 Shift 键，用键盘上的 4 个光标移动键可以快速选中相邻的区域，在没有鼠标的情况下这是非常方便的方法。

（4）选择不相邻的单元格或单元格区域

首先选择第一个单元格或者单元格区域，然后按住 Ctrl 键选择其他单元格或单元格区域。

（5）选择整行或整列

直接单击行号或列号即可选中对应的行或列。

（6）选择相邻（不相邻）的行或列

选择相邻的行或列可以用鼠标沿行号或者列号拖动，或者先选择某行或某列，然后按住 Shift 键选择最后一行或列。选择不相邻的行或列则在选择其他行或列时按住 Ctrl 键。

（7）取消单元格区域的选择

单击所选择区域中的任一单元格都可以取消对该区域的选择。

2. 行的插入

如果只需要插入一行，则选定需要插入的新行下面相邻行中任意单元格或一整行。如果需要插入多行，则选定与待插入相同数目的行或单元格，然后单击“开始”→“单元格”组→“插入”级联菜单中的“插入工作表行”命令，如图 4-38 所示。

图 4-38　“插入”菜单

3. 列的插入

如果只需要插入一列，则选定需要插入的新列左边相邻的列中的任意单元格或整列，如果需要插入多列，则选定与待插入相同数目的单元格或列，然后选择“插入工作表列”命令。如图 4-38 所示。

4. 单元格的插入

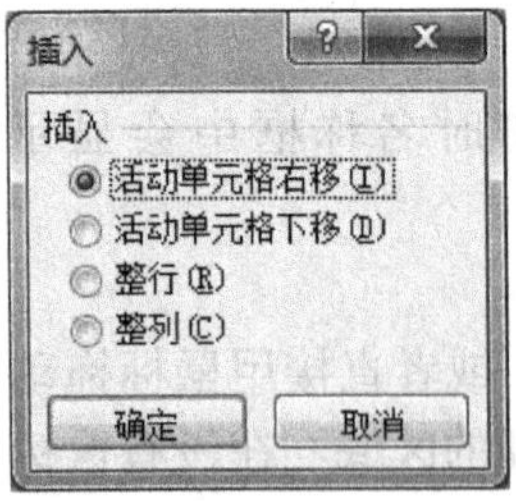

图 4-39 “插入”对话框

在需要插入单元格处选定相应的单元格区域，选定的单元格数目应与待插入的空单元格的数目相同。然后选择如图 4-38 所示“插入单元格”命令，弹出“插入”对话框，如图 4-39 所示。对选中的单元格区域右移还是下移做出选择，也可以选择插入整行或整列，最后单击“确定”按钮。

5. 单元格、行和列的删除

首先选择要删除的区域，再选择“开始”→“单元格”组中的“删除”命令，如图 4-40 所示，然后根据需要选中相关选项。如果选择“删除单元格”，则会弹出“删除”对话框，如图 4-41 所示，根据实际情况选择一项，最后单击“确定”按钮。

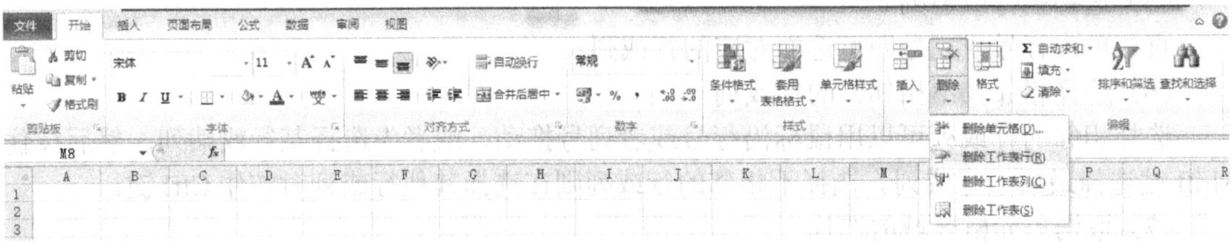

图 4-40 删除单元格区域菜单

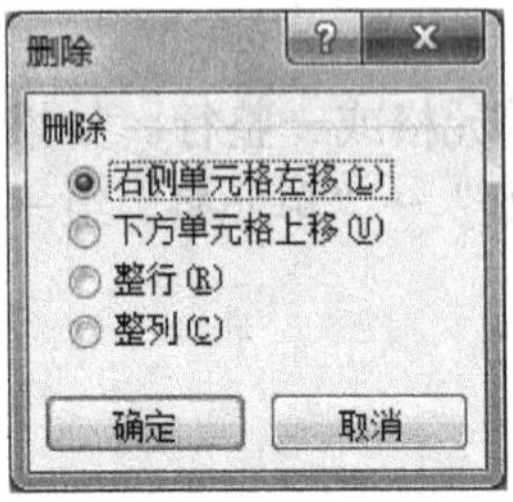

图 4-41 “删除”对话框

行或列的插入与删除最快速的方法就是在选中的行号或列号处右击，在快捷菜单中选择“插入”或者“删除”命令。

6. 单元格中数据的清除和复制

单元格中的数据可分为内容、格式、批注和超级链接四部分。进行清除操作时，在“开始”→“辑”组中选择“清除”项，弹出级联菜单，如图 4-42 所示，再选择要清除的内容，可以全部清除，也可以只清除某一项。

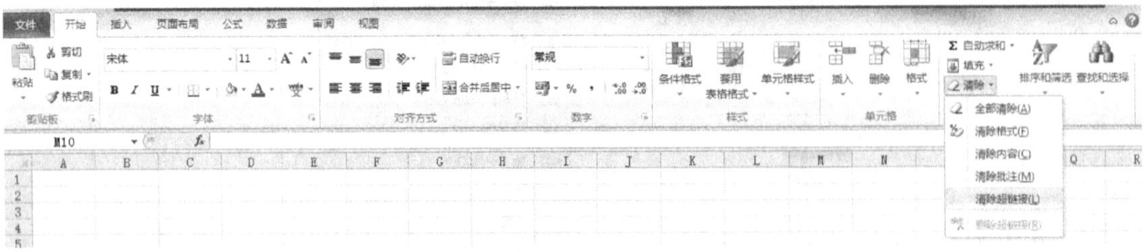

图 4-42 “清除”级联菜单

清除和删除是不同的，清除是对单元格中数据的操作，数据被清除后，单元格仍在，而删除是对单元格的操作，执行“删除”命令后，单元格即被删除。

在进行单元格数据的复制操作则类似，如果要复制的内容包含了格式、公式等内容，其右击的快捷菜单中粘贴选项很多，这也是 Excel 文件复制单元格的一大特点：复制功能强大，如图 4-43 所示，选择按钮只复制数据，单击按钮可以只复制公式，单击按钮只复制格式等。或者单击“选择性粘贴”，打开“选择性粘贴”可以对话框，可以进行更详细的选择。如图 4-44 所示，选择全部和直接用组合键 Ctrl+V 是等效的。

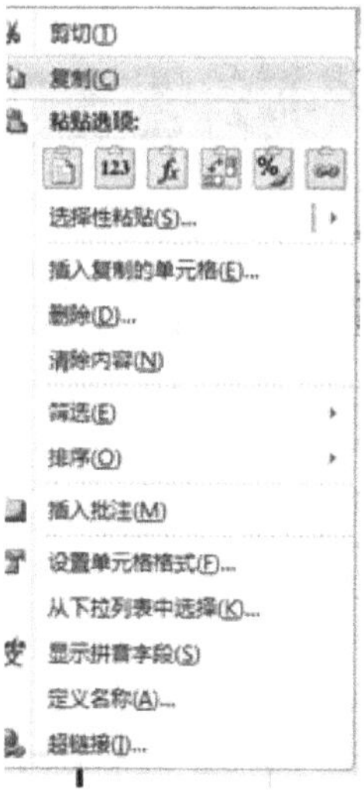

图 4-43　右击菜单

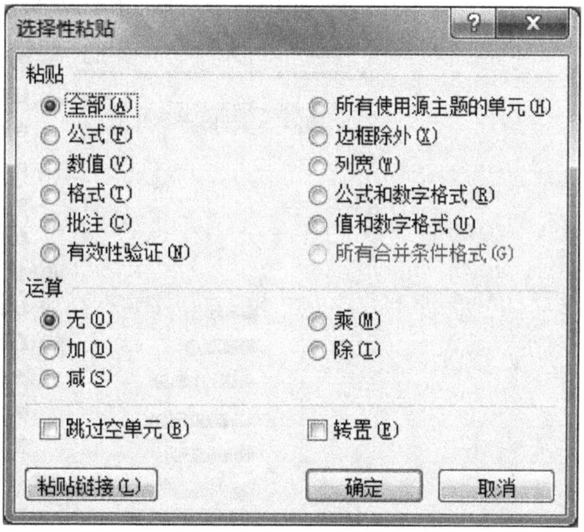

图 4-44　“选择性粘贴”对话框

7. 行和列的隐藏和取消隐藏

行和列的隐藏与取消隐藏有多种方法。

（1）快捷菜单法

选择要隐藏的行或者列，右击，在弹出的快捷菜单中选择“隐藏”命令。如果要取消隐藏行，先选中被隐藏的行的上面及下面相邻的行右击在弹出的快捷菜单中选择取消隐藏。要取消隐藏的列则选中与隐藏列相邻的左边及右边的列，在快捷菜单中选择取消隐藏。

（2）鼠标拖动法

隐藏某行则将鼠标指向行号的下边界，向上拖动。隐藏某列则将鼠标指向列号的右边界再向左拖动。取消隐藏行或者列则在对应的行号或者列号向反方向拖曳即可。

（3）选项组按钮法

对多行或者列进行相关操作时，选项组按钮法是比较快捷的方法。首先选择要隐藏的行和列，在“开始”选项标签中的“单元格”选项组单击“格式”按钮，在弹出的级联菜单中选择可见性，最后选择隐藏还是取消隐藏对应项，如图 4-45 所示。

8. 行高和列宽的设置

一个工作表中所有的行是等高的，所有的列是等宽的，在实际数据编辑过程中，经常要改变行高和列宽。改变行高和列宽也有多种操作方法。

（1）选项组按钮法

首先选中要设置的行和列，在如图 4-45 所示图中选择“行高”或者“列宽”，在弹出的对话框中输入具体的数值单击“确定”按钮。或者选择自动调整行高或列宽，系统会根据输入文本的多少自行设定一个最合适的行高或列宽。在选中行号的下边界或者列号的右边界直接双击鼠标也可以实现自动调整功能。

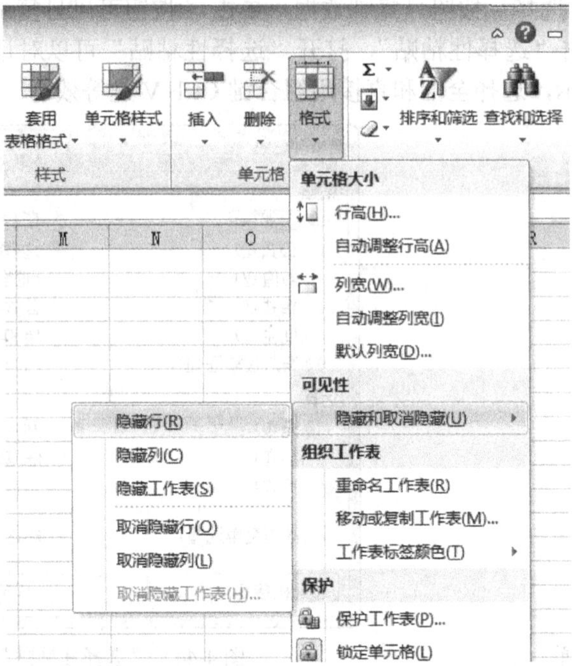

图 4-45　隐藏行/列选项

（2）鼠标拖曳法

拖动行号的下边界和列号的右边界至合适的高度和宽度。在不要求精确值的情况下适用此方法。

（3）快捷菜单法

选中要设置的行或列，右击，在弹出的快捷菜单中选择行高或列宽，输入具体的值即可。

9. 单元格中批注的编辑

有时，可以根据实际需要对一些复杂的公式或者某些特殊单元格中的数据添加相应的注释，这样，其他用户通过查看这些注释就可以快速清楚地了解和掌握相应的公式和单元格数据。这些注释，在 Excel 文件中称为“批注”。Excel 2010 对批注的编辑可以通过“审阅”选项标签下“批注”选项组按钮实现，如图 4-46 所示。

（1）批注的添加

单击需要添加批注的单元格，在“批注”选项组中单击“新建批注”按钮，在弹出的批注框中输入批注文本。这时，可以发现刚才添加了批注的单元格的右上角出现了一个小红三角。

（2）批注的查看

如果要单独查看某个批注，则将鼠标指针指向含有这个批注的单元格，即可显示该批注内容。利用“上一条”和“下一条”按钮可以逐条查看单元格中的批注，如果要查看工作簿中的所有批注，则在“批注”选项组中选择“显示所有批注”按钮。

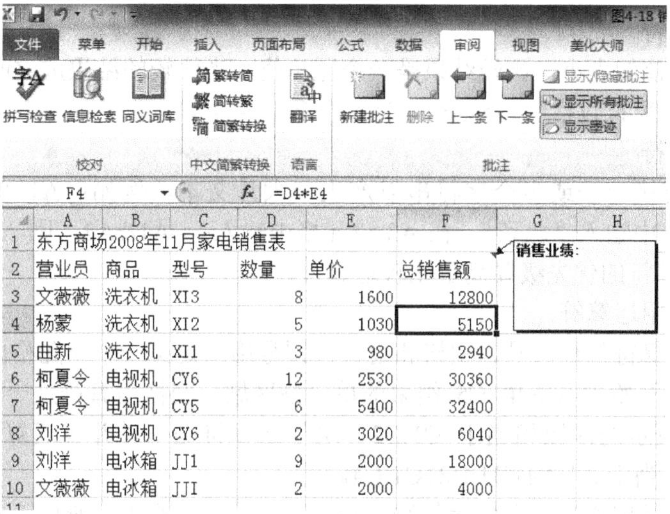

图 4-46　批注的编辑

（3）批注的修改

选择需要修改批注的单元格，单击批注框直接进行文本的修改即可。

（4）批注的删除

选择要删除批注的单元格，单击选项组中的“删除”按钮可删除当前单元格中的批注。

另外，还可以向工作表中插入对象，包括剪贴画、图形、数学公式、艺术字及其他对象等，插入和编辑操作与 Word 中一样。

4.3　公式与函数

公式与函数是 Excel 文件很重要的部分，在分析和处理数据时应用较多，也是电子表格的特点，其中函数是公式的重要组成部分。Excel 的特色之一是它具有强大的计算功能，只要输入正确的计算公式，就会在对应的单元格内显示计算结果。如果工作表内的数据有变化，系统会自动更正计算结果，从而让用户随时得到正确的结果。公式是用户自己设计的对工作表单元格数据进行计算和处理的数学等式，函数是系统内置的执行计算、分析数据的特殊公式，公式可以包含函数。

4.3.1　公式的使用

1. 运算符

公式是单元格中以“=”开始的包含一系列数学运算符和数据等内容的式子。公式中可以包含运算符号（如+、–、*、/等）、单元格引用区域（参与计算的数据）、函数及其数据。

Excel 包含四种类型的运算符：算术运算符、比较运算符、文本运算符和引用运算符。

（1）算术运算符

完成基本的数学运算，主要包括（）、+、–、*、/、^、%（百分号）。

运算级别：括号最优先，其次是乘方，再次是乘、除，最后是加、减。同一级别的从左至右计算。

（2）比较运算符

用以比较两个值的大小，比较结果是一个逻辑值，当比较的结果成立时，其值为 True；否则为 False。该运算符包括=、>、<、>=、<=、<>。

（3）文本运算符

使用“&”连接一个或多个字符串以产生一大片文本。例如：A1 单元格中输入“上海”，在 A2 单元格中输入“北京”，在 A3 单元格中输入：=A1&A2，则 A3 中的数据是“上海北京”。文本运算符的优先级要高于比较运算符。

（4）单元格引用运算符

单元格引用运算符包括冒号、空格和逗号。冒号用来定义一个单元格区域。例如 A1:C5 表示从左上角 A1 开始到右下角 C5 结束的单元格区域。空格运算符是一种交集运算。例如（A1:C2 C1:D2）表示的区域相当于 C1:C2。逗号运算符是一种并集运算，例如（A1:A4，B1:B2，C1:C4）相当于 A1:A4+B1:B2+C1:C4。

优先级由高到低依次为：引用运算符，负号，百分比，乘方，乘除，加减，连接符，比较运算符。

2. 公式的编辑

输入公式的方法和输入文本的方式类似，不同的是，公式以“=”开头，其后是表达式，所以单击将要输入公式的单元格，先输入一个等号，接着从键盘输入公式内容，例如在商场销售表中求每种商品的销售额，如图 4-47 所示，先求第一个，即在 F3 单元中输入公式“=D3*E3”（销售总额应该为数量和单价之积）。最后按回车键确认或者单击编辑栏的“确认”按钮完成公式的输入。用户可在单元格中看到公式计算结果，而在编辑栏中显示公式的内容。如果需要修改某公式，可双击该单元格，直接在单元格中修改。其输入或者修改操作和在编辑栏中进行是等效的。用户可根据实际情况输入包含各种运算符的公式。

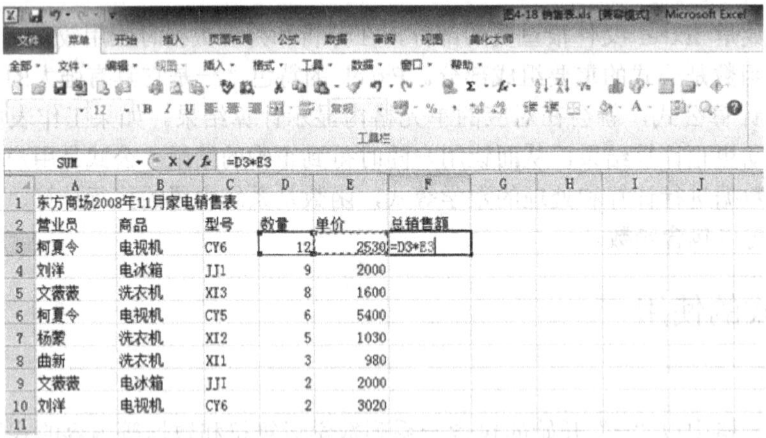

图 4-47　销售表

注意：

（1）运算符必须是在英文所示半角状态下输入。

（2）公式的数据要用单元格地址表示，比如上面计算乘积是 D3*E3，没有写成 12*25300，以便于复制引用公式。

（3）公式中单元格地址的输入既可以直接从键盘敲出（如 d3），也可以直接单击相应的单元格的选中即可（如单击 d3 单元格便可在公式中出现 D3）。单元格地址不区分大小写。

（4）如果用相同公式进行计算，相应单元格的公式不必一一输入，可使用“自动填充”得到。上例中其他行的销售总额可直接拖动 F3 单元格的填充柄即可完成。

4.3.2　单元格引用

1. 相对引用

Excel 默认的引用为相对引用，如之前在公式中输入的 D3 和 E3。相对引用是与公式位置相关的单元格引用，当复制公式时公式中的单元格地址随之变化，比如上例中填充销售总额时，F4 单元格的公式是=D4*E4，F5 单元格中的公式是=D5*E5，依次类推。这就是相对引用。

2. 绝对引用

绝对引用是指向特定位置单元格的单元格引用。如在行号和列号之前添加符号“$”，比如$D$3、D$3、$D3，列和行引用就是绝对的。不论包含公式的单元格处在什么位置，公式中所引用的单元格位置都是其在工作表中的确切位置。绝对单元格引用的形式为：A1、B1。

3. 混合引用

有些单元格引用是混合型的，如$A1、B$1，称为混合引用。与相对引用不同，当跨越行和列复制公式时绝对引用不会自动调整。

如果创建了一个公式并希望将相对引用更改为绝对引用（反之亦然），则先选定包含该公式的单元格，然后在编辑栏中选择要更改的引用并按 F4 键。每次按 F4 键时，Excel 2010 会在以下组合间切换：绝对列与绝对行（例如，C1）；相对列与绝对行（C$1）；绝对列与相对行（$C1）以及相对列与相对行（C1）。例如，在公式中选择地址A1 并按 F4 键，引用将变为 A$1。再一次按 F4 键，引用将变为$A1，依次类推。

默认情况下，单元格中显示的是公式结果，而不是公式内容（公式内容显示在编辑栏中），如果双击显示公式结果的单元格，则该单元格中将显示公式内容。如果要使工作表上所有公式在显示公式内容与显示公式结果之间切换，则按 Ctrl+`（位于键盘上侧，与“～”为同一键）键。

4.3.3　函数的使用

函数是一种系统预设的公式，所有由函数处理的数据都可以通过前面输入公式的方法得到相同的结果。使用函数可以简化和缩短输入公式的过程，但有些公式无法用函数实现。

1. 函数的构成

一个函数包括三部分：=函数名（参数列表）

（1）任何一个公式或者函数都以=开头。

（2）函数名一般用一个英文单词的缩写表示，比如 SUM 表示求和。

（3）参数列表一般包括多个参数，用逗号隔开，一般用数据区域方式表示。例如求单元格区域（A1:A3）的和，可以表示为=sum（A1，A2，A3），或=sum（A1:A3）。

2. 函数的输入

对于比较熟悉的常用函数，可直接通过键盘在单元格中输入。注意，一定要先输入一个等号，其后的函数名不区分大小写，Excel 文件一律显示为大写。

内置的函数都可以使用“插入函数”对话框输入，使用起来比较方便，使用“插入函数”对话框时“=”会自动输入。下面介绍“插入函数”对话框的使用方法。

切换到“公式”选项标签，打开“公式编辑”选项组按钮，如图 4-48 所示，单击最前面的“插入函数”按钮，打开“插入函数”对话框如图 4-49 所示。单击编辑栏的 f_x 也可打开该对话框。在该对话框中选择相应的函数和参数。

图 4-48 “公式编辑”选项组

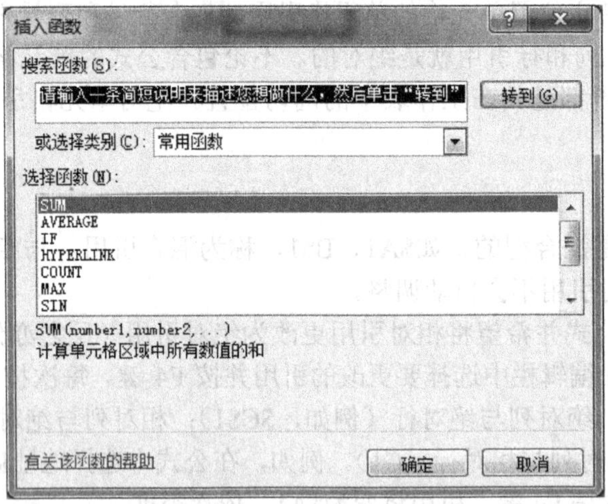

图 4-49 “插入函数”对话框

例题：在学生成绩表中求每个学生的成绩总和，如图 4-50 所示。

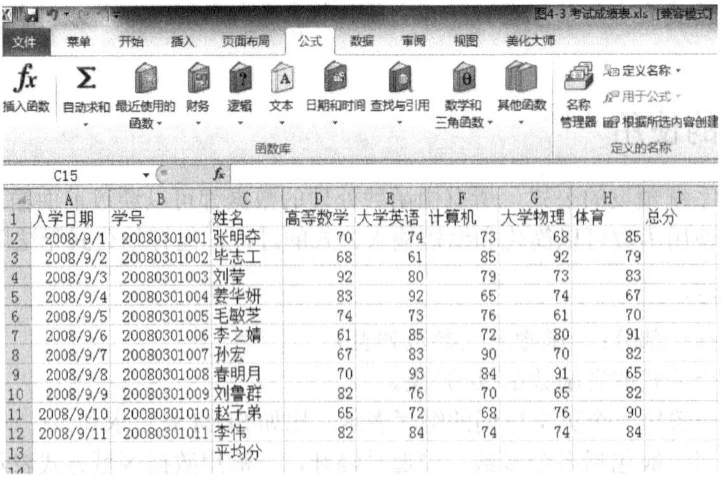

	A	B	C	D	E	F	G	H	I
1	入学日期	学号	姓名	高等数学	大学英语	计算机	大学物理	体育	总分
2	2008/9/1	20080301001	张明杰	70	74	73	68	85	
3	2008/9/2	20080301002	毕志工	68	61	85	92	79	
4	2008/9/3	20080301003	刘莹	92	80	79	73	83	
5	2008/9/4	20080301004	姜华妍	83	92	65	74	67	
6	2008/9/5	20080301005	毛敏芝	74	73	76	61	70	
7	2008/9/6	20080301006	李之婧	61	85	72	80	91	
8	2008/9/7	20080301007	孙宏	67	83	90	70	82	
9	2008/9/8	20080301008	春明月	70	93	84	91	65	
10	2008/9/9	20080301009	刘雪群	82	76	70	65	82	
11	2008/9/10	20080301010	赵子弟	65	72	68	76	90	
12	2008/9/11	20080301011	李伟	82	84	74	74	84	
13			平均分						

图 4-50 学生成绩表

首先选中 I2，打开“插入函数”对话框，选择 SUM 函数，即图 4-49 中常用函数第一个，单击“确定”按钮，打开“函数参数”对话框，如图 4-51 所示。对求和数据区域选择，可以直接输入函数的参数，也可以直接用鼠标选取相应的单元格区域，最后单击“确定”按钮即可。

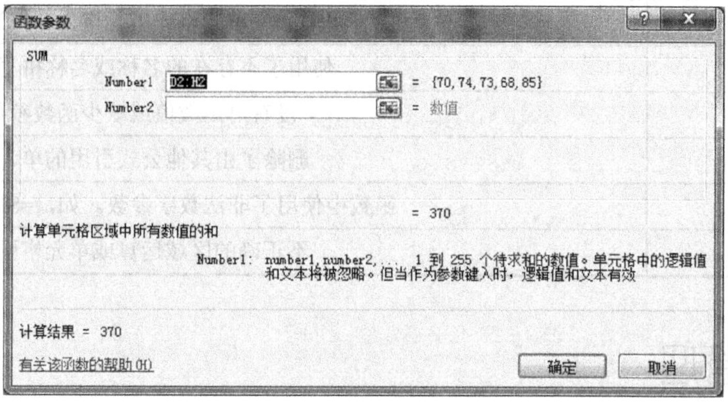

图 4-51　“函数参数”对话框

对于类似简单的求和计算可以使用“自动求和”按钮进行运算。即鼠标定位在 I2 单元格后，直接单击选项组第二个按钮 Σ，系统会自动将左边的数据求和并显示。

3. 函数的分类

函数类型可以通过“插入函数”对话框中选择类别下拉列表查看，包括常用函数、财务、日期与时间等，如图 4-52 所示。在常用函数类型中，用得比较多的是 SUM、AVERAGE、IF、COUNT 等，选择某一函数之后会在该对话框的下面显示函数的意义和用法。例如选择 COUNT 函数后给出的说明是求 value1、value2 等参数所在单元格的个数，如图 4-53 所示。

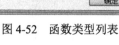

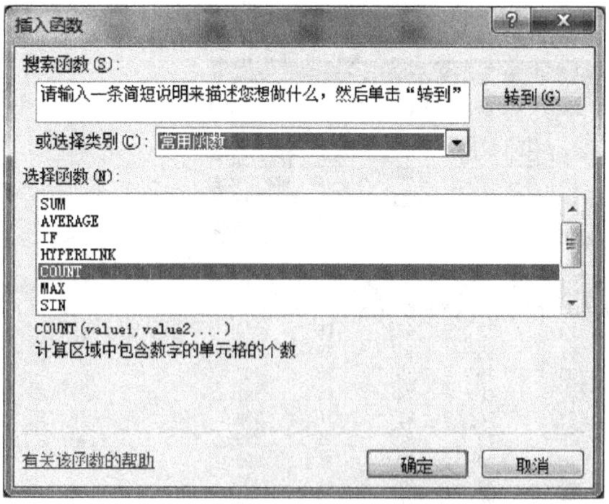

图 4-52　函数类型列表

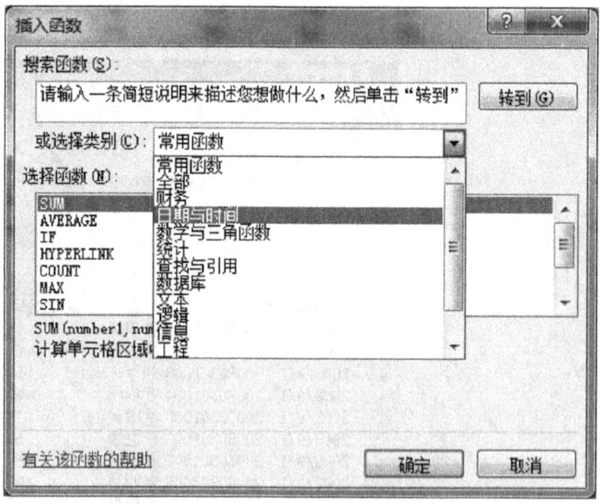

图 4-53　COUNT 函数说明

4. 公式中的出错信息

当在输入公式或函数有错误时，系统不能正确计算出结果，Excel 将显示一个错误值，常见的出错信息如表 4-1 所示。

表 4-1　出错信息表

错误值	说明
#####	公式产生的结果太大，单元格容纳不下
#VALUE!	公式中数据类型不匹配，或不能自动更正公式
#DIV/0!	引用了空单元格或单元格为 0 作为除数
#NAME?	使用了不存在的名称或名称拼写有误
#N/A	没有可用数值或缺少函数参数
#REF!	删除了由其他公式引用的单元格
#NUM!	函数中使用了非法数字参数。如，=SQRT（-2）
#NULL!	不正确的区域运算或单元格引用

4.4　数据管理

Excel 不仅具有强大的数据计算功能，还能像数据库一样管理数据，实现数据的排序、筛选、分类汇总、统计和查询等操作，具有数据库的组织、管理和处理数据的功能。而这些功能都是基于数据清单完成的，Excel 数据清单也称 Excel 数据库。

4.4.1　数据清单

数据清单可以像数据库一样使用，是工作表中包含相关数据的一系列数据行，简单地说，数据清单就是一张二维表，其特点如下：

（1）数据列表的第一行信息应该是字段的名称，由行和列构成，其中行表示记录，列表示字段。如图 4-54 所示为一个简单的数据清单，第一行为字段名，从第二行开始每行都是一条记录。

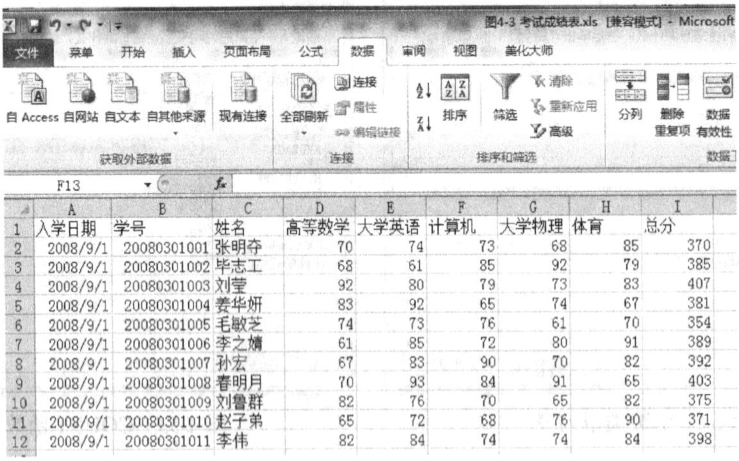

	A	B	C	D	E	F	G	H	I
1	入学日期	学号	姓名	高等数学	大学英语	计算机	大学物理	体育	总分
2	2008/9/1	20080301001	张明夺	70	74	73	68	85	370
3	2008/9/1	20080301002	毕志工	68	61	85	92	79	385
4	2008/9/1	20080301003	刘莹	92	80	79	73	83	407
5	2008/9/1	20080301004	姜华妍	83	92	65	74	67	381
6	2008/9/1	20080301005	毛敏芝	74	73	76	61	70	354
7	2008/9/1	20080301006	李之婧	61	85	72	80	91	389
8	2008/9/1	20080301007	孙宏	67	83	90	70	82	392
9	2008/9/1	20080301008	春明月	70	93	84	91	65	403
10	2008/9/1	20080301009	刘鲁群	82	76	70	65	82	375
11	2008/9/1	20080301010	赵子弟	65	72	68	76	90	371
12	2008/9/1	20080301011	李伟	82	84	74	74	84	398

图 4-54　数据清单实例

（2）每张工作表仅有一个数据清单。

（3）每列的数据应该是同一类型的。

（4）确保无隐藏的行和列。

（5）避免空行和空列。

数据清单的输入和修改等基本编辑和一般的工作表建立和编辑一样。

4.4.2　数据的排序

排序是根据数值或数据类型来排列数据的一种方式，可以按字母、数字或日期顺序来为数据排序。排序有升序和降序两种。Excel 是根据单元格中的数值而不是格式来排列数据的。

在默认情况下，按升序排序时使用如下次序：

（1）数字（从最小的负数到最大的正数）。

（2）文本以及包含数字的文本（按字母先后顺序排序，即 0～9、a～z、A～Z）。

（3）逻辑值（FALSE 在 TRUE 之前）。

（4）错误值（所有错误值的优先级相同）。

在按降序排序时，以上排序次序反转，无论升序还是降序，空格始终排在最后。

1. 简单排序

简单排序是指按照一个字段排序，也称为关键字。比如在如图 4-54 所示数据清单中将学生成绩按照总分升序或降序排列。将鼠标定位在关键字总分列中的任意单元格，单击选项卡“数据”，在“排序和筛选”选项组中直接单击“升序”按钮或“降序”按钮快速实现排序。

2. 复杂排序

当排序字段为 2 个或更多时，就要用到“排序”对话框。

下面以学生成绩清单为例进行排序，要求先按总分从高到低排列，若总分相同再按计算机成绩从低到高排列。此要求包含两个字段，分别是总分和计算机，也称为主要关键字和次要关键字。其操作过程是：

（1）鼠标定位在数据清单中的任一单元格或直接选中所有的数据清单。

（2）单击“数据”选项标签，在“排序和筛选”选项组中选择按钮，打开“排序”对话框，如图 4-55 所示。默认包含一个关键字，单击按钮，可增加多个次要关键字，设置完成如图 4-56 所示，最后单击“确定”按钮。

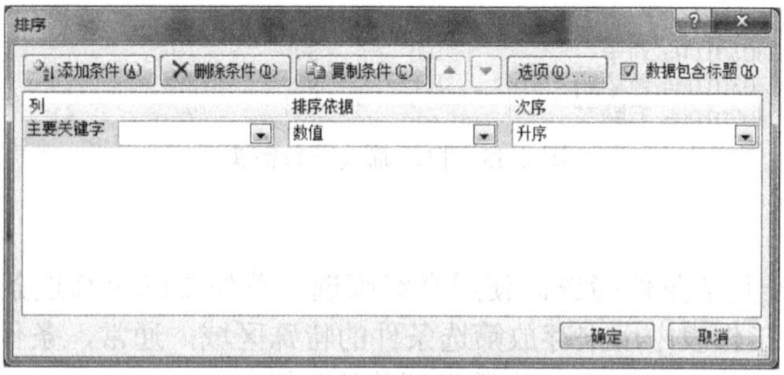

图 4-55　“排序”对话框

一般情况下都是按照某一列的字段排序，但也有例外，要求根据行的内容进行排序，从而使列的次序改变，而行的顺序保持不变。系统默认的是按照列排序，如果按照行排序，在“排序”对话框中，单击 选项(O)... 按钮，出现“排序选项”对话框，如图 4-57 所示。在“方向”选项中，选中“按行排序”，然后单击“确定”按钮。再按照上面的操作过程执行按行的排序。

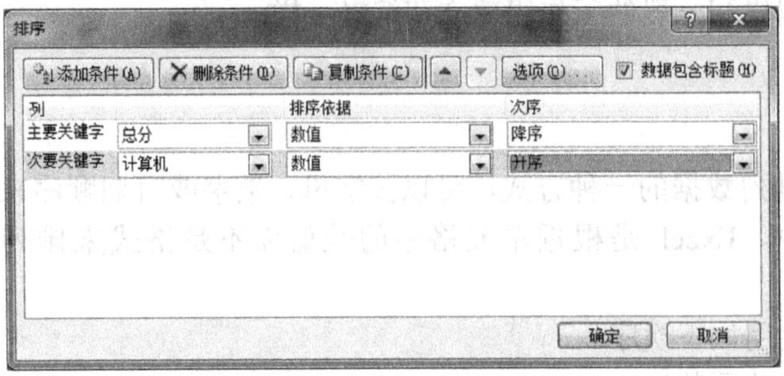

图 4-56　关键字设置

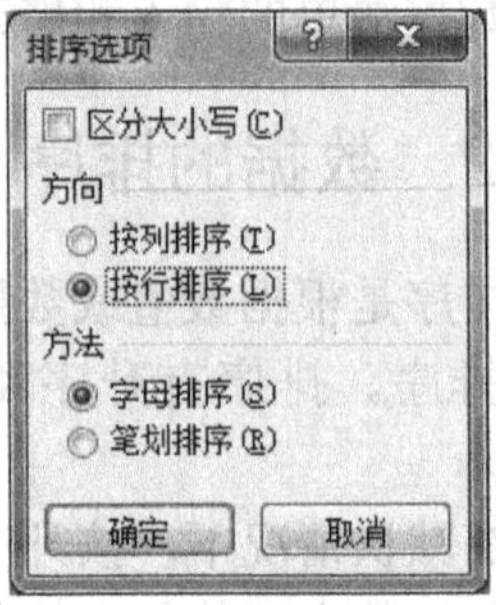

图 4-57　“排序选项”对话框

4.4.3　数据的筛选

筛选是查找和处理数据清单中数据子集的快捷方法。用户可以根据实际情况让数据清单仅显示满足某些条件的行。Excel 提供了两种筛选清单命令：自动筛选和高级筛选。与排序不同，筛选并不重排清单，只是暂时隐藏不必显示的行。

1. 自动筛选

自动筛选是一种快速显示某些数据行的方法。其具体操作过程为：鼠标定位在数据清单中任一单元格，在“数据”选项标签中，单击“排序和筛选”选项组中的“筛选”按钮，可以看到在每个字段的右侧都出现了一个下拉箭头，如图 4-58 所示。通过每个字段的下拉箭头设置显示的条件，若要取消筛选则再次单击此按钮。比如显示总分为 385 的同学，可以单击总分的下拉箭头，只勾选 385，如图 4-59 所示。也可以设置稍微复杂的条件，比如筛选总分在 370 和 400 之间所有同学信息，在如图 4-59 所示中选择“数字筛选”级联菜单中的“介于”项，打开“自定义自动筛选”对话框，如图 4-60 所示，设置完成后单击“确定”按钮。

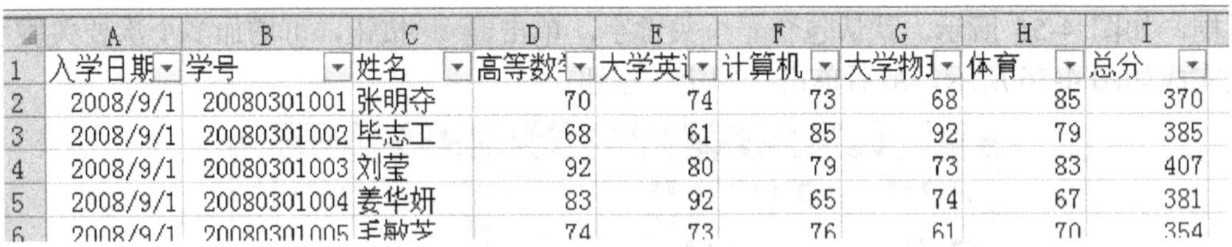

	A	B	C	D	E	F	G	H	I
1	入学日期	学号	姓名	高等数学	大学英语	计算机	大学物理	体育	总分
2	2008/9/1	20080301001	张明夺	70	74	73	68	85	370
3	2008/9/1	20080301002	毕志工	68	61	85	92	79	385
4	2008/9/1	20080301003	刘莹	92	80	79	73	83	407
5	2008/9/1	20080301004	姜华妍	83	92	65	74	67	381
6	2008/9/1	20080301005	毛敏芝	74	73	76	61	70	354

图 4-58　自动筛选下拉箭头

2. 高级筛选

高级筛选适用于复杂条件筛选。使用高级筛选，首先要确定筛选条件，并创建条件区域。“条件区域”是工作表中用来存放筛选条件的特殊区域，通常，条件区域要和数据清单之间有空行及空列。条件区域必须包含数据清单的列标。

高级筛选的操作过程如下。

先创建条件区域，例如在学生成绩表中筛选出总分大于 370，计算机成绩大于 75 分的同学的数据行，在该数据清单外建立这个条件区域，如图 4-61 所示。

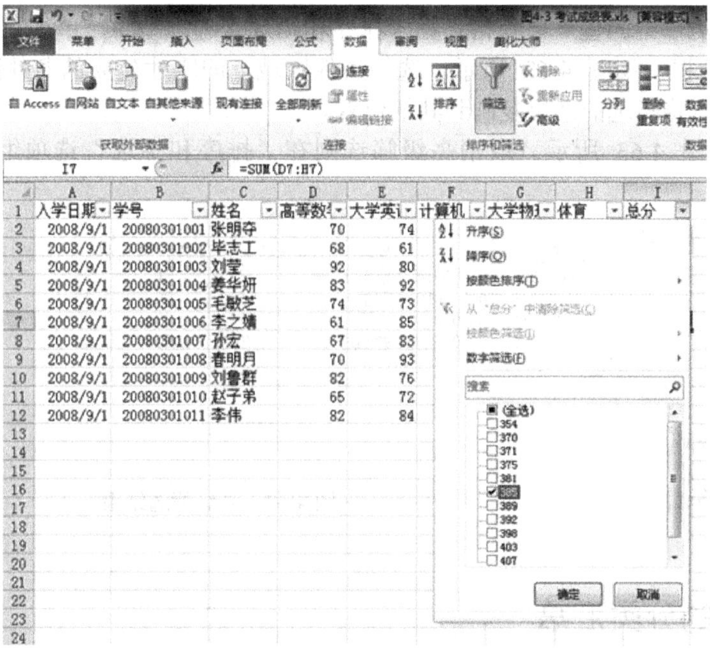

图 4-59　筛选条件选择

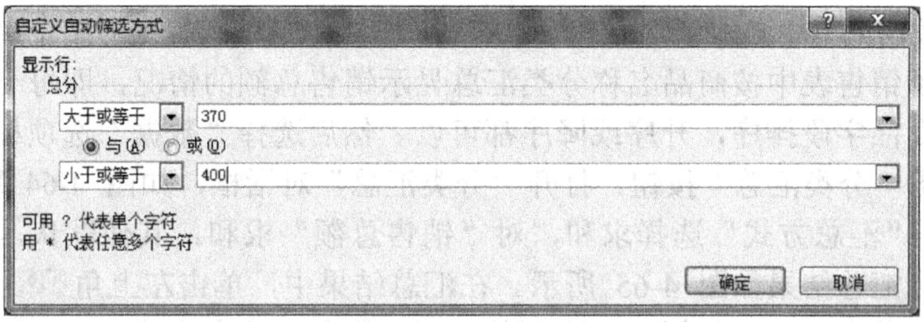

图 4-60　“自定义自动筛选方式”对话框

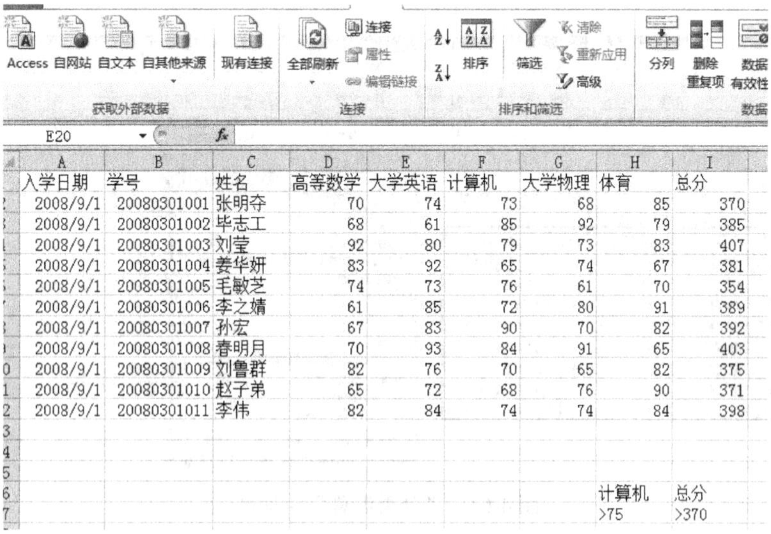

图 4-61　成绩表条件区域设置

再单击数据清单中的任一单元格，在“排序和筛选”选项组中，单击 高级 按钮，打开“高级筛选”对话框，如图 4-62 所示。选择条件区域，即刚才建立的条件区域，单击“确定”按钮，也可以将筛选的结果复制到其他位置。

筛选结果如图 4-63 所示。取消高级筛选则在“排序和筛选”选项组中，单击 清除 按钮。

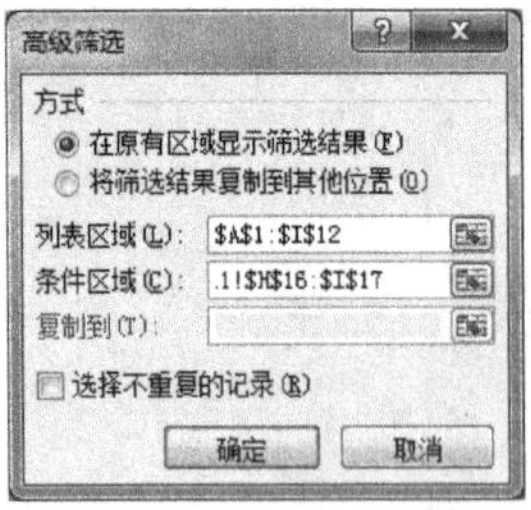

图 4-62 “高级筛选”对话框

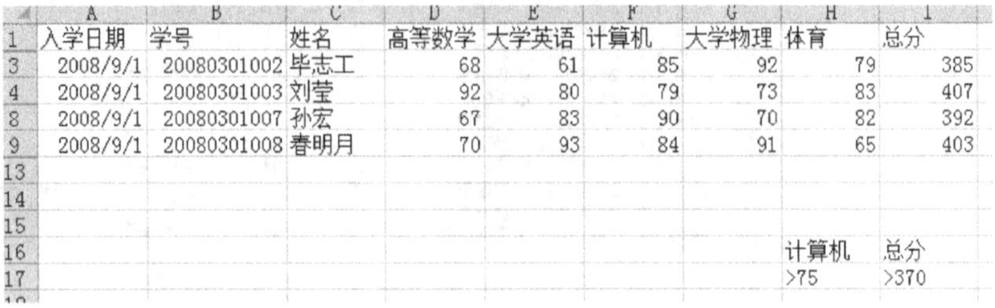

	A	B	C	D	E	F	G	H	I
1	入学日期	学号	姓名	高等数学	大学英语	计算机	大学物理	体育	总分
3	2008/9/1	20080301002	毕志工	68	61	85	92	79	385
4	2008/9/1	20080301003	刘莹	92	80	79	73	83	407
8	2008/9/1	20080301007	孙宏	67	83	90	70	82	392
9	2008/9/1	20080301008	春明月	70	93	84	91	65	403
13									
14									
15									
16								计算机	总分
17								>75	>370

图 4-63 高级筛选结果

4.4.4 数据的分类汇总

分类汇总即分门别类并对数据汇总处理，例如对某个字段提供“求和”和“平均值”等计算。注意：数据清单中必须包含带有标题的列，分类汇总的前提是对某个字段排序。

例如在商场销售表中按商品名称分类汇总显示销售总额的情况，即每一种商品的销售情况。首先按商品字段排序，升序或降序都可以。然后选择“数据”选项标签，在“分级显示”组中单击“分类汇总”按钮，打开“分类汇总”对话框，如图 4-64 所示。“分类字段”选择商品，“汇总方式”选择求和，对“销售总额”求和，其他默认，最后单击“确定”按钮。得到汇总结果如图 4-65 所示。在汇总结果中，单击左上角 1 2 3 可以分级显示汇总结果，或者单击左边 − 按钮可以隐藏某些行，隐藏之后 − 变成 +，可以重新展开隐藏的行。

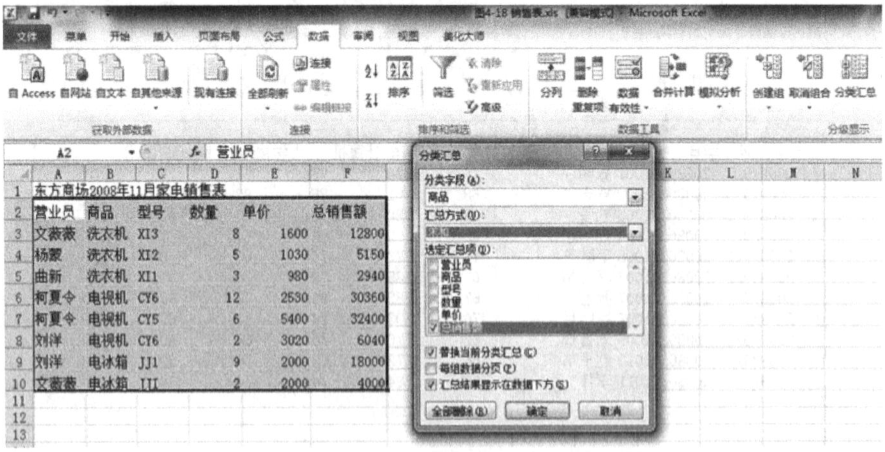

图 4-64 “分类汇总”对话框

如果要取消分类汇总，在“分类汇总”对话框中单击“全部删除”按钮即可。不管是排序、筛选还是分类汇总，都是对数据进行的操作，所以都在“数据”选项卡中完成。

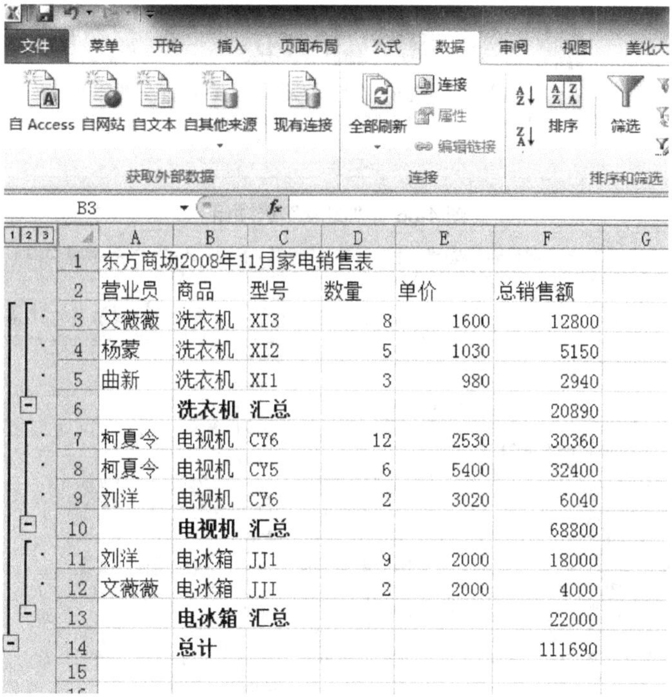

	A	B	C	D	E	F
1	东方商场2008年11月家电销售表					
2	营业员	商品	型号	数量	单价	总销售额
3	文薇薇	洗衣机	XI3	8	1600	12800
4	杨蒙	洗衣机	XI2	5	1030	5150
5	曲新	洗衣机	XI1	3	980	2940
6		**洗衣机 汇总**				20890
7	柯夏令	电视机	CY6	12	2530	30360
8	柯夏令	电视机	CY5	6	5400	32400
9	刘洋	电视机	CY6	2	3020	6040
10		**电视机 汇总**				68800
11	刘洋	电冰箱	JJ1	9	2000	18000
12	文薇薇	电冰箱	JJI	2	2000	4000
13		**电冰箱 汇总**				22000
14		**总计**				111690
15						

图 4-65 汇总结果

4.5 数据图表化编辑

用柱状图、折线图等图形表示工作表中数据的过程称为“数据的图表化”。用图形表示数据更生动、直观、形象地表示了数据之间的关系。工作表中的图表是基于数据清单生成的，所以数据是必不可少的内容，当某些数据变化时，和公式的结果自动更正一样，图表也会随之变化。

图表可分为嵌入式图表和图表工作表两类。前者可将图表看做是一个图形对象，并作为工作表的一部分，可以放在工作表的任意位置。图表工作表是工作簿中具有特定工作表名称的独立工作表。当要独立于工作表的数据查看或编辑大而复杂的图表，或希望节省工作表上的屏幕空间时，可以使用图表工作表。Excel 文件图表有多种类型，下面介绍图表的创建和编辑方式。

4.5.1 图表的创建

图表的创建可通过“插入”选项标签中的“图表”选项组完成，如图 4-66 所示，在此可以选择图表的类型。下面介绍生成图表的具体方法。

（1）首先选择要创建图表的区域，如图 4-67 选中三列。

（2）在“图表”选项组中选择一种类型，比如柱形图，在弹出的图表样式库中选择一种，选择二维柱形图的第一个，如图 4-67 所示，单击之后即可生成包含该三列数据的柱形图，如图 4-68 所示。

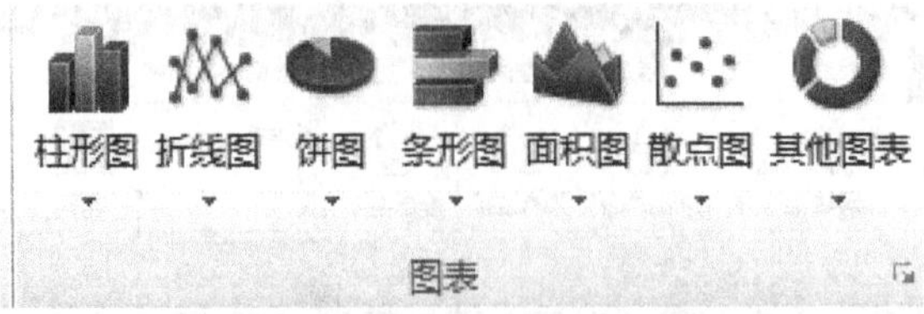

图 4-66 “图表”选项组

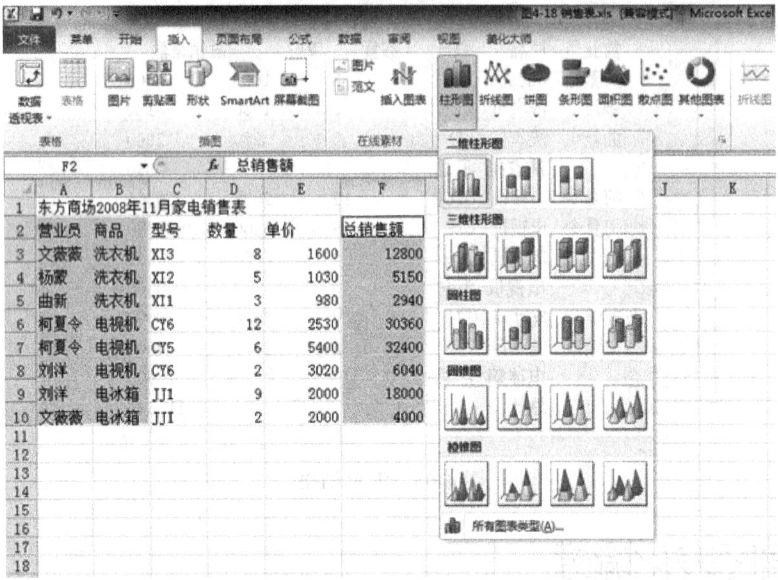

图 4-67 图表的创建

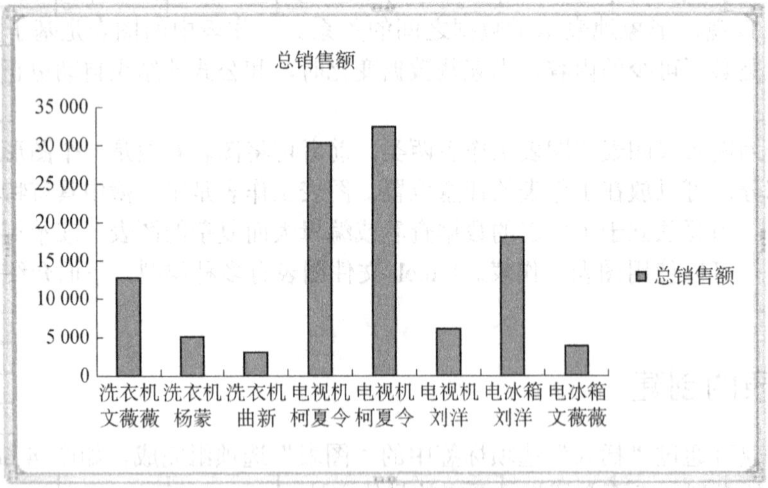

图 4-68 销售额图表

在选择图表类型和样式时，可以单击“图表”选项组右下角的按钮打开“插入图表”对话框进行选择，如图 4-69 所示，该对话框包含了系统内置的所有的类型和样式。

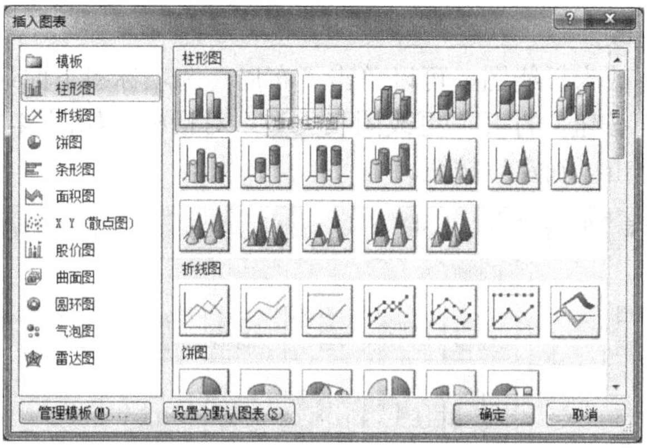

图 4-69　“插入图表”对话框

4.5.2　图表的编辑

当选中生成的图表时，图表中包含的数据也被选中，同时选项卡中多了一项图表工具，包含“设计”、“布局”和“格式”三个内容。可以通过这些选项对图表进行编辑，如图 4-70 所示。

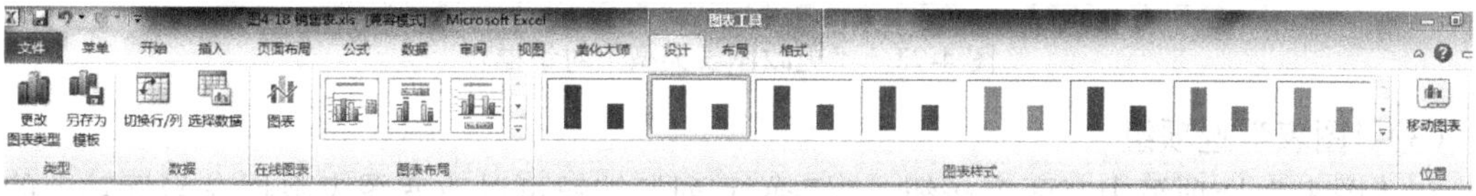

图 4-70　“图表工具”编辑选项

创建图表后，往往需要对图表进行一些编辑，通常包括图表的类型、布局、数据源的增删及图表的样式及背景颜色等格式设置。下面介绍一些常用的编辑操作和选项卡的使用。

1. “设计”选项卡

（1）图表样式的更改

更改图表的样式直接在“图表样式”选项组中选择对应的样式，也可以通过右侧下拉箭头展开所有的样式，如图 4-71 所示，可以更改柱形图的颜色。

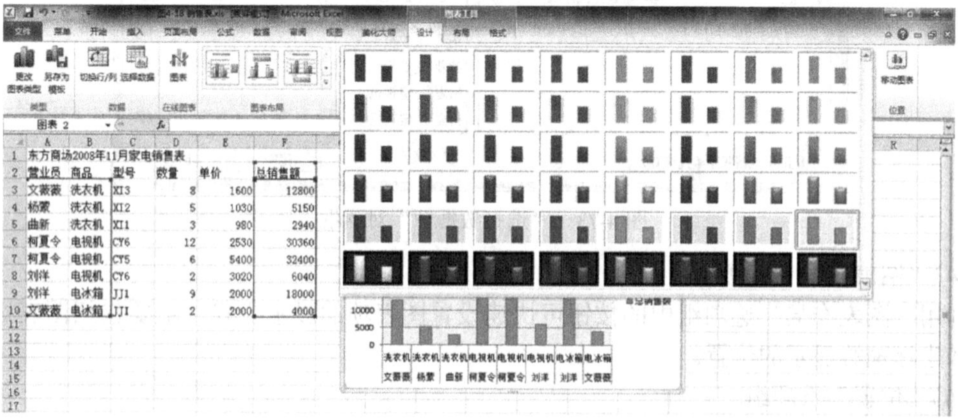

图 4-71　图表样式更改

（2）图表类型的更改

如果要将柱形图更改为折线图，可以单击“布局”选项标签下面最前端“类型”选项组中的“更改图表类型”按钮，打开“更改图表类型”对话框，如图 4-72 所示。选择要使用的图表类型和样式再单击“确定”按钮。

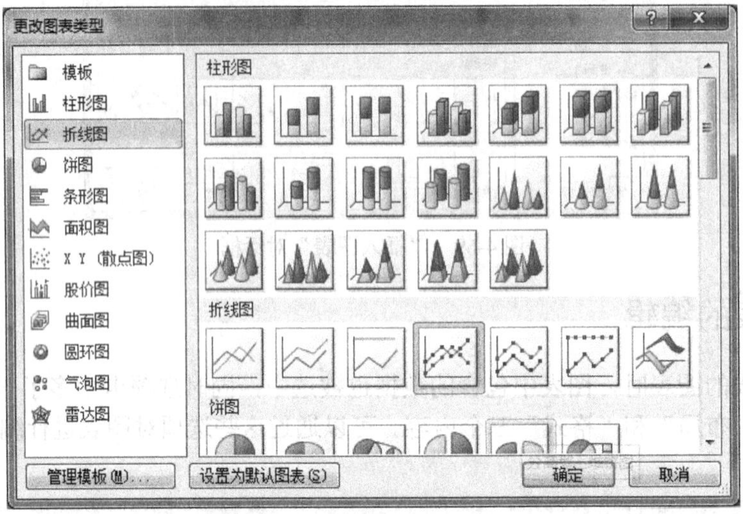

图 4-72 “更改图表类型”对话框

（3）“图表”选项组

在“图表”选项组中有两个按钮，“切换行/列”按钮可以改变图表数据在坐标轴上的次序。“选择数据”按钮可以改变图表中包含的数据源。单击该按钮打开“选择数据源”对话框，如图 4-73 所示。可以重新选择图表中要包含的数据或者根据实际需要添加/删除图例项。

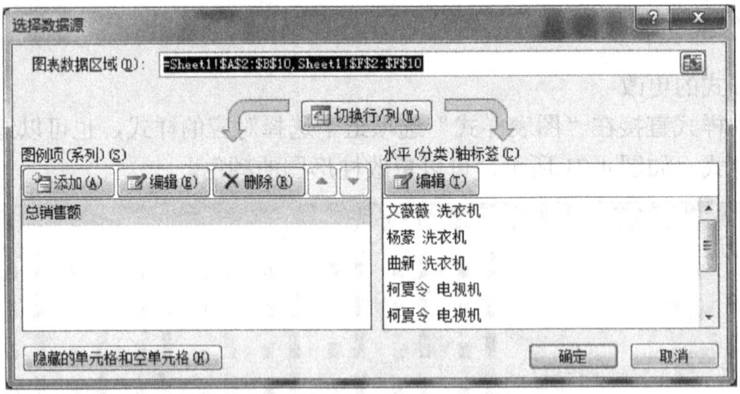

图 4-73 “选择数据源”对话框

（4）“图表布局”选项组

利用“图表布局”选项组中的按钮可快速设置图表项的显示方式，主要包括图表标题、图例和坐标轴等显示的位置。

（5）“位置”选项组

“位置”选项组中只包含一个按钮，单击“移动图表”按钮可以打开“移动图表”对话框，如图 4-74 所示。选择第一项则将该图表作为一个新的独立的工作表，默认名称为 Chart1，也可以根据实际情况重新输入，选择第二项即将图表设置为某个工作表的一部分存在。

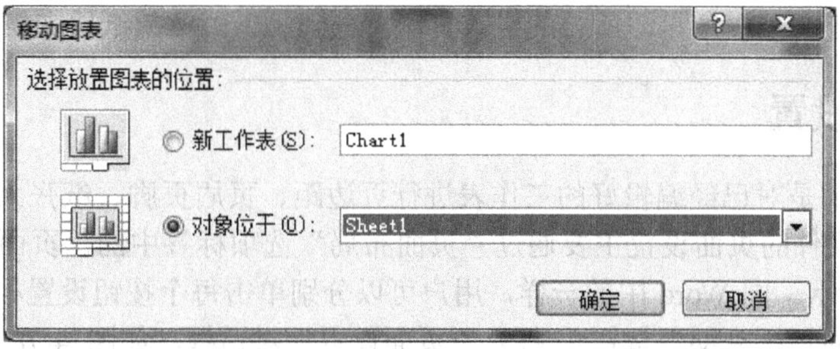

图 4-74　“移动图表”对话框

2. “布局”选项卡

“布局”选项卡主要包含的选项组如图 4-75 所示，最常用的就是“标签”和“坐标轴”选项组。

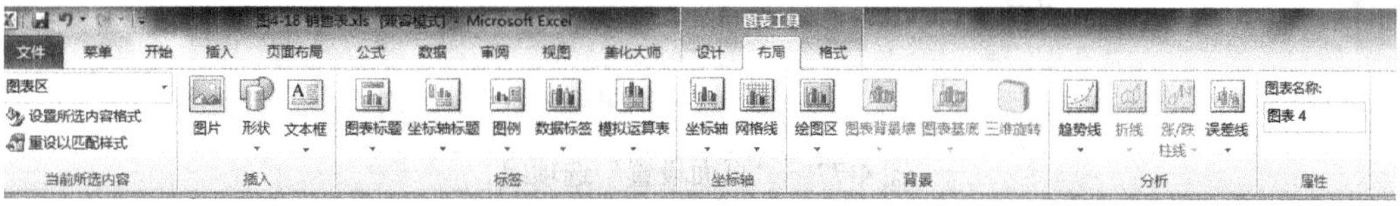

图 4-75　“布局”选项卡

■ 图表标题：可设置标题的有无以及位置。

■ 坐标轴标题：主要设置横竖坐标轴的有无以及显示方式。

■ 图例：设置图例的有无及显示方式，如果只有一个图例，系统会将其作为默认的标题，如上一节建立的图表总销售额既是唯一的图例也是默认的图表标题。

■ 数据标签：设置数据是否显示以及显示的位置。

■ 坐标轴：设置横坐标轴和纵坐标轴的有无及显示方式。

■ 网格线：设置横网格线和纵网格线的有无及显示方式。

■ 在属性选项组可以设置图表的名称。

3. “格式”选项卡

在“格式”选项卡中，可以对图表的外观、背景、字体进行设置，使表格显示得更加美观。该选项卡主要包含的工具按钮如图 4-76 所示。在“形状样式”选项组可以设置图表轮廓的样式和颜色，背景填充颜色和效果。在“艺术字样式”选项组中可以对图表的文本设置艺术效果。

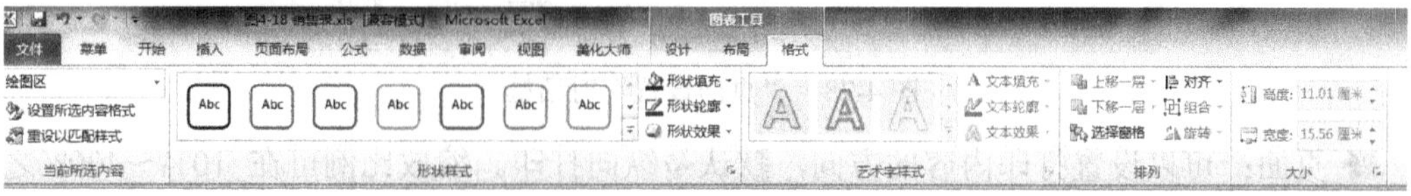

图 4-76　“格式”选项卡

4.6 页面设置与打印

Excel 2010 和 Word 2010 页面设置的作用与目的类似，一方面使文档看起来更加合理、美观，另一方面使文档以所见即所得的格式打印，得到易于阅读的纸质文档。

4.6.1 页面设置

页面设置指的是对已经编辑好的工作表进行页边距、页眉页脚、纸张大小及方向等项目的设置。Excel 文件的页面设置主要通过“页面布局”选项标签中的“页面设置”选项组完成，如图 4-77 所示。同 Word 中的一样，用户可以分别单击每个按钮设置相关参数，也可以单击右下角的“对话框启动”按钮 打开“页面设置”对话框，如图 4-78 所示。下面介绍“页面设置”对话框中选项。

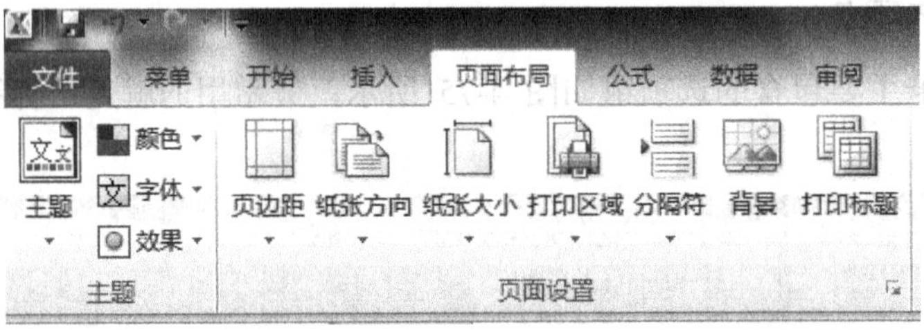

图 4-77　“页面设置”选项组

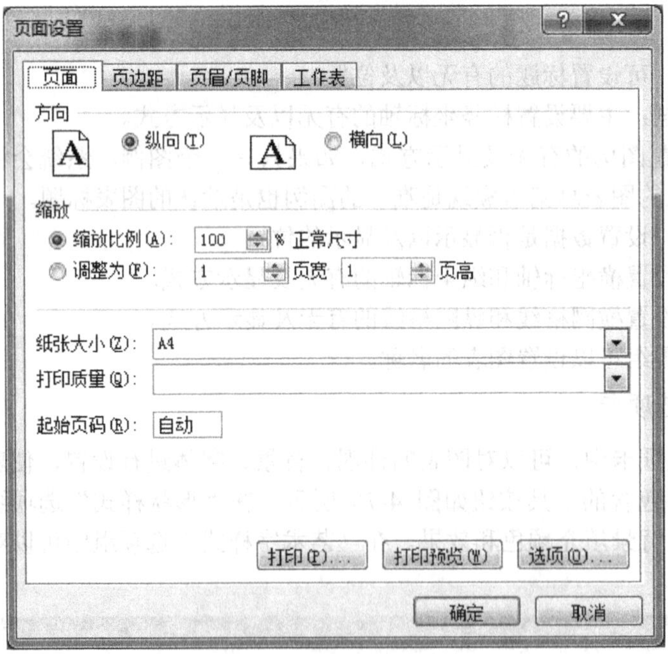

图 4-78　“页面设置”对话框

■ 页面：可以设置打印内容的方向，默认是纵向打印。缩放比例可在 10%～400%之间调整。在“纸张大小”下拉列表中选择要使用的纸张类型，默认为 A4 纸。在“起始页码”部分设置开始打印的页数。

■ 页边距：设置打印内容距边界的距离，分别在上、下、左、右四个选项设置，同时可以设置水平及垂直方向居中显示。

■ 页眉/页脚：在页眉下拉菜单中可以设置系统定义的页眉，也可以单击“自定义页眉”打开“页眉”对话框进行自定义的设计和编辑，如图 4-79 所示。用户可以在左、中、右对应的框中输入自己期望的页眉，也可以使用上面的按钮进行相关的设置，比如单击按钮可以在指定位置插入页码，单击按钮可以在指定位置插入时间。页脚的编辑方法类似。

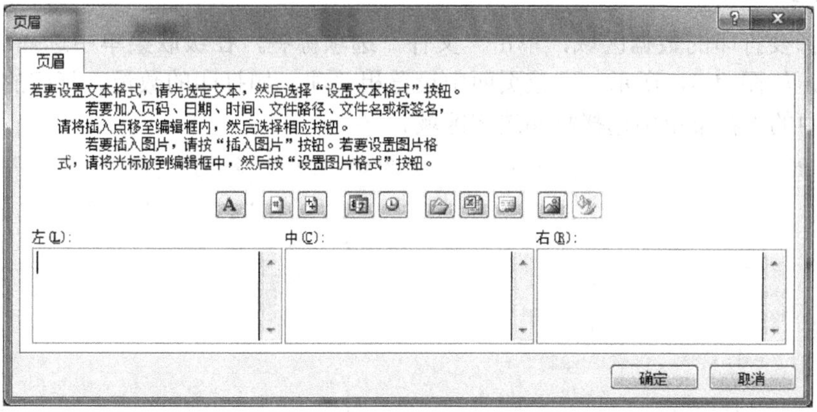

图 4-79　“页眉”对话框

■ 工作表：单击该选项卡打开对应的对话框，如图 4-80 所示。在“打印区域”中设置打印文档的范围，可以直接输入打印区域或者选择相应的区域。如果文档内容过长，要打印在多张纸上，用户希望每张纸上都显示相同的标题行和标题列，则在“顶端标题行”和“左端标题列”指定对应的行与列，还可以指定打印顺序。

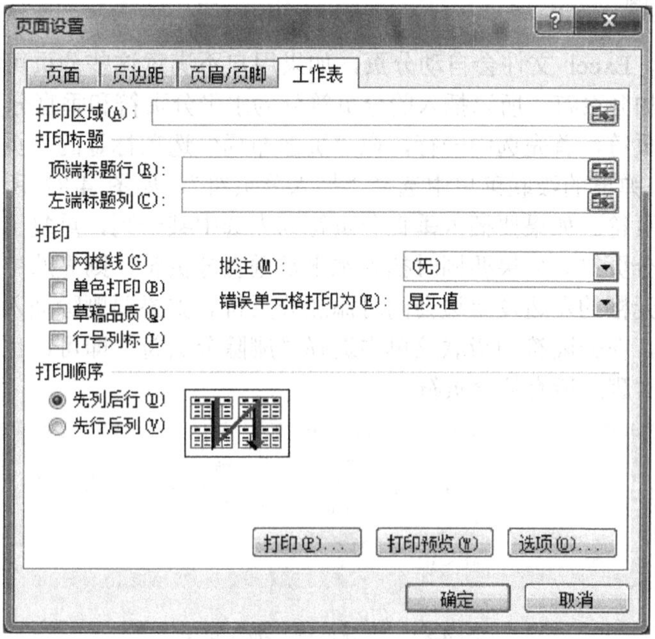

图 4-80　“页面设置”对话框“工作表”选项卡

4.6.2 打印区域设置

制作了一张工作表后，根据需要将工作表打印出来，在打印之前，首先要对打印区域进行设置，否则系统会把整个表作为打印区域。设置打印区域可以根据实际情况打印需要的部分或者以希望的格式打印。

1. 设置打印区域

首先选择要打印的数据区域，单击“文件”选项标签，在级联菜单中选择“打印”，打开打印页面，如图 4-81 所示。在该页面中设置相关项，如打印的数量、打印的页码范围、在设置选项中的下拉菜单中选择打印选定区域。

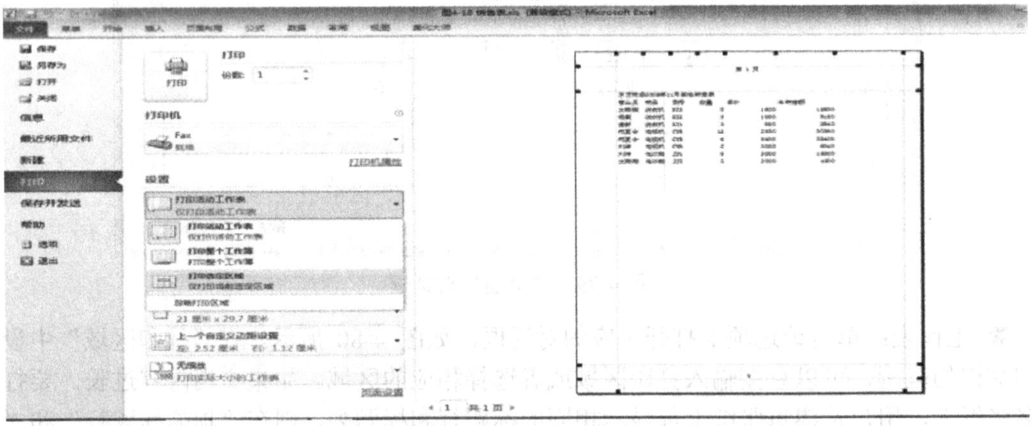

图 4-81 打印页面

2. 分页符的设置

工作表较大时，Excel 文件会自动分页，如果用户不满意这些分页可根据实际情况在某些行或列处强制添加分页符。所以插入的分页符分为水平分页符和垂直分页符。

要插入水平分页符，首先选中一行，在“页面布局”选项标签的“页面设置”组中单击“分隔符”按钮，在弹出的级联菜单中选择“插入分页符”，如图 4-82 所示，在选中行的上方就会插入一个分页符。如果要插入垂直分页符则先选中某一列，重复上面的操作会在选中列的左边插入一个分页符。如果要同时插入水平及垂直分页符，则先选中某一个单元格重复上面的操作，在单元格的左边及上边会同时添加分页符。如果要删除插入的某一分页符，选中对应的行或者列，在分隔符的级联菜单中选择“删除分页符”即可，也可以选择“重设所有的分页符”可同时删除所有的分页符。

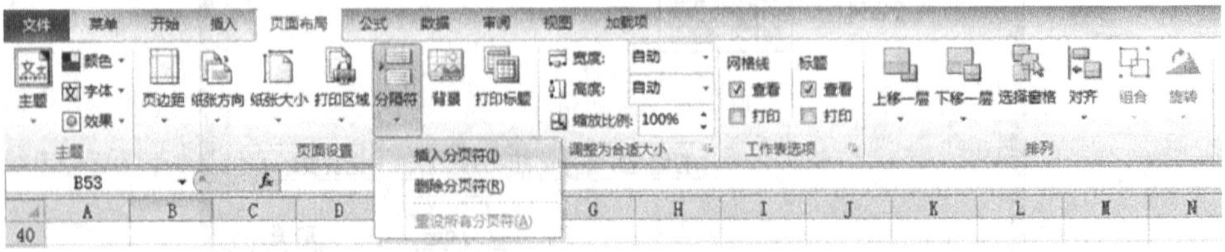

图 4-82 “分页符”插入菜单

4.6.3　打印预览

当页面设置和打印区域设置都完成之后，就可以打印文档了，但是为了确保打印的格式准确无误，一般打印之前要先预览一下。在图 4-81 右侧就显示了打印的情况，下面显示打印的总页数，右下角有两个按钮可以实现缩放和页边距的设置。单击“缩放”按钮可以在总体预览和放大状态之间切换，放大时能看清具体内容。而单击“页边距”按钮可以出现一些虚线，显示页眉页脚等的位置，鼠标拖曳这些虚线可以改变其位置，虽然在页面设置中设置过这样边距的具体数值，在此视图下显得更直观一些。

第5章　演示文稿 PowerPoint 2010

当前是网络信息化的时代，演示文稿被广泛地应用在演讲、报告与会议等众多领域。而 PowerPoint 是制作演示文稿的极佳软件，使用演示文稿可方便、高效地制作出兼具图文、图表和动画效果的幻灯片。本章就来详细讲解使用 PowerPoint 2010 创建和编辑演示文稿的方法。通过对 PowerPoint 2010 的讨论和学习，可了解演示文稿的基本概念，熟练创建各种精美、实用的演示文稿，以满足日常工作和学习的需要。

本章要点：

- 掌握创建与保存演示文稿；
- 掌握幻灯片文字的录入及字体格式设置；
- 掌握幻灯片母版的设置；
- 掌握幻灯片切换效果的设置；
- 了解为幻灯片设置自定义动画；
- 掌握动作按钮的添加、修改及设置。

5.1　基本知识

PowerPoint 2010 的主要功能是将各种文字、图形、图表等多媒体信息以图片的形式展示出来。该软件提供的多媒体技术使得展示效果声形俱佳、图文并茂，还可以通过多种途径展示创造的内容。

5.1.1　演示文稿基本知识

演示文稿是把静态文件制作成动态文件浏览，把复杂的问题变得通俗易懂，使之更生动，给人留下更为深刻的印象。

PowerPoint 2010 的主要功能是把文字、图形、图表、音视频等多媒体信息以图片的形式展示出来，此类图片叫做幻灯片。

演示文稿由多幅幻灯片组成，一篇演示文稿就是一个文件，其扩展名为.pptx。

5.1.2　PowerPoint 2010 的启动与退出

可以通过单击“开始”菜单、单击快捷方式和双击应用程序图标或已建立好的文件来启动 PowerPoint 2010。

PowerPoint 2010 的主窗口如图 5-1 所示，主要包括快速访问工具栏、工作区、功能区、任务窗格、状态栏、视图切换按钮及显示比例工具。

退出时可以选择“文件”菜单中的“退出”命令、单击标题栏最右端“关闭”按钮或双击标题栏最左端的图标。

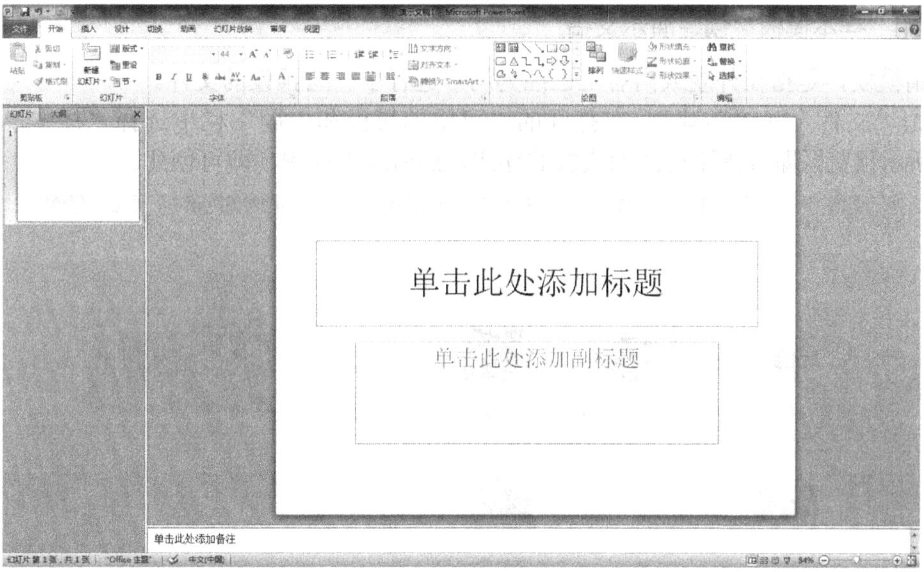

图 5-1　PowerPoint 2010 主窗口

5.1.3　建立演示文稿

PowerPoint 2010 启动后默认会新建一个空白的演示文稿。另外，可以通过空演示文稿、模板或者内容提示向导等新建演示文稿。若使用内容提示向导，可直接生成包含建议内容及外观设计的演示文稿。

1. 创建空白演示文稿

单击“文件”→“新建”，在“可用的模板和主题”栏中选择“空白演示文稿”选项，再单击“创建”按钮可手动创建空白演示文稿，如图 5-2 所示。

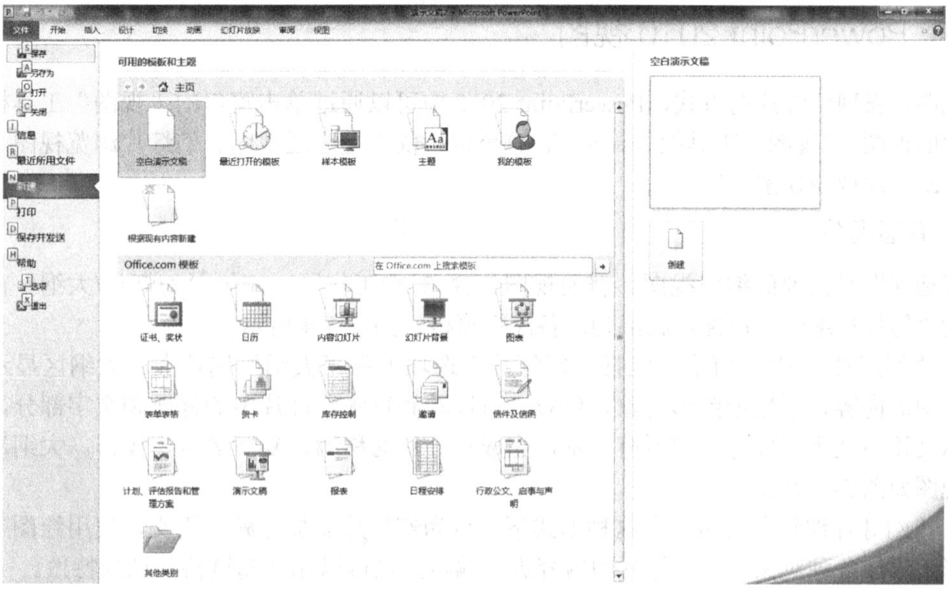

图 5-2　创建空白演示文稿

2. 用“样本模板”创建演示文稿

所谓模板，是指在外观或内容上已经为用户进行了一些预设的文件。

单击“文件”→“新建”，在打开的“可用的模板和主题”栏中选择“样本模板”如图 5-3 所示预览区即可预览选择的模板的样式，然后双击选中项即可创建。

图 5-3 “新建演示文稿”对话框

利用“样本模板”创建的演示文稿，具有特定的设计主题，用户可以根据需要编辑标题和内容，新插入的新幻灯片，即会自动套用所选用的模板。

5.1.4 PowerPoint 2010 视图

视图是表现幻灯片的方式，PowerPoint 2010 中可以通过单击窗口的“视图”工具栏来切换不同的视图。“视图”工具栏的 4 个按钮依次是普通视图、幻灯片浏览视图、阅读视图、幻灯片放映视图。

1. 普通视图

普通视图是主要的编辑视图。普通视图包含 3 个工作区：左侧“幻灯片/大纲”窗格、右侧为“幻灯片编辑”窗格，底部为“备注”窗格，如图 5-4 所示。

- “幻灯片/大纲”窗格：包括“幻灯片”选项卡和“大纲”选项卡。大纲区显示文本占位符中的内容，不显示图形对象、色彩，可以看到每张幻灯片中的标题和文字部分，可编辑演示文稿中文本占位符中的所有文本，完成幻灯片的移动、复制等基本操作。大纲形式的普通视图如图 5-5 所示。
- “幻灯片编辑”窗格：在这种形式下，可为幻灯片添加标题、正文，使用绘图工具制作图形，添加各种对象，对幻灯片的内容进行编辑，也可以添加超链接、动画特效。
- “备注”窗格：使用户可以添加与观众共享的演说者备注或信息。可在每张幻灯片下面的备注栏内输入文字，而幻灯片上是显示不出来的。

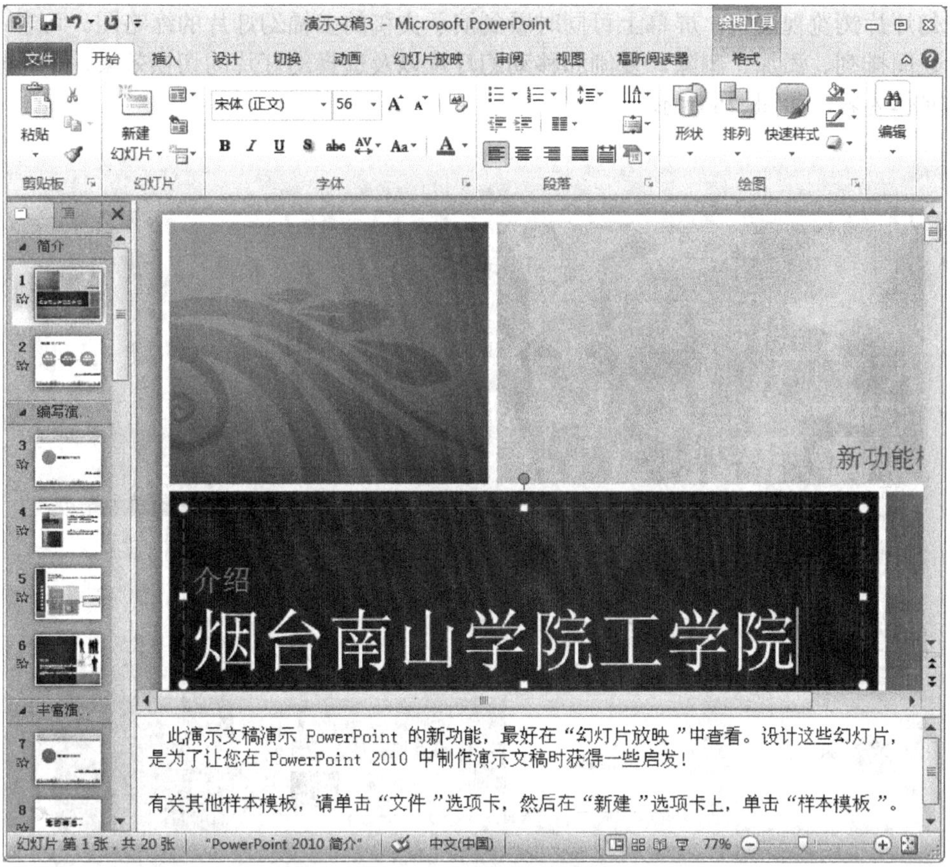

图 5-4　普通视图

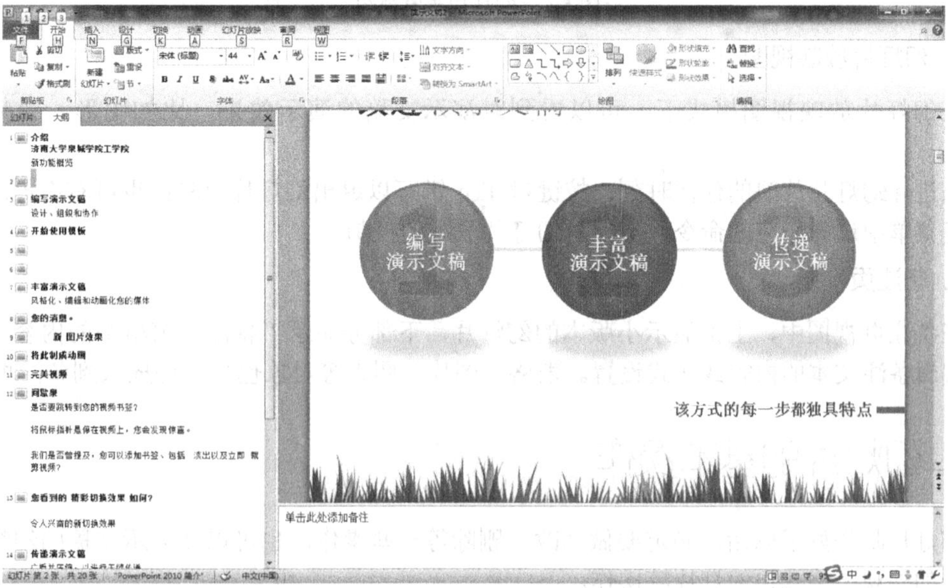

图 5-5　大纲形式的普通视图

2. 幻灯片浏览视图

在幻灯片浏览视图中，屏幕上可同时看到演示文稿的多幅幻灯片的缩略图。可容易地在幻灯片之间排列、添加、删除、复制和移动幻灯片以及选择幻灯片的切换效果，但不能编辑单独的具体内容，如图 5-6 所示。

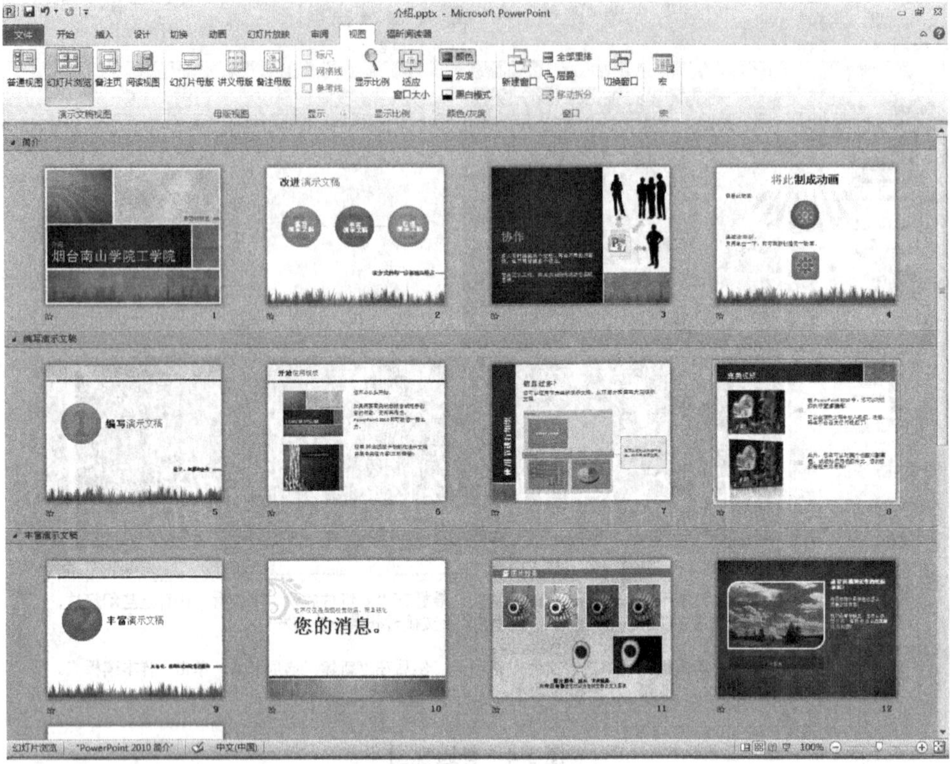

图 5-6　幻灯片浏览视图

3. 幻灯片放映视图

在幻灯片放映视图模式下，可以看到对演示文稿的演示效果，比如图形、音频、动画等。

在进行幻灯片放映的任何时刻，按键盘 Esc 键可以退出幻灯片放映；也可右击再从弹出的快捷菜单中选择相应的命令，实现对幻灯片放映的控制。

4. 备注页视图

在备注页视图中，上部显示小版本的幻灯片，下部分显示“备注”窗格中的内容。可方便地编辑备注文本的内容或格式设置。表格、图片、图表等对象也被允许插入到备注页中。

5.2　幻灯片的基本操作

幻灯片制作好了以后，必定要做修改、删除等一些操作。也可以使演示文稿的幻灯片具有统一的外观、格式化幻灯片等操作。

5.2.1　添加新幻灯片

演示文稿是由多张的幻灯片组成的，制作演示文稿的前提就是先添加新的幻灯片，然后再添加具体内容。演示文稿中创建有以下几种方法。

（1）从“开始”选项标签插入。在“幻灯片”窗格中选择一张幻灯片，然后单击“开始”→“新建幻灯片”，如图 5-7 所示。

图 5-7　新建幻灯片按钮及下拉菜单

（2）在左边的“幻灯片/大纲”窗格中右击，在弹出的快捷菜单中选择“新建幻灯片”命令。

（3）选中一张幻灯片，按 Enter 键会在选中的幻灯片的下面添加一张新的幻灯片。

5.2.2　编辑幻灯片

1. 在占位符中添加文本

占位符是带有虚线边缘的框，可设置标题、正文、图表、图片等。用户在新建幻灯片时，如果选择了带有文本的版式，在幻灯片上会出现文本占位符。所谓占位符是指新建幻灯片时，在幻灯片上出现的虚线框，它表示幻灯片上各组成元素（文本、图片、图表、剪贴画等）在幻灯片中的位置，如图 5-8 所示。

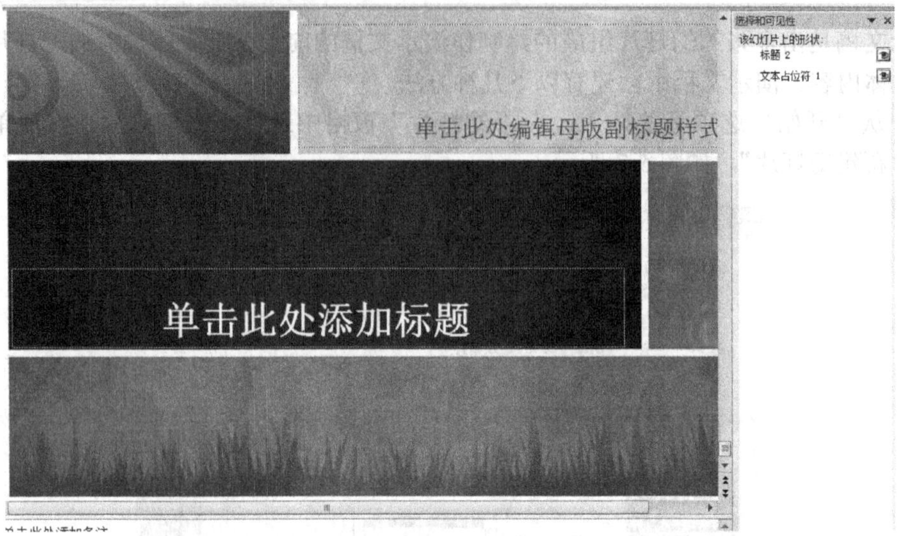

图 5-8　通过选择和可见性窗格选择占位符

向幻灯片中添加文本最简单的方法是直接将文本输入到文本占位符中。在编辑过程中，可以随时改变占位符的大小和位置。利用占位符编辑文本的优点就是可以通过模板快速更改每张幻灯片的文本的格式。

2. 利用文本框添加文字

如果要在文本占位符外添加文字，必须先添加文本框，再在文本框中输入文字，可以通过“插入”→“文本框”命令，然后单击文本框内部即可输入文本。

使用“绘图”组中的文本框工具可以灵活地在幻灯片的任何位置输入文本。

在“幻灯片”窗格中选中要添加文本的幻灯片，然后单击“开始”→“绘图”组中的“文本框”按钮，然后在要插入文本框的位置按住鼠标左键不放并拖动，即可绘制一个文本框。

如果单击“绘图”→“垂直文本框”按钮，则可绘制一个竖排文本框，在其中输入的文本将竖排放置。

选择文本框工具后，如果在需要插入文本框的位置单击，可插入一个单行文本框。在单行文本框中输入文本时，文本框可随输入的文本自动向右扩展。如果要换行，可按 Shift+Enter 键，或按 Enter 键开始一个新的段落。

选择文本框工具后，如果利用拖动方式绘制文本框，则绘制的是换行文本框。在换行文本框中输入文本时，当文本到达文本框的右边缘时将自动换行，此时若要开始新的段落，可按 Enter 键。

在 PowerPoint 中绘制的文本框默认的是没有边框的，要为文本框设置边框，可首先单击文本框边缘将其选中，然后单击“开始”→“绘图”组中的“形状轮廓”按钮右侧的三角按钮，在展开的列表中选择边框颜色和粗细等。

3. 添加特殊符号

要在演示文稿中输入键盘上没有的符号，如单位符号、数学符号、几何图形等，可利用

“符号”对话框进行。

要将插入符置于要插入特殊符号的位置，然后在“插入”→“符号”→“符号”按钮，打开“符号”对话框。在“字体”下拉列表中选择字体，然后在下方的符号列表中选择要插入的符号，单击“插入”按钮，即可将其插入到插入符所在的位置，单击“关闭”按钮关闭“符号”对话框即可。

4. 编辑文本

对文本进行移动、复制、修改和删除等编辑与 Word 中的操作方法完全一样。

5.2.3　格式化幻灯片

1. 设置字体格式

在幻灯片中选中要设置其格式的文本，然后执行“开始”→“字体”组中的命令，也可单击“字体”组右下角的“对话框启动”按钮弹出“字体”对话框，进行设置如图 5-9 所示。

2. 设置文本的段落格式

选中要设置段落格式的文本，再执行“开始”→“段落”组中的相关命令，即可实现对齐方式、缩进方式、行间距、分栏等，也可单击“段落”组右下角的“对话框启动”按钮，在弹出的“段落”对话框中进行操作。

3. 使用项目符号和编号

选中要设置的文本，再执行“开始”→“段落”组中的“项目符号和编号”命令，如图 5-10 所示。

图 5-9　“字体”对话框

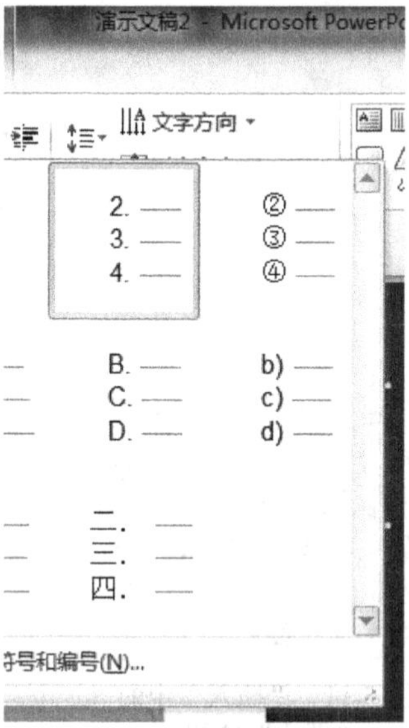

图 5-10　设置项目符号和编号

5.2.4 编辑幻灯片

1. 移动、复制幻灯片

首先选择需要移动的幻灯片，然后按住鼠标左键不放直接拖动到指定位置即可；如果是复制，则可以按住 Ctrl 键拖动。移动和复制幻灯片最简便快捷的方法是采用鼠标拖放技术，但其缺点是当移动范围超过一屏时不容易识别拖放的目的地，此时可使用“剪贴板”命令较为合适。

2. 删除幻灯片

要删除幻灯片，在普通视图或浏览视图下选择需要删除的幻灯片按 Delete 键或右击要删除的幻灯片，选择“删除幻灯片”命令即可。

5.2.5 插入与编辑美化对象

和 Word、Excel 一样，PowerPoint 中也可以使用图片、剪贴画、公式和艺术字等对象，来美化幻灯片，并增强演示效果。

1. 图片对象

（1）插入图片

为了增强文档的可视性，向演示文稿中添加图片是一项基本的操作。在 PowerPoint 中有两种插入图片的方法：一种是插入外部图片，另一种是插入剪贴画。

① 插入外部图片：切换到要插入图片的幻灯片，然后单击“插入”→“图像”组中的“图片”按钮，如图 5-11 所示，打开“插入图片”对话框。选择要插入的图片，单击“插入”按钮，即可将所选的多张图片插入到当前幻灯片的中心位置，如图 5-12 所示。

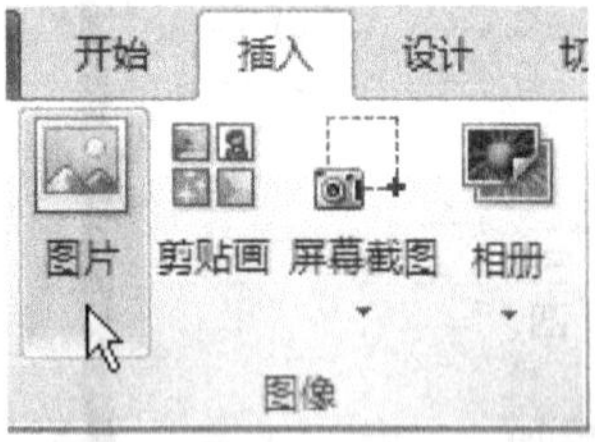

图 5-11 “插入”中的“图片”按钮

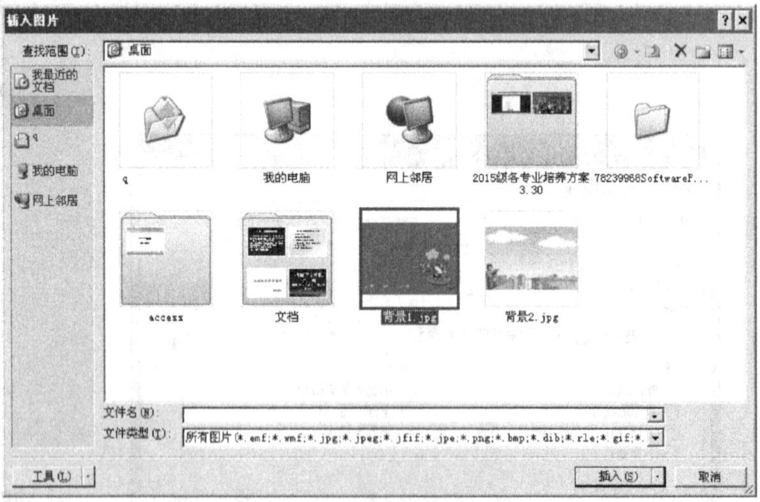

图 5-12 “插入图片”对话框

② 插入剪贴画：选择要插入剪贴画的幻灯片，然后单击“插入”→“图像”组中的“剪贴画”按钮，打开“剪贴画”任务窗格。在“搜索文字”编辑框中输入剪贴画的相关主

题或关键字，在“结果类型”下拉列表中选择文件类型，设置完毕，单击“搜索”按钮，搜索完成后，在搜索结果预览框中将显示所有符合条件的剪贴画，单击所需的剪贴画即可将它插入幻灯片的中心位置，如图 5-13 所示。

图 5-13　“剪贴画”任务窗格

（2）编辑图片

在幻灯片中插入图片后，我们可对图片执行各种编辑操作，如选择、移动、缩放、复制、旋转、叠放、组合、对齐，这些操作大多数是利用“图片工具—格式”选项标签来进行的，利用该选项卡还可以裁剪图片，如图 5-14 所示。

① 裁切图片：选中图片，单击“图片工具—格式”选项标签上“大小”组中的“裁剪”按钮，或单击“裁剪”按钮下方的三角按钮，在展开的列表中选择“裁剪”项如图 5-15 所示。此时图片四周出现 8 个裁剪控制点，将鼠标指针移至图片左侧中间的控制点上，按住鼠标左键向右拖动，至红色区域全部被裁掉后释放鼠标左键；按 Esc 键，或再次单击“裁剪”按钮，确认裁剪操作并取消裁剪状态。

② 缩放图片：拖动图片四个角上的控制点之一，将图片进行等比例缩放。

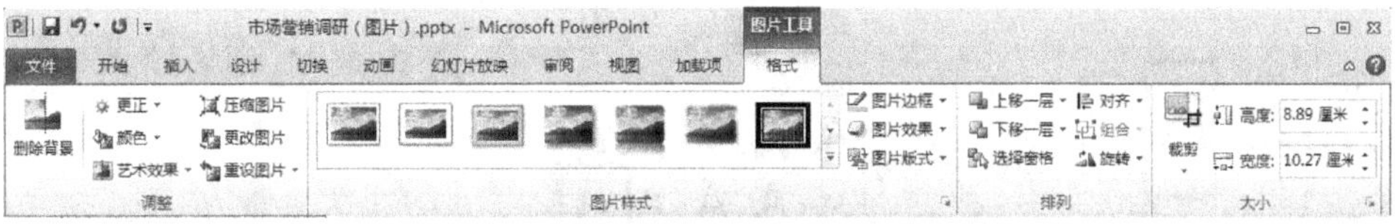

图 5-14　“图片工具—格式”选项卡

③ 设置图片叠放次序：选中要设置叠放次序图片，然后单击“图片工具—格式”选项标签上“排列”组中的“下移一层”按钮右侧的三角按钮，在展开的列表中选择“置于底层”项，如图 5-16 所示。

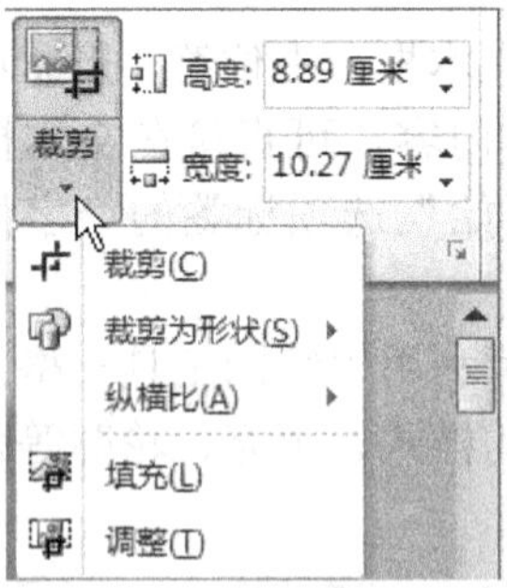

图 5-15　“裁剪”命令

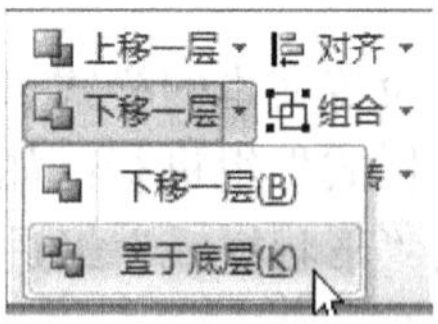

图 5-16　“下移一层”按钮

④ 旋转图形片：鼠标指针移到图片的绿色控制点上，待鼠标指针变成旋转形状时，按住鼠标左键并向右拖动可旋转图形片。

（3）美化图片

要调整图片的锐化、柔化程度、亮度和对比度，可选中图片，然后单击“图片工具—格式”选项标签上“调整”组中的“更正”按钮，在展开的列表中选择相应选项即可。

要调整图片的颜色，如颜色饱和度、色调，以及对图片重新着色等，可选中图片后单击“调整”组中的“颜色”按钮，在展开的列表中选择所需选项即可。

要设置图片的样式，可选中图片后单击“图片样式”组中的“其他”按钮，在展开的列表中选择一种图片样式。

设置图片的效果，可选中图片后单击“图片样式”组中的“图片效果”按钮，在展开的列表中选择需要的效果。

要删除图片背景，可选中图片后单击“调整”组中的“删除背景”按钮，此时在功能区中显示“背景消除”选项，此时系统会自动识别图片中背景区域，并默认去除，但细节部分需要用户手动修改，即可以单击“标记要保留的区域”或“标记要删除的区域”按钮，然后在要保留或删除的位置单击，此时会看到图片上出现分别用加号（+）和减号（−）标注的区域，最后单击“保留更改”项确认删除。

2. 艺术字对象

（1）插入艺术字

如果希望在幻灯片中插入新的艺术字，可选中要插入艺术字的幻灯片，然后单击“插入”选项标签上“文本”组中的“艺术字”按钮，在打开的列表中选择一种艺术字样式，此时在幻灯片的中心位置一个文本框，在文本框中输入文本即可，如图 5-17 所示。

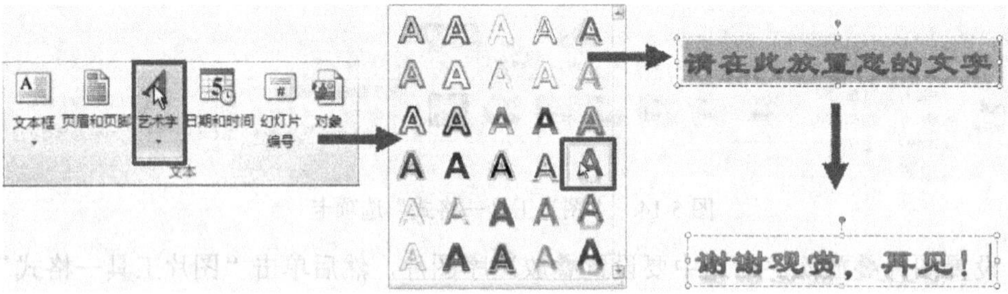

图 5-17　艺术字插入过程

（2）编辑和美化艺术字

在 PowerPoint 2010 中可以对插入的艺术字，或现有文本框、占位符、形状中的文本进行各种编辑和美化操作。其中，如果需要编辑、修改文本内容，可直接在文本框中进行操作；如果需要设置文本的字符和段落格式等，可利用“开始”选项标签的“字体”和“段落”组进行。

如果需要设置文本的样式、填充和轮廓等艺术效果，可利用“绘图工具—格式”选项标签的“艺术字样式”组进行；如果需要设置艺术字文本框的样式、填充、轮廓等效果，可利用该选项卡的“形状样式”组进行，如图 5-18 所示。

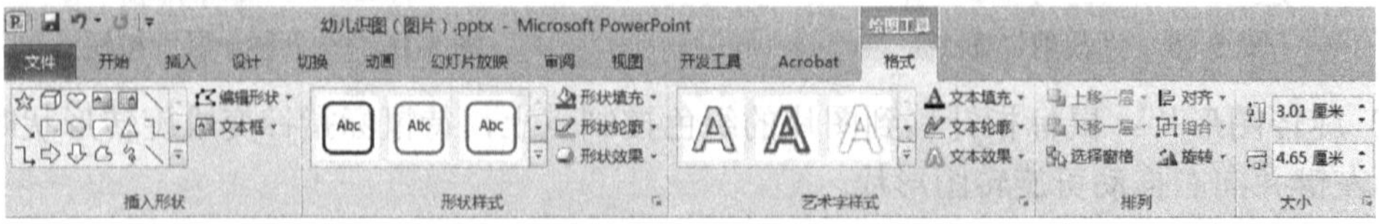

图 5-18　“绘图工具—格式”选项卡

选中艺术字文本框，利用“开始”选项标签可设置其字体；单击“绘图工具—格式”选项标签上“艺术字样式”组中的“其他”按钮，在展开的列表中可重新设置艺术字的样式。利用此方法也可以为普通文本添加艺术效果，如图 5-19 所示。

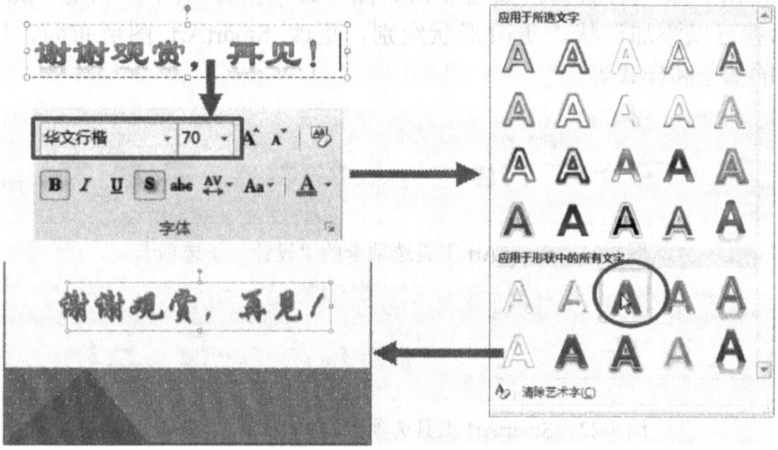

图 5-19　设置艺术字样式流程

还可以设置艺术字形状：单击“艺术字样式”组“文本效果”按钮右侧的三角按钮，在展开的列表中选择“转换”子列表中的选项，以改变艺术字的形状。

3. SmartArt 图形

（1）插入 SmartArt 图形

利用“插入”选项标签上“插图”组中的“SmartArt”按钮，可在演示文稿中插入 SmartArt 图形。选中要插入 SmartArt 图形的幻灯片，单击“插入”选项标签上“插图”组中的“SmartArt”，打开“选择 SmartArt 图形”对话框。在对话框左侧选择要插入的 SmartArt 图形类型，如图 5-20 所示，然后在中间选择需要的 SmartArt 流程图样式，此时对话框右侧将显示所选图形的预览图，单击“确定”按钮，即可在幻灯片中插入所选 SmartArt 图形。

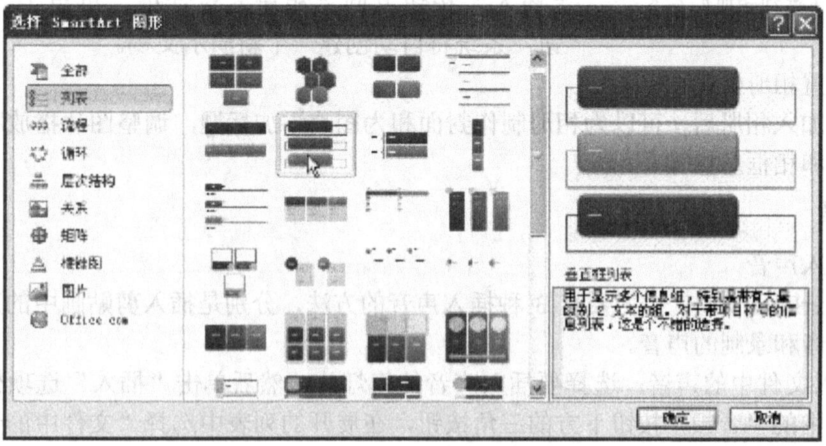

图 5-20　“选择 SmartArt 图形”对话框

直接单击占位符（形状），然后在其中输入文本，也可单击整个图形左侧的三角按钮，打开“在此处键入文字”窗格，单击要输入文本的编辑框，然后输入文本。

（2）编辑和美化 SmartArt 图形

选中 SmartArt 图形后，我们可利用“SmartArt 工具”选项标签的“设计”和“格式”子选项卡对 SmartArt 图形进行编辑，如图 5-21、图 5-22 所示。其中，利用“SmartArt 工具—设计”选项标签可以添加形状，更改形状级别，更改 SmartArt 图形布局，以及设置整个 SmartArt 图形的颜色和样式等。

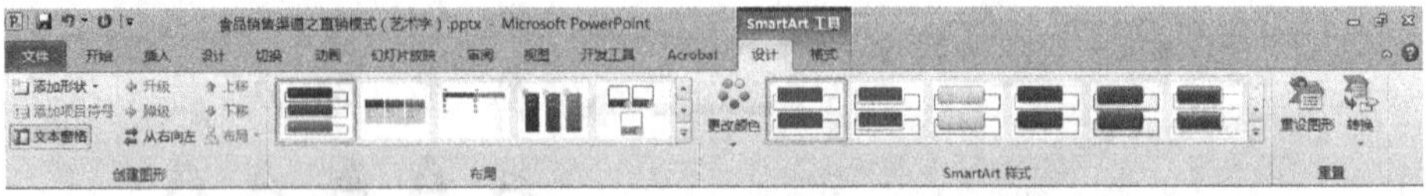

图 5-21　SmartArt 工具选项卡的“设计”子选项卡

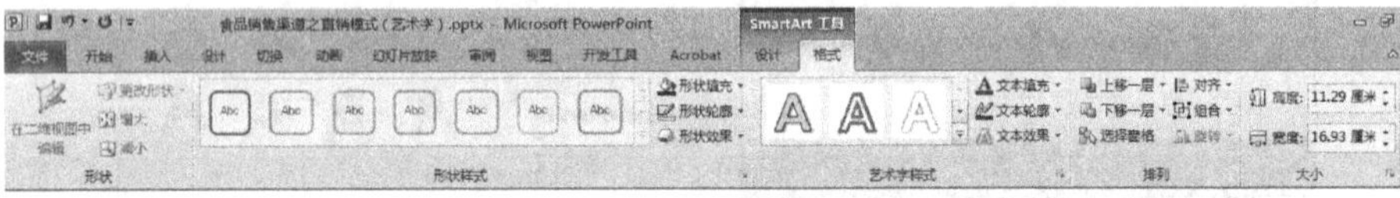

图 5-22　SmartArt 工具选项卡的“格式”子选项卡

而在选中 SmartArt 图形中的一个或多个形状后（选择方法与选择普通形状相同），则可利用“SmartArt 工具—格式”选项标签设置所选形状或形状内文本的样式，更改形状，以及排列、组合、增大和减小形状等。

4. 相册

（1）创建相册

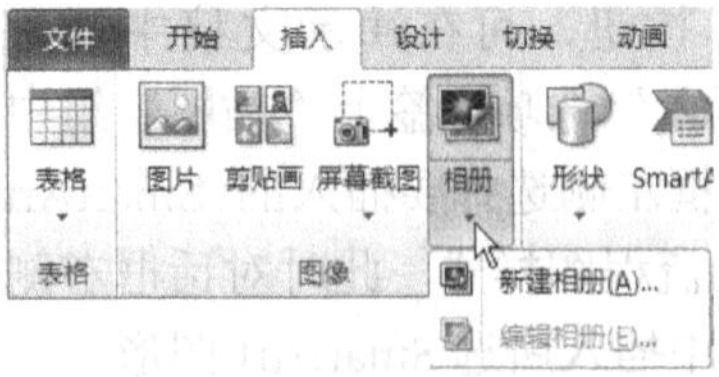

图 5-23　“新建相册”命令

在 PowerPoint 2010 中单击“插入”选项标签中“图像”组中的“相册”按钮，或单击“相册”按钮下方的三角按钮，在展开的列表中选择“新建相册”项，如图 5-23 所示。打开“相册”对话框，单击“文件/磁盘”按钮，打开“插入新图片”对话框。选择要创建相册的图片，单击“插入”按钮返回“相册”对话框，再单击“创建”按钮，系统将自动创建一个新演示文稿。

（2）设置相册格式

将图片加入相册后，可以为相册制作封面和为图片添加标题，调整图片播放顺序，为图片设置版式和相框形状等。

5. 声音

（1）插入声音

在 PowerPoint 2010 中主要有 3 种插入声音的方法，分别是插入剪贴画中的声音、插入文件中的声音和录制的声音。

① 插入文件中的声音：选择要插入声音的幻灯片，然后单击“插入”选项标签上“媒体”选项组中的“音频”按钮下方的三角按钮，在展开的列表中选择“文件中的音频”项，如图 5-24 所示打开“插入音频”对话框。选择要插入的声音文件，在 PowerPoint 2010 中可以插入.mp3、.midi、.wav、.au 和.aiff 等格式的声音文件。单击“插入”按钮，系统将在幻灯片中心位置添加一个声音图标，并在声音图标下方显示音频播放控件。

② 插入剪贴画音频：在“音频”列表中选择“剪贴画音频”选项，可利用打开的“剪贴画”任务窗格插入 PowerPoint 2010 自带的或 Office.com 官方网站提供的音频，如图 5-25 所示，这些声音一般具有特定的主题，而且播放时间较短，常用于渲染气氛。

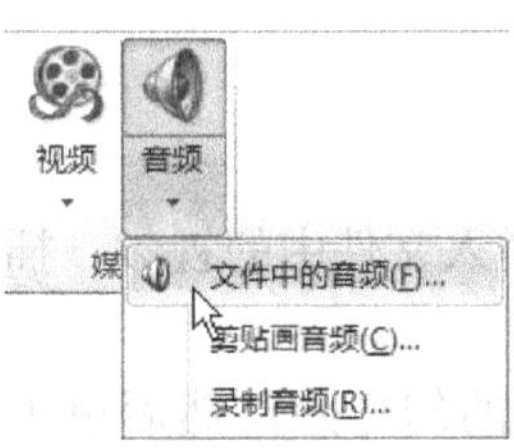

图 5-24　插入文件中的音频

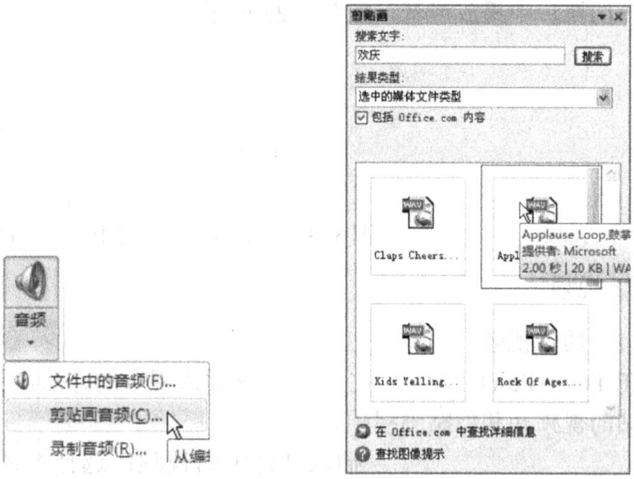

图 5-25　插入剪贴画音频

③ 插入录制的声音：若计算机配置了麦克风，则还可在“音频”列表中选择“录制音频”选项，打开“录音”对话框录制声音，然后对着麦克风说话，开始录制声音。单击“停止”按钮，再单击“确定”按钮，即可在幻灯片编辑区看到插入的声音图标，如图 5-26 所示。

图 5-26　“录音”对话框

（2）编辑声音

将音频文件插入到幻灯片中后，选择声音图标，将显示“音频工具”选项卡，此时可根据需要利用该选项卡的“格式”子选项对音频图标进行格式设置，如图 5-27 所示。选择、移动、删除、调整音频图标大小及设置其格式的操作与设置普通图像对象相同。

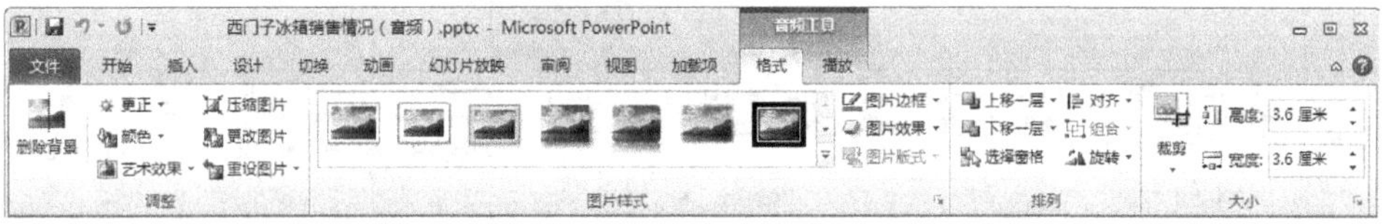

图 5-27　“音频工具”下的“格式”子选项卡

此外，还可利用“播放”子选项卡预览声音、剪裁声音、设置声音的淡入淡出效果，以及设置放映幻灯片时声音的音量、开始方式和是否循环播放等，如图 5-28 所示。

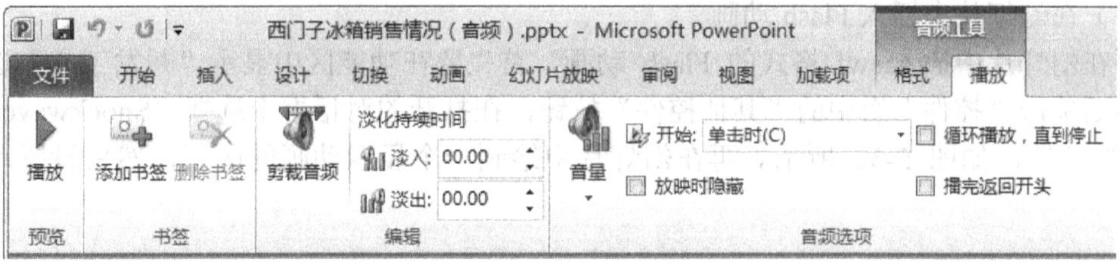

图 5-28　“音频工具”下的“播放”子选项卡

选择“跨幻灯片播放”，表示声音自动且跨多张幻灯片播放。

选择“自动”，表示放映幻灯片时自动播放声音。

选择“单击时”，表示单击声音图标才能开始播放声音。选择这两个选项都只能声音图标所在的换片中播放声音，如图 5-29 所示。

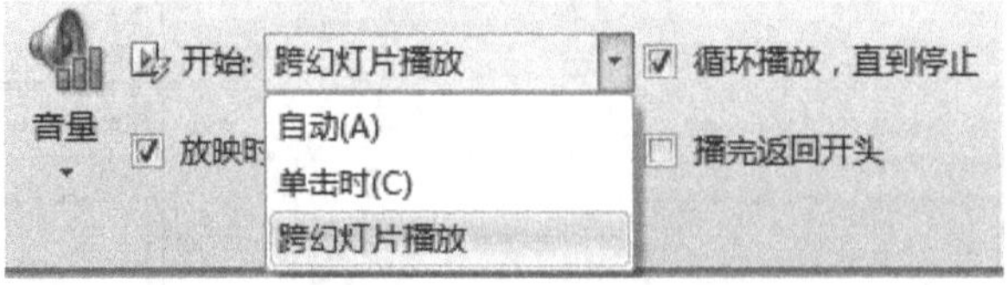

图 5-29　“音频”选项组中的“开始”选项

6. 视频

（1）插入视频

在 PowerPoint 2010 中主要有 3 种插入视频的方法，分别是插入文件中的视频、插入来自网站的视频和和剪贴画视频。

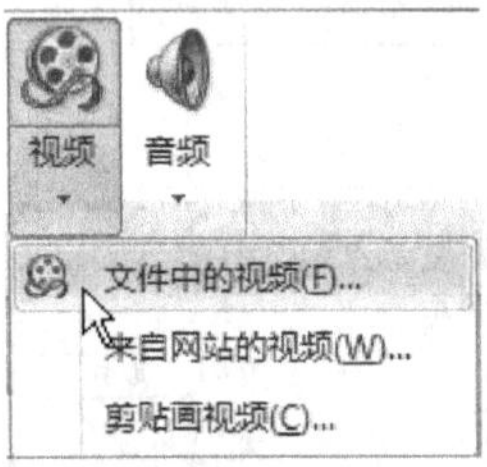

图 5-30　插入“文件中的视频”

插入文件中的视频：选择要插入视频的幻灯片，然后单击“插入”选项标签上“媒体”选项组中的“视频”按钮下方的三角按钮，在展开的列表中选择“文件中的视频”项，如图 5-30 所示。打开“插入视频文件”对话框，选择要插入的视频文件，再单击“插入”按钮，即可将视频文件插入到幻灯片的中心位置，并在其下方显示视频播放控件，通过该控件可以预览视频播放效果。

（2）编辑视频

将视频文件插入到幻灯片并选中后，我们可以像编辑图片一样调整视频的大小和位置，还可利用“视频工具”选项标签的“格式”选项组设置视频的亮度、颜色、视觉样式、形状、边框和效果等。设置方法与设置图片相似，如图 5-31 所示。

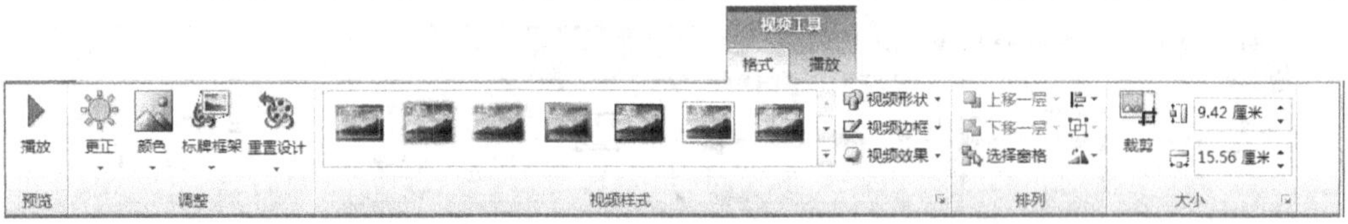

图 5-31　“视频工具”选项标签的“格式”选项组

此外，利用“视频工具”选项标签的“播放”选项组可以设置视频的开始播放方式，以及是否循环播放，是否全屏播放等，设置方法与设置音频相似。

（3）在幻灯片中插入 Flash 动画

要在幻灯片中插入.swf 格式的 Flash 动画，首先要在功能区中显示“开发工具”选项标签，然后单击“控件”组中的“其他控件”按钮，在打开的对话框中选择“Shockwave Flash Object”控件，如图 5-32 所示。再在幻灯片中绘制一个显示动画的区域，然后设置动画的属性。

图 5-32　插入 Flash 动画流程

5.3　演示文稿的编辑

要制作演示文稿，可以使用母版的功能，这样的演示文稿就成了有序集合。另外还可以通过背景、主题等方式编辑演示文稿。

5.3.1　幻灯片母版的使用

母版是模板的一部分，是一种特殊的视图模式，其中存储了有关应用的设计模板信息。PowerPoint 2010 应用程序中的母版可分为 3 类：幻灯片母版、讲义母版和备注母版。

1. 幻灯片母版

幻灯片母版是最常用的母版，因为幻灯片母版控制的是所有幻灯片的格式。在 PowerPoint 2010 中幻灯片母版包括标题母版和幻灯片母版。

单击“视图”→“幻灯片母版”按钮，进入“幻灯片母版”视图，如图 5-33 所示。

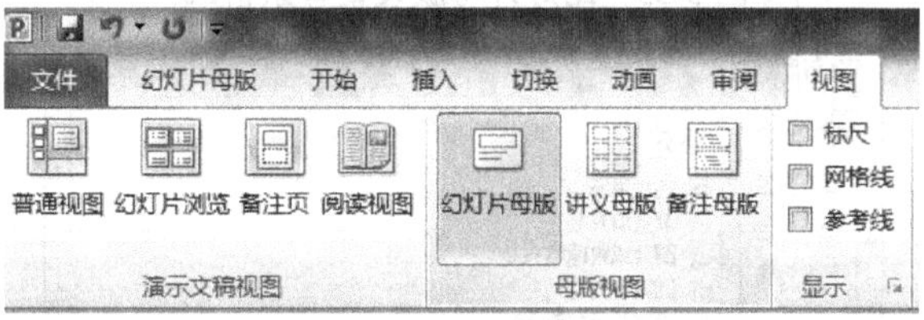

图 5-33　“幻灯片母版”命令

- 更改母版版式：版式是指作者要表现的内容在幻灯片上的排列方式，更改版式主要是指更改各种占位符的增加、删减、移动位置及段落格式等，如图 5-34 所示。
- 更改母版背景：背景是整个演示文稿的颜色主调，它能体现演示文稿的整体风格，一般将演示文稿的背景设置成纯色或渐变色，也可将其填充为纹理或图案，单击“幻灯片母版”→“背景”选项组中的“设置背景格式”按钮，如图 5-35 所示，打开“设置背景格式”对话框如图 5-36 所示，在该对话框中可进行相关设置。

2. 备注母版

主要供演讲者为幻灯片添加备注，以及设置备注幻灯片的格式。

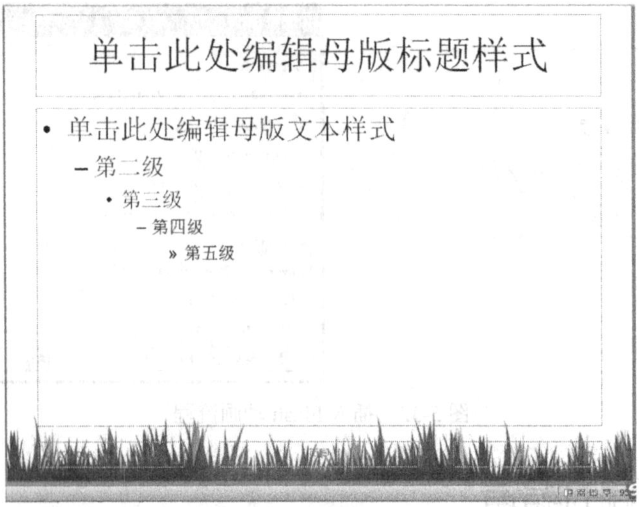

图 5-34　编辑幻灯片母版

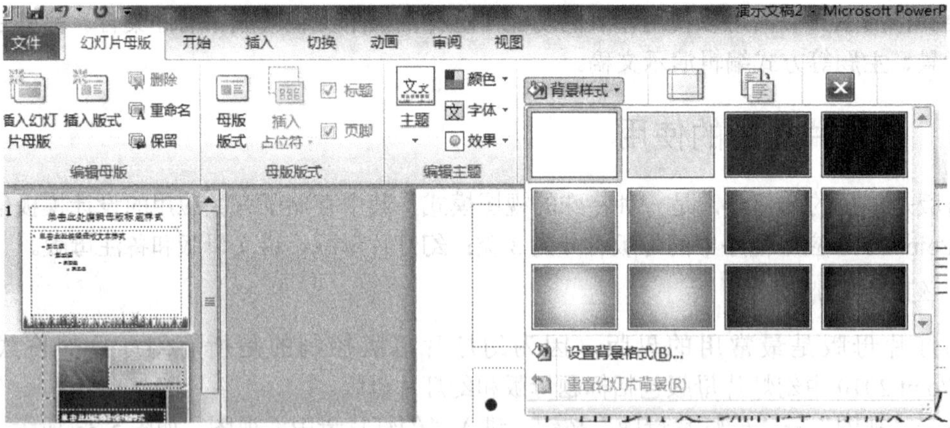

图 5-35　幻灯片母版设置背景格式

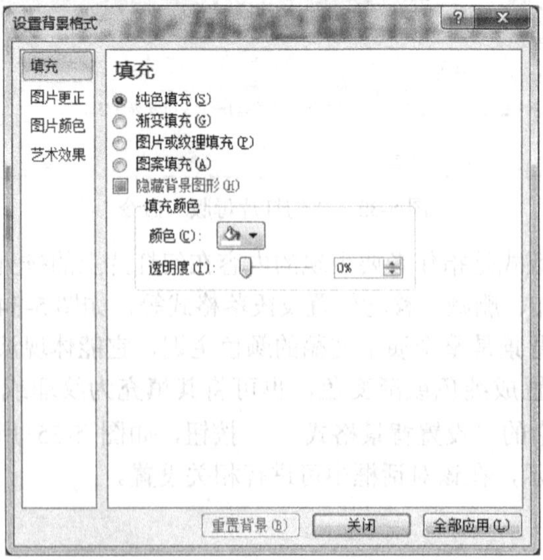

图 5-36　“设置背景格式”对话框

3. 讲义母版

主要用于控制幻灯片以讲义形式打印的格式。

5.3.2　主题

主题是演示文稿的颜色搭配、字体格式化以及一些特效命令的集合，使用主题可以很方便地简化演示文稿的制作过程。PowerPoint 2010 共提供了 24 种主题，可自行选择，也可自定义新的主题。

1. 应用主题

在“设计”选项标签的“主题”选项组内单击“其他”按钮，在下拉列表中选择合适的主题单击即可。在默认情况下，主题会同时更新所有幻灯片的主题，若想只更改当前幻灯片的主题，需在主题上右击，在弹出的快捷菜单中选择“应用于选定幻灯片”命令，如图 5-37 所示。

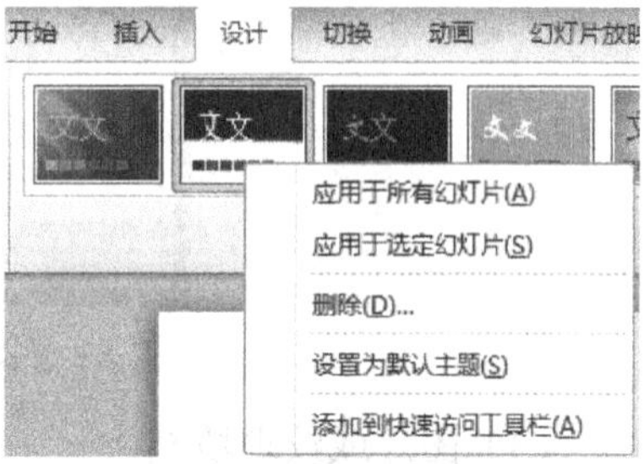

图 5-37　应用主题

2. 自定义主题

若用户需要自定义主题，则可以在“设计”选项标签的“主题”选项组内通过“颜色”、“字体”及“效果”命令进行自定义。

5.3.3　背景

PowerPoint 2010 可以更换幻灯片、备注页、讲义的背景色或背景设计。讲义是指演示文稿的打印版本，可以在每页中包含多张幻灯片，以方便提供一份书面的幻灯片内容，并在每页讲义上留出空间给听众注释。背景可以是音色块，也可以是渐变过渡色、底纹、图案、纹理或图片。

1. 设置幻灯片背景

选中目标幻灯片，单击“设计”选项标签的“背景”选项组中的“背景样式”命令，在弹出的下拉菜单中选择需要的背景即可，也可单击“设置背景格式”命令，在弹出的“设置背景格式”对话框中进行设置。PowerPoint 2010 提供的背景格式设计方式有纯色填充、渐变填充、图片或纹理填充、图案填充 4 种，如图 5-38 所示。

（1）纯色填充

在“设置背景格式”对话框中选中“纯色填充”，再单击“颜色”按钮，在弹出的下拉菜单中选择合适的颜色即可。也可以选择“其他颜色”，在弹出的“颜色”对话框中选择合适的颜色。设置好后，单击“关闭”按钮，此时被选中的幻灯片的背景颜色即被设好，若要将其他幻灯片中的背景也做同样设置，则需单击“全部应用”按钮。

（2）渐变填充

在“设置背景格式”对话框中选中“渐变填充”，在“预设颜色”中设置渐变色的基本色调，在“类型”、“方向”和“角度”里设置颜色变化类型、变化方向和变化角度，还可以通过“添加/删除渐变光圈”增减的个数和颜色等。

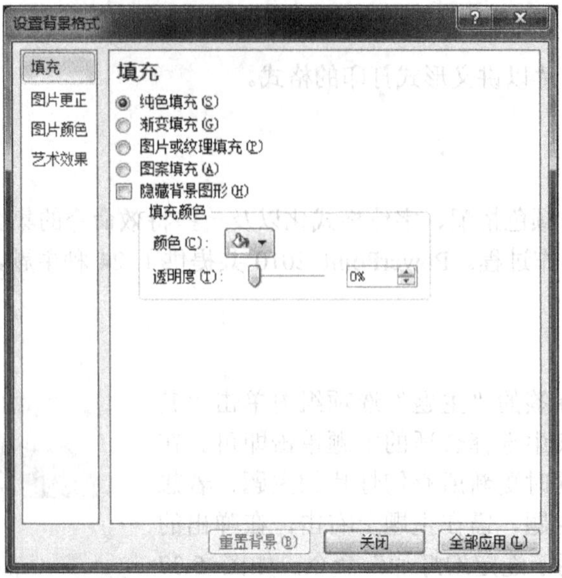

图 5-38 “设置背景格式”对话框

（3）图片或纹理填充

在“设置背景格式”对话框中选择“图片或纹理填充”，在“纹理”中设置背景的纹理。若不想使用系统自带纹理，则可通过“文件”、“剪贴画”按钮查找自己喜欢的图片作为背景。

另外，在“视图”选项标签的“母版视图”组中选择“幻灯片母版”命令，则会弹出“幻灯片母版”界面，在此界面中也有“背景样式”命令，设置方式与以上方式相同。

2. 设置备注页或讲义背景

备注页或讲义背景的设置要在“视图”选项标签的“母版视图”组中选择“备注母版”命令或“讲义母版”命令，在弹出的“备注母版”界面或“讲义母版”界面中通过“设置背景样式”命令设置，设置方式与普通幻灯片背景设置方式相同。

5.4 设计演示文稿的放映

制作演示文稿的最终目的，就是为了播放，通过播放的方式展示出去。本节讲解放映的基本知识。

5.4.1 设置幻灯片的切换效果

幻灯片的切换效果是指前后两张幻灯片进行切换的方式。默认情况下，放映幻灯片时使用简单的闪现方式，即后一张幻灯片直接取代前一张幻灯片。为了让演示的形式生动形象，PowerPoint 2010 提供了几十种特技切换效果，其操作如下。

选中目标幻灯片，再切换到“切换”选项标签→“切换到此幻灯片”组内可添加幻灯片切换方式，添加后，可使用“效果选项”、“声音”、“持续时间”等命令对当前切换方式进行进一步设置，如图 5-39 所示。

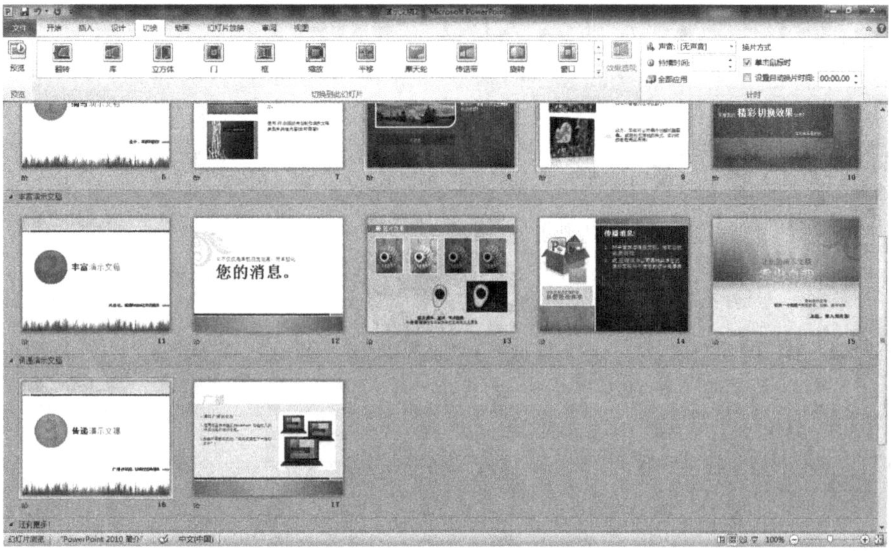

图 5-39　设置幻灯片切换

5.4.2　设置动画效果

PowerPoint 2010 提供了丰富的动画效果，为文本、图片、表格等对象设置动画。可以使演示文稿呈现出更加绚丽多彩的视觉效果。

1. 动画方案

选中要添加动画的对象，选择“动画”选项标签→“动画”组中，选择合适的动画即可，也可以单击“其他”按钮，在下拉列表中选择其他合适的动画。

2. 自定义动画

在幻灯片中选中要添加动画效果的对象，单击“动画”选项标签→“高级动画”选项组中的“添加动画”按钮，在打开的下拉列表中根据需要选择合适的动画效果，如图 5-40 所示。在 PowerPoint 中的动画主要有进入、强调、退出和路径引导几种类型，用户可利用“动画”选项标签来添加和设置这些动画效果。

- “进入”动画：是 PowerPoint 2010 中应用最多的动画类型，是指放映某张幻灯片时，幻灯片中的文本、图像和图形等对象进入放映画面时的动画效果。
- “强调”动画：是指在放映幻灯片时，为已显示在幻灯片中的对象设置动画效果，目的是强调幻灯片中的某些重要对象。
- “退出”动画：是指在幻灯片放映过程中为了使指定对象离开幻灯片而设置的动画效果，它是进入动画的逆过程。
- “动作路径”动画：不同于上述三种动画效果，它可以使幻灯片中的对象沿着系统自带的或用户自己绘制的路径进行运动。

除动作路径动画外，在 PowerPoint 中添加和设置不同类型动画的操作基本相同。

选中要设置动画效果的对象，然后单击“动画”选项标签→“动画”选项组中的“其他”按钮，展开动画列表，在“进入”分类下选择一种动画效果，即可为所选对象添加该动画效果。

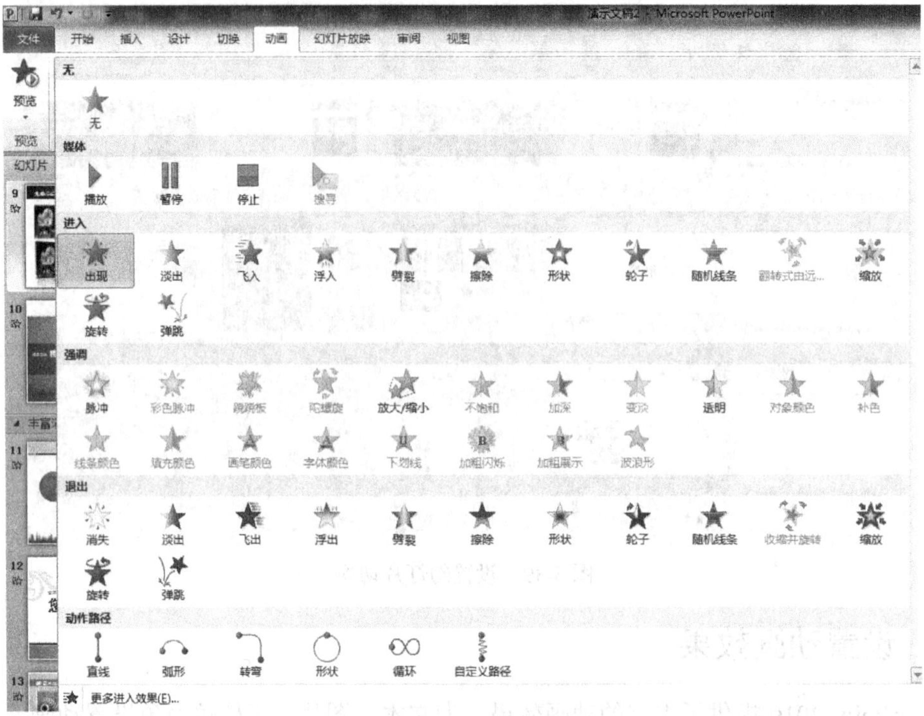

图 5-40　动画组

单击“更多进入效果”效果打开“添加进入效果”对话框。其中还有“百叶窗、回旋、棋盘、盒状、菱形、其他效果”等多种具体效果供选用，如图 5-41 所示。

自定义动画效果还需要进一步设置，单击“动画”选项标签→“高级动画”选项组中的“动画窗格”命令，在界面右侧出现动画窗格，选中指定动画，右击，在打开的快捷菜单中可设置方向等选项，如图 5-42 所示。

还可利用“计时”选项组设置动画的开始播放方式，持续时间和延迟时间等，如图 5-43 所示。

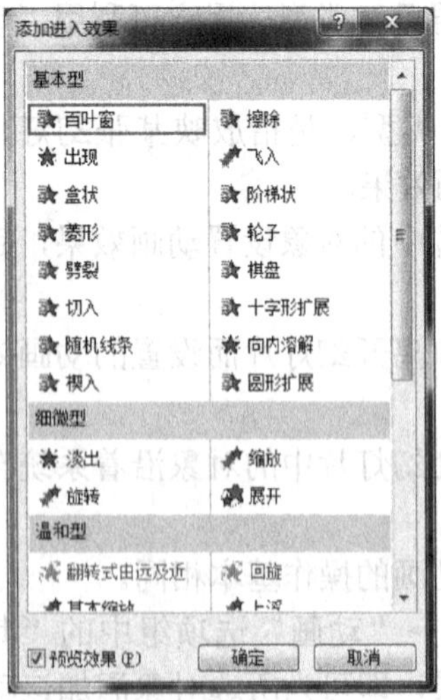

图 5-41　更多进入效果菜单

图 5-42　设置动画方向

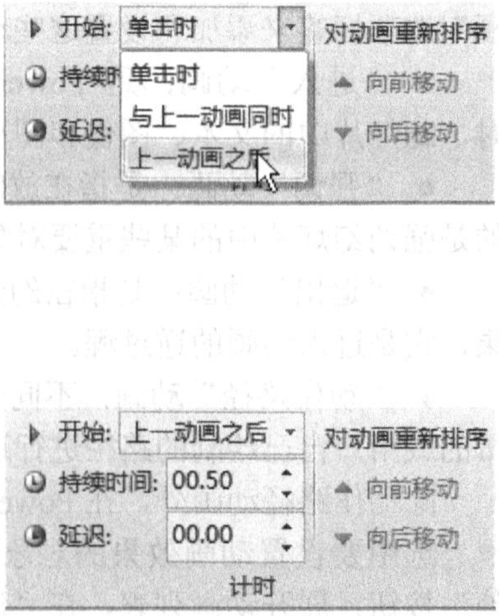

图 5-43　“计时”选项组

利用“高级动画”选项组中的选项可以添加动画、打开动画窗格、设置动画的触发方式和复制动画等。

单击“添加动画”按钮也可为所选对象添加动画效果。与利用“动画”列表添加动画效果不同的是，利用“添加动画”按钮可以为同一对象添加多个动画效果；而利用“动画”选项组只能为同一对象添加一个动画效果，后添加的效果将替换前面添加的效果。

在 PowerPoint 中制作动画效果时，经常需要一张幻灯片中的不同对象具有完全相同的动画效果。要获得相同的效果，便捷的方式是将一个对象的动画效果复制给其他的对象。要实现这种操作，最为方便的方法就是“动画刷”按钮，如图 5-44 所示。

3. 使用动画窗格管理动画

我们可利用动画窗格管理已添加的动画效果，如选择、删除动画效果，调整动画效果的播放顺序，以及对动画效果进行更多设置等，如图 5-45 所示。

单击“高级动画”选项组中“动画窗格”按钮，在 PowerPoint 窗口右侧打开动画窗格，可以看到为当前幻灯片添加的所有动画效果都将显示在该窗格中，将鼠标指针移至某个动画效果上方，将显示动画的开始播放方式、动画效果类型和添加动画的对象。

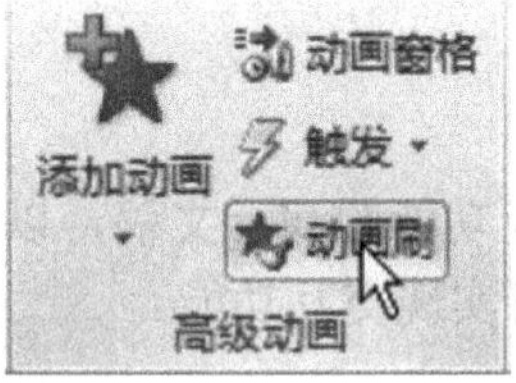

图 5-44　“动画刷”按钮

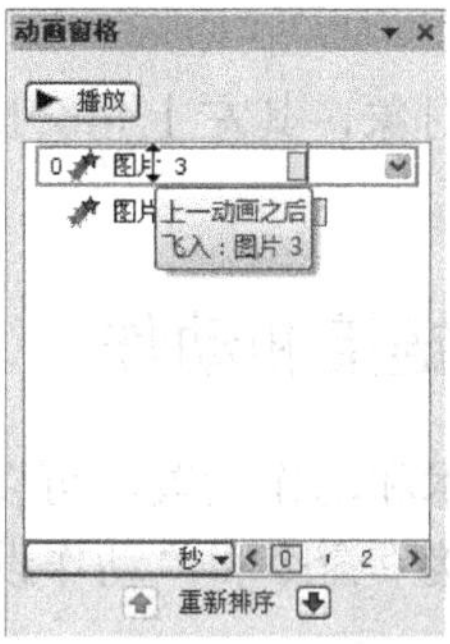

图 5-45　动画窗格

当需要重新设置动画效果选项、开始方式和持续时间，以及调整效果的播放顺序和复制、删除效果等时，都需要先选中相应的效果，在动画窗格单击某个动画效果可将其选中，若配合 Ctrl 键和 Shift 键还可同时选中多个效果。

若希望对动画效果进行更多设置，可单击要设置的效果，再单击右侧的三角按钮，从弹出的列表中选择“效果选项”，然后在打开的对话框中进行设置并确定即可。不同动画效果的设置项也不相同，如图 5-46 所示。

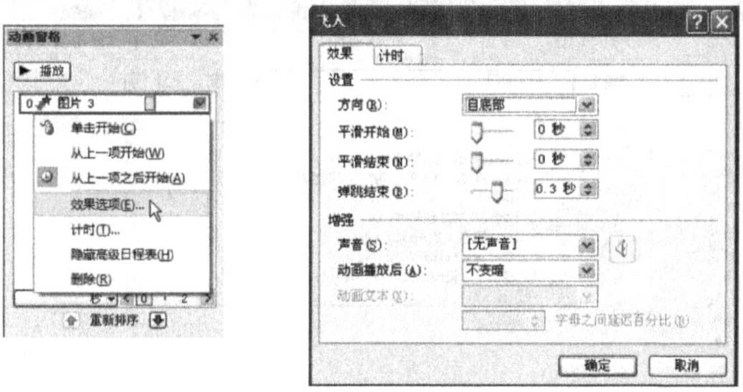

图 5-46　设置动画效果

各幻灯片中的动画效果都是按照添加时的顺序进行播放的，用户可根据需要调整动画的播放顺序，只需在动画窗格中选中要调整顺序的动画效果，然后单击“上移”或“下移”按钮即可，如图 5-47 所示。

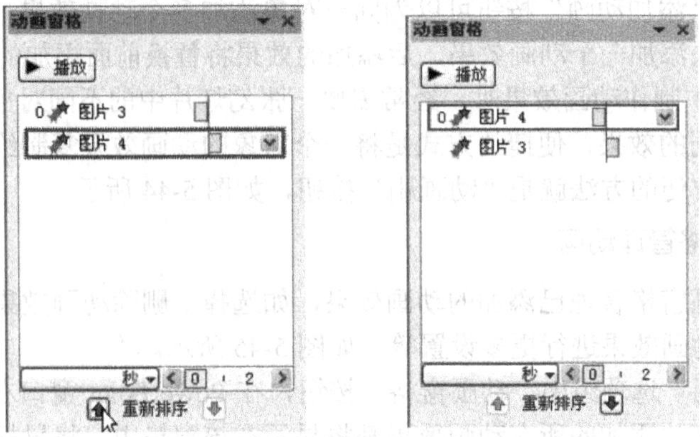

图 5-47　调整动画播放顺序

4. 删除动画

选中要删除的对象，其左上角会出现序号按钮，选中要删除的动画序号，按 Delete 键即可。

5.4.3　插入超链接和动作

利用超链接技术和动作设置，可以制作具有交互功能的演示文稿，以便于更好地说明问题。利用“超级链接”命令和“动作设置”命令都可实现交互功能。

1. 超级链接

在 PowerPoint 2010 中，我们可以为幻灯片中的任何对象，包括文本、图片、图形和图表等设置超链接。在放映演示文稿时，单击设置了超链接的对象，便可以跳转到超链接指向的幻灯片、文件或网页等。

选中要设置超链接的对象，单击“插入”选项标签→“链接”选项组中的“超链接”，打开“插入超链接”对话框。在“链接到”列表中选择要链接到的目标，然后进行相应设置并确定即可，如图 5-48 所示。

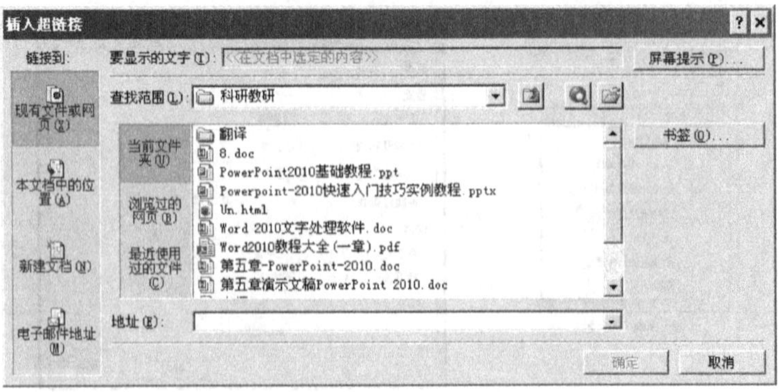

图 5-48　“插入超链接”对话框

插入超链接的文字将自动添加下画线，如果要对其进行编辑，如更改链接目标，或删除超链接，可选择插入超链接的文字，重新单击“超链接”按钮，在打开的“编辑超链接”对话框中进行相关设置。

- “现有文件或网页”项：将所选对象链接到网页或储存在计算机中的某个文件。其中，如果要链接到网页，可直接在“地址”编辑框中输入要链接到的网页地址。
- “新建文档”项：新建一个演示文稿文档并将所选对象链接到该文档。
- “电子邮件地址”项：将所选对象链接到一个电子邮件地址。

2. 动作设置

在放映幻灯片或者演讲时，在介绍当前幻灯片时可能需要引用或查看其他幻灯片或者其他文档，如果某个素材需多次打开，可以使用 PowerPoint 2010 的“动作设置”功能很方便地解决。

在当前幻灯片上，可以选中一段文字，也可以选中一幅图画，单击菜单栏“幻灯片放映”，在级联菜单中选择“动作设置”命令，打开“动作设置”对话框，如图 5-49 所示。也可以在“幻灯片放映”级联菜单中单击“添加动作按钮”，在幻灯片合适的位置设置一个按钮，设置完成后自动打开“动作设置”对话框。

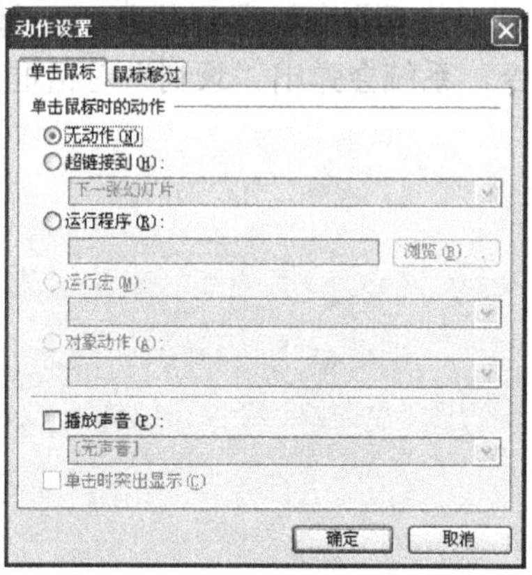

图 5-49　“动作设置”对话框

根据习惯不同，选取“单击鼠标”或“鼠标移过”选项卡，动作则选中“超链接到”，在“超链接到”列表框中选择需要链接的幻灯片或者其他文件，例如最后一张幻灯片，单击“确定”按钮。

在观看完最后一张幻灯片后要回到当前播放的幻灯片，可以用同样方法在该幻灯片的适当位置选中文字或设置按钮，超级链接到其他 PowerPoint 演示文稿或返回。

5.4.4　演示文稿的放映

放映前，可根据具体的情况设置，单击“幻灯片放映”选项标签→“设置”选项组中的“设置幻灯片放映”命令，弹出“设置放映方式”对话框，如图 5-50 所示。

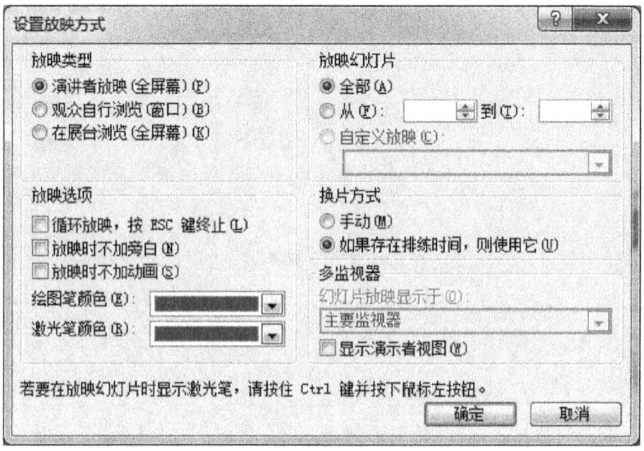

图 5-50　“设置放映方式”对话框

PowerPoint 2010 共有 3 种播放演示文稿的方式，即“演讲者放映”、“观众自行浏览”和“在展台浏览”，还可以在“设置放映方式”中进行如下设置。

- 放映幻灯片：提供了演示文稿中幻灯片的 3 种播放方式，即播放全部幻灯片、播放指定序号的幻灯片及自定义放映。
- 换片方式：当选择“手动”时，在放映时必须有人为地干预才能切换幻灯片。

在任何一种视图下，单击主窗口下的“视图切换”按钮中的“幻灯片放映”按钮，都可以进入幻灯片放映视图。

5.4.5 排练计时

此功能可跟踪每张幻灯片的显示时间并相应地设置计时，为演示文稿估计一个放映时间。其操作方法是：执行“幻灯片放映”选项标签→“设置”选项组中的“排列计时”命令，系统会弹出“录制”对话框并自动记录幻灯片的切换时间，如图 5-51 所示。

图 5-51 “录制”对话框

第 6 章　数据库与 Access 2010

数据库技术是信息系统的核心技术，是一种计算机辅助管理数据的方法，当代信息技术的发展离不开数据库，数据库也是数据处理与信息管理的核心。本章介绍数据库技术的基本知识，以及 Access 2010 的常用功能。

本章要点：

■ 掌握数据库基础知识；

■ 掌握创建表的创建；

■ 掌握表的查询；

■ 掌握报表的设计。

6.1　数据库技术基础

数据库技术使用的领域很广，而“数据库”到底是什么？其特点如何？共分哪些种类呢？本节主要介绍这些知识点。

6.1.1　数据管理技术

数据库管理技术是指对数据进行分类、组织、编码、存储、检索和维护的技术。数据库管理技术的发展和计算机技术及其应用的发展是密不可分的。

从数据管理的角度看，数据库技术到目前共经历了人工管理阶段、文件系统阶段和数据库系统阶段。

人工管理阶段数据管理特点为：数据不保存，没有对数据进行管理的软件系统，没有文件的概念，数据不具有独立性。

文件系统阶段数据管理特点为：数据可以长期保存，由文件系统管理数据，文件的形式已经多样化，数据具有一定的独立性。

数据库系统阶段数据管理特点为：采用复杂的结构化的数据模型，较高的数据独立性，最低的冗余度，数据控制功能。

6.1.2　数据库系统的组成和特点

1. 数据库系统（DBS）的组成

“数据库系统”是以数据为中心的计算机系统，包括数据库和数据库管理系统，计算机软、硬件系统，数据库管理人员及用户。其中，数据库管理系统是数据库系统的核心组成部分。

（1）数据库就是存储在计算机储存设备、结构化的相关数据的集合。它不仅包括描述事物的数据本身，而且包括相关事物之间的关系。

（2）数据库管理系统则是管理数据库的软件，是用户与数据库之间的接口，负责完成各种数据处理操作。典型的数据库管理系统有 Microsoft SQL Server、Microsoft Access、SQLite、Oracle、Sybase 等。

2. 数据库系统主要特点

与手工操作和文件系统管理数据比较，数据库系统有以下一些特点。

（1）数据共享。因为数据是面向整体的，所以数据可以被多个用户、多个应用程序所共享使用，可以大大减少数据冗余，节约存储空间，避免数据之间的不相容性与不一致性。

（2）数据独立性。数据独立性包括数据的物理独立性和逻辑独立性。

物理独立性是指数据在磁盘上的数据库中如何存储是由 DBMS 管理的，用户程序不需要了解，应用程序要处理的只是数据的逻辑结构，这样一来当数据的物理存储结构改变时，用户的程序不用改变。

逻辑独立性是指用户的应用程序与数据库的逻辑结构是相互独立的，也就是说，数据的逻辑结构改变了，用户程序也可以不改变。

数据与程序的独立，把数据的定义从程序中分离出去，加上存取数据的由 DBMS 负责提供，从而简化了应用程序的编制，大大减少了应用程序的维护和修改，减少数据冗余。

数据独立性是指用户应用程序与存储在磁盘上数据库中数据的相互独立性。也就是说，数据在磁盘的数据库中的存储是由 DBMS 管理的，用户程序一般不需了解。应用程序要处理的只是数据的逻辑结构也就是数据库表中的数据，这样当数据在计算机存储设备上的物理存储改变时，应用程序可以不必改变，而由 DBMS 来处理这种改变，这又称为“物理独立性”。有的 DBMS 还提供一些功能使得某些程序上数据库的逻辑结构改变了，用户程序也可以不改变，这又称为“逻辑独立性”。所以说，数据独立性是数据库的一种特征和优点，它有利于在数据库结构修改时应用程序尽可能地不改变或少改变，这样就大大减少了应用程序开发人员的工作量。

（3）数据安全性。数据库的安全性是指保护数据库以防止不合法的使用所造成的数据泄露、更改或破坏。计算机系统都有这个问题，在数据库系统中大量数据集中存放，为许多用户共享，使安全问题更为突出。

（4）数据库一致性。数据完整性包括数据的正确性、有效性和一致性。正确性是指数据的输入值与数据表对应域的类型一样；有效性是指数据库中的理论数值满足现实应用中对该数值段的约束；一致性是指不同用户使用的同一数据应该是一样的。

3. 数据库系统分类

（1）按数据模型分为网络模型的数据库系统、层次模型的数据库系统和关系模型的数据库系统。

（2）按数据的存放地点分为集中式数据库系统和分布式数据库系统。

（3）按使用用户分为单用户数据库和多用户数据库。

（4）按是否具有自动推理功能分为传统数据库与智能数据库。

（5）按是否支持面向对象编程分为关系型数据库、面向对象的数据库系统和关系-对象型数据库系统。

6.1.3　数据模型

数据模型（Data Model）是数据特征的抽象，是数据库管理的教学形式框架。数据库系统中用以提供信息表示和操作手段的形式构架。数据模型包括数据库数据的结构部分、数据库数据的操作部分和数据库数据的约束条件。

1. 层次模型

用树状结构表示数据之间的联系。树的节点称为记录，记录间只有简单的层次关系。如图 6-1 所示，层次模型满足如下两个条件。

- 有且只有一个根节点，它没有父节点。
- 其他节点有且只有一个父节点，可有子节点。

2. 网状模型

网状模型是层次模型的扩展，如图 6-2 所示，它满足如下条件：

- 可以有任意多个节点而没有父节点。
- 一个节点允许有多个父节点。
- 两个节点之间可以有两种或两种以上联系。

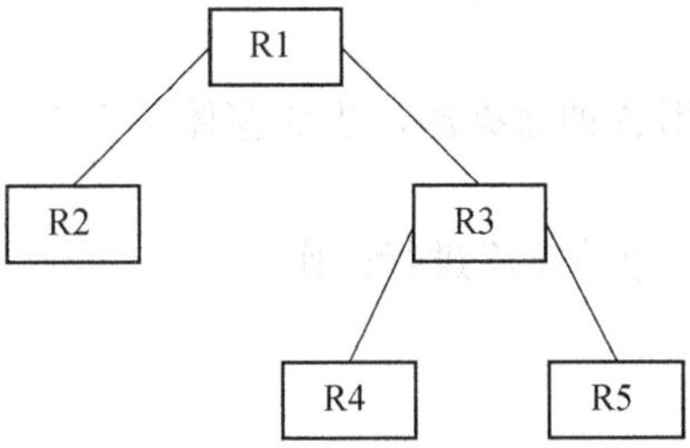

图 6-1　层次机构

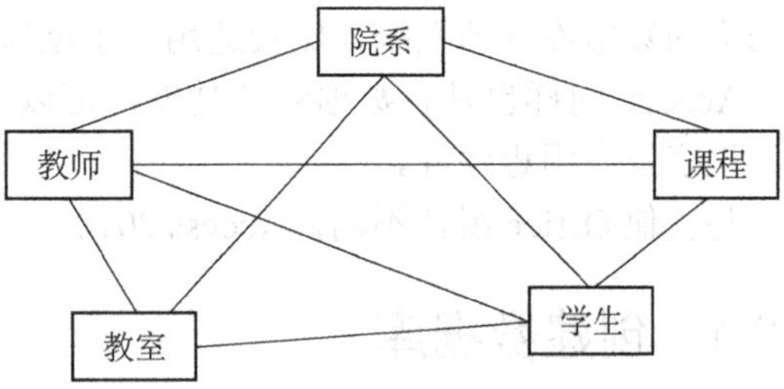

图 6-2　网状模型

3. 关系模型

关系模型把世界看做是由实体与联系构成的，用二维表格形式表示数据间的联系。每个表称为一个“关系”。表的行称为元组（对应一实体），列称为属性。

mysql、access、sql server 等都属于关系模型数据库管理系统。

6.1.4　关系数据库

关系数据库，是创建在关系模型基础上的数据库，借助于集合代数等数学概念和方法来处理数据库中的数据。现实世界中的各种实体以及实体之间的各种联系均用关系模型来表示。

1. 关系

一个关系就是一个二维表，每个关系有一个关系名称。对关系的描述称为关系模式，关系模式对应关系的结构如图 6-3 所示。

2. 元组

在一个关系（二维表）中，每行为一个元组。一个关系可以包含若干个元组，但不允许有完全相同的元组。Visual FoxPro 数据库将元组称为记录。

学生编号	姓名	性别	年龄	入校日期	团员否	简历	照片	班级
2008071102	好生	女	18	2008-09-01	No	广东顺德		软件141
2008071103	徐克	男	20	2008-09-01	Yes	江西南昌		软件141
2010100101	王海	男	22	2010-09-01	No	江西九江		软件141
2010100102	刘力	男	21	2010-09-01	Yes	北京东城		软件141

图 6-3　表结构

3. 属性

属性也就是列，每一列都有一个属性名，在同一个关系中不允许有重复的属性名。

4. 关键字

关键字由一个或多个属性组成，用于唯一标志一条记录。

一个关系中可能存在多个关键字，用于标志记录的关键字称为主关键字。

6.2　Access 2010 概述

Access 2010 是 Office 2010 办公套件中一个极为重要的组成部分，目前已经成为比较流行的桌面数据库管理系统，比较适用于小型软件。

Access 同样也具有数据管理功能，可以方便地利用各种数据源，生成窗体（表单）、查询、报表及应用程序等。

与其他 Office 组件不同，Access 2010 一次只能对一个数据库进行操作。

6.2.1　创建数据库

（1）启动 Access，创建一个数据库。

（2）执行菜单命令“开始”→“程序”→“Office 2010”→“Microsoft Access 2010”，启动窗口如图 6-4 所示。

图 6-4　新建“空数据库”

单击“文件”选项标签→“新建”，然后单击“空数据库”。在右侧窗格中的“空数据库”下，在“文件名”框中输入文件名，也可更改文件的默认位置，最后单击“创建”按钮就可创建一个空数据库。

系统默认的文件后缀名为 accdb 或 accdp，其中，accdb 由 Access 创建的数据文件，accdp 是由 Access 创建的数据项目文件。

Access 2010 同样提供了很多数据库模板，如图 6-5 所示，在模板中包括了一些基本的数据库组件，用户可以利用这些模板来快速完成一个数据库的创建。

图 6-5　通过模板创建数据库

数据库创建成功以后，会打开“自动创建表”工作界面，而且增加了表格工具的“字段”和“表”两个选项标签，如图 6-6 所示。

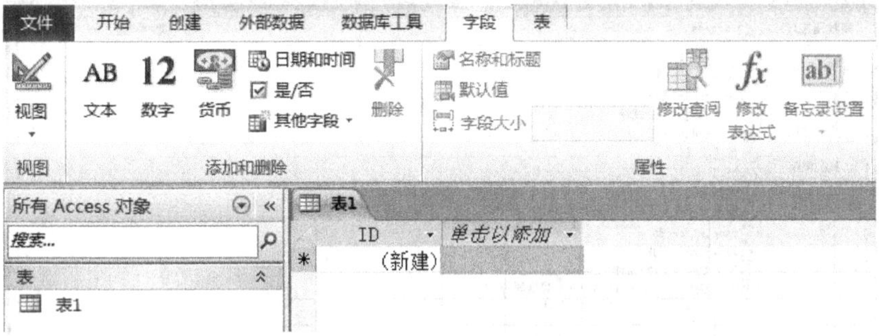

图 6-6　“自动创建表”工作界面

6.2.2　打开、保存、关闭数据库

数据库的打开、关闭与保存是数据库最基本的操作，对于学习数据库是必不可少的。

1. 打开数据库

在创建了数据库后，以后用到数据库时就需要打开已创建的数据库，这是数据库操作中最基本、最简单的操作，下面就以实例介绍如何打开数据库。

其操作步骤如下：

（1）启动 Access 2010，单击屏幕左上角的“文件”选项标签→“打开”命令，如图 6-7 所示。

图 6-7　“打开数据库”工作界面

（2）在弹出的“打开”对话框中选择要打开的文件，单击“打开”按钮，即可打开选中的数据库，如图 6-8 所示。

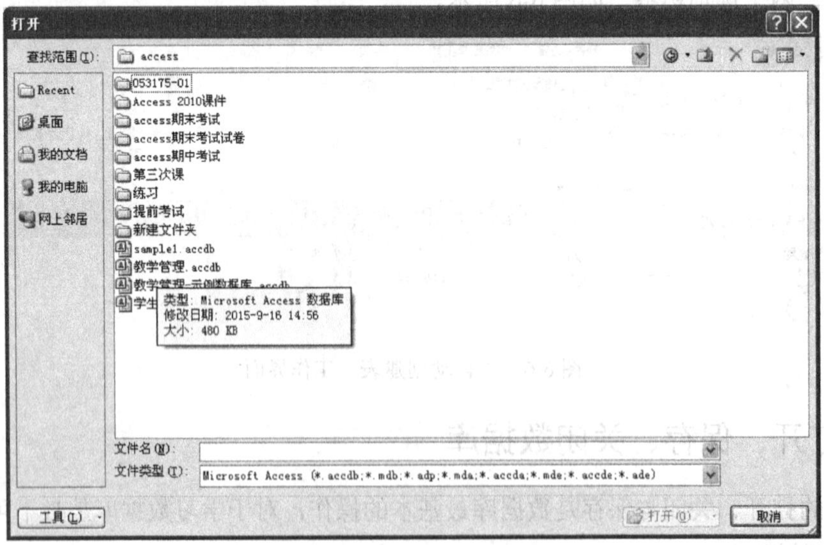

图 6-8　“打开”对话框

2. 保存数据库

创建数据库，并为数据库添加了表等数据库对象后，就需要将数据库保存，以保存添加的项目。另外，用户在处理数据库时，记得随时保存，以免出现错误导致大量数据丢失。

其操作步骤如下：

（1）单击屏幕左上角的“文件”选项标签→“保存”命令，即可保存输入的信息，如图 6-9 所示。

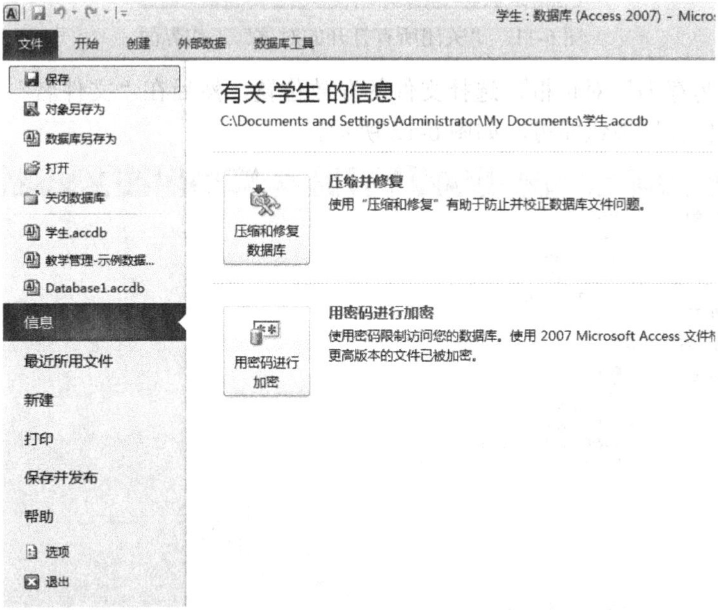

图 6-9　“保存数据库”工作界面

（2）选择“数据库另存为”命令，可更改数据库的保存位置和文件名，如图 6-10 所示。

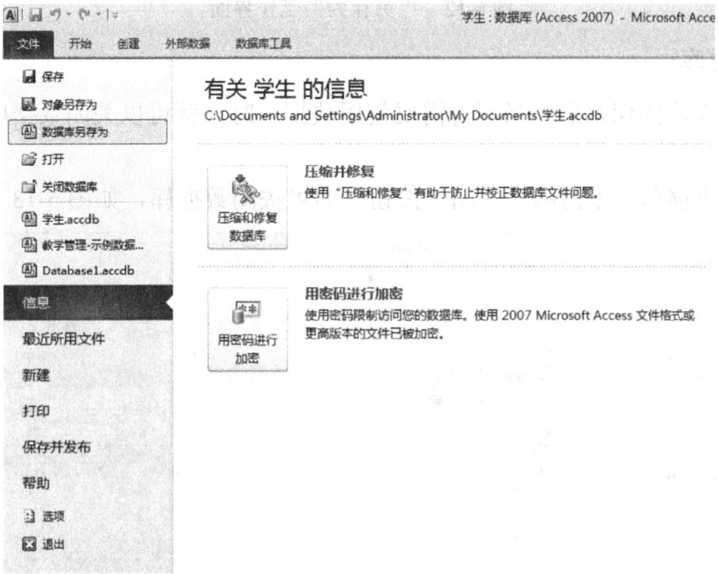

图 6-10　“数据库另存为”工作界面

（3）弹出 Microsoft Access 对话框，提示保存数据库前必须关闭所有打开的对象，单击“是”按钮即可，如图 6-11 所示。

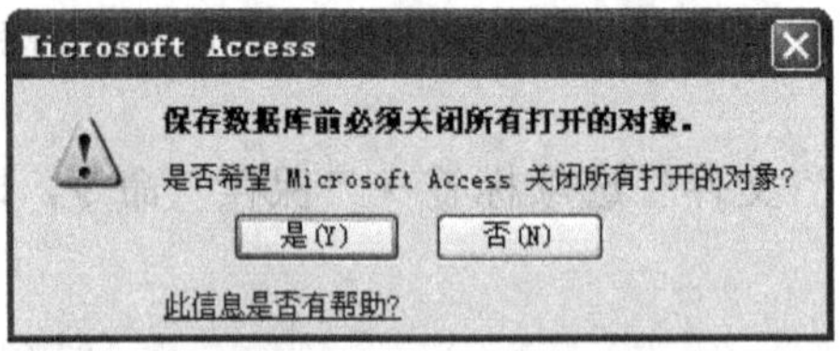

图 6-11　“关闭所有打开的对象”工作界面

（4）弹出“另存为”对话框，选择文件的存放位置，然后在“文件名”文本框中输入文件名称，单击“保存”按钮即可，如图 6-12 所示。

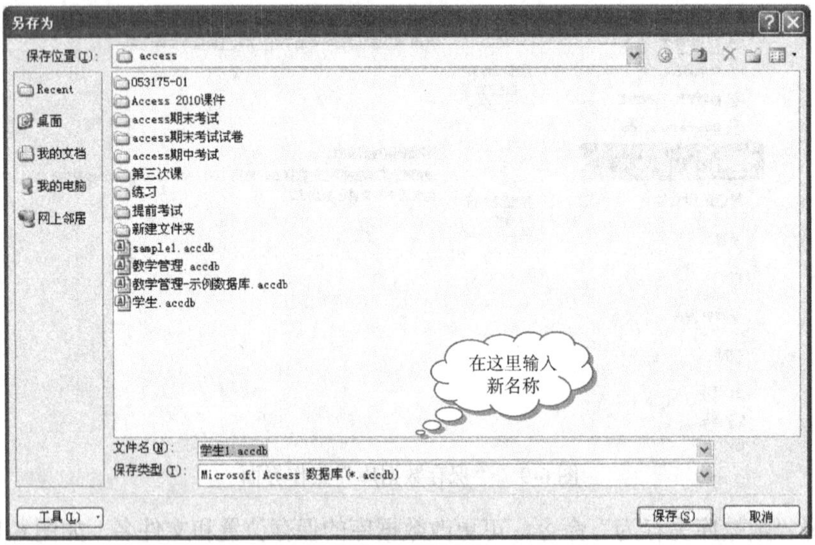

图 6-12　“另存为”工作界面

3. 关闭数据库

在完成了数据库的保存后，当不再需要使用数据库时，就可以关闭数据库了。

其操作步骤如下：

（1）单击屏幕右上角的“关闭”按钮，即可关闭数据库，如图 6-13 所示。

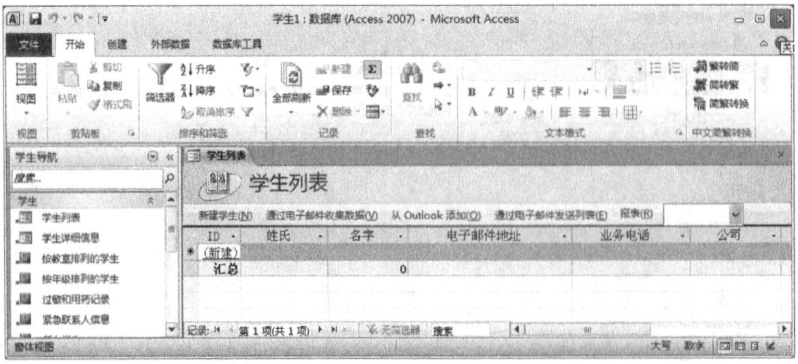

图 6-13　“关闭数据库”工作界面

（2）单击左上角的“文件”选项标签→“关闭数据库”命令，即可关闭数据库，如图 6-14 所示。

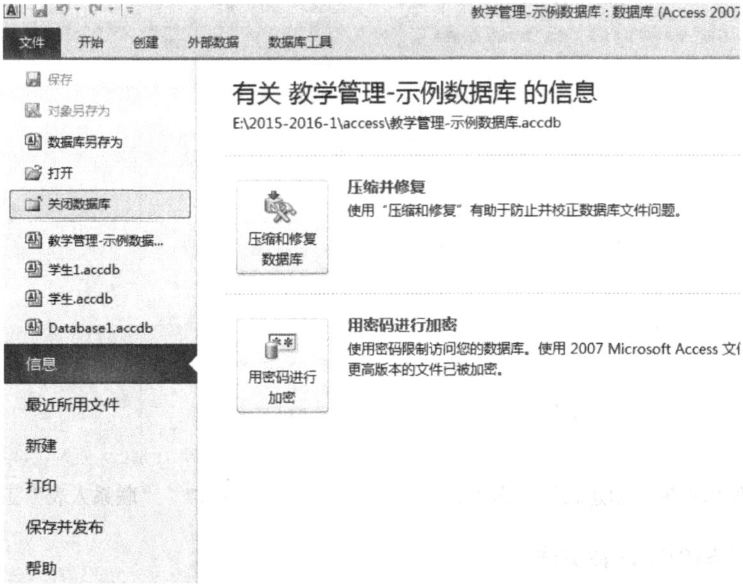

图 6-14　第二种关闭数据库工作界面

6.2.3　创建表

表是整个数据库的基本单位，同时也是所有查询、窗体和报表的基础，那么什么是表呢？

简单来说，表就是特定主题的数据集合，它将具有相同性质或相关联的数据存储在一起，以行和列的形式来记录数据。

作为数据库中其他对象的数据源，表结构设计得好坏直接影响到数据库的性能，也直接影响整个系统设计的复杂程度。因此设计一个结构、关系良好的数据表在系统开发中是相当重要的。

选择“创建”选项标签，可以看到“表格”选项组中列出了用户可以用来创建数据表的方法，如图 6-15 所示。

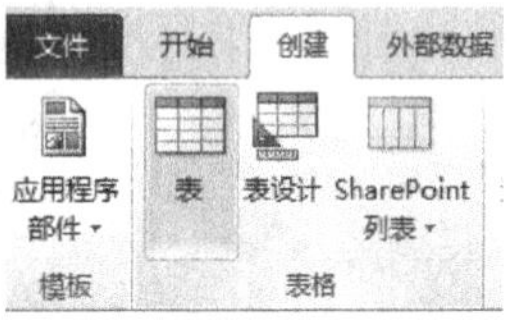

图 6-15　“创建表”工作界面

1. 使用表模板创建数据表

对于一些常用的应用，如联系人、资产等信息，运用表模板会比手动方式更加方便和快捷。下面以运用表模板创建一个“联系人”表为例，来说明其具体操作。其操作步骤如下：

（1）启动 Access 2010，新建一个空数据库，命名为“表示例”。

（2）切换到“创建”选项标签，单击“应用程序部件”下拉列表，然后在弹出的列表中选择“联系人”选项，如图 6-16 所示。

（3）这样就创建了一个“联系人”表。此时单击左侧导航栏的“联系人”表，即建立一个数据表，如图 6-17 所示，接着可以在表的“数据表视图”中完成数据记录的创建、删除等操作。

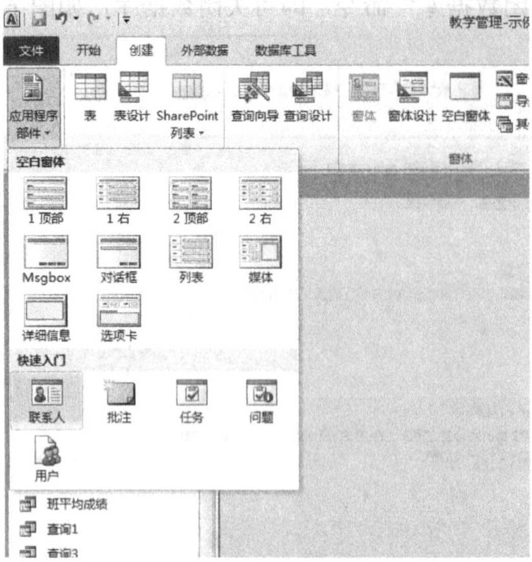

图 6-16 “使用表模板创建表”工作界面

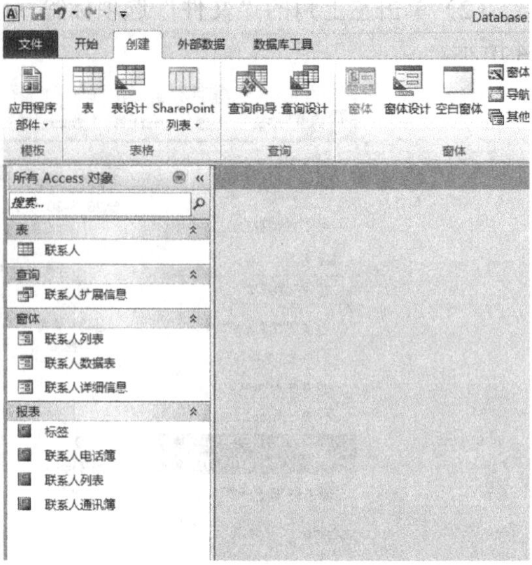

图 6-17 “联系人表”工作界面

2. 使用字段模板创建数据表

Access 2010 提供了一种新的创建数据表的方法，即通过 Access 自带的字段模板创建数据表。模板中已经设计好了各种字段属性，可以直接使用该字段模板中的字段。下面以在新建的空数据库中，运用字段模板，建立一个“学生信息表”为例进行介绍。其操作步骤如下：

（1）启动 Access 2010，打开新建的“表示例”数据库。

（2）切换到“创建”选项标签，单击“表格”选项组中的“表”选项，新建一个空白表，并进入该表的“数据表视图”。

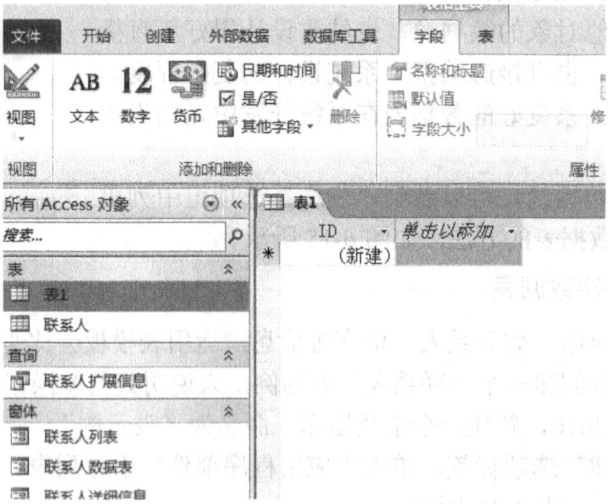

图 6-18 “创建空白表”工作界面

（3）在“表格工具”选项标签→“字段”选项的“添加和删除”选项组中，单击“其他字段”右侧的下拉按钮，弹出要建立的字段类型，如图 6-19 所示。

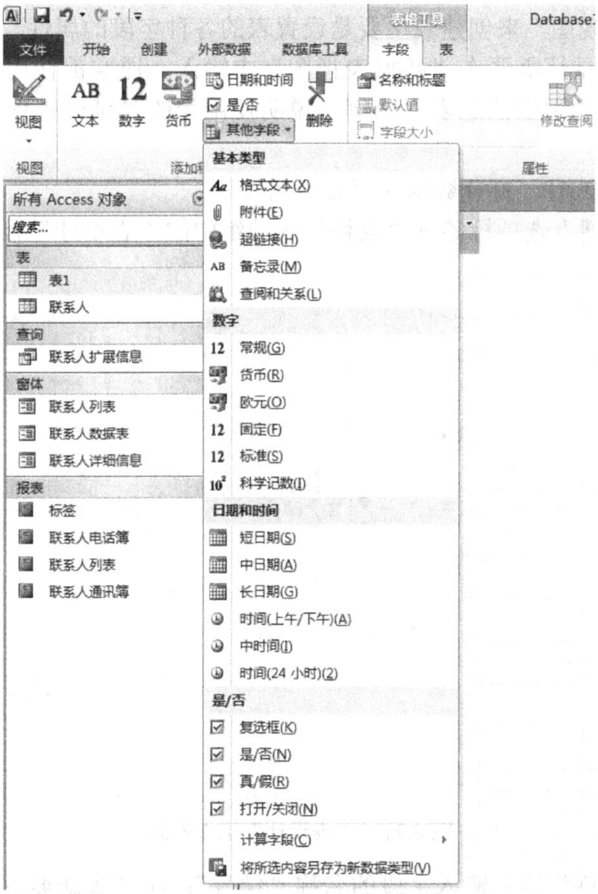

图 6-19　“字段类型”工作界面

（4）单击要选择的字段类型，接着即可在表中输入字段名，如图 6-20 所示。

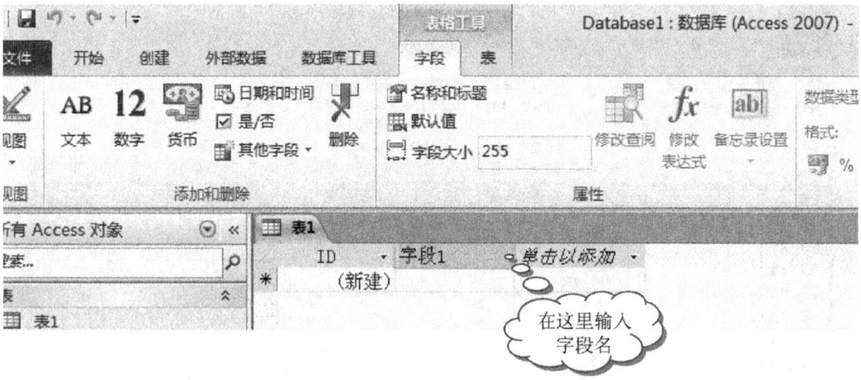

图 6-20　“输入字段名”工作界面

3. 使用表设计创建数据表

可以看到，在表模板中提供的模板类型是非常有限的，而且运用模板创建的数据表也不一定完全符合要求，必须进行适当的修改，在更多的情况下，用户必须自己创建一个新表。这都需要用到“表设计器”。用户需要在表的“设计视图”中完成表的创建和修改。

使用表的“设计视图”来创建表主要是设置表的各种字段的属性。而它创建的仅仅是表的结构，各种数据记录还需要在“数据表视图”中输入。通常都使用“设计视图”来创建表。下面以创建一个“学生信息表”为例，说明使用表的“设计视图”创建数据表的操作步骤。

（1）启动 Access 2010，打开数据库“表示例”。

（2）切换到“创建”选项标签→“表格”选项组中的“表设计”按钮，进入表的设计视图，如图 6-21 所示。

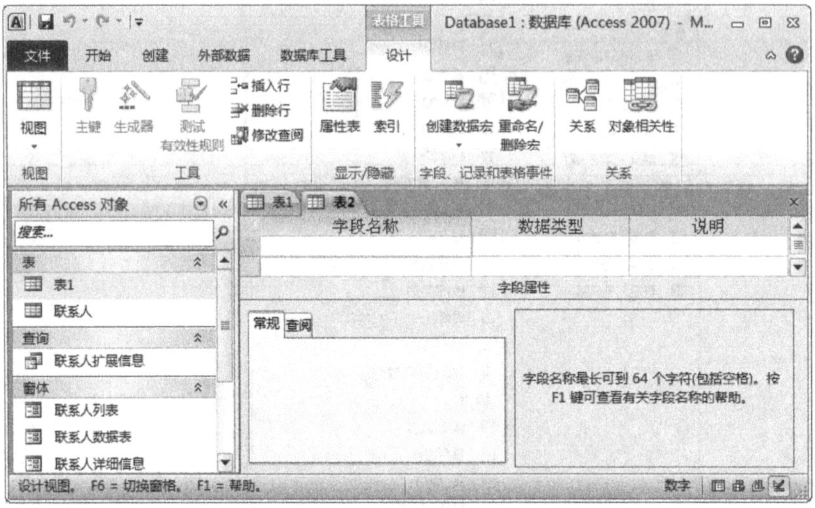

图 6-21　“表设计”工作界面

（3）在“字段名称”栏中输入字段的名称“学号”；在“数据类型”下拉列表框中选择该字段的数据类型，这里选择“数字”选项；“说明”栏可选择输入或不输入，如图 6-22 所示。

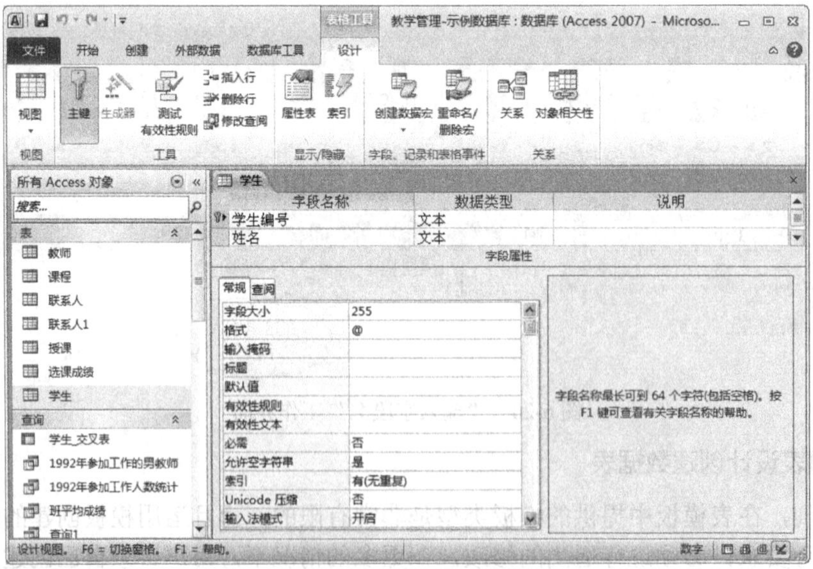

图 6-22　“字段设计”工作界面

（4）用同样的方法，输入其他字段名称，并设置相应的数据类型，结果如图 6-23 所示。

（5）单击“保存”按钮，弹出“另存为”对话框，然后在“表名称”文本框中输入“学生信息表”，再单击“确定”按钮，如图 6-24 所示。

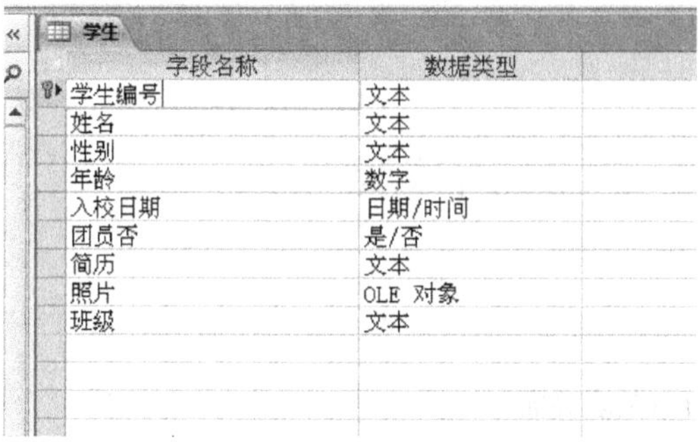

图 6-23　“其他字段设计”工作界面

图 6-24　“表名称”工作界面

（6）这时将弹出如图 6-25 所示的对话框，提示尚未定义主键，单击“否”按钮，暂时不设定主键。

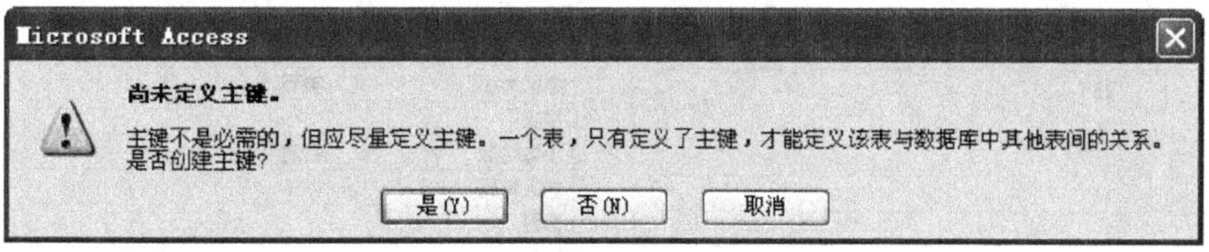

图 6-25　“提示信息”对话框

（7）单击屏幕左上方的“视图”按钮，切换到“数据表视图”，这样就完成了利用表的“设计视图”创建表的操作。完成的数据表如图 6-26 所示。

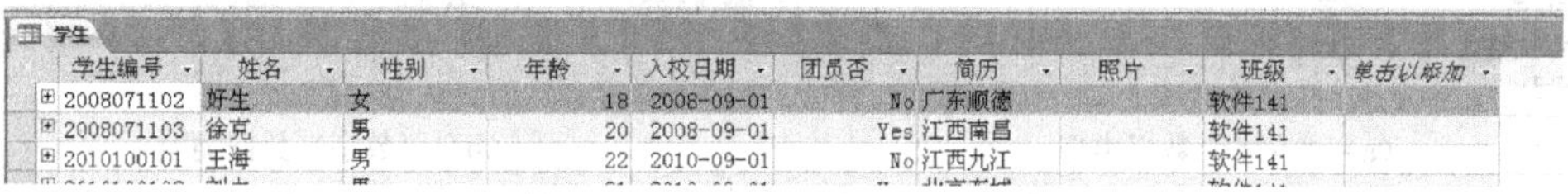
学生
学生编号
姓名
性别
年龄
入校日期
团员否
简历
照片
班级
单击以添加
2008071102
好生
女
18
2008-09-01
No
广东顺德
软件141
2008071103
徐克
男
20
2008-09-01
Yes
江西南昌
软件141
2010100101
王海
男
22
2010-09-01
No
江西九江
软件141

图 6-26　“数据表视图”工作界面

6.2.4　字段属性

在 Access 2010 中表的各个字段提供了“类型属性”、“常规属性”和“查询属性”3 种属性设置。

打开一张设计好的表，可以看到窗口的上半部分是设置“字段名称”、“数据类型”等分类，下半部分是设置字段的各种特性的“字段属性”列表，如图 6-27 所示。

1. 类型属性

字段的数据类型决定了可以设置哪些字段属性，如只能为具有“超链接”数据类型或“备注”数据类型的字段设置“仅追加”属性。

如图 6-28 所示，前面一个是“文本”数据类型的“字段属性”窗口，后面一个是“数字”数据类型的“字段属性”窗口，“数字”数据类型中有“小数位数”用于设置属性，而在“文本”数据类型中则没有。

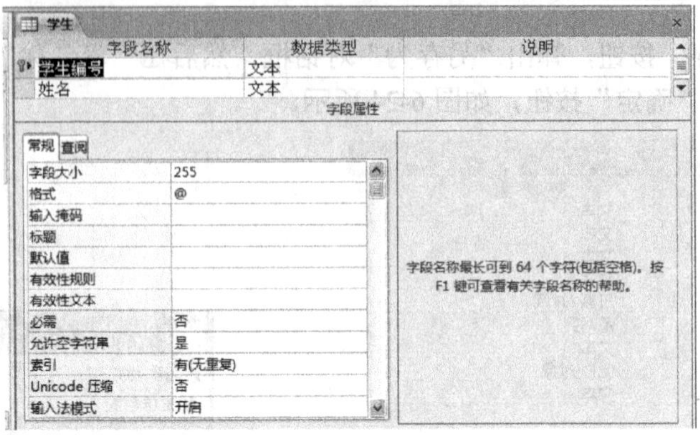

图 6-27　设计好的表界面

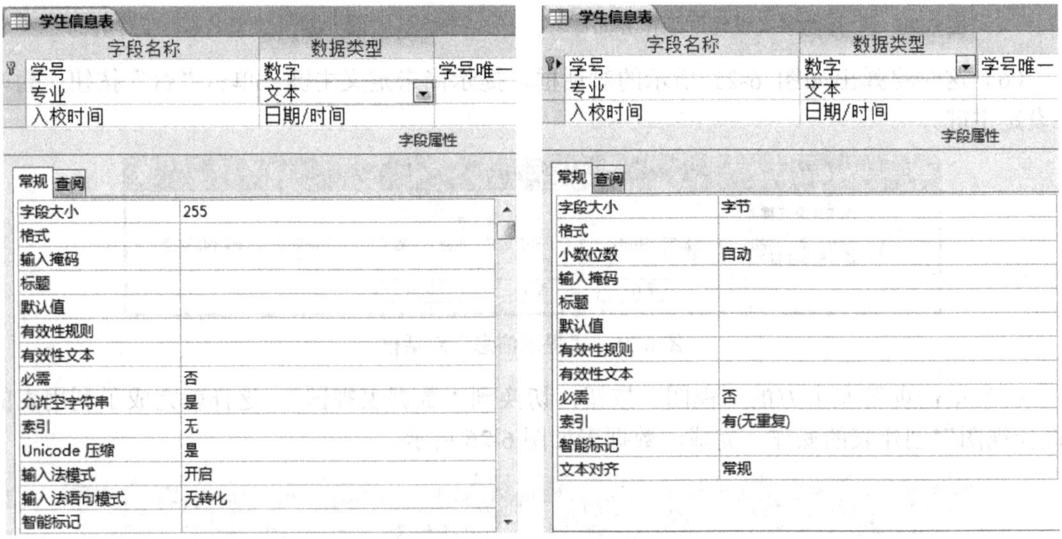

（a）“文本”数据类型　　　　（b）“数字”数据类型

图 6-28　不同数据类型下的“字段属性”窗口

2. 常规属性

图 6-29　“学号”字段属性

“常规属性”也根据字段的数据类型不同而不同，下面就以“学生信息表”为例，对其中的各个字段设置一下属性。

“学号”为“数字”型，设置字段属性如图 6-29 所示。

● “字段大小”设置为“长整型”。在这里，“学号”字段中的数据是用不着数值计算的，但是由于“学号”字段中的值都是数字字符，为了防止用户输入其他类型的字符，设置其为“数字”型。“学号”必然为整型的数字，在这里学号要大于 50330101，因此要设置为“长整型”。

● “小数位数”设置为“0”。

● “标题”就是在数据表视图中要显示的列名，默认的列名就是字段名。

● “有效性规则”和“有效性文本”是设置检查输入值的选项，在这里设置检查规则为“>50330101 And <50330430”，即输入的学号要大于 50330101，小于 50330430，如果不在这个范围之内，如输入 50330430，则出现“对不起，您输入的学号不正确！”提示框，如图 6-30 所示。

● “必需”字段选择“是”，这样设置的结果就是当用户没有输入“学号”字段中的值就去输入其他记录时，将弹出提示框。如用户没有输入“学号”字段的值，就去输入下一条记录，就会弹出如图 6-31 所示的提示框。

图 6-30　提示框 1

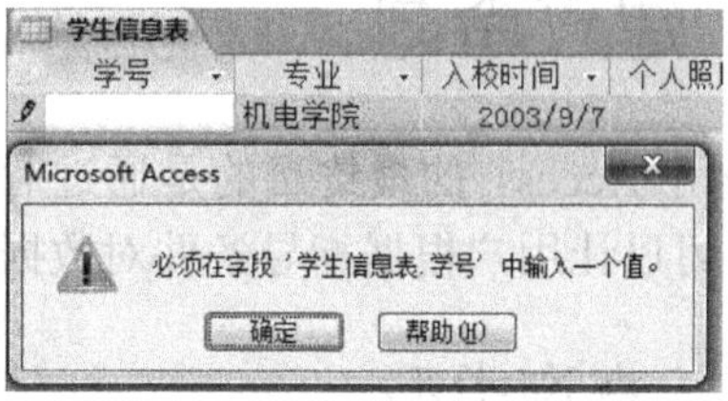

图 6-31　提示框 2

上面介绍了“学号”字段属性的各个设置，第二个字段为“专业”，数据类型为“文本”型，设置的字段属性如图 6-32 所示。

● “字段大小”设置为 8，即该字段中可以输入 8 个英文字母或汉字，这对于“学院”名称的显示应该是足够的。

● “默认值”用来设置用户在输入数据时该字段的默认值，在这里输入“机电学院”作为默认值。

这里仅介绍了“数字”型字段和“文本”型字段的属性设置情况，其余各字段的数据类型不在这里一一详述，请读者仿照上面的例子自行设置。

3. 查询属性

查询属性也是字段属性之一，可以查询“行来源”、“行来源类型”、“列数”及“列宽”等内容，如图 6-33 所示。

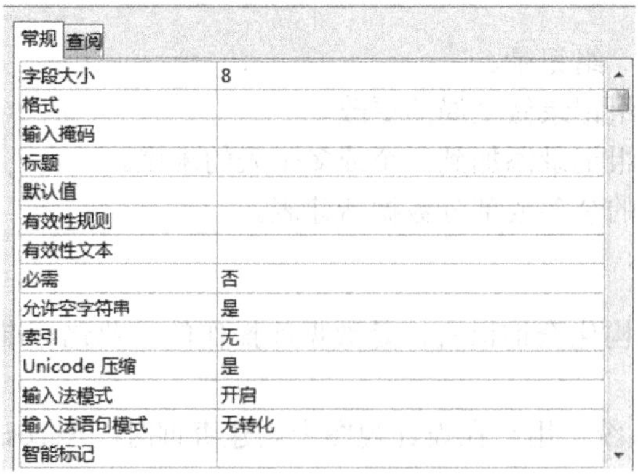

图 6-32　“专业”字段属性

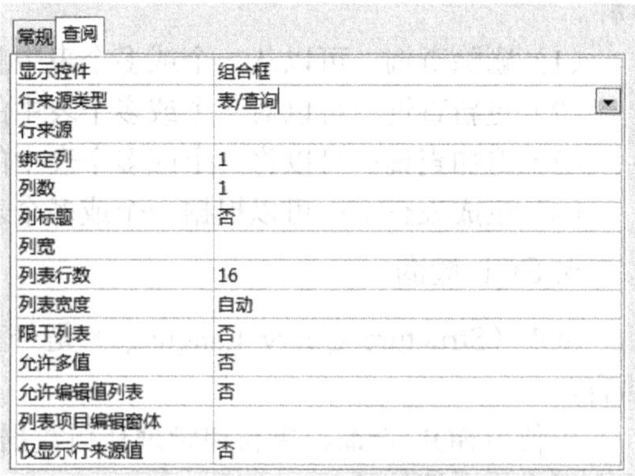

图 6-33　查询属性

● “显示控件”：窗体上用来显示该字段的空间类型。

- “行来源类型”：控件源的数据类型。
- “行来源”：控件源的数据。
- “列数”：待显示的列数。
- “列标题”：是否用字段名、标题或数据的首行作为列标题或图标标签。
- “允许多值”：一次查阅是否允许多值。
- “列表行数”：在组合框列表中显示行的最大数目。
- “限于列表”：是否只有与所列的选择之一相符时才接受文本。
- “仅显示行来源值”：是否仅显示与行来源匹配的数值。

6.3 建立查询

使用 Access 的最终目的是通过对数据库中的数据进行各种处理和分析，从中提取有用信息。可以让用户根据指导条件对数据进行检索，并显示出符合条件的记录。

6.3.1 查询类型

1. 选择查询

选择查询是最常见的查询类型，它是按照规则从一个或多个表，或其他查询中检索数据，并按照所需的排列顺序显示出来。

2. 参数查询

参数查询可以在执行时显示自己的对话框，提示用户输入信息。它不是一种独立的查询，只是在其他查询中设置了可变化的参数。

3. 交叉查询

使用交叉表查询可以计算并重新组织数据的结构，这样可以更加方便地分析数据。

4. 操作查询

使用操作查询只需进行一次操作，就可以对许多记录进行更改和移动。操作查询有以下 4 种。

（1）删除查询：可以从一个或多个表中删除一组记录。

（2）更新查询：可以对一个或多个表中的一组记录做全局的更改。

（3）追加查询：可以将一个或多个表中的一组记录添加到一个或多个表的末尾。

（4）生成表查询：可以根据一个或多个表中的全部或部分数据新建表。

5. SQL 查询

SQL（Structure Query Language）是一种结构化查询语言，是数据库操作的工业化标准语言。

可使用 SQL 查询、更新和管理任何数据库系统。用户在设计视图中创建查询时，Access 将在后台构造等效的 SQL 语句。

只能在 SQL 视图中创建的查询，称为“特定查询”，包括传递查询（传递查询可以直接向 ODBC 数据库服务器发送命令）、联合查询（联合查询可使用 Union 运算符来合并两个或更多选择查询结果）、数据定义查询（利用数据定义语言（DDL）语句创建或更改数据库中的对象）。

6.3.2　查询视图

1. 设计视图

设计视图就是查询设计器，通过该视图可以设计除 SQL 查询之外的任何类型的查询。

2. 数据表视图

数据表视图是查询的数据浏览器，是一个动态记录集。

3. SQL 视图

SQL 视图是按照 SQL 语法规范显示查询，即显示查询的 SQL 语句，此视图主要用于 SQL 查询。

4. 数据透视表视图和数据透视图视图

在这两种视图中，可以更改查询的版面，从而以不同方式观察和分析数据。

注意：通过选择“视图”菜单中的相应选项（或单击工具栏中的“视图”图标，在下拉列表中选择相应选项），可实现这 5 种视图间的转换。

6.3.3　查询的条件

在实际应用中，并非只是简单的查询，往往需要指定一定的条件。这种带条件的查询需要通过设置查询条件来实现。

查询条件是运算符、常量、字段值、函数以及字段名和属性等的任意组合，能够计算出一个结果。查询条件在创建带条件的查询时经常用到，因此，了解条件的组成，掌握它的书写方法非常重要。

1. 运算符

运算符是构成查询条件的基本元素，主要的运算符及含义如表 6-1～表 6-3 所示。

表 6-1　关系运算符及含义

关系运算符	说明	关系运算符	说明
=	等于	<>	不等于
<	小于	<=	小于等于
>	大于	>=	大于等于

表 6-2　逻辑运算符及含义

逻辑运算符	说明
Not	当 Not 连接的表达式为真时，整个表达式为假
And	当 And 连接的表达式均为真时，整个表达式为真，否则为假
Or	当 Or 连接的表达式均为假时，整个表达式为假，否则为真

表 6-3 特殊运算符及含义

特殊运算符	说明
In	用于指定一个字段值的列表，列表中的任意一个值都可以与查询的字段相匹配
Between	用于指定一个字段值的范围。指定的范围之间用 And 连接
Like	用于指定查找文本字段的字符模式。在所定义的字符模式中，用“？”表示该位置可匹配任何一个字符；用“*”表示该位置可匹配任何多个字符；“#”表示该位置可匹配一个数字；用方括号描述一个范围，用于可匹配的字符范围
Is Null	用于指定一个字段为空
Is Not Null	用于指定一个字段为非空

2. 函数

Access 提供了大量的内置函数，也称为标准函数或函数，如算数函数、字符函数、日期/时间函数和统计函数等。这些函数为更好地构造查询条件提供了极大的便利，也为更准确地进行统计计算、实现数据处理提供了有效的方法。

（1）常用的统计函数

求和函数：Sum（<字符串表达式>）；

求平均函数：Avg（<字符串表达式>）；

统计记录个数函数：Count（<字符串表达式>）；

最大值、最小值函数：Max（<字符串表达式>）Min（<字符串表达式>）。

（2）日期函数

在包含日期的表达式中，须将日期型数据的两端加上“#”号（此处#不是通配符），以区别于其他数字。

Date（）：返回系统当前日期；

Year（）：返回日期中的年份；

Month（）：返回日期中的月份；

Day（）：返回日期中的日数；

Weekday（）：返回日期中的星期几；

Hour（）：返回时间中的小时数；

Now（）：返回系统当前的日期和时间。

6.3.4 创建选择查询

选择查询是最常用的查询类型，它从一个或多个的表中检索数据，并以表格的形式显示这些数据。

1. 使用“简单查询向导”创建查询

【例 6-1】以“教学管理”数据库中的“学生信息”表、“课程信息”表和“选课信息”表为数据源，利用向导创建学生成绩明细查询如图 6-34 所示。

【例 6-2】利用“简单查询向导”向导创建院系成绩汇总查询。在“教学管理”数据库中，利用“学生信息”表、“选课信息”表和“课程信息”表中的有关字段，创建各院三门课程的成绩汇总如图 6-35 所示。

学生 查询1

学生编号	姓名	课程名称	总评成绩
2008071102	好生	计算机	43
2008071103	徐克	力学	99.7
2010100101	王海	计算机	80.6
2010100101	王海	英语	95.7
2010100101	王海	高等数学	88.6
2010100103	李红	计算机	78
2010100103	李红	英语	69.4
2010100103	李红	高等数学	79.4
2010100105	李元	计算机	85.8
2010100105	李元	英语	53
2010100105	李元	高等数学	88.5

图 6-34　查询学生成绩明细表

学生 查询1　学生 查询2

院系名称	课程名称	考试成绩 之	考试成绩 之 平均值	考试成绩 之	考试成绩 之
电气系	高等数学	88	88	88	88
电气系	计算机	77	77	77	77
电气系	力学	79	79	79	79
电气系	英语	96	96	96	96
计算机系	高等数学	167	83.5	77	90
计算机系	计算机	199	66.3333333333333	40	84
计算机系	力学	336	84	69	100
计算机系	英语	117	58.5	50	67
外语系	力学	325	81.25	51	98

图 6-35　院系成绩汇总查询

2. 在设计视图中创建查询

在查询“设计”视图中创建查询，首先应在打开的“显示表”对话框中选择查询所依据的表或查询，并将其添加到查询“设计”视图的窗口中，如果选择多个表，多个表之间应先建立关联。

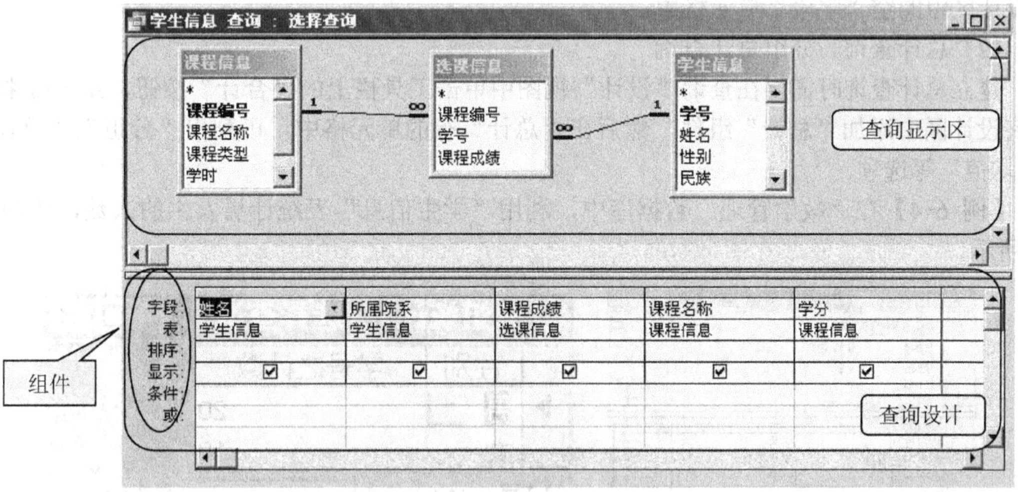

图 6-36　查询“设计”视图

【例 6-3】通过多个表创建选择查询。在“教学管理”数据库中，利用“学生信息”表、“选课信息”表和“课程信息”表创建一个具有“学号”、“姓名”、“课程名称”和“课程成绩”字段的查询，查询条件是“土建学院”，按“学号”升序排序，如图 6-37 所示。

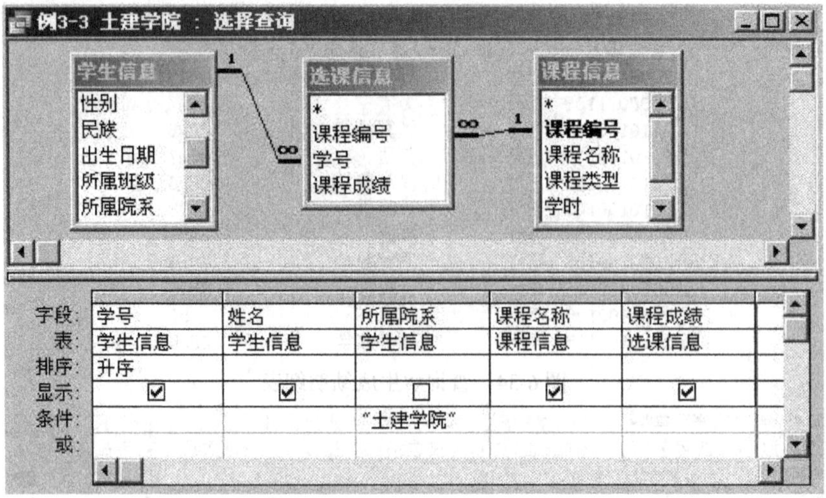

图 6-37　创建表查询

3. 在查询中进行计算

查询对象还可以对数据进行分析和加工，生成新的数据与信息。新的数据一般通过计算的方法来生成，常用的有求和、计数、求最大最小值、求平均数及表达式等。

（1）了解查询计算功能

计算分为预定义计算和自定义计算。

- 预定义计算：即所谓的“总计”计算，用于对查询中的记录组或全部记录进行下列的数量计算：总和、平均值、计数、最小值、最大值、标准偏差或方差。
- 自定义计算：使用一个或多个字段中的数据在每个记录上执行数值、日期或文本计算。对于这类计算，需要直接在查询设计区中创建新的计算字段，方法是将表达式输入到查询设计区中的空“字段”单元格中。

（2）总计查询、分组总计查询

建立总计查询时需要在查询“设计”视图中单击工具栏上的“合计”按钮，Access 将在查询设计区中添加“总计”组件，然后在“总计”行的单元格中，可列出“分组”、“总计”、“平均值”等选项。

【例 6-4】在“教学管理”数据库中，利用“学生信息”表统计男女生的人数，如图 6-38 所示。

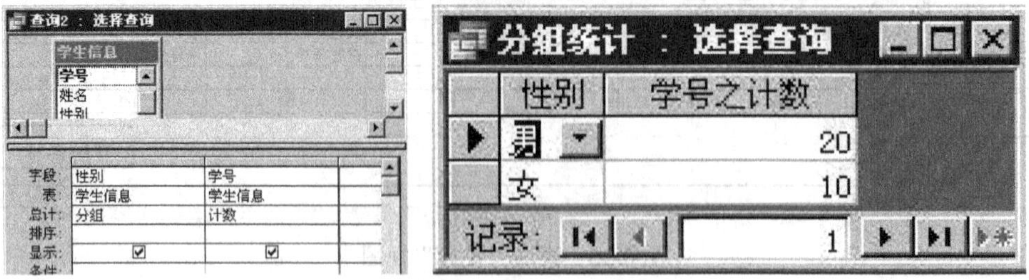

图 6-38　统计男女生人数

（3）添加计算字段

当要统计的数据在表中没有相应的字段，或者用于计算的数据来自于多个字段时，应该在“设计网格”中添加一个计算字段。计算字段是指根据一个或多个表中的一个或多个字段，并使用表达式建立的新字段。

【例 6-5】分别统计各个学院各门课程的平均成绩，如图 6-39 所示。

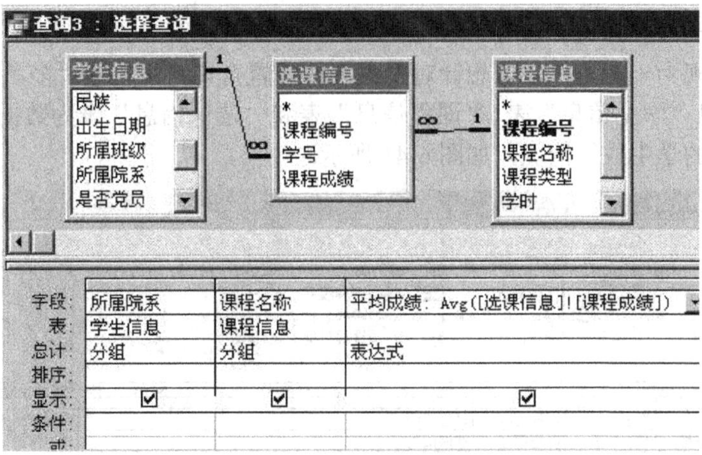

图 6-39　统计各学院课程的平均成绩

6.3.5　创建参数查询

如果希望根据某个或某些字段不同的值来进行查询，就需要不断地更新查询的条件。为了灵活地输入查询条件，需要使用 Access 提供的参数查询。

参数查询在运行时，灵活输入指定的条件，查询出满足条件的信息。例如，查询某学生某门课程的考试成绩，需要按学生姓名和课程名称进行查找。这类查询不是事前在查询设计视图的条件行中输入某一姓名和某一名称的，而是根据需要在查询运行中输入姓名和课程名称来进行查询的。

设置参数查询在很多方面类似于设置选择查询。可以使用“简单查询向导”，先从要包括的表和字段开始，然后在“设计”视图中添加查询条件，也可以直接到“设计”视图中设置查询条件。

1. 单参数查询

【例 6-6】建立一个查询，显示任意月份出生的教师编号、姓名及职称如图 6-40 所示。

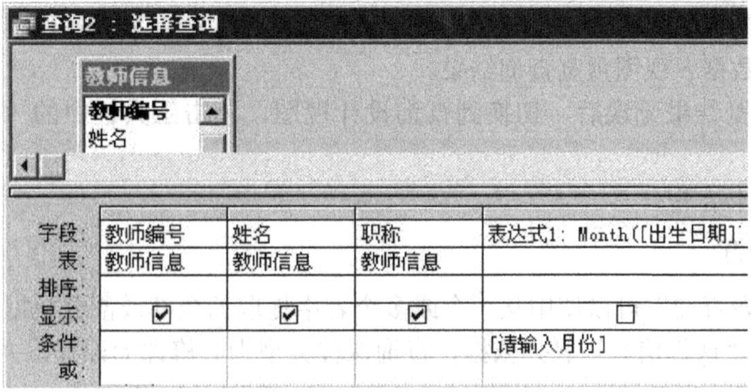

图 6-40　单参数查询示例

（1）首先创建包含所需显示字段的简单查询。

（2）在设计视图中添加查询条件。

（3）设置查询参数的数据类型。

2. 多参数查询

一个参数可视为一组条件，若想针对多组条件设置查询，可创建“多参数查询”。

【例 6-7】以“学生信息”表、“课程信息”表和“选课信息”表为数据源，查询某门课程和某个分数段的学生成绩情况，如图 6-41 所示。

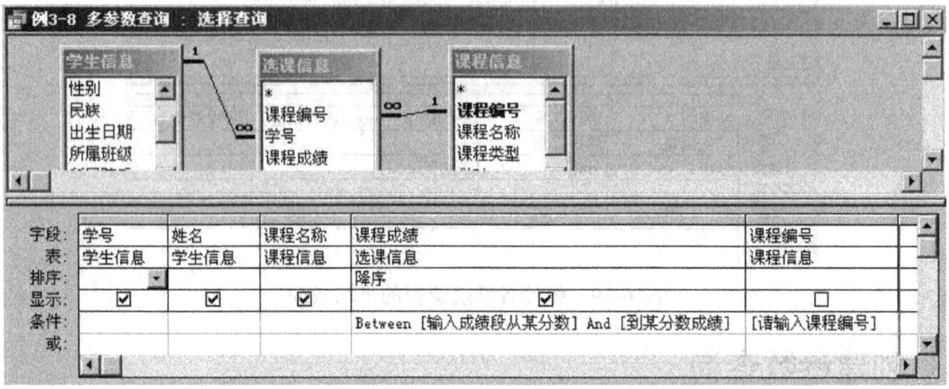

图 6-41　多参数查询

6.3.6　创建操作查询

操作查询用于对数据库进行复杂的数据管理操作，用户可以根据自己的需要利用查询创建一个新的数据表以及对数据表中的数据进行增加、删除和修改等操作。

操作查询不像选择查询那样只是查看、浏览满足检索条件的记录，而是可以对满足条件的记录进行更改。

操作查询共有 4 种类型：生成表查询、更新查询、追加查询和删除查询。

所有查询都将影响到表，其中，生成表查询在生成新表的同时，也生成新表数据，而删除查询、更新查询和追加查询只修改表中的数据。

创建操作查询的步骤：

（1）创建简单查询或参数查询。

（2）单击工具栏中的“查询类型”按钮，从下拉菜单中选择所需操作查询类型。

（3）切换到数据表视图预览查询结果。

（4）确认预览结果无误后，切换到查询设计视图，单击工具栏中的“运行”按钮执行查询。

（5）保存设计结果。

1. 生成表查询

运行“生成表查询”可以使用从一个或多个表中提取的全部或部分数据来新建表。

【例 6-8】以“课程信息”表为依据，查询课程类型为必修课的课程，并生成新表。

2. 删除查询

要使数据库发挥更好的作用，就要对数据库中的数据经常进行整理。整理数据的操作之一就是删除无用的或坏的数据。前面介绍的在表中删除数据方法只能手动删除表中记录或字段的数据，这样非常麻烦。

删除查询可以通过运行查询自动删除一组记录，而且可以删除一组满足相同条件的记录。删除查询可以只删除一个表内的记录，也可以删除在多个表内利用表间关系相互关联的表间记录。

【例 6-9】创建一个删除查询，删除“教师信息”表中学历为“专科生”的记录。

3. 更新查询

更新查询用于修改表中已有记录的数据。

创建更新查询首先要定义查询准则，找到目标记录，还需要提供一个表达式，用表达式的值去替换原有的数据。

【例 6-10】创建一个更新查询，将所有电气系的学生所属院系改为“电气与电子工程系”。

4. 追加查询

如果希望将某个表中符合一定条件的记录添加到另一个表中，可使用追加查询。追加查询可将查询的结果追加到其他表中。

【例 6-11】设已建立“计算机系学生信息”表，要求创建一个追加查询，将“计算机系学生信息”表中学生信息追加到“学生”表中。

操作步骤如下。

（1）单击“创建”选项卡下的“查询设计”按钮，如图 6-42 所示。

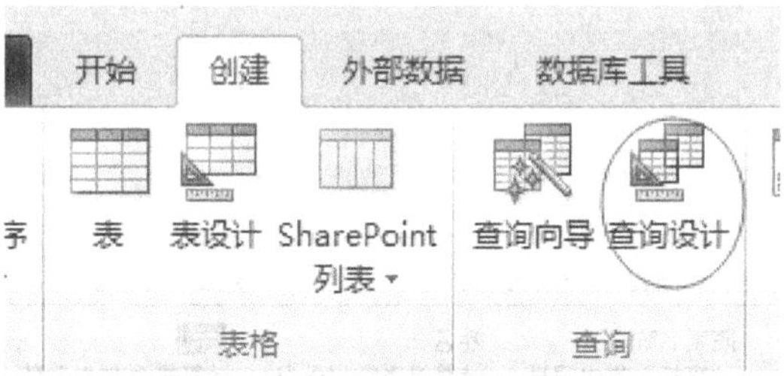

图 6-42　“查询设计“按钮

（2）在弹出的“显示表”对话框中，单击“计算机系学生信息”表，然后单击“添加”按钮，如图 6-43 所示。

（3）选中学生编号、院系名称、姓名、性别四个字段，然后拖曳到下面的表格设计中，如图 6-44 所示。

（4）单击“查询工具-设计”选项卡下的“追加”按钮，如图 6-45 所示。

（5）弹出“追加”对话框，选择一个追加到的表，例如“学生”表，然后单击“确定”按钮，如图 6-46 所示。

（6）单击如图 6-47 所示的“运行”按钮，得到如图 6-48 所示的提示信息框，单击“是”就可完成操作。

图 6-43　添加“计算机学生信息表”

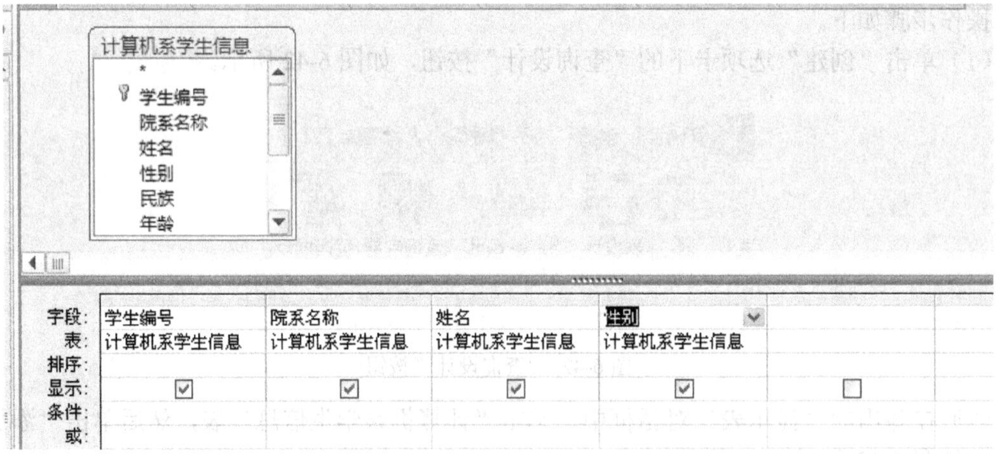

图 6-44　选择“计算机系学生信息”表中的四个字段

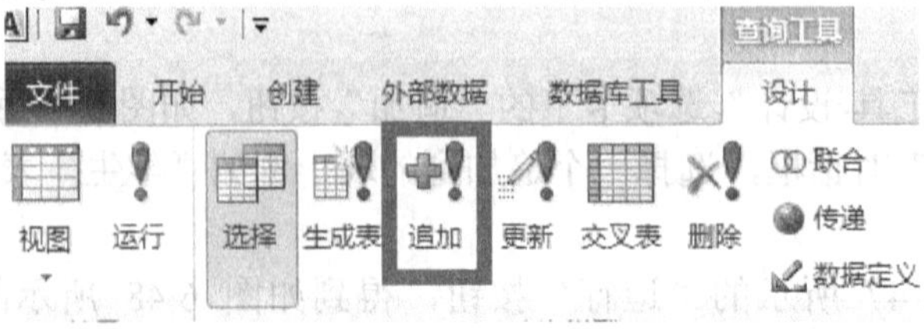

图 6-45　“追加”按钮

图 6-46　追加到“学生”表

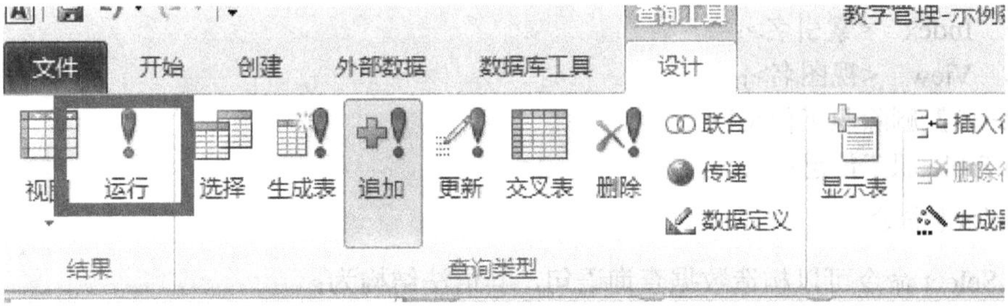

图 6-47　“运行”按钮

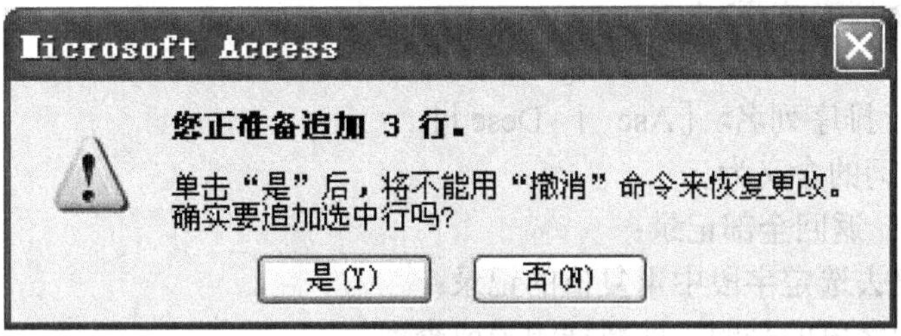

图 6-48　提示信息框

6.3.7　创建 SQL 查询

SQL 语言包含 4 个部分功能：

- 数据查询（Select 语句）；
- 数据操纵（Insert，Update，Delete 语句）；
- 数据定义（Create，Drop 等语句）；
- 数据控制（Commit，Rollback 等语句）。

1. CREATE 命令

Create 命令用来创建表、视图或索引，其命令格式为：

Create Table <表名>（<列名 1> <数据类型> [列完整性约束条件]，

<列名 2> <数据类型> [列完整性约束条件]，

……）[表完整性约束条件]；

【例 6-12】 创建一个教师信息表，包括：编号、姓名、职称、出生日期、简历等字段。其中，编号字段为主索引字段（不能为空，且值唯一）。

```
Create Table 教师信息（编号        char（9）not null unique，
                    姓名        char（9），
                    职称        char（10），
                    出生日期    date，
                    简历        memo）；
```

2. Drop 命令

Drop 命令用来删除表、视图或索引，其命令格式为：

Drop　Table　<表名>；

Drop　Index　<索引名>；

Drop　View　<视图名>；

【例 6-13】 删除职工信息表。

Drop Table 职工信息；

3. Select 命令

利用 Select 命令可以构造数据查询语句，其语法结构为：

Select［All　|　Distinct］<目标列名 1>，<目标列名 2>，…… From <表名 1>，<表名 2>
　［Where <条件表达式>］
　［Group By <分组列名>［Having <条件表达式>］
　［Order By <排序列名>［Asc　|　Desc］］

语句中各关键词的含义为

- All（默认）：返回全部记录；
- Distinct：略去选定字段中重复值的记录；
- From：指明字段的来源，即数据源表或查询；
- Where：定义查询条件；
- Group By：指明分组字段，Having：指明分组条件；
- Order By：指明排序字段，Asc　|　Desc：排序方式，升序或降序。

【例 6-14】 从学生成绩表中，查询出“土建学院”全体学生的记录，结果按照学号的升序排序。

```
Select All * From 学生信息
Where 所属院系="土建学院"
Order By 学号 Asc
```

如果本例的条件改为，查询出“土建学院”男生的记录，两个条件并列，则语句应为：

```
Select *
From 学生信息
Where 所属院系="土建学院" and 性别="男"
Order By 学号 Asc
```

如果本例的条件改为，查询“土建学院”中全体学生的记录，并显示出他们的学号、姓名和各科成绩，则语句应为：

```
Select 学生信息.学号，学生信息.姓名，课程信息.课程名称，选课信息.课程成绩
From 学生信息，课程信息，选课信息
```

Where 选课信息.学号=学生信息.学号 and 课程信息.课程编号=选课信息.课程编号 and 所属院系="土建学院"

Order By 学生信息.学号 Asc

4. Insert 命令

通过该命令可以向数据表中插入新记录。

【例 6-15】向“课程信息”表中插入一条新记录。

```
Insert
    Into 课程信息
    Values（"5555"，"中国武术"，"必修课"，1，16）；
```

5. Update 命令

通过该命令可以修改数据表中的数据。

【例 6-16】修改“课程信息”表中的数据，将课程“中国武术”改为“中国散打武术”。

```
Update 课程信息
Set 课程名称="中国散打武术"
Where 课程名称="中国武术"
```

6.4　报表

报表是 Access 提供的一种对象。报表对象可以将数据库中的数据以格式化的形式显示和打印输出。报表只能查看数据，不能通过报表修改或输入数据。

报表的功能包括：①可以以格式化形式输出数据；②可以对数据分组，进行汇总；可以包含子报表及图表数据；③可以输出标签、发票、订单和信封等多种样式报表；④可以进行计数、求平均、求和等统计计算；⑤可以嵌入图像或图片来丰富数据显示。

6.4.1　报表概述

1. 报表的概念

报表主要用于对数据库的数据进行分组、计算、汇总和打印输出，它将根据指定规则打印输出格式化的数据信息。

Access 的报表提供了以下功能：①可以对数据进行分组、汇总；②可以包含子窗体、子报表；③可以按特殊设计版面；④可以输出图表和图形；⑤能打印所有表达式。

2. 报表的类型

（1）纵栏式报表。纵栏式报表以垂直方式在每一页中的主体节区显示一条或多条记录，用来记录数据的字段标题信息与字段记录数据一起被安排在每页的主体节区域内并同时显示。

纵栏式报表可以安排显示一条记录的区域，也可同时显示一对多关系的“多”端的多条记录的区域，甚至包括合计。

（2）表格式报表。表格式报表以整齐的行、列形式显示记录数据，通常一行显示一条记录、一页显示多行记录。

表格式报表的记录数据的字段信息不是被安排在每页的主体节，而是安排在页面页眉的区域内显示（即各记录共用一个字段标题）。

（3）图表报表。图表报表是指包含图表显示的报表类型。报表中使用图表，可以更直观地表现数据之间的关系。

（4）标签报表。标签报表是一种特殊类型的报表，主要用于打印书签、名片、信封、邀请函等特殊用途。

3. 报表的视图

报表的设计视图由 5 部分组成，每部分称为节，分别为主体、报表页眉、页面页眉、页面页脚和报表页脚。默认情况下，报表“设计视图”只显示主体、页面页眉和页面页脚，其他 2 个节需要在报表内部右击，在弹击的快捷菜单中选择“报表页眉/页脚”命令，才能在报表设计视图中显示出来。报表视图分类如下。

（1）报表视图。报表的显示视图，该视图用于执行各种数据的筛选和查看方式。

（2）打印预览。该视图用于让用户观察报表的打印效果，如果打印效果不理想，可以随时更改设置。

（3）布局视图。界面和报表视图几乎一样，但是该视图中各个控件的位置可以移动，用户可以重新布局各个控件，删除不需要的控件，设置各控件的属性等，但是不能像设计视图一样添加各种控件。

（4）设计视图。用来设计和修改报表的结构，添加控件和表达式，设置控件的各种属性，美化报表等。

4. 报表的组成

报表主要由以下 7 部分组成：报表页眉、页面页眉、主体、页面页脚、报表页脚、组页眉、组页脚。

每一个部分称为“节”。其中的主体节是必须具有的，其余各节可以根据需要随时增删。

（1）报表页眉。这是整个报表的页眉，用于显示整个报表的标题、说明性文字、图形、制作时间或制作单位等信息。每个报表只有一个页眉，它的内容打印在报表的首页上。

（2）页面页眉。页面页眉的内容打印在每页的顶端（即每页均打印一次）。

如果报表页眉和页面页眉共同存在于首页，则页面页眉的内容在报表页眉的下方。

（3）主体。报表的主体用于处理每一条记录（即每条记录均打印一次），其中的每个值都要被打印。主体是报表内容的主体区域，通常含有计算字段。

（4）页面页脚。页面页脚打印在每页的底部，用于显示本页的汇总说明。

页面页脚通常包含页码，通过一个文本框控件显示页码，文本框的 ControlSource 属性值为一个表达式，即：="第 " & [Page] & " 页"。

（5）报表页脚。报表页脚用于打印报表末端，通常使用它显示整个报表的计算汇总、日期和说明性文本等。

（6）组页眉。分组后在报表每组头部打印输出，同一组的记录都会在主体节中显示，它主要用于定义分组报表，输出每一组的标题。

（7）组页脚。分组后在报表的每页底部打印输出，主要用来输出每一组的统计计算标题。

6.4.2　创建报表

在 Access 中，可以使用 4 种方法创建报表：①自动创建报表；②创建空报表；③利用报表向导创建报表；④使用设计视图创建报表。

1. 使用“自动创建报表”创建报表

使用“自动创建报表”时，可以选择记录源和报表格式（包括纵栏式或表格式）来创建报表。该报表能够显示表中的所有字段和记录。

【例 6-17】使用“自动创建报表”创建一个能够输出学生信息的报表。其操作步骤如下：

（1）选中“学生表”。

（2）单击“创建”→“报表”选项组中的“报表”按钮。

2. 创建空报表

创建空报表是指创建一个空白报表，然后将选定的数据字段添加到所创建的报表中。注意：其数据源只能是表。

【例 6-18】使用“空报表”创建一个能够输出学生信息的报表。其操作步骤如下：

（1）单击“创建”→“报表”选项组中的“空报表”按钮。

（2）单击“报表布局工具”→“设计”→“工具”→“添加现有字段”命令，出现字段列表，把字段拖放在空报表上即可。

3. 使用报表向导创建报表

在使用报表向导创建报表时，需要选择在报表中出现的信息（包括报表标题、显示字段等），并从多种格式中选择一种格式以确定报表的外观。

【例 6-19】使用报表向导创建一个能输出学生的学号、姓名、课程名称和成绩的学生成绩报表。其操作步骤如下：使用向导创建新报表→设置数据源及输出字段（数据源允许多表）→确定查看数据的方式（多表时的设置）→设置分组依据、排序依据和汇总选项→确定报表的布局和样式→确定报表的标题（也即报表名称）。

4. 使用“标签向导”创建报表

利用标签向导可以快捷地创建标签。

【例 6-20】使用“标签向导”创建一个学生的标签，要求输出：学号和姓名。其操作步骤如下：

（1）使用“标签向导”创建标签。

（2）设置数据源（数据源仅允许单表）。

（3）按向导提示进行各项设置。

5. 创建图表报表

创建图表报表时系统不提供向导，只能使用图表控件向导创建。

【例 6-21】使用“图表控件向导”创建一个各院系不同职称的人数图表。其操作步骤如下：

（1）单击“创建”→“报表”选项组中的“空报表”按钮或者“报表设计”按钮。

（2）往控件组中添加图表控件。

（3）设置数据源（数据源仅允许单表）。

（4）按向导提示进行各项设置。

6.4.3 在设计视图中创建报表

有些报表是无法通过报表向导来创建的，必须使用报表设计视图来完成。其操作步骤为：①创建一个新报表或打开一个报表，打开设计视图；②添加数据源；③添加控件；④设置控件的属性；⑤保存报表并预览。

1. 创建简单报表

（1）使用报表设计视图创建报表

其操作步骤如下：

（1）单击“创建”选项卡下的“报表设计”按钮，如图 6-49 所示。

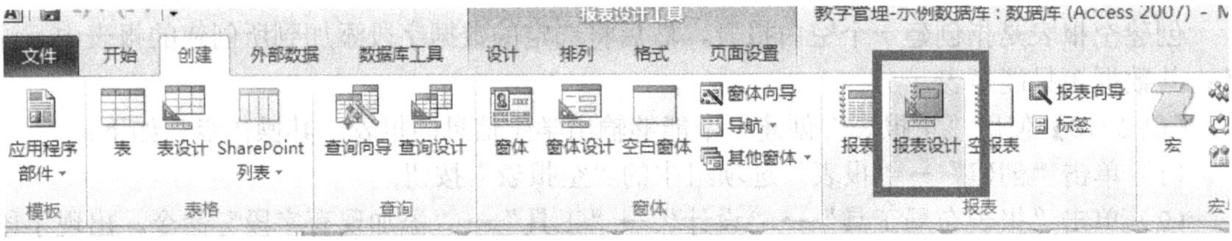

图 6-49 “报表设计”按钮

（2）设置报表的数据源（RecordSource 属性），如图 6-50 所示。

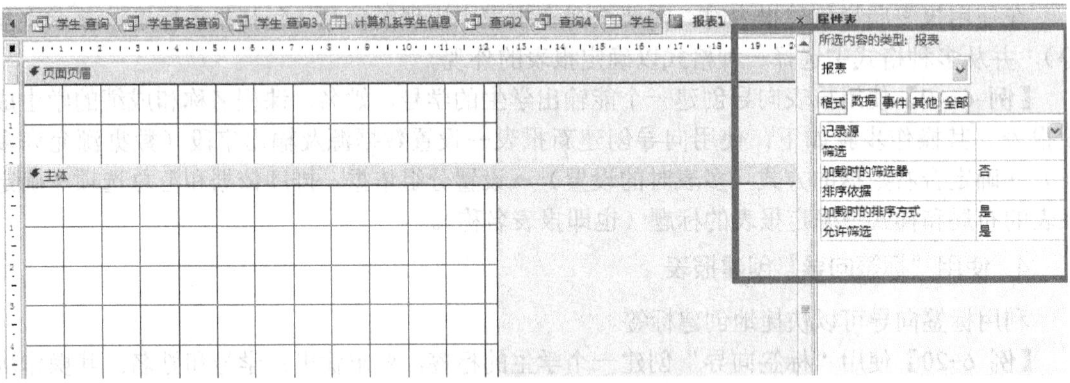

图 6-50 设置报表的数据源

（3）利用“报表设计工具”->“设计”->“控件”组，在报表的各个节内添加控件，并设置它们的属性和调整它们的位置，如图 6-51 所示。

图 6-51 报表设计工具

（2）为报表添加页码

其操作步骤如下：

① 打开报表的设计视图。

② 执行“报表设计工具”→“设计”→“页眉/页脚”→“页码”命令，打开“页码”对话框。

③ 在“页码”对话框中做相应的选择（格式、位置、对齐方式等）。

（3）为报表添加分页符

在报表中，可以在某一节中使用分页符来标志需要另起一页的位置。

分页符的添加方法与窗体中使用分页符相同，即在报表中添加一个分页符控件。添加分页符示例如表 6-4 所示。

表 6-4　分页符示例

表 达 式	结 果
= [Page]	1
="Page" & [Page]	Page1
="第" & [Page] & "页"	第 1 页
="Page " & [Page] & " of " & [Pages]	Page 1 of 3
="第" & [Page] & "页" & "，共" & [Pages] & "页"	第 1 页，共 3 页
=Format（[Page]，"000"）	001

（4）为报表添加当前日期和时间

有以下两种方法可以为报表添加当前日期和时间。

① 利用“报表设计工具”→“设计”→“页眉/页脚”→“日期和时间”来添加

② 手工添加。

（5）在报表上绘制线条和矩形

其操作步骤如下：

① 打开报表的设计视图。

② 将线条添加到报表的合适位置，并设置其属性。

2. 报表的排序、分组和计算

（1）记录排序

在默认的情况下，报表中的记录是按照自然顺序（记录输入的先后顺序）来排列显示的。所谓排序，就是让记录按某个指定的顺序（通常是字段或字段表达式的值）排列显示。

（2）记录分组

所谓分组，是指报表设计时按选定的某个（或几个）字段值是否相等而将记录划分成组的过程。其操作步骤如下：

① 打开报表的设计视图。

② 在“分组、排序和汇总”面板添加分组和排序。

（3）在报表中实现计算

通过分组可以实现同组数据的汇总和显示输出。其方法为：添加计算控件。

计算控件是其“控件来源”属性的一个表达式，当表达式的值发生变化时，将会重新计算结果并输出。文本框是最为常用的计算控件。

第 7 章　计算机网络基础和 Internet 应用

21 世纪是信息社会和知识经济时代。计算技术多年的发展经历表明，信息社会的基础设施就是计算机、通信业和网络。现在，计算机网络技术的迅速发展和 Internet 的普及，使人们更深刻地体会到计算机网络已渗透到人们工作的各个方面，并且对人们的日常生活甚至思想产生了较大的影响。

互联网（Internet）是世界上最大、覆盖面最广的计算机互联网。Internet 使用 TCP/IP 协议，将全世界不同国家、不同地区、不同部门和结构不同类型的计算机、国家主干网、广域网、局域网，通过网络互联设备“永久”地高速互联，因此是一个“计算机网络的网络”。

本章要点：

- 了解计算机网络的发展、功能与应用；
- 掌握计算机网络的分类和组成；
- 掌握计算机网络的传输介质；
- 了解 Internet 的基本情况；
- 掌握 IP 地址的组成、分类与划分；
- 了解域名的分类、作用以及域名的申请；
- 掌握 WWW、FTP、邮件等服务器的应用；
- 掌握 Intranet 的作用。

7.1　计算机网络的形成与发展

计算机网络技术是计算机技术和通信技术相结合的产物，它代表着当前计算机系统今后发展的一个重要方向。它的发展和应用正改变着人们的传统观念和生活方式，使信息的传递和交换更加快捷。目前，计算机网络在全世界范围迅猛发展，网络应用逐渐渗透到各个技术领域和社会的各个方面，已经成为衡量一个国家发展水平和综合国力强弱的标志。可以预言，未来的计算机就是网络化的计算机。

7.1.1　计算机网络的产生

计算机网络是通信技术和计算机技术相结合的产物，它是信息社会最重要的基础设施，并将构成人类社会的信息高速公路。

1946 年诞生了世界上第一台电子数字计算机，从而开辟了向信息社会迈进的新纪元。20 世纪 50 年代，美国利用计算机技术建立了半自动化的地面防空系统（SAGE），它将雷达信息和其他信号经远程通信线路送达计算机进行处理，第一次利用计算机网络实现了远程集中式控制，这是计算机网络的雏形。

1969 年，美国国防部高级研究计划局（DARPA）建立了世界上第一个分组交换网 ARPANet，即 Internet 的前身，这是一个只有 4 个节点的存储转发方式的分组交换广域网。

ARPANet 的远程分组交换技术，于 1972 年在首次国际计算机会议上公开展示。

1976 年，美国 Xerox 公司开发了基于载波监听多路访问/冲突检测（CSMA/CD）原理的、用同轴电缆连接多台计算机的局域网，取名以太网。

计算机网络是半导体技术、计算机技术、数据通信技术和网络技术相互渗透、相互促进的产物。数据通信的任务是利用通信介质传输信息。

通信网为计算机网络提供了便利而广泛的信息传输通道，而计算机和计算机网络技术的发展也促进了通信技术的发展。

7.1.2　计算机网络的发展

计算机网络出现的时间并不长，但发展速度很快，经历了从简单到复杂的过程。计算机网络最早出现在 20 世纪 50 年代，发展到现在大体经历了以下 4 个大阶段。

（1）大型机时代（1965—1975 年）

大型机时代是集中运算的年代，使用主机和终端模式结构，所有的运算都是在主机上进行的，用户终端为字符方式。在这一结构中，最基本的联网设备是前端处理机和中央控制器（又称集中器）。所有终端连到集中器上，然后通过点到点电缆或电话专线连到前端处理机上。

（2）小型机联网（1975—1985 年）

DEC 公司最先推出了小型机及其联网技术。由于采用了允许第三方产品介入的联网结构，加速了网络技术的发展。很快，10Mbps 的局域网速率在 DEC 推出的 VAX 系列主机、终端服务器等一系列产品上广泛采用。

（3）共享型的局域网（1985—1995 年）

随着 DEC 和 IBM 基于局域网（LAN）的终端服务器的推出和微型计算机的诞生与快速发展，各部门纷纷需要解决资源共享问题。为满足这一需求，一种基于 LAN 的网络操作系统研制成功，与此同时，基于 LAN 的网络数据库系统的应用也得到快速发展。

粗缆技术由于安装不方便，开始被双绞线高可靠的星形网络结构取代；大楼楼层开始放置集线器；用于连接总线网和令牌环的桥接器研制成功。但是这些设备在扩大了联网规模的同时也加大了广播信息量，对网络规模的继续扩大构成了威胁。随后，出现了以路由器为基础的联网技术，不但解决了提升带宽的问题，而且解决了广播风暴问题。

（4）交换时代（1995 年至今）

个人计算机（PC）的快速发展是开创网络计算时代最直接的动因。网络数据业务强调可视化，如 Web 技术的出现与应用、各种图像文档的信息发布、用于诊断的医疗放射图片的传输、CAD、视频培训系统的广泛应用等，这些多媒体业务的快速增长、全球信息高速公路的提出和实施都无疑对网络带宽提出更快、更高的需求。显然，几年前运行得良好的 Hub 和路由器技术已经不能满足这些要求，一个崭新的交换时代已经来临。

7.1.3　计算机网络的发展趋势

计算机网络的发展方向是 IP 技术+光网络，光网络将会演进为全光网络。从网络的服务层面上看将是一个 IP 的世界，通信网络、计算机网络和有线电视网络将通过 IP 三网合一；从传送层面上看将是一个光的世界；从接入层面上看将是一个有线和无线的多元化世界。

1. 三网合一

目前广泛使用的网络有通信网络、计算机网络和有线电视网络。随着技术的不断发展，新的业务不断出现，新旧业务不断融合，作为其载体的各类网络也不断融合，使目前广泛使用的三类网络正逐渐向单一统一的IP网络发展，即所谓的“三网合一”。

在IP网络中可将数据、语音、图像、视频均归结到IP数据包中，通过分组交换和路由技术，采用全球性寻址，使各种网络无缝连接，IP协议将成为各种网络、各种业务的“共同语言”。

实现“三网合一”并最终形成统一的IP网络后，传递数据、语音、视频只需要建造、维护一个网络，简化了管理，也会大大地节约开支，同时可提供集成服务，方便了用户。可以说“三网合一”是网络发展的一个最重要的趋势。

2. 光通信技术

光通信技术已有30多年的历史。随着光器件、各种光复用技术和光网络协议的发展，光传输系统的容量已从Mbps级发展到Tbps级，提高了近100万倍。

光通信技术的发展主要有两个大的方向：一是主干传输向高速率、大容量的OTN光传送网发展，最终实现全光网络；二是接入向低成本、综合接入、宽带化光纤接入网发展，最终实现光纤到家庭和光纤到桌面。全光网络是指光信息流在网络中的传输及交换始终以光的形式实现，不再需要经过光/电、电/光变换，即信息从源节点到目的节点的传输过程中始终在光域内。

3. IPv6 协议

TCP/IP协议族是互联网基石之一，而IP协议是TCP/IP协议族的核心协议，是TCP/IP协议族中网络层的协议。目前，IP协议的版本为IPv4。IPv4的地址位数为32位，即理论上约有42亿个地址。随着互联网应用的日益广泛和网络技术的不断发展，IPv4的问题逐渐显露出来，主要有地址资源枯竭、路由表急剧膨胀、对网络安全和多媒体应用的支持不够等。

IPv6是下一版本的IP协议，也可以说是下一代IP协议。IPv6采用128位地址长度，几乎可以不受限制地提供地址。理论上约有3.4×10^{38}个IP地址，而地球的表面积以厘米为单位也仅有$5.1\times10^{18}cm^2$，即使按保守方法估算IPv6实际可分配的地址，每个平方厘米面积上也可分配到若干亿个IP地址。IPv6除一劳永逸地解决了地址短缺问题外，同时也解决了IPv4中的其他缺陷，主要有端到端IP连接、服务质量（QoS）、安全性、多播、移动性、即插即用等。

4. 宽带接入技术

计算机网络必须要有宽带接入技术的支持，各种宽带服务与应用才有可能开展。因为只有接入网的带宽瓶颈问题得到解决，骨干网和城域网的容量潜力才能真正发挥。尽管当前宽带接入技术有很多种，但只要是不和光纤或光结合的技术，就很难在下一代网络中应用。目前光纤到户（Fiber To The Home，FTTH）的成本已下降至可以为用户接受的程度。这里涉及两个新技术，一个是基于以太网的无源光网络（Ethernet Passive Optical Network，EPON）的光纤到户技术，另一个是自由空间光系统（Free Space Optical，FSO）技术。

由EPON支持的光纤到户，正在异军突起，它能支持吉比特的数据传输速率，并且在不久的将来成本会降到与数字用户线路（Digital Subscriber Line，DSL）和光纤同轴电缆混合网（Hybrid Fiber Cable，HFC）相同的水平。

FSO 技术是通过大气而不是通过光纤传送光信号的，它是光纤通信与无线电通信的结合。FSO 技术能提供接近光纤通信的速率，例如可达到 1Gbps，它既在无线接入带宽上有了明显的突破，又不需要在稀有资源无线电频率上有很大的投资。FSO 和光纤线路比较，系统不仅安装简便，时间少很多，而且成本也低很多。FSO 现已在企业和居民区得到应用，但是和固定无线接入一样，易受环境因素干扰。

5. 移动通信系统技术

3G 系统比现用的 2G 和 2.5G 系统传输容量更大，灵活性更高。它以多媒体业务为基础，已形成很多的标准，并引入了新的商业模式。3G 以上包括后 3G、4G，乃至 5G 系统，它们将更是以宽带多媒体业务为基础，使用更高更宽的频带，传输容量会更上一层楼。它们可在不同的网络间无缝连接，提供满意的服务；同时网络可以自行组织，终端可以重新配置和随身携带，是一个包括卫星通信在内的端到端的 IP 系统，可与其他技术共享一个 IP 核心网。它们都是构成下一代移动互联网的基础设施。

7.2　计算机网络的功能和应用

计算机网络系统中包括网络传输介质、网络连接设备、各种类型的计算机等。在软件方面，计算机网络系统需要有网络协议、网络操作系统、网络管理和应用软件等。

7.2.1　计算机网络的功能

计算机网络是计算机技术与通信技术相结合的产物，它的应用范围不断扩大，功能也不断增强，主要包括为以下几个方面。

1. 资源共享

现代计算机网络连接的主要目的是共享网络资源，包括硬件资源，比如大容量的硬盘、打印机等；包括软件资源，比如文字数字数据、图片、视频图像等。

网络中的各种资源均可以根据不同的访问权限和访问级别，提供给入网的计算机用户共享使用，可以是全开放的，也可以按权限访问。即网络上用户都可以在权限范围内共享网络系统提供的共享资源。共享基于联网环境资源的计算机用户不受实际地理位置的限制。例如，客户端的用户可以在网络服务器上建立用户目录并将自己的数据文件存放到此目录下，也可以从服务器上读取共享的文件，还可以把打印作业送到网络连接的打印机上打印，当然也可以从网络中检索自己所需要的信息数据等。

在计算机网络中，如果某台计算机的处理任务过重，也就是太“忙”时，可通过网络将部分工作转交给较为“空闲”的计算机来完成，均衡使用网络资源。

资源共享使得网络中分散的资源能够为更多的用户服务，提高了资源的利用率。共享资源是组建计算机网络的重要目的之一。

2. 数据通信

数据通信是计算机网络的基本功能之一，用以实现计算机与终端，或计算机与计算机之间传递各种信息，从而提高了计算机系统的整体性能，也大大方便了人们的工作和生活。

3. 提高信息系统的可靠性

组成计算机网络的信息系统具有可靠的处理能力。计算机网络中的计算机能够彼此互为备用，一旦网络中某台计算机出现故障，故障计算机的任务就可以由其他计算机来完成，不会出现单机故障使整个系统瘫痪的现象，增加了计算机网络系统的安全可靠性。比如，如果网络中的一台计算机或一条线路出现故障，可以通过其他无故障线路传送信息，并在其他无故障的计算机上进行处理，包括对不可抗拒的自然灾害也有较强的应付能力，例如战争、地震、水灾等可能使一个单位或一个地区的信息处理系统处于瘫痪状态，但整个计算机网络中其他地域的系统仍能工作，只是在一定程度上降低了计算机网络的分布处理能力。

4. 进行分布处理

在具有分布处理能力的计算机网络中，可以将任务分散到多台计算机上进行处理，由网络来完成对多台计算机的协调工作。对于处理较大型的综合性问题，可按一定的算法将任务分配给网络中不同计算机进行分布处理，以提高处理速度，有效利用设备。这样，在以往需要大型机才能完成的大型题目，即可由多台微型机或小型机构成的网络来协调完成，而且运行费用大大降低，运行效率大大提高，还能保证数据的安全性、完整性和一致性。

采用分布处理技术，往往能够将多台性能不一定很高的计算机连成具有高性能的计算机网络，使解决大型复杂问题的费用大大降低。

5. 进行实时控制和综合处理

利用计算机网络，可以完成数据的实时采集、实时传输、实时处理和实时控制，这在实时性要求较高或环境恶劣的情况下非常有用。另外通过计算机网络可将分散在各地的数据信息进行集中或分级管理，通过综合分析处理后得到有价值的数据信息资料。利用网络完成下级生产部门或组织向上级部门的集中汇总，可以使上级部门及时了解情况。

6. 其他用途

利用计算机网络可以进行文件传送，作为仿真终端访问大型机，在异地同时举行网络会议，进行电子邮件的发送与接收，在家中办公或购物，从网络上欣赏音乐、电影、体育比赛节目等，还可以在网络上和他人进行聊天或讨论问题等。

7.2.2 计算机网络的应用

网络数据的分布处理、计算机资源的共享及网络通信技术的快速发展与应用推动了社会的信息化，使计算机技术朝着网络化方向发展。融合了计算机技术与通信技术的计算机网络技术，是当前计算机技术发展的一个重要方向。

由于计算机网络的功能特点使得计算机网络应用已经深入社会生活的各个方面，如办公自动化、网上教学、金融信息管理、电子商务、网络传呼通信等。随着现代信息社会进程的推进，通信和计算机技术的迅猛发展，计算机网络的应用越来越普及，打破了空间和时间的限制，几乎深入到社会的各个领域。其应用可归纳为下列几个方面。

1. 办公自动化

人们已经不满足于用个人计算机进行文字处理及文档管理，普遍要求把一个机关或企业的办公计算机连成网络，以简化办公室的日常工作，这些事务包括：①信息录入、处理、存档等；②信息的综合处理与统计；③报告生成与部门之间或上下级之间的报表传递；④通信、联络（电话、邮件）等；⑤决策与判断。

2. 管理信息系统

管理信息系统对一个企业，特别是部门多、业务复杂的大型企业更有意义，也是当前计算机网络应用最广泛的方面，主要有：

（1）按不同的业务部门设计子系统，如计划统计子系统、人事管理子系统、设备仪器管理子系统等。

（2）工况监督系统，如对大型生产设备、仪器的参数、产量等信息实时采集的综合信息处理系统。

（3）企业管理决策支持系统。

3. 电子数据交换

电子商务、电子数据交换等网络应用把商店、银行、运输、海关、保险以至工厂、仓库等各个部门联系起来，实行无纸、无票据的电子贸易。它可提高商贸，特别是国际商贸的流通速度、降低成本、减少差错、方便客户和提高商业竞争力，也是全球化经济的体现，是构造全球化信息社会不可缺少的纽带。

4. 公共生活服务信息化

公共生活服务包括以下一些与公共生活密切相关的网络应用服务。

（1）与电子商务有关的网上购物服务。

（2）基于信息检索服务的各种生活信息服务，如天气预报信息、旅游信息、交通信息、图书资料出版信息、证券行情信息等。

（3）基于联机事务处理系统的各种事务性公共服务，如飞机、火车联网订票系统、银行联汇兑及取款系统、旅店客房预订系统及图书借阅管理系统等。

（4）各种方便、快捷的网络通信服务，如网络电子邮件、网络电话、网络传真、网络电视电话、网络寻呼机、网上交友及网络视频会议等。

（5）网上广播、电视服务，如网上新闻组、交互式视频点播等。

5. 远程教育

基于计算机网络的现代教育系统更能适应信息社会对教育高效率、高质量、多学制、多学科、个别化、终身化的要求。因此，有人把它看成是教育领域中的信息革命，也是科教兴国的重要举措。

6. 电子政务

政府上网可以及时发布政府信息和接收处理公众反馈的信息，增强人民群众与政府领导之间的直接联系和对话，有利于提高政府机关的办事效率，提高透明度与领导决策的准确性，有利于廉政建设和社会民主建设。

7.3 计算机网络的分类

计算机网络有许多种分类方法，其中最常用的有 3 种分类依据，即按网络的传输技术、网络的覆盖范围和网络的拓扑结构进行分类。

7.3.1 按网络传输技术分类

1. 广播网络

广播网络的通信信道是共享介质，即网络上的所有计算机都共享它们的传输通道。这类网络以局域网为主，如以太网、令牌环网、令牌总线网、光纤分布数字接口（Fiber Distribute Dizital Interface，FDDI）网等。

2. 点到点网络

点到点网络也称为分组交换网，点到点网络使得发送者和接收者之间有许多条连接通道，分组要通过路由器，而且每一个分组所经历的路径是不确定的。因此，路由算法在点到点网络中起着重要的作用。点到点网络主要用在广域网中，如分组交换数据网 X.25、帧中继、异步传输方式（Asynchronous Transfer Mode，ATM）等。

7.3.2 按网络覆盖范围分类

计算机网络按照网络的覆盖范围分，可以分为局域网、城域网和广域网三类。

1. 局域网（Local Area Network，LAN）

局域网的地理分布范围在几千米以内，一般局域网络建立在某个机构所属的一个建筑群内，或大学的校园内，也可以是办公室或实验室几台计算机连成的小型局域网络。局域网连接这些用户的微型计算机及其网络上作为资源共享的设备（如打印机等）进行信息交换，另外通过路由器和广域网或城域网相连接实现信息的远程访问和通信。LAN 是当前计算机网络的发展中最活跃的分支。局域网有别于其他类型网络的特点是：

① 局域网的覆盖范围有限，一般仅在几百米至十多公里的范围内。

② 数据传输率高，一般在 10～100Mbps，现在的高速 LAN 的数据传输率（bps）可达到千兆；信息传输的过程中延迟小、差错率低。

③ 局域网易于安装，便于维护。

2. 城域网（Metropolitan Area Network，MAN）

城域网采用类似于 LAN 的技术，但规模比 LAN 大，地理分布范围在 10～100km，介于 LAN 和 WAN 之间，一般覆盖一个城市或地区。

3. 广域网（Wide Area Network，WAN）

广域网的涉辖范围很大，可以是一个国家或一个洲际网络，规模十分庞大而复杂，它的传输媒介由专门负责公共数据通信的机构提供。它的特点可以归纳为：

① 覆盖范围广，可以形成全球性网络，如 Internet 网。

② 数据传输速率低，一般在 1.2kbps～15.44Mbps 之间，误码率较高，纠错处理相对

复杂。

③ 通信线路一般使用电信部门的公用线路或专线，如公用电话网（PSTN）、综合业务网（ISDN）、DDN、ADSL 等。

7.3.3　按网络的拓扑结构分

网络中各个节点相互连接的方法和形式称为网络拓扑。网络的拓扑结构形式较多，主要分为：总线形、星形、环形、树形、全互联形、网状形和不规则形。按照网络的拓扑结构，可把网络分成：总线形网络、星形网络、环形网络、树形网络、网状形网络、混合形和不规则形网络。

7.3.4　其他的网络分类方法

按网络控制方式的不同，可把计算机网络分为分布式和集中式两种网络。

按信息交换方式，计算机网络分为分组交换网、报文交换网、线路交换网和综合业务数字网等。

按网络环境的不同，可把计算机网络分成企业网、部门网和校园网等。

计算机网络还可按通信速率分为 3 类：低速网、中速网和高速网。低速网的数据传输速率在 300bps～1.4Mbps 之间，系统通常是借助调制解调器利用电话网来实现。中速网的数据传输速率在 1.5～45Mbps 之间，这种系统主要是传统的数字式公用数据网。高速网的数据传输速率在 50～1000Mbps 之间。信息高速公路的数据传输速率将会更高，目前的 ATM 网的传输速率可以达到 2.5Gbps。

按网络配置分类，这主要是对客户机/服务器模式的网络进行分类。在这类系统中，根据互联计算机在网络中的作用可分为服务器和工作站两类。于是，按配置的不同，可把网络分为同类网、单服务器网和混合网，几乎所有这种客户机/服务器模式的网络都是这 3 种网络中的一种。网络中的服务器是指向其他计算机提供服务的计算机，工作站是接收服务器提供服务的计算机。

按照传输介质带宽分类，计算机网络分为基带网络和宽带网络。数据的原始数字信号所固有的频带（没有加以调制的）叫基本频带，或称基带。这种原始的数字信号称为基带信号。数字数据直接用基带信号在信道中传输，称为基带传输，其网络称为基带网络。基带信号占用的频带宽，往往独占通信线路，不利于信道的复用，且抗干扰能力差，容易发生衰减和畸变，不利于远距离传输。把调制的不同频率的多种信号在同一传输线路中传输称为宽带传输，这种网络称为宽带网。

按网络协议分类，可把计算机网络分为以太网（Ethernet）、令牌环网（Token Ring）、光纤分布式数据接口网络（FDDI）、X.25 分组交换网络、TCP/IP 网络、系统网络架构（System Network Architecture，SNA）网络、异步转移模式（ATM）网络等。Ethernet、Token Ring、FDDI、X.25、TCP/IP、SNA 等都是访问传输介质的方法或网络采用的协议。

按网络操作系统（网络软件）分类，可对网络进行分类，例如：Novell 公司的 NetWare 网络、3COM 公司的 3+Share 和 3+OPEN 网络、Microsoft 公司的 LAN Manager 网络和 Windows NT/2000/2003 网络、Banyan 公司的 VINES 网络、UNIX 网络、Linux 网络等。这种分类是以不同公司的网络操作系统为标志的。

7.4 计算机网络的拓扑结构

计算机网络的拓扑结构，是指网络中的通信线路和节点连接而成的图形，并用以标志网络的整体结构外貌，同时也反映了各组成模块之间的结构关系。它影响整个网路的设计、功能、可靠性、通信费用等方面，是计算机网络研究的主要内容之一。拓扑结构有很多种，主要有环形、星形、树形、总线形、网状形等，如图 7-1 所示。

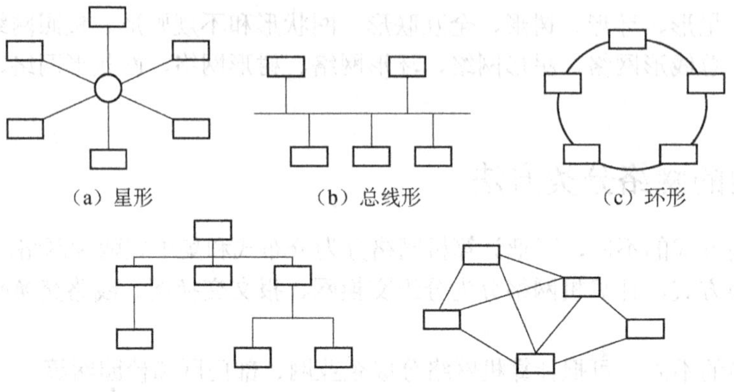

图 7-1　计算机网络拓扑结构

1. 星形拓扑结构

星形结构由一中心节点和一些与它相连的从节点组成。主节点可与从节点直接通信，而从节点之间必须经中心节点转接才能通信。星形结构一般有两类，一类是中心主节点为功能很强的计算机，它具有数据处理和转接双重功能，为存储转发方式，转接会产生时间延迟。另一类是转接中心仅起各从节点的连通作用，例如 CBX 系统或集线器转接系统。

星形拓扑结构的优点是：维护管理容易；重新配置灵活；故障隔离和检测容易；网络延迟时间较短。但其网络共享能力较差，通信线路利用率低，中心节点负荷太重。

2. 总线形拓扑结构

总线形拓扑结构采用公共总线作为传输介质，各节点都通过相应的硬件接口直接连向总线，信号沿介质进行广播式传送。由于总线形拓扑共享无源总线，通信处理为分布式控制，故入网节点必须具有智能，能执行介质访问控制协议。

总线形拓扑结构的特点是：结构简单灵活，非常便于扩充；可靠性高，网络响应速度快，设备量少，价格低，安装使用方便，共享资源能力强，便于广播工作，即一个节点发送，所有节点都可接收，但其故障诊断和隔离比较困难。

3. 环形拓扑结构

环形拓扑结构为一封闭环形，各节点通过中继器连入网内，各中继器间由点到点链路首尾连接，信息单向沿环路逐点传送。

环形网拓扑结构的特点是：信息在网络中沿固定方向流动，两个节点间仅有唯一通路，大大简化了路径选择的控制。某个节点发生故障时，可以自动旁路，可靠性较高；由于信息是串行穿过多个节点环路接口，当节点过多时，会影响传输效率，使网络响应时间变长。但当网络确定时，其延时固定，另外由于环路封闭故扩充不方便。

4. 树形拓扑结构

树形拓扑结构是从总线形结构演变过来的，形状像一棵倒置的树，顶端有一个带分支的根，每个分支还可延伸出子分支。当节点发送时，根接收信号，然后再重新广播发送到全网。其特点是综合了总线形与星形拓扑结构的优缺点。

5. 网状形拓扑结构

网状形拓扑结构又称为分布式结构，其无严格的布点规定和构形，节点之间有多条线路可供选择。

当某一线路或节点故障时不会影响整个网络的工作，具有较高的可靠性，而且资源共享方便。

由于各个节点通常和另外多个节点相连，故各个节点都应具有选路和流控制的功能，所以网络管理软件比较复杂，硬件成本较高。

6. 混合状拓扑结构

由于卫星和微波通信是采用无线电波传输的，因此就无所谓网络的构形，也可以看做是一种任意形和无约束的网状结构的混合结构。

7.5　计算机网络的基本组成

计算机网络技术包括计算机软、硬件技术，网络系统结构技术以及通信技术等内容。

按照网络的物理组成来划分，计算机网络是由若干计算机（服务器、客户机）及各种通信设备通过电缆、电话线等通信线路连接组成；按数据通信和数据处理的功能来划分，计算机网络由内层通信子网和外层资源子网组成。通信子网由通信设备和通信线路组成，承担全网的数据传输、交换、加工和变换等通信处理工作。资源子网由网上的用户主机、通信子网接口设备和软件组成，用于数据处理和资源共享。

计算机网络要完成数据处理与数据通信两大基本功能，因此从逻辑功能上一个计算机网络分为两个部分：负责数据处理的计算机与终端；负责数据通信的通信控制处理机与通信链路。从计算机网络系统组成的角度来看，典型的计算机网络从逻辑功能上可以分为资源子网和通信子网两部分。从计算机网络功能角度讲，资源子网是负责数据处理的子网，通信子网是负责数据传输的子网。一个典型的计算机网络组成如图 7-2 所示。

7.5.1　计算机网络系统组成

1. 资源子网

资源子网由主机、终端、终端控制器、联网外设、各种软件资源与信息资源组成。资源子网的主要任务是：提供资源共享所需的硬件、软件及数据等资源，提供访问计算机网络和处理数据的能力。

网络中的主机可以是大型机、中型机、小型机、工作站或微型机。主机是资源子网的主要组成单元，它通过高速通信线路与通信子网的控制处理机相连接。普通的用户终端通过主机接入网内，主机要为本地用户访问网络其他主机设备与资源提供服务，同时要为网中远程用户共享本地资源提供服务。随着微型机的广泛应用，接入计算机网络的微型机数量日益增多，它可以作为主机的一种类型直接通过通信控制处理机接入网内，也可以通过联网的大、中、小型计算机系统间接接入网内。

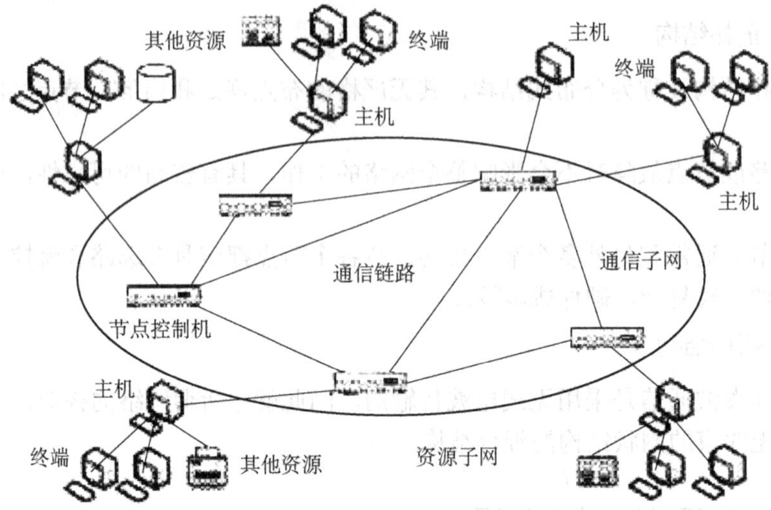

图 7-2　按逻辑功能分计算机网络示意图

终端控制器连接一组终端，负责这些终端和主机的信息通信，或直接作为网络节点。终端是直接面向用户的交互设备，可以是由键盘和显示器组成的简单的终端，也可以是微型计算机系统。

计算机外设主要是网络中的一些共享设备，如大型的硬盘机、高速打印机、大型绘图仪等。

2. 通信子网

通信子网由通信控制处理机、通信线路、信号变换设备及其他通信设备组成，完成数据的传输、交换以及通信控制，为计算机网络的通信功能提供服务。

通信控制处理机在通信子网中又被称为网络节点。它一方面作为与资源子网的主机、终端连接的接口，将主机和终端接入网内；另一方面它又作为通信子网中的分组存储转发节点，完成分组的接收、校验、存储和转发等功能，实现将源主机报文准确发送到目的主机的作用。

通信线路为通信控制处理机与通信控制处理机、通信控制处理机与主机之间提供通信信道。计算机网络采用了多种通信线路，如电话线、双绞线、同轴电缆、光纤、无线通信信道、微波与卫星通信信道等。一般在大型网络中和相距较远的两节点之间的通信链路都利用现有的公共数据通信线路。

信号变换设备的功能是对信号进行变换以适应不同传输媒体的要求。这些设备一般有：将计算机输出的数字信号变换为电话线上传送的模拟信号的调制解调器、无线通信接收和发送器、用于光纤通信的编码解码器等。

另外，计算机网络还应具有功能完善的软件系统，支持数据处理和资源共享功能。同时为了在网络各个单元之间能够进行正确的数据通信，通信双方必须遵守一致的规则或约定，例如，数据传输格式、传输速度、传输标志、正确性验证、错误纠正等，这些规则或约定称为网络协议。不同的网络具有不同的网络协议。同一网络根据不同的功能又有若干协议，组成该网络的协议组。

7.5.2 网络组件

下面介绍在网络应用过程中相关的网络组件。

1. 服务器

服务器是一台高性能计算机，用于网络管理、运行应用程序、处理各网络工作站成员的信息请求等，并连接一些外部设备如打印机、CD-ROM、调制解调器等。根据其作用的不同分为文件服务器、应用程序服务器、通信服务器和数据库服务器等。

2. 客户机

客户机也称工作站，连入网络中的由服务器进行管理和提供服务的任何计算机都属于客户机，其性能一般低于服务器。个人计算机接入 Internet 后，在获取 Internet 服务的同时，其本身就成为一台 Internet 网上的客户机。

3. 网络适配器

网络适配器也称网卡，在局域网中用于将用户计算机与网络相连，大多数局域网采用以太（Ethernet）卡，如 NE2000 网卡、PEMCIA 卡等。

4. 传输介质

网络电缆用于网络设备之间的通信连接，常用的网络电缆有双绞线、细同轴电缆、粗同轴电缆、光缆等。

5. 网络操作系统

网络操作系统（NOS）是用于网络管理的核心软件。在目前网络系统软件市场上，常用的网络系统软件有 UNIX 系统（如 IBM AIX、Sun Solaris、HPUX 等）、PC UNIX 系统（SCO UNIX、Solaris X86 等）、Novell NetWare、Windows NT、Apple Macintosh、Linux 等。UNIX 因其悠久的历史、强大的通信和管理功能以及可靠的安全性等特性得到较为普遍的认可。Windows NT 则利用价格优势、友好的用户界面、简易的操作方式和丰富的应用软件等特性，在短短几年的时间内就在小型网络系统市场竞争中脱颖而出。由于 Windows NT 有较好的扩展性、优良的兼容性、易于管理和维护，故小型网络系统平台通常均选用它。

6. 网络协议

网络协议是网络设备之间进行互相通信的语言和规范。常用的网络协议有：

（1）TCP/IP 协议。TCP（Transmission Control Protocol，传输控制协议）和 IP（Internet Protocol，网间协议）是当今最通用的协议之一，TCP/IP 是网络中使用的基本的通信协议。虽然从名字上看 TCP/IP 包括两个协议，但它实际上是一组协议，包括上百个各种功能的协议，如远程登录、文件传输和电子邮件等，而 TCP 协议和 IP 协议是保证数据完整传输的两个基本的重要协议。通常说 TCP/IP 是指 Internet 协议族，而不单单是指 TCP 和 IP。

（2）IPX/SPX 网络协议。它是指 IPX（Internetwork Packet Exchange，网间数据包交换协议）和 SPX（sequenced Packet Exchange，顺序包交换协议），其中，IPX 协议负责数据包的传送；SPX 负责数据包传输的完整性。

（3）NetBEUI 协议。它是指 NetBEUI（NetBIOS Extended User Interface，NetBIOS 扩展用户接口）是对 NetBIOS（Network Basic Input/Output System，网络基本输入/输出系统）的一种扩展，NetBEUI 协议主要用于本地局域网中，一般不能用于与其他网络的计算机进行沟通。

（4）万维网（WWW）协议：WWW 是 World Wide Web（环球信息网）的缩写，也可以简称为 Web，中文名字为万维网。把万维网（Web）页面传送给浏览器的协议是 HTTP（Hyper Text Transport Protocol，超文本传送协议）。从技术角度上说，环球信息网是 Internet 上那些支持 WWW 协议和 HTTP 协议的客户机与服务器的集合，透过它可以存取世界各地的超媒体文件，内容包括文字、图形、声音、动画、资料库以及各式各样的软件。

7. 客户软件和服务软件

客户机（网络工作站）上使用的应用软件统称为客户软件，它用于应用和获取网络上的共享资源。应用在服务器上的服务软件则使网络用户可以获取服务器上的各种服务。

7.6 传输介质与网络标准化

传输介质是构成信道的主要部分，它是数据信号在异地之间传输的真实媒介。传输介质是网络中连接收发双方的物理通路，也是通信中实际传送信息的载体。传输介质的特性直接影响通信的质量，我们可以从 5 个方面了解传输介质的特性：物理特性、传输特性、连通性、抗干扰性、地理范围。下面简要介绍几种最常用的传输介质。

7.6.1 有线传输介质

1. 双绞线

双绞线是在短距离范围内（如局域网中）最常用的传输介质。双绞线是将两根相互绝缘的导线按一定的规格相互缠绕起来，然后在外层再套上一层保护套或屏蔽套而构成的。如果两根导线相互平行地靠在一起，就相当于一个天线的作用，信号会从一根导线进入另一根导线中，称为串扰现象。为了避免串扰，就需要将导线按一定的规则缠绕起来。双绞线分为非屏蔽双绞线（UTP）和屏蔽双绞线（STP），通常情况下，使用非屏蔽双绞线，如图 7-3 所示。屏蔽双绞线在每对线的外面加了一层屏蔽层，如图 7-4 所示。在通过强电磁场区域，通常要使用屏蔽双绞线来减少或避免强电磁场的干扰。

图 7-3 非屏蔽双绞线

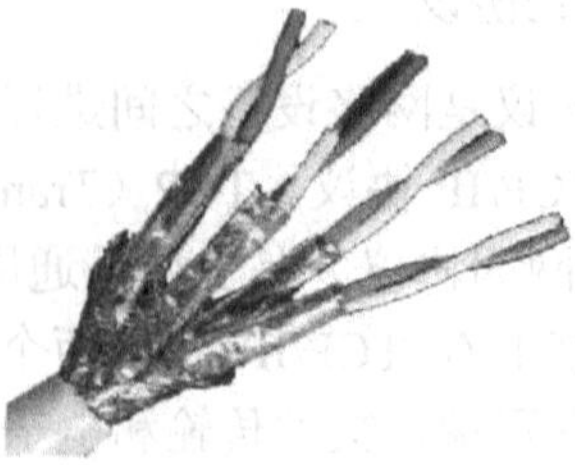

图 7-4 屏蔽双绞线

双绞线具有以下特性：

（1）物理特性。双绞线由按规则螺旋结构排列的两根、四根或八根绝缘导线组成。一对线可以作为一条通信线路，各个线对螺旋排列的目的是使各线对之间的电磁干扰最小。

（2）传输特性。在局域网中常用的双绞线根据传输特性可以分为五类。在典型的 Ethernet 网中，常用第三类、第四类与第五类非屏蔽双绞线，通常简称为三类线、四类线与五类线。其中，三类线带宽为 16MHz，适用于语音及 10Mbps 以下的数据传输；五类线带宽为 100 MHz，适用于语音及 100Mbps 的高速数据传输，甚至可以支持 155Mbps 的 ATM 数据传输。

（3）连通性。双绞线既可用于点到点连接，也可用于多点连接。

（4）地理范围。双绞线用做远程中继线时，最大距离可达 15km；用于 10Mbps 局域网时，与集线器的距离最大为 100m。

（5）抗干扰性。双绞线的抗干扰性取决于在一束线中，相邻线对的扭曲长度及适当的屏蔽。

2. 同轴电缆

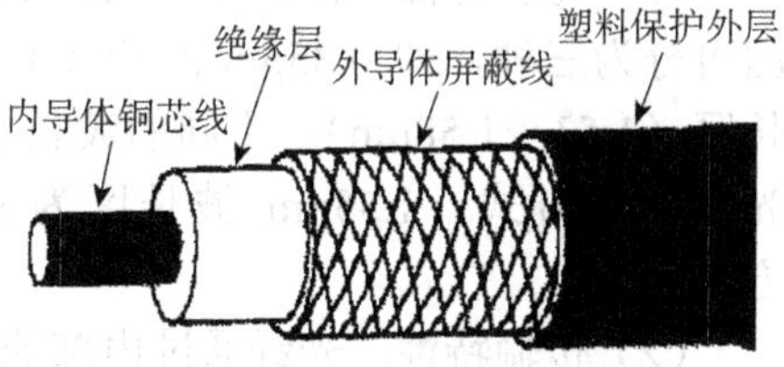

图 7-5　同轴电缆的结构

同轴电缆由内导体铜质芯线（单股实心线或多股胶合线）、绝缘层、外导体屏蔽线及塑料保护外套等所构成，如图 7-5 所示。同轴电缆有一重要的性能指标是阻抗，其单位为欧姆。若两端电缆阻抗不匹配，电流传输时会在接头处产生反射，形成很强的噪声，所以必须使用阻抗相同的电缆互相连接。另外在网络两端也必须加上匹配的终端电阻吸收电信号，否则由于电缆与空气阻抗不同也会产生反射，从而干扰网络的正常使用。

目前经常用于局域网的同轴电缆有两种：一种是专门用在符合 IEEE802.3 标准以太网环境中阻抗为 50Ω 的电缆，只用于数字信号发送，称为基带同轴电缆；另一种是用于频分多路复用 FDM 的模拟信号发送，阻抗为 75Ω 的电缆，称为宽带同轴电缆。

同轴电缆具有以下特性：

（1）物理特性。单根同轴电缆直径为 1.02～2.54cm，可在较宽频范围工作。

（2）传输特性。基带同轴电缆仅用于数字传输，阻抗为 50Ω，并使用曼彻斯特编码，数据传输速率最高可达 10Mbps。宽带同轴电缆可用于模拟信号和数字信号传输，阻抗为 75Ω，对于模拟信号，带宽可达 300～450MHz。在 CATV 电缆上，每个电视通道分配 6MHz 带宽，而广播通道的带宽要窄得多，因此，在同轴电缆上使用频分多路复用技术可以支持大量的视、音频通道。

（3）连通性。可用于点到点连接或多点连接。

（4）地理范围。基带同轴电缆的最大距离限制在几千米；宽带电缆的最大距离可以达几十千米。

（5）抗干扰性。能力比双绞线强。

3. 光纤

随着光电子技术的发展和成熟，利用光导纤维（简称“光纤”）来传输信号的光纤通信，已经成为一个重要的通信技术领域。光纤主要由纤芯和包层构成双层同心圆柱体，纤芯通常由非常透明的石英玻璃拉成细丝而成。光纤的核心就在于其中间的玻璃纤维，它是光波的通道。光纤使用光的全反射原理将携带数据的光信号从光纤一端不断全反射到另外一端。

光纤和同轴电缆相似，只是没有网状屏蔽层，中心是光传播的玻璃芯。光纤分为单模光纤和多模光纤两类（所谓“模”是指以一定的角度进入光纤的一束光）。单模光纤的发光源为半导体激光器，适用于远距离传输。多模光纤的发光源为光电二极管，适用于楼宇之间或室内。

正是由于光纤的数据传输率高（目前已达到几 Gbps），传输距离远（无中继传输距离达几十至上百千米）的特点，所以在计算机网络布线中得到了广泛的应用。目前光缆主要是用于交换机之间、集线器之间的连接，但随着千兆位局域网络应用的不断普及和光纤产品及其设备价格的不断下降，光纤连接到桌面也将成为网络发展的一个趋势。

但是光纤也存在一些缺点，这就是光纤的切断和将两根光纤精确地连接所需要的技术要求较高。

光纤具有以下特性：

（1）物理特性。在计算机网络中均采用两根光纤（一来一去）组成传输系统。按波长范围可分为三种，即 0.85μm 波长（0.8～0.9μm）、1.3μm 波长（1.25～1.35μm）和 1.55μm 波长区（1.53～1.58μm）。不同的波长范围光纤损耗特性也不同，其中 0.85μm 波长区为多模光纤通信方式，1.55μm 波长区为单模光纤通信方式，1.3μm 波长区有多模和单模两种方式。

（2）传输特性。光纤通过内部的全反射来传输一束经过编码的光信号，内部的全反射可以在任何折射指数高于包层媒体折射指数的透明媒体中进行。光纤的数据传输率可达 Gbps 级，传输距离达数十千米。目前，一条光纤线路上一般传输一个载波，随着技术的进一步发展，会出现实用的多路复用光纤。

（3）连通性。采用点到点连接。

（4）地理范围。可以在 6～8km 的距离内不用中继器传输，因此光纤适合于在几个建筑物之间通过点到点的链路连接局域网。

（5）抗干扰性。不受噪声或电磁影响，适宜在长距离内保持高数据传输率，而且能够提供良好的安全性。

7.6.2 无线传输介质

双绞线、同轴电缆和光纤都属于有线传输。有线传输不仅需要铺设传输线路，而且连接到网络上的设备也不能随意移动。反之，若采用无线传输媒体，则不需要铺设传输线路，允许数字终端在一定范围内移动，非常适合那些难于铺设传输线的边远山区和沿海岛屿，也为大量的便携式计算机入网提供了条件。目前最常用的无线传送方式有无线电广播、微波、红外线和激光，每种方式使用某一特定的频带。在美国使用的频带由美国联邦通信委员会（FCC）调控，因此不同的通信方式不会相互干扰，例如一个新的广播电台开始广播前，必须得到通信委员会的批准才能使用某一频率广播。

1. 无线电广播

提到无线电广播，最先想到的就是调频（FM）广播和调幅（AM）广播，无线电传送包括短波、民用波段（CB）以及甚高频（VHF）和超高频（UHF）的电视传送。

无线电广播是全方向的，也就是说不必将接收信号的天线放在一个特定的地方或某个特定的方向。无论汽车在哪里行驶，只要它的收音机能够接收到当地广播电台的信号就能够收到电台的广播。屋顶上的电视天线无论指向哪里都能够接收到电视信号，但电视接收天线对无线广播信号方向更灵敏，因此调整电视接收天线使其直线指向发射台的方向可以接收到更清晰的图像。

调幅（AM）广播比调频（FM）广播使用的频率低得多，较低的频率意味着它的信号更易受到大气的干扰。如果在雷雨天收听调幅广播，每次闪电时都会收听到噼啪声，但调频广播就不会受到雷电的干扰。可是频率较低的调幅广播比调频广播传送的距离远，这在夜里（太阳的干扰减弱时）更明显。

短波和民用波段无线电广播也都是用很低的频率。短波无线电广播必须得到批准，而且限制在某一特定的频率范围。任何拥有相应设备的人都可以收听到这些广播。电视台使用的频率比无线电广播电台使用的频率更高，广播电台只传送声音，而电视台可传送较高频率的图像和声音的混合信号，电视频道不同就是传送信号的频率不同，电视机在每个频道以不同的频率接收不同的信号。

2. 微波与卫星通信

微波是指频率为 300MHz 至 300GHz 的电磁波。微波通信是指用微波频率作为载波携带信息，通过无线电波空间进行中继（接力）通信的方式。

卫星通信是指利用人造地球卫星作为中继站，转发或反射无线电波，在两个或多个地球站之间进行的通信。卫星通信是宇宙无线电通信形式之一，宇宙通信是指以宇宙飞行体为对象的无线电通信，它有三种形式：①宇宙站与地球站之间的通信；②宇宙站之间的通信；③通过宇宙站转发或反射而进行的地球站间的通信。

3. 红外线通信

红外线通信是利用红外线来传输信号的，在发送端设有红外线发送器，接收端设有红外线接收器。发送器和接收器可以任意安装在室内或室外，但它们之间必须在可视范围内，中间不能有障碍物。红外线信道有一定的带宽，当传输速率为 100Kbps 时，通信距离可大于 16km，传输速率 1.5Mbps 时，通信距离为 1.6km。红外线具有很强的方向性，很难窃听、插入和干扰，但传输距离有限，易受环境（如雨、雾和障碍物）的干扰。

4. 激光通信

激光通信是利用激光束来传输信号的，即将激光束调制成光脉冲，以便传输数据，因此激光通信与红外线通信一样是全数字的，不能传输模拟信号。激光通信必须配置一对激光收发器，而且要安装在视线范围内。激光的频率比微波高，因此可获得更高的带宽。激光具有高度的方向性，因而很难窃听、插入和干扰，但同样易受环境的影响，传播距离不会很远。激光通信与红外线通信的不同之处，在于激光硬件会发出少量的射线而污染环境。

7.6.3　几种介质的安全性比较

数据通信的安全性是一个重要的问题。不同的传输介质具有不同的安全性。双绞线和同轴电缆用的都是铜导线，传输的是电信号，因而容易被窃听。数据沿导线传送时，可以简单地用另外的铜导线搭接在双绞线或同轴电缆上即可窃取数据，因此铜导线必须安装在不能被窃取的地方。

从光缆上窃取数据很困难，光线在光缆中必须没有中断才能正常传送数据。如果光缆断开或被窃听，就会立刻知道并且能够查出。光缆的这个特性使窃取数据很困难。

广播传送（无线电或微波）是不安全的，这种数据就是简单地通过天空传送，任何人使用接收天线都能接收数据。地面微波传送和无线微波传送都存在这个问题。提高无线电广播数据安全性的唯一方法是给数据加密。给数据加密类似给电视信号编码，例如，有线电视机不用解码器就不能收看被编码的电视频道。

7.6.4 计算机网络的标准化

随着计算机通信、计算机网络和分布式处理系统的剧增，协议和接口的不断进化，迫切要求在不同公司制造的计算机之间以及计算机与通信设备之间方便地互联和相互通信。由此，接口、协议、计算机网络体系结构都应有公共遵循的标准。国际标准化组织（ISO）以及国际上一些著名标准制定机构专门从事这方面标准的研究和制定。

1. 国际标准化组织（ISO）

ISO 是一个自发的不缔约组织，由各技术委员会（TC）组成，其中的 TC97 技术委员会专门负责制定有关信息处理的标准。1977 年，ISO 决定在 TC97 下成立一个新的分技术委员会 SC16，以“开放系统互联”为目标，进行有关标准的研究和制定。现在 SC16 改为 SC21，负责七层模型中高四层及整个参考模型的研究。另一个与计算机网络有关的分技术委员会为 SC6，它负责低三层的标准与数据通信有关的标准制定。中国从 1980 年开始也参加了 OSI 的标准工作。

2. 其他标准化机构

（1）国际电信联盟（ITU）。国际电话电报咨询委员会 CCITT，现已改名为国际电信联盟 ITU（International Telecommunication Union），主要负责有关通信标准的研究和制定，其中 ITU-T（国际电信联盟电信标准化局）下设有 15 个工作组，分别负责某一具体电信技术的标准制定。ITU 标准主要用于国与国之间互联，而在各个国家内部则可以有自己的标准。

（2）美国国家标准局（NBS）。NBS 是美国商业部的一个部门，其研究范围较广，包括 ISO 和 ITU 的有关标准，研究目标是力争与国际标准一致。NBS 在美国已颁布了许多与 ISO 和 ITU 兼容或稍有改动的标准。

（3）美国国家标准学会（ANSI）。ANSI 是由制造商、用户通信公司组成的非政府组织，是美国的自发标准情报交换机构，也是由美国指定的 ISO 投票成员。它的研究范围与 ISO 相对应，例如电子工业协会（EIA）是电子工业的商界协会，也是 ANSI 成员，主要涉及 OSI 的物理层标准的制定；又如电气和电子工程师协会（IEEE）也是 ANSI 成员，主要研究最低两层和局域网的有关标准。

（4）欧洲计算机制造商协会（ECMA）。ECMA 由在欧洲经营的计算机厂商组成，包括某些美国公司的欧洲部分，专门致力于有关计算机技术标准的协同研发。ECMA 发布它自己的标准，这些标准对 ISO 的工作有着重大影响。

3. Internet 的组织机构

互联网体系结构局 IAB（Internet Architecture Board）负责 Internet Internet 策略和标准的最后仲裁。IAB 下设特别任务组（Task Force），其中最著名的是互联网工程特别任务组（Internet Engineering Task Force，IETF）。它为 Internet 工程和发展提供技术及其他支持。它的任务之一是简化现存的标准并开发一些新的标准，并向 Internet 工程指导小组（Internet Engineering Group，IESG）推荐标准。

IETF 主要的工作领域有：应用程序、Internet 服务管理、运行要求、路由、安全性、传输、用户服务与服务应用程序。

IETF 又分为若干工作组（Working Group）。Internet 有关的许多被称为“请求评注”（Request For Comments，RFC）的技术文件大部分都出自于工作组。互联网的标准都有一个 RFC 编号，如著名的 IP 协议和 TCP 协议文件最早分别为 RFC791 和 RFC793。但是并不是每个 RFC 文件都是互联网的标准。有的 RFC 文件只是提出一些新的思想和建议，也可以对原有一些老的 RFC 文件进行增补和修订。

7.7　Internet 的简介

人们经常把 Internet 称为“信息高速公路”，但实际上它只是一个多重网络的先驱者。它的功能类似于洲际高速公路，它是一个网络的网络，连接全世界各大洲的地区网络。它将各种各样的网络连在一起，而不论其网络规格的大小、主机数量的多少、地理位置的异同。它将网络互联起来，也就是把网络的资源组合起来，这就是 Internet 的重要意义。

7.7.1　Internet 的基本概念

Internet 是一种计算机网络的集合，以 TCP/IP（传输控制协议/网际协议）协议进行数据通信，把世界各地的计算机网络连接在一起，进行信息交换和资源共享。

Internet 是全球最大的、开放的、由众多网络互联而成的计算机互联网。Internet 可以连接各种各样的计算机系统和计算机网络，不论是微型计算机还是大中型计算机，不论是局域网还是广域网，不管它们在世界上什么地方，只要共同遵循 TCP/IP 协议，就可以接入 Internet。Internet 提供了包罗万象的信息资源，成为人们获取信息的一种方便、快捷、有效的手段，成为信息社会的重要支柱。

以下对 Internet 相关的名词或术语进行简单的解释。

- 万维网（WWW，World Wide Web）：亦称环球网，是基于超文本的、方便用户在 Internet 上搜索和浏览信息的信息服务系统。
- 超文本（Hypertext）：一种全局性的信息结构，它将文档中的不同部分通过关键字建立连接，使信息得以用交互方式搜索。它是超级文本的简称。
- 超媒体（Hypermedia）：是超文本和多媒体在信息浏览环境下的结合，是超级媒体的简称。
- 主页（HomePage）：通过万维网进行信息查询时的起始信息页，即常说的网络站点的 WWW 首页。
- 浏览器（Browser）：万维网服务的客户端浏览程序，可以向万维网服务器发送各种请求，并对服务器发来的、由 HTML 语言定义的超文本信息和各种多媒体数据格式进行解释、显示和播放。

- 防火墙（Firewall）：用于将 Internet 的子网和 Internet 的其他部分相隔离，以达到网络安全和信息安全效果的软件和硬件设施。
- Internet 服务提供者（Internet Services Provider，ISP）：向用户提供 Internet 服务的公司或机构。其中，大公司在许多城市都设有访问站点，小公司则只提供本地或地区性的 Internet 服务。一些 Internet 服务提供者在提供 Internet 的 TCP/IP 连接的同时，也提供他们自己各具特色的信息资源。
- 地址：地址是到达文件、文档、对象、网页或者其他目的地的路径。地址可以是 URL（Internet 节点地址，简称网址）或 UNC（局域网文件地址）网络路径。
- UNC：它是 Universal Naming Convention 的缩写，意为通用命名约定，它对应于局域网服务器中的目标文件的地址，常用来表示局域网地址。这种地址分为绝对 UNC 地址和相对 UNC 地址。绝对 UNC 地址包括服务器共享名称和文件的完整路径。如果使用了映射驱动器号，则称之为相对 UNC 地址。
- URL：它是 Uniform Resource Locator 的缩写，称之为“统一资源定位地址”或“固定资源位置”。它是一个指定互联网（Internet）上或内联网（Intranet）服务器中目标定位位置的标准。
- HTTP：它是 Hypertext Transmission Protocol 的缩写，是一种通过全球广域网，即 Internet 用来传递信息的一种协议，常用来表示互联网地址。利用该协议，可以使客户程序输入 URL 并从 Web 服务器检索文本、图形、声音以及其他数字信息。

7.7.2 Internet 的发展历史

Internet 是由 Interconnection 和 Network 两个词组合而成的，通常译为“因特网”或“国际互联网”。Internet 是一个国际性的互联网络，它将遍布世界各地的计算机、计算机网络及设备互联在一起，使网上的每一台计算机或终端都像在同一个网络中那样实现信息交换。

Internet 建立在高度灵活的通信技术之上，正在迅速发展为全球的数字化信息库，它提供了用以创建、浏览、访问、搜索、阅读、交流信息等形形色色的服务。它所涉及的信息范围极其广泛，包括自然科学、社会科学、体育、娱乐等各个方面。这些信息由多种数据格式构成，可以被记录成便笺、组织成菜单、多媒体超文本、文档资料等各种形式。这些信息可以交叉参照，快速传递。

1969 年，美国国防部高级研究计划署（Defense Advanced Research Project Agency，DARPA）建立了一个具有 4 个节点（位于加州大学洛杉矶分校 UCLA、加州大学圣巴巴拉分校 UCSB、犹他大学 Utah 和斯坦福研究所 SRI）的基于存储转发方式交换信息的分组交换广域网——ARPANet，该网是为了验证远程分组交换网的可行性而进行的一项试验工程。1983 年，TCP/IP 协议诞生并在 ARPANet 上正式启用，这就是全球 Internet 正式诞生的标志。从 1969 年 ARPANet 的诞生到 1983 年 Internet 的形成是 Internet 发展的第一阶段，也就是研究试验阶段，当时接入 Internet 的计算机约有 220 台。

1983 年到 1994 年是 Internet 发展的第二阶段，核心是 NSFNET 的形成和发展，这是 Internet 在教育和科研领域广泛使用的阶段。1986 年，美国国家科学基金委员会（National

Science Foundation，NSF）制订了一个使用超级计算机的计划，即在全美设置若干个超级计算中心，并建设一个高速主干网，把这些中心的计算机连接起来，形成 NSFNET，并成为 Internet 的主体部分。

Internet 最初的宗旨是用来支持教育和科学研究活动，不是用于营业性的商业活动。但是随着 Internet 规模的扩大，应用服务的发展以及市场全球化需求的增长，人们提出了一个新概念——Internet 商业化，并开始建立了一些商用 IP 网络。1994 年，NSF 宣布不再给 NSFNET 运行、维护提供经费支持，而由 MCI、Sprint 等公司运行维护，这样不仅商业用户可以进入 Internet，而且 Internet 的经营也就自然而然地商业化了。

Internet 从研究试验阶段发展到用于教育、科研的实用阶段，进而发展到商用阶段，反映了 Internet 技术应用的成熟和被人们所共识。

7.7.3　Internet 在中国的发展

Internet 在我国的发展历史还很短。1987 年，钱天白教授发出第一封电子邮件“越过长城，通向世界”，标志着我国进入 Internet 时代。1988 年实现与欧洲和北美地区的 E-mail 通信。1994 年正式加入 Internet，并建立了中国顶级域名服务器，实现了网上的全部功能。自从 1994 年 Internet 进入我国后，就以强大的优势迅速渗透到人们工作和生活的各个领域，为人们生活、工作带来极大的方便。Internet 是一个国际性的互联网络，是人类历史上最伟大的成就之一。它第一次使人们方便地通信和共享资源，自然地沟通和互相帮助。Internet 对人类文明、社会发展与进步起到了重大的作用。

1993 年年底，我国有关部门决定兴建“金桥”、“金卡”、“金关”工程，简称“三金”工程。“金桥”工程是指国家公用经济信息通信网；“金卡”工程是指国家金融自动化支付及电子货币工程，该工程的目标和任务是用 10 多年的时间，在 3 亿城市人口中推广普及金融交易卡和信用卡；“金关”工程是指外贸业务处理和进出口报关自动化系统，该工程是用 EDI 实现国际贸易信息化，进一步与国际贸易接轨。后来，有关部门又提出“金科”工程、“金卫”工程、“金税”工程等，正是这些信息工程的建设，带动了我国电信和 Internet 产业的新发展。

2000 年 5 月 17 日，中国移动互联网（CMNET）投入运行。2001 年 12 月 22 日，中国联通 CDMA 移动通信网一期工程如期建成，并于 2001 年 12 月 31 日在全国 31 个省、自治区、直辖市开通运营.。中国联通 CDMA 网络的建成，标志着中国移动通信技术的发展进入了一个新领域。

2003 年 4 月 9 日，中国网通集团在北京向社会各届公布中国网通集团与中国电信集团的公众计算机互联网（CHINANET）实施拆分，并隆重推出中国网通集团新的业务品牌“宽带中国 CHINA169”。2005 年 11 月 3 日，时任国务院总理温家宝主持召开国家信息化领导小组第五次会议，审议并原则通过了《国家信息化发展战略（2006-2020）》。2009 年 8 月 7 日，温家宝在无锡微纳传感网工程技术研发中心视察，提出要尽快建立中国的传感信息中心（“感知中国”中心）。11 月 3 日，温家宝发表了题为《让科技引领中国可持续发展》的讲话，指示要着力突破传感网、物联网的关键技术。中国互联网络信息中心（CNNIC）第 31 次《中国互联网络发展状况统计报告》显示，截至 2012 年 12 月底，中国网民规模 5.64 亿，互联网普及率达到 42.1%。手机网民规模为 4.2 亿，使用手机上网的网民规模超过了台式计算机。2013 年我国正式发放首批 4G 牌照，中国移动通信集团公司、中国电信集团公司和中国联合网络通信集团有限公司获颁“LTE/第四代数字蜂窝移动通信业务（TD-LTE）”经营许可。2016 年中国互联网巨头阿里巴巴天猫双十一销售额创历史新高达到 1207 亿元，移动端占比 82%。

我国已经建立了 4 大公用数据通信网，为我国 Internet 的发展创造了基础设施条件。这 4 大公用数据通信网是：

（1）中国公用分组交换数据网（China PAC）。1993 年 9 月开通，1996 年年底已经覆盖全国县级以上城市和一部分发达地区的乡镇，与世界 23 个国家和地区的 44 个数据网互联。

（2）中国公用数字数据网（China DDN）。1994 年开通，1996 年年底覆盖到 3 000 个县级以上城市和乡镇。

（3）中国公用计算机互联网（China Net）。1995 年与 Internet 互联，已经覆盖全国 30 个省（市、自治区）。

（4）中国公用帧中继网（China FRN）。该网络已在 8 个大区的省会城市设立了节点，向社会提供高速数据和多媒体通信服务。

目前，我国的 Internet 主要包括 4 个重点项目，它们是：

① 中国科技网 CSTNet。CSTNet 的前身是中国国家计算与网络设施（The National Computing and Networking Facilily of China，NCFC），是世界银行贷款“重点学科发展项目”中的一个高技术基础设施项目。NCFC 主干网将中国科学院网络 CASNet、北京大学校园网 PuNet 和清华大学校园网 TuNet 通过单模和多模光缆互联在一起，其网控中心设在中国科学院网络信息中心。到 1995 年 5 月，NCFC 工程初步完成时，已连接了 150 多个网络，3000 多台计算机。NCFC 最重要的网络服务是域名服务，在国务院信息化领导小组的授权下，该网络控制中心运行 CNNIC 职能，负责我国的域名注册服务。

在 NCFC 的基础上，又连接了一批科学院以外的中国科研单位，如农业、林业、医学、电力、地震、铁道、电子、航空航天、环境保护等近 30 多个科研单位及国家自然科学基金委员会、国家专利局等科技部门，发展成中国科技网 CSTNet。CSTNet 为非营利性的网络，主要为科技用户、科技管理部门及与科技有关的政府部门服务。

② 中国教育和科研网 CERNet（China Education Research Network）。CERNet 是 1994 年由国家计委出资、国家科委主持的网络工程。该项目由清华大学、北京大学等 10 所大学承担。CERNet 已建成包括全国主干网、地区网和校园网 3 个层次结构的网络，其网控中心设在清华大学。地区网络中心分别设在北京、上海、南京、西安、广州、武汉、沈阳。

③ 中国公用计算机互联网 ChinaNet。ChinaNet 是由邮电部投资建设的，于 1994 年启动。ChinaNet 也分为 3 层结构，建立了北京、上海两个出口，经由路由器进入 Internet。1995 年 6 月正式运营，该网络已经覆盖了全国 31 个省市。

④ 中国金桥信息网 ChinaGBN。ChinaGBN 是中国第二个可商业化运行的计算机互联网络。1996 年开始建设，由原电子工业部归口管理。ChinaGBN 是以卫星综合业务数字网为基础，以光纤、微波、无线移动等方式形成天地一体的网络结构。它是一个把国务院各部委专用网与各大省市自治区、大中型企业以及国家重点工程连接起来的国家经济信息网，可传输数据、语音、图像等。

7.7.4　Internet 的组织与管理

Internet 的最大特点是开放性，任何接入者都是自愿的，它是一个互相协作、共同遵守一种通信协议的集合体。

1. Internet 的国际管理者

Internet 最权威的管理机构是互联网协会（Internet Society，ISOC）。它是一个完全由志愿者组成的指导 Internet 政策制定的非营利、非政府性组织，目的是推动 Internet 技术的发展与促进全球化的信息交流。它兼顾各个行业的不同兴趣和要求，注重 Internet 上出现的新功能与新问题，其主要任务是发展 Internet 的技术架构。

互联网体系结构委员会（Internet Architecture Board，IAB）是互联网协会专门负责协调 Internet 技术管理与技术发展的分委员会，它的主要职责是：根据 Internet 的发展需要制定 Internet 技术标准，制定与发布 Internet 工作文件，进行 Internet 技术方面的国际协调与规划 Internet 发展战略。

互联网体系结构委员会下设两个具体的部门：互联网工程任务部（Internet Engineering Task Force，IETF）与互联网研究任务部（InternetResearchTaskForce，IRTF）。其中，IETF 负责技术管理方面的具体工作，包括 Internet 中短期技术标准和协议制定以及 Internet 体制结构的确定等；而 IRTF 负责技术发展方面的具体工作。

Internet 的日常管理工作由网络运行中心（Network Operation Center，NOC）与网络信息中心（Network Information Center，NIC）承担。其中，NOC 负责保证 Internet 的正常运行与监督 Internet 的活动；而 NIC 负责为 ISP 与广大用户提供信息方面的支持，包括地址分配、域名注册和管理等。

2. Internet 的中国管理者

中国互联网络信息中心（China Internet Network Information Center，CNNIC）是中国的 Internet 管理者。它作为中国信息社会基础设施的建设者和运行者，负责管理维护中国互联网地址系统，引领中国互联网地址行业发展，权威发布中国互联网统计信息，代表中国参与国际互联网社群。它承担的与 Internet 管理有关的工作有：

（1）互联网地址资源注册管理。CNNIC 是中国域名注册管理机构和域名根服务器运行机构，它负责运行和管理国家顶级域名.cn、中文域名系统及通用网址系统，为用户提供不间断的域名注册、域名解析和 Whois 查询服务。它是亚太互联网络信息中心（Asia-Pacific Network Information Center，APNIC）的国家级 IP 地址注册机构成员。以 CNNIC 为召集单位的 IP 地址分配联盟，负责为中国的 ISP 和网络用户提供 IP 地址的分配管理服务。

（2）互联网调查与相关信息服务。CNNIC 负责开展中国互联网络发展状况等多项公益性互联网络统计调查工作。CNNIC 的统计调查，其权威性和客观性已被国内外广泛认可。

（3）目录数据库服务。CNNIC 负责建立并维护全国最高层次的网络目录数据库，提供对域名、IP 地址、自治系统号等方面信息的查询服务。

7.8 Internet 地址

为了实现 Internet 上不同计算机之间的通信，除使用相同的通信协议 TCP/IP 协议之外，每台计算机都必须有一个不与其他计算机重复的地址，它相当于通信时每个计算机的名字。就像同一个人有一个中文名字和一个英文名字一样，Internet 地址包括 IP 地址和域名地址，它们是 Internet 地址的两种表示方式。

7.8.1 IP 地址

在以 TCP/IP 为通信协议的网络上，每一台于网络连接的计算机、设备都可称为“主机”(Host)。在 Internet 网络上，这些主机也被称为“节点”。而每一台主机都有一个固定的地址名称，该名称用以表示网络中主机的 IP 地址（或域名地址）。该 IP 地址不但可以用来标志各个主机，而且也隐含着网络间的路径信息。在 TCP/IP 网络上的每一台计算机，都必须有一个唯一的 IP 地址。

1. 基本的地址格式

IP 地址共有 32 位，即 4 个字节（8 位构成一个字节），由类别、网络 ID 和主机 ID 三部分组成：

类别	网络 ID（NETID）	主机 ID（HOSTID）

为了简化记忆，实际使用 IP 地址时，几乎都将组成 IP 地址的二进制数记为 4 个十进制数（0～255），每相邻两个字节的对应十进制数间以英文句点分隔。通常表示为 mmm.ddd.ddd.ddd。例如，将二进制 IP 地址 11001010 01100011 01100000 01001100 写成十进制数 202.99.96.76 就可以表示网络中某台主机的 IP 地址。计算机很容易将人们提供的十进制地址转换为对应的二进制 IP 地址，再供网络互联设备识别。

2. IP 地址分类

最初设计互联网时，为了便于寻址以及层次化构造网络，每个 IP 地址包括两个标志码(ID)，即网络 ID 和主机 ID。同一个物理网络上的所有主机都使用同一个网络 ID，网络上的一个主机（包括网络上工作站、服务器和路由器等）有一个主机 ID 与其对应。IP 地址根据网络 ID 的不同分为 5 种类型：A 类地址、B 类地址、C 类地址、D 类地址和 E 类地址，如图 7-6 所示。

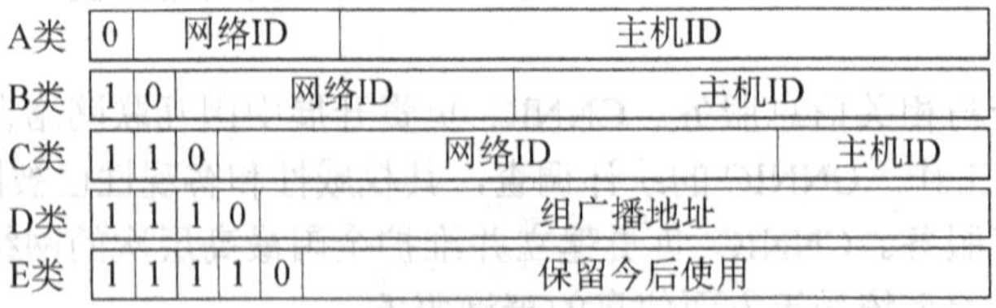

图 7-6 IP 地址的分类

- A 类 IP 地址。一个 A 类 IP 地址由 1 字节的网络号和 3 字节的主机号组成，网络号的最高位必须是“0”，地址范围从 1.0.0.0 到 126.255.255.255。可用的 A 类网络有 126 个，每个网络能容纳 1 亿多个主机。

● B 类 IP 地址。一个 B 类 IP 地址由 2 字节的网络号和 2 字节的主机号组成，网络号的最高位必须是“10”，地址范围从 128.0.0.0 到 191.255.255.255。可用的 B 类网络有 16382 个，每个网络能容纳 65534 个主机。

● C 类 IP 地址。一个 C 类 IP 地址由 3 字节的网络号和 1 字节的主机号组成，网络号的最高位必须是“110”，范围从 192.0.0.0 到 223.255.255.255。C 类网络可达 209 万余个，每个网络能容纳 254 个主机。

● D 类 IP 地址。D 类 IP 地址用于多点广播（Multicast）。一个 D 类 IP 地址第一个字节以“1110”开始，它是一个专门保留的地址，并不指向特定的网络。目前这一类地址被用在多点广播（Multicast）中。多点广播地址用来一次寻址一组计算机，它标志共享同一协议的一组计算机。

● E 类 IP 地址。以“1111”开始，为将来使用保留。

全零（“0.0.0.0”）地址对应于当前主机；全“1”的 IP 地址（“255.255.255.255”）是当前子网的广播地址。

3. IP 地址的寻址规则

（1）网络寻址规则。网络寻址规则包括：

● 网络地址必须唯一。

● 网络标志不能以数字 127 开头。在 A 类地址中，数字 127 保留给内部回送函数（127.1.1.1 用于回路测试）。

● 网络标志的第一个字节不能为 255（数字 255 作为广播地址）。

● 网络标志的第一个字节不能为 0（0 表示该地址是本地主机，不能传送）。

（2）主机寻址规则。主机寻址规则包括：

● 主机标志在同一网络内必须是唯一的。

● 主机标志的各个位不能都为“1”。如果所有位都为“1”，则该 IP 地址是广播地址，而非主机的地址。

● 主机标志的各个位不能都为“0”。如果各个位都为“0”，则表示“只有这个网络”，而这个网络上没有任何主机。

4. 子网和子网掩码

（1）子网。在计算机网络规划中，通过子网技术将单个大网划分为多个子网，并由路由器等网络互联设备连接。它的优点在于融合不同的网络技术，通过重定向路由来达到减轻网络拥挤（由于路由器的定向功能，子网内部的计算机通信就不会对子网外部的网络增加负载）、提高网络性能的目的。

子网划分是将二级结构的 IP 地址变成三级结构，即：网络号+子网号+主机号。每一个 A 类网络可以容纳超过千万台的主机，一个 B 类网络可以容纳超过 6 万台的主机，一个 C 类网络可以容纳 254 台的主机。一个有 1000 台主机的网络需要 1000 个 IP 地址，需要申请一个 B 类网络的地址。如此地址空间利用率还不到 2%，而其他网络的主机无法使用这些被浪费的地址。为了减少这种浪费，可以将一个大的物理网络划分为若干个子网。

为了实现更小的广播域并更好地利用主机地址中的每一位，可以把基于类的 IP 网络进一步分成更小的网络，每个子网由路由器界定并分配一个新的子网网络地址，子网地址是借用基于类的网络地址的主机部分创建的。划分子网后，通过使用掩码，把子网隐藏起来，使得从外部看网络没有变化，这就是子网掩码。

（2）子网掩码。确定哪部分是子网号，哪部分是主机号，需要采用所谓子网掩码（Subnet Mask）的方式进行识别，即通过子网掩码来告诉本网是如何进行子网划分的。子网掩码是一个与 IP 地址结构相同的 32 位二进制数字标志，也可以像 IP 地址一样用点和十进制数来表示，作用是屏蔽 IP 地址的一部分，以区分网络号和主机号。其表示方式是：

- 凡是 IP 地址的网络和子网标志部分，用二进制数 1 表示。
- 凡是 IP 地址的主机标志部分，用二进制数 0 表示。
- 用点和十进制数书写。

子网掩码拓宽了 IP 地址的网络标志部分的表示范围，主要用于：

- 屏蔽 IP 地址的一部分，以区分网络标志和主机标志。
- 说明 IP 地址是在本地局域网上，还是在远程网上。

如下所示，通过子网掩码，可以算出计算机所在子网的网络地址。

假设 IP 地址为 192.168.10.2，子网掩码为 255.255.255.240。

将十进制数转换成二进制数：

IP 地址：	11000000	10101000	00001010	00000010
子网掩码：	11111111	11111111	11111111	11110000
“与”运算：	11000000	10101000	00001010	00000000

则可得其网络地址为 192.168.10.0，主机标志为 2。

设 IP 地址为 192.168.10.5，子网掩码为 255.255.255.240。

将十进制数转换成二进制数：

IP 地址：	11000000	10101000	00001010	00000101
子网掩码：	11111111	11111111	11111111	11110000
“与”运算：	11000000	10101000	00001010	00000000

则可得其网络地址为 192.168.10.0，主机标志为 5。由于两个地址所在网络地址相同，表示两个 IP 地址在同一个网络里。

（3）子网划分。子网划分是通过借用 IP 地址的若干位主机位来充当子网地址从而将原网络划分为若干子网而实现的。划分子网时，随着子网地址借用主机位数的增多，子网的数目随之增加，而每个子网中的可用主机数逐渐减少。以 C 类网络为例，原有 8 位主机位，2^8＝256 个主机地址，默认子网掩码 255.255.255.0。借用 1 位主机位，产生 2 个子网，每个子网有 126 个主机地址；借用 2 位主机位，产生 4 个子网，每个子网有 62 个主机地址。每个子网中，第一个 IP 地址（即主机部分全部为 0 的 IP）和最后一个 IP（即主机部分全部为 1 的 IP）不能分配给主机使用，所以每个子网的可用 IP 地址数为总 IP 地址数量减 2。子网划分步骤如下：

① 确定要划分的子网数目以及每个子网的主机数目。

② 求出子网数目对应二进制数的位数 N 及主机数目对应二进制数的位数 M。

③ 对该 IP 地址的原子网掩码，将其主机地址部分的前 N 位置 1 或后 M 位置 0，即得出该 IP 地址划分子网后的子网掩码。

例如，对 B 类网络 129.30.0.0 需要划分为 20 个能容纳 200 台主机的网络。因为 16＜20＜32，即：$2^4<20<2^5$，所以，子网位只需占用 5 位主机位就可划分成 32 个子网，可以满足

划分成 20 个子网的要求。B 类网络的默认子网掩码是 255.255.0.0，转换为二进制数为 11111111.11111111.00000000.00000000。现在子网又占用了 5 位主机位，根据子网掩码的定义，划分子网后的子网掩码应该为 11111111.11111111.11111000.00000000，转换为十进制数应该为 255.255.248.0。现在再来看一看每个子网的主机数。子网中可用主机位还有 11 位，2^{11}=2048，去掉主机位全 0 和全 1 的情况，还有 2046 个主机 ID 可以分配，而子网能容纳 200 台主机就能满足需求，按照上述方式划分子网，每个子网能容纳的主机数目远大于需求的主机数目，造成了 IP 地址资源的浪费。为了更有效地利用资源，我们也可以根据子网所需主机数来划分子网。还以上例来说，128＜200＜256，即 2^7＜200＜2^8，也就是说，在 B 类网络的 16 位主机位中，保留 8 位主机位，其他的 16−8=8 位当成子网位，可以将 B 类网络 129.30.0.0 划分成 256（2^8）个能容纳 256−2=254 台（去掉全 0 全 1 情况）主机的子网。此时的子网掩码为 11111111.11111111.11111111.00000000，转换为十进制数为 255.255.255.0。

当子网掩码为 255.255.248.0 时，通过计算得到每个子网的子网号、子网位，每个子网的网络地址、第一个可用地址、最后一个可用地址和广播地址，如表 7-1 所示。

表 7-1　划分成 32 个子网的结果

子网号	子网位	子网网络地址	第一个可用地址	最后一个可用地址	子网广播地址
0	00000	129.30.0.0	129.30.0.1	129.30.7.254	129.30.7.255
1	00001	129.30.8.0	129.30.8.1	129.30.15.254	129.30.15.255
2	00010	129.30.16.0	129.30.16.1	129.30.23.254	129.30.23.255
3	00011	129.30.24.0	129.30.24.1	129.30.31.254	129.30.31.255
⋮	⋮	⋮	⋮	⋮	⋮
31	11111	129.30.248.0	129.30.248.1	129.30.255.254	129.30.255.255

当子网掩码为 255.255.255.0 时，通过计算得到每个子网的子网号、子网位，每个子网的网络地址、第一个可用地址、最后一个可用地址和广播地址，如表 7-2 所示。

表 7-2　划分成 256 个子网的结果

子网号	子网位	子网网络地址	第一个可用地址	最后一个可用地址	子网广播地址
0	00000000	129.30.0.0	129.30.0.1	129.30.0.254	129.30.0.255
1	00000001	129.30.1.0	129.30.1.1	129.30.1.254	129.30.1.255
2	00000010	129.30.2.0	129.30.2.1	129.30.2.254	129.30.2.255
3	00000011	129.30.3.0	129.30.3.1	129.30.3.254	129.30.3.255
⋮	⋮	⋮	⋮	⋮	⋮
255	11111111	129.30.255.0	129.30.255.1	129.30.255.254	129.30.255.255

在上例中，我们分别根据子网数和主机数划分了子网，得到了两种不同的结果，都能满足要求，实际上，子网占用 5~8 位主机位时所得到的子网都能满足上述要求，那么，在实际工作中，应按照什么原则来决定占用几位主机位呢？

在划分子网时，不仅要考虑目前需要，还应了解将来需要多少子网和主机。对子网掩码使用比需要更多的主机位，可以得到更多的子网，节约了 IP 地址资源，若将来需要更多子网时，不用再重新分配 IP 地址，但每个子网的主机数量有限；反之，子网掩码使用较少的主机位，每个子网的主机数量允许有更大的增长，但可用子网数量有限。一般来说，一个网络中的节点数太多，网络会因为广播通信而饱和，所以，网络中的主机数量的增长是有限的，也就是说，在条件允许的情况下，会将更多的主机位用于子网位。

综上所述，子网掩码的设置关系到子网的划分。子网掩码设置的不同，所得到的子网不同，每个子网能容纳的主机数目不同。若设置错误，可能导致数据传输错误。

5. 无分类编址

分类的 IP 地址进行子网划分，在一定程度上缓解了 IP 地址的浪费。这种方法每个子网可用 IP 地址是一样多的，现实中子网有大有小，IP 地址仍然有浪费。IETF 研究出采用无分类编址（Classless Inter-Domain Routing，CIDR）的方法来解决地址匮乏的问题。CIDR 消除了传统的 A 类、B 类和 C 类地址以及划分子网的概念，因而更有效地分配 IPv4 的地址空间，并且可以在新的 IPv6 使用之前容许互联网的规模继续增长。CIDR 使用各种长度的网络前缀来代替分类地址中的网络号和主机号。CIDR 不再使用子网的概念了，而是用网络前缀来表示地址块。CIDR 还是用斜线记法，例如 190.33.0.0/24，表示在 32 位的 IP 地址中，前 24 位表示网络前缀（即网络号），后 8 位表示主机号。

CIDR 将网络前缀都相同的连续的 IP 地址组成 CIDR 地址块。一个 CIDR 地址块是由地址块的起始地址和子网掩码组成的。190.33.0.0/24 地址块中，最小地址为 190.33.0.0，最大地址为 190.33.0.255。即主机号分别为全 0 和全 1，这两个地址一般不使用，通常将这两个地址之间的地址分配给主机。

另外，随着 Internet 规模不断增大，路由表增长很快，如果所有的 C 类地址都在路由表中占一行，这样路由表就太大了，其查找速度将无法达到满意的程度。CIDR 技术就是用于解决这个问题的，它可以把若干个 C 类网络分配给一个用户，并且在路由表中只占一行，这是一种将大块的地址空间合并为少量路由信息的策略。

为了说明 CIDR 的原理，我们假定某网络服务提供商 ISP 有一个 2048 个 C 类网络组成的地址块，网络号从 196.24.0.0 到 196.31.255.0，这种地址块叫做超网。对于这个地址块的路由信息可以用网络号 196.24.0.0 和地址掩码 255.248.0.0 来表示，简写成 196.24.0.0/13。

我们假设 ISP 连接以下 6 个用户：

- 用户 U1 最多需要 4096 个地址，即 16 个 C 类网络。
- 用户 U2 最多需要 2048 个地址，即 8 个 C 类网络。
- 用户 U3 最多需要 1024 个地址，即 4 个 C 类网络。
- 用户 U4 最多需要 512 个地址，即 2 个 C 类网络。
- 用户 U5 最多需要 256 个地址，即 1 个 C 类网络。
- 用户 U6 最多需要 256 个地址，即 1 个 C 类网络。

根据需求，这 6 个用户需要 32 个 C 类网络，因此在 196.24.0.0/13 地址块中选择 196.24.0.0/19 地址块，正好 32 个 C 类网络。对 196.24.0.0/19 进行地址块的划分，过程如图 7-7 所示。

ISP 可以给 6 个用户分配如下地址。

- U1：分配 196.24.16.0 到 192.24.31.0。这个地址块可以用超网路由 196.24.16.0 和掩码 255.255.240.0 表示，简写成 196.24.16.0/20。
- U2：分配 196.24.8.0 到 192.24.15.0。这个地址块可以用超网路由 196.24.8.0 和掩码

255.255.248.0 表示，简写成 196.24.8.0/21。

- U3：分配 196.24.4.0 到 192.24.7.0。这个地址块可以用超网路由 196.24.4.0 和掩码 255.255.252.0 表示，简写成 196.24.4.0/22。
- U4：分配 196.24.0.0 到 192.24.1.0。这个地址块可以用超网路由 196.24.0.0 和掩码 255.255.254.0 表示，简写成 196.24.0.0/23。

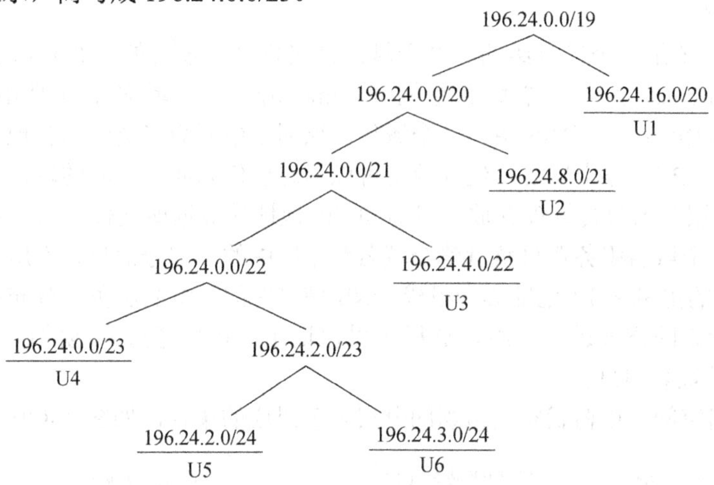

图 7-7 CIDR 的地址块划分的过程

- U5：分配 196.24.2.0。这个地址块可以用超网路由 196.24.2.0 和掩码 255.255.255.0 表示，简写成 196.24.2.0/24。
- U6：分配 196.24.3.0。这个地址块可以用超网路由 196.24.3.0 和掩码 255.255.255.0 表示，简写成 196.24.3.0/24。

从上面地址块划分可以看出，本来需要 32 个路由信息，可以通过地址聚合，使用 196.24.0.0/19 一条路由信息表示，可以大大简化路由表。

在使用 CIDR 时，由于采用了网络前缀这种记法，IP 地址由前缀和主机号两部分组成，因此在路由表中的项目也要有相应地改变。在查找路由表时可能会得到不止一个匹配结果。这样就无法从结果中选择正确的路由。因此，路由发布要遵循“最大匹配”的原则，要包含所有可以到达的主机地址。例如，196.24.3.0/24 和 196.24.8.0/21 进行聚合，由于这两个地址块的二进制数表示为：

11000100.00011000.00000011.00000000

11000100.00011000.00001000.00000000

可以看到最长 20 位是相同的，即最大匹配的结果是两个地址块聚合成 196.24.0.0/20。从图 7-7 中也可以得到相同的结论。

7.8.2 域名

直接使用 IP 地址就可以访问 Internet 上的主机，但是 IP 地址不便记忆。为了便于记忆，在 Internet 上用一串字符来表示主机地址，这串字符就被称为域名。例如，IP 地址 202.112.0.36 指向中国教育科研网网控中心主机，同样，域名 www.edu.cn 也指向中国教育科研网网控中心主机。域名相当于一个人的名字，IP 地址相当于身份证号，一个域名对应一个 IP 地址。用户在访问网上的某台计算机时，可以在地址栏中输入 IP 地址，也可以输入域名。如果输入的是 IP 地址，计算机可以直接找到目的主机。如果输入的是域名，则需要通过域名系统（Domain Name System，DNS）将域名转换成 IP 地址，再去找目的主机。

1. 域名结构

DNS 域名系统是一个以分级的、基于域的命名机制为核心的分布式命名数据库系统。DNS 将整个 Internet 视为一个域名空间（Name Space），域名空间是由不同层次的域（Domain）组成的集合。在 DNS 中，一个域代表该网络中要命名资源的管理集合。这些资源通常代表工作站、PC、路由器等，但理论上可以标志任何东西。不同的域由不同的域名服务器来管理，域名服务器负责管理存放主机名和 IP 地址的数据库文件，以及域中的主机名和 IP 地址映射。每个域名服务器只负责整个域名数据库中的一部分信息，而所有域名服务器中的数据库文件中的主机和 IP 地址集合组成 DNS 域名空间。域名服务器分布在不同的地方，它们之间通过特定的方式进行联络，这样可以保证用户可以通过本地的域名服务器查找到 Internet 上所有的域名信息。

DNS 的域名空间是由树状结构组织的分层域名组成的集合，如图 7-8 所示。

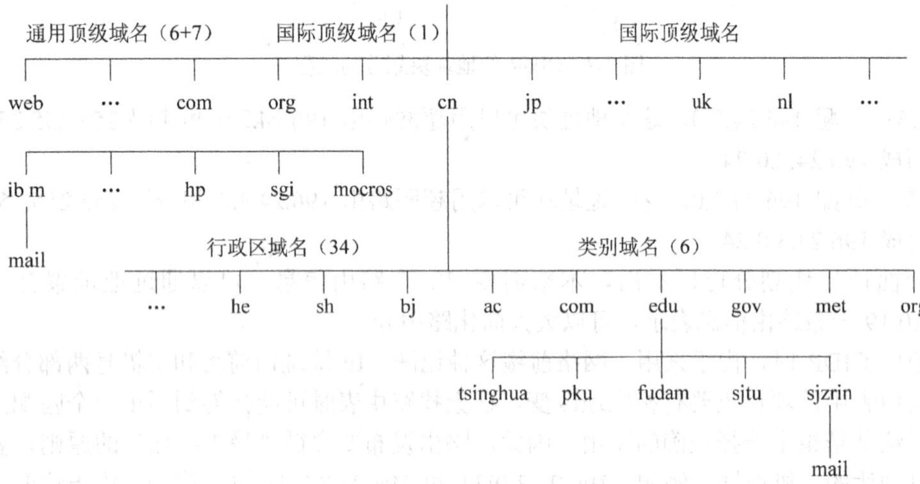

图 7-8　DNS 域名空间

DNS 采用层次化的分布式的名字系统，是一个树状结构。整个树状结构称为域名空间，其中的节点成为域。任何一个主机的域名都是唯一的。

树状的最顶端是一个根域“root”，根域没有名字，用“.”表示；然后是顶级域，如 com、org、edu、cn 等。在 Internet 中，顶级域由 INTERNIC 负责管理和维护。部分顶级域名及含义如表 7-3 所示。

再下面是二级域，表示顶级域中的一个特定的组织名称。在 Internet 中，各国的网络信息中心 NIC 负责对二级域名进行管理和维护，以保证二级域名的唯一性。在我国，这项工作由 CNNIC 负责。

在二级域下面创建的域称为子域，它一般由各个组织根据自己的要求进行创建和维护。域名空间最下面一层是主机，它被称为完全合格的域名。在 Windows 2000 下，可以利用

HOSTNAME 命令在命令提示符下查看该主机的主机名。

表 7-3　部分 Internet 顶级域名及含义

域名	含义	域名	含义
com	商业组织	gov	美国的政府机构
edu	美国的教育、学术机构	mil	美国的军事机构
net	网络服务机构	ma	中国澳门特别行政区
org	非营利性组织、机构	tw	中国台湾地区
int	国际组织	uk	英国
cn	中国	us	美国
hk	中国香港特别行政区	au	澳大利亚

2. 域名

区域是域名空间树状结构的一部分，它将域名空间根据用户的需要划分为较小的区域，以便于管理。这样，就可以将网络管理工作分散开来，所以，区域是 DNS 系统管理的基本单位。

Internet 上的域名服务器系统是按照区域来安排的，每个域名服务器都只对域名体系中的一部分进行管辖。

7.8.3 IPv6

IPv4 的地址空间为 32 位，理论上可支持 2^{32}，约有 40 亿个 IP 地址，但是由于按 A、B、C 地址类型的划分，导致了大量的地址浪费。如一个使用 B 类地址的网络可包含 65534 个主机，对于大多数机构都太大了，申请到一个 B 类地址的机构实际上很难充分利用如此多的地址，造成 IP 地址的大量闲置，例如 IBM 就占用了约 1700 万个 IP 地址。

目前，A 类和 B 类地址已经耗尽，虽然 C 类地址还有余量，但占用 IP 地址的设备已由 Internet 早期的大型机变为数量巨大的 PC，而且随着网络技术的发展，数量更加巨大的家电产品也在信息化、智能化，也存在对 IP 地址潜在的巨大需求，IPv4 在数量上已不能满足需要。鉴于上述状况，1992 年 7 月，IETF（Internet Engineering Task Force）在波士顿的会议上发布了征求下一代 IP 协议的计划，1994 年 7 月选定了 IPv6 作为下一代 IP 标准。

IPv6 继承了 IPv4 的优点，吸取了 IPv4 长期运行积累的成功经验，拟从根本解决 IPv4 地址枯竭和路由表急剧膨胀两大问题，并且在安全性、移动性、QoS、数据包处理效率、多播、即插即用等方面进行了革命性的规划，IPv6 取代 IPv4 已是必然趋势。

目前各国都在投入大量的人力、物力进行 IPv6 网络的建设，我国的 IPv6 实验网络也已经开始试运行，IPv6 网络即将进入大规模实施阶段。在今后相当长的时间内 IPv4 将和 IPv6 共存，并最终过渡到 IPv6。

1. IPv6 的新增功能

IPv6 是互联网的新一代通信协议，在兼容了 IPv4 的所有功能的基础上，增加了一些更新的功能。相对于 IPv4，IPv6 主要做了如下改进。

（1）地址扩展。IPv6 地址空间由原来的 32 位增加到 128 位，确保加入互联网的每个设备的端口都可以获得一个 IP 地址，并且 IP 地址也定义了更丰富的地址层次结构和类型，增加了地址动态配置功能。IPv6 还考虑了多播通信的规模大小（IPv4 由 D 类地址表示多播通信），在多播通信地址内定义了范围字段。作为一个新的地址概念，IPv6 引入了任意播地址。任意播地址是指 IPv6 地址描述的同一通信组中的一个点。此外，IPv6 取消了 IPv4 中地址分类的概念。

（2）地址自动配置。IPv6 地址为 128 位，若像 IPv4 一样记忆和手工分配地址，是不可想象的。IPv6 支持地址自动配置，这是一种关于 IP 地址的即插即用机制。IPv6 有两种地址配置方式：状态地址自动配置和无状态地址自动配置。状态地址自动配置的方式，需要专门的自动配置服务器，服务器保持、管理每个节点的状态信息，该方式的问题是需要保持和管理专门的服务器。在无状态地址自动配置方式下，需要配置地址的网络接口先使用邻居发现机制获得一个链路本地地址，网络接口得到这个链路本地地址之后，再接收路由器宣告的地址前缀，结合接口标志得到一个全球地址。

（3）简化了 IP 报头的格式。为了降低报文的处理开销和占用的网络带宽，IPv6 对 IPv4 的报头格式进行了简化。

（4）可扩展性。IPv6 改变了 IPv4 报头的设置方法，从而改变了操作位在长度方面的限制，使得用户可以根据新的功能要求设置不同的操作。IPv6 支持扩展选项的能力，在 IPv6 中选项不属于报头的一部分，其位置处于报头和数据域之间。由于大多数 IPv6 选项在 IP 数据报传输过程中无须路由器检查和处理，因此这样的结构提高了拥有选项的数据报通过路由器时的性能。

（5）服务质量（QoS）。IPv6 的包头结构中新增了优先级域和流标签域。优先级有 8bit，可定义 256 个优先级，这为根据数据包的紧急程度确定其传输的优先级提供了手段。

（6）安全性。IPv6 定义了实现协议认证、数据完整性、数据加密所需的有关功能。

（7）流标号。为了处理实时服务，IPv6 报文中引入了流标号位。

（8）域名解析。IPv4 和 IPv6 两者 DNS 的体系和域名空间是一致的，即 IPv4 和 IPv6 共同拥有统一的域名空间。在向 IPv6 过渡阶段，一个域名可能对应多个 IPv4 和 IPv6 的地址。以后随着 IPv6 网络的普及，IPv4 地址将逐渐淡出。

2. IPv6 的地址结构

IPv6 用 128 个二进制位来描述一个 IP 地址，理论上有 2^{128} 个 IP 地址，即使按保守方法估算 IPv6 实际可分配的地址，地球表面的每平方厘米的面积上也可分配到数以亿计的 IP 地址。显然，在可预见的时期内，IPv6 地址耗尽的机会是很小的，其巨大的地址空间足以为所有可以想象出的网络设备提供一个全球唯一的地址。

（1）地址表示

IPv6 的 128 位地址以 16 位为一分组，每个分组写成 4 个十六进制数，中间用冒号分隔，称为冒号分十六进制格式。以下是一个完整的 IPv6 地址：

FEAD：BA98：0054：0000：0000：00AE：7654：3210

IPv6 地址中每个分组中的前导零位可以省略，但每个分组至少要保留一位数字。如上例中，也可表示为 FEAD：BA98：54：0：0：AE：7654：3210

若地址中包含很长的零序列，还可以将相邻的连续零位合并，用双冒号“：：”表示。

“: :”在一个地址中只能出现一次，该符号也用来压缩地址前部和尾部相邻的连续零位。

例如，地址 1080：0：0：0：8：800：200C：417A 和 0：0：0：0：0：0：0：1 分别可表示为 1080：：8：800：200C：417A 和：：1。

在 IPv4 和 IPv6 混合环境中，也可采用 x：x：x：x：x：x：d.d.d.d 形式来表示 IPv6 地址，x 表示用十六进制数表示的分组，d 表示用十进制数表示的分组。例如：

0：0：0：0：0：0：202.1.68.8 和：：FFFF.129.144.52.38。

在 URL 中使用 IPv6 地址，要用“[”和“]”来封闭，例如：

http：// [DC：98：：321]：8080/index.htm。

（2）地址类型

IPv6 地址分为三类，即单播、任意播和多播，IPv6 没有广播地址。各类分别占用不同的地址空间，所有类型的 IPv6 地址都被分配到接口，而不像 IPv4 分配到节点。一个接口可以被分配任何类型的多个 IPv6 地址，包括单播、任意播、多播或一个地址范围。IPv6 依靠地址头部的标志符识别地址的类别。

- 单播（Unicast）。单播地址是单一接口的地址，发往单播地址的包被送给该地址所标志的接口。若节点有多个接口，则任一接口的单播地址都可以标志该节点。
- 任意播（Anycast）。任意播地址是一组接口的地址标志，发往任意播地址的数据包仅被发送给该地址标志的接口之一，通常是距离最近的一个地址。任意播地址不能作为源地址，只能作为目的地址，不能分配给主机，只能分配给路由器。
- 多播（Multicast）。多播地址是一组接口的地址标志，发往多播地址的包将被送给该地址标志的所有接口。地址开始的 11111111 标志该地址为多播地址。地址格式如图 7-9（a）所示，由于 112bit 可标志 2^{112} 个组，数量巨大，因而 IPv6 工作组建议使用如图 7-9（b）所示的组地址格式。

8bit	4bit	4bit	112bit
11111111	标志	范围	Group IP

（a）IPv6多播地址格式

8bit	4bit	4bit	80bit	32bit
11111111	标志	范围	保留，全为0	Group IP

（b）IPv6工作组建议使用的组地址格式

图 7-9　多播地址格式

（3）地址分配

IPv6 与 IPv4 的地址的分配方式不同，在 IPv4 中 IP 地址是用户拥有的，即用户一旦申请到 IP 地址空间，他就可以永远使用该地址空间，而不论其从哪个 ISP 获得接入服务。这种方式使 ISP 必须在路由表中为每个用户网络号维护一条路由条目，导致随着用户数的增加，将会出现大量无法归纳的特殊路由条目。

IPv6 采用了和 IPv4 不同的地址分配方式，将地址从用户拥有变成了 ISP 拥有。全球网络地址由 IANA（Internet Assigned Numbers Authority，Internet 分配号码权威机构）分配给 ISP，用户的 IP 地址是 ISP 地址空间的子集。用户改变 ISP 时，用户要使用新 ISP 为其提供新的 IP 地址，这样能有效控制路由信息的增加，避免路由爆炸现象的出现。

根据 IPv6 工作组的规定，IPv6 地址空间的管理必须符合 Internet 团体的利益，必须通过一个中心权威机构来分配。目前这个权威机构就是 IANA。IANA 会根据 IAB（Internet Architecture Board，互联网体系结构委员会）和 IEGS 的建议来进行 IPv6 地址的分配。

目前 IANA 已经委派三个地方组织来执行 IPv6 地址分配的任务，分别是：欧洲的 RIPE-NCC（www.ripe.net）、北美的 INTERNIC（WWWointemic.net）和亚太平洋地区的 APNIC（www.apnic.net）。

3. IPv4 向 IPv6 的转换

IPv4 和 IPv6 会在相当长的一段时间内共存，如何提供平稳的转换机制，对现有 IPv4 用户影响最小，已经成为一个重要的问题。目前已提出了许多转换机制，有些技术上已十分成熟，一些技术已经在国际 IPv6 试验床 6Bone 上应用。IETF 推荐了双协议栈技术、隧道技术、地址转换等技术作为未来的转换技术。

（1）双协议栈技术

双协议栈技术使 IPv6 网络节点同时支持 IPv4 和 Ipv6 协议，具有一个 IPv4 和一个 IPv6 栈。若一台主机同时支持 IPv6 和 IPv4 协议，那么它就可以和分别支持 IPv4 和 IPv6 协议的主机通信。IPv6/IPv4 双协议栈结构如图 7-10 所示。

<table>
<tr><td colspan="2">应用层协议</td></tr>
<tr><td colspan="2">TCP或UDP</td></tr>
<tr><td>IPv6协议</td><td>IPv4协议</td></tr>
<tr><td colspan="2">数据链路层协议</td></tr>
<tr><td colspan="2">物理层协议</td></tr>
</table>

图 7-10　IP 双协议栈结构

（2）隧道技术

隧道技术是将 IPv6 数据包作为数据封装在 IPv4 数据包中，使 IPv6 数据包在 IPv4 设施上传输。隧道技术的优点在于隧道的透明性，IPv6 主机之间的通信可以忽略隧道的存在，隧道只起到物理通道的作用。缺点是不能实现 IPv4 主机和 IPv6 主机之间的通信。

（3）地址转换技术

网络地址转换（Network Address Translation，NAT）技术是将 IPv4 地址和 IPv6 地址分别看做私有地址和公有地址，或者相反。如内部的 IPv4 主机要和外部的 IPv6 主机通信时，NAT 设备将 IPv4 地址转换成 IPv6 地址，NAT 设备维护一个 IPv4 与 IPv6 地址的映射表。NAT 技术可以解决 IPv4 主机和 IPv6 主机之间的互通问题。

7.9　Internet 的应用

Internet 是一个建立在网络互联基础上的巨大的、开放的全球性网络。Internet 拥有数千万台计算机和数以亿计的用户，是全球信息资源的超大型集合体。所有采用 TCP/IP 协议的计算机都可加入 Internet，实现信息共享和相互通信。与传统的书籍、报刊、广播、电视等传播媒体相比，Internet 使用更方便，查阅更快捷，内容更丰富。今天，Internet 已在世界范围内得到了广泛的普及与应用，并正在迅速地改变着人们的工作和生活方式。

7.9.1　WWW 服务

WWW，即万维网（WWW、World Wide Web、Web），可以缩写为 W3 或 Web，又称“环球信息网”、“环球网”等。它并不是独立于 Internet 的另一个网络，而是基于“超文本（Hypertext）”技术将许多信息资源连接成一个信息网，由节点和超链接组成的、方便用户在

Internet 上搜索和浏览信息的超媒体信息查询服务系统，是互联网所提供服务的一部分。

WWW 中节点的连接关系是相互交叉的，一个节点可以以各种方式与另外的节点相连接。超媒体的优点是用户可以通过传递一个超链接，得到与当前节点相关的其他节点的信息。

"超媒体"（Hypermedia）是一个与超文本类似的概念，在超媒体中，超链接的两端可以是文本节点，也可以是图像、语音等各种媒体的数据。WWW 通过超文本传输协议（HTTP）向用户提供多媒体信息，所提供信息的基本单位是网页，每一网页可以包含文字、图像、动画、声音等多种信息。

WWW 是通过 WWW 服务器（也叫做 Web 站点）来提供服务的。网页可存放在全球任何地方的 WWW 服务器上（例如，北京大学 WWW 服务器 http：//www.pku.edu.cn），当接入 Internet 时，就可以使用浏览器（如 Internet Explorer，Netscape）访问全球任何地方的 WWW 服务器上的信息。

1. WWW 地址

WWW 地址，即 WWW 的 IP 地址或域名地址，通常以协议名（协议是专门用于在计算机之间交换信息的规则和标准）开头，后面是负责管理该站点的组织名称，后缀则标志该组织的类型和地址所在的国家或地区。例如，地址 http：//www.tsinghua.edu.cn 提供表 7-4 所示的信息。如果该地址指向特定的网页，那么，其中也应包括附加信息，如端口名、网页所在的目录以及网页文件的名称。使用 HTML（超文本标记语言）编写的网页通常以.htm 或.html 扩展名结尾。浏览网页时，其地址显示在浏览器的地址栏中。

表 7-4　Web 地址示例

http：	这台 Web 服务器使用 HTTP 协议
www	该站点在 World Wide Web 上
tsinghua	该 Web 服务器位于清华大学
edu	属于教育机构
cn	属于中国大陆地区

2. WWW 的工作方式

WWW 系统的结构采用了 C/S（Client/Server，客户机/服务器）模式，它的工作原理如图 7-11 所示。信息资源以主页（也称网页，html 文件）的形式存储在 WWW 服务器中，用户通过 WWW 客户端程序（浏览器）向 WWW 服务器发出请求；WWW 服务器根据客户端请求内容，将保存在 WWW 服务器中的某个页面发送给客户端；浏览器在接收到该页面后对其进行解释，最终将图、文、声并茂的画面呈现给用户。我们可以通过页面中的链接，方便地访问位于其他 WWW 服务器中的页面，或是其他类型的网络信息资源。

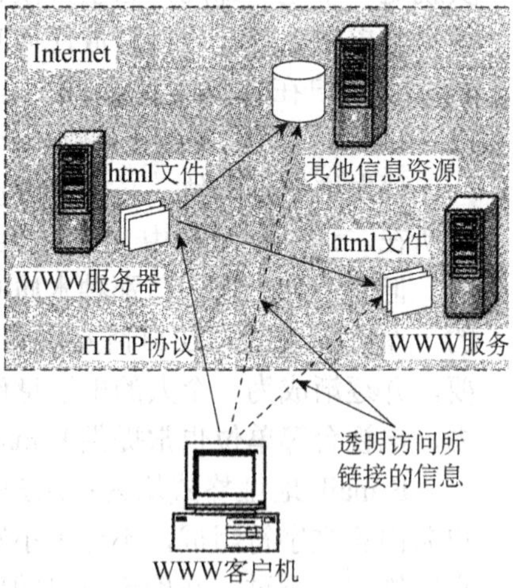

图 7-11　WWW 服务的工作原理

3. WWW 浏览器

WWW 浏览器（Web Browser，也称 Web 浏览器）是安装在客户端上的 WWW 浏览工具，其主要作用是在其窗口中显示和播放从 WWW 服务器上取得的主页文件中嵌入的文本、图形、动画、图像、音频和视频信息，访问主页中各超文本和超媒体链接对应的信息；此外它也可以让用户访问和获得 Internet 网上的其他各种信息服务。对于主页中所涉及的各种不同格式的文本、图形、动画、图像、音频和视频文件，Web 浏览器一般通过预置的即插软件（Plug-ins）或外部辅助应用程序（External Helper Applications）直接或间接地对其内容进行显示与播放，供用户观赏。目前，最流行的主流浏览器有 Microsoft Internet Explorer（IE）和 Netscape Navigator。

7.9.2 电子邮件

1. 电子邮件的基本概念

利用计算机网络来发送或接收的邮件叫做“电子邮件”，英文名为 E-mail。对于大多数用户而言，E-mail 是互联网上使用频率最高的服务系统之一。

提供独立处理电子邮件业务的服务器（一台计算机或一套计算机系统）就叫做“邮件服务器”。它将用户发送的信件承接下来再转送到指定的目的地；或将电子邮件存储到相关的网络邮件邮箱中，以等待邮箱的拥有者去收取。

发送与接收邮件的计算机可以属于局域网、广域网或 Internet。如某一局域网或广域网没有与 Internet 连接，那么该网络的电子邮件只能在其网内的各工作站（即个人计算机或终端机）间传送而不能越出网外。这种只限制在局部或全局（广域）网络内传递的邮件为“办公室电子邮件”（Office-E-mail），而对那些能够在世界范围内（即 Internet）传递的电子邮件则称为“Internet 电子邮件”（Internet E-mail）。

2. 电子邮件地址

互联网上的电子邮件服务采用客户机/服务器（Client/Server）方式。电子邮件服务器其实就是一个电子邮局，它全天候、全时段开机运行着电子邮件服务程序，并为每一个用户开设一个电子邮箱，用以存放任何时候从世界各地寄给该用户的邮件，等待用户任何时刻上网索取。用户在自己的计算机上运行电子邮件客户程序，如 Outlook Express、Messenger、FoxMail 等，用以发送、接收、阅读邮件等。

要发送电子邮件，必须知道收件人的 E-mail 地址（电子邮件地址），即收件人的电子邮箱所在。这个地址是由 ISP 向用户提供的，或者是 Internet 上的某些站点向用户免费提供的，但它不同于家门口那种木质邮箱，而是一个“虚拟邮箱”，即 ISP 的邮件服务器硬盘上的一个存储空间。在日益发展的信息社会，E-mail 地址的作用如同电话号码一样越来越重要，并逐渐成为一个人的电子身份，如今许多人已在名片上赫然印上 E-mail 地址。报刊、杂志、电视台等单位也常提供 E-mail 地址以方便用户联系。

E-mail 地址格式均为：用户名@电子邮件服务器域名，例如：lujun@126.com。其中用户名由英文字符组成，不分大小写，用于鉴别用户身份，又叫做注册名，但不一定是用户的真实姓名。不过，在确定自己的用户名时，不妨起一个自己好记但不易被别人猜出，又不易与他人重名的名字。@的含义和读音与英文介词 at 相同，表示“位于”之意。

电子邮件服务器域名是你的电子邮件邮箱所在电子邮件服务器的域名。在邮件地址中不分大小写。整个 E-mail 地址的含义是“在某电子邮件服务器上的某人”。

3. TCP/IP 电子邮件传输协议

（1）SMTP 协议

TCP/IP 协议族提供两个电子邮件传输协议：邮件传输协议（Mail Transfer Protocol，MTP）和简单邮件传输协议（Simple Mail Transfer Protocol，SMTP）。顾名思义，后者比前者简单。

SMTP 是 Internet 上传输电子邮件的标准协议，用于提交和传送电子邮件，规定了主机之间传输电子邮件的标准交换格式和邮件在链路层上的传输机制。SMTP 通常用于把电子邮件从客户机传输到服务器上，以及从某一服务器传输到另一个服务器上。Internet 中，大部分电子邮件由 SMTP 发送。SMTP 的最大特点就是简单，它只定义邮件如何在邮件传输系统中通过发送方和接收方之间的 TCP 连接传输，而不规定其他任何操作——包括用户界面与用户之间的交互以及邮件的存储、邮件系统多长时间发送一次邮件等。

同文件传输一样，在正式发送邮件之前，SMTP 也要求客户机与服务器之间建立一个连接，然后发送方可以发送若干报文。发送完以后，终端连接，推出 SMTP 进程，也可以请求服务器交换收、发双方的为止，进行反方向邮件传输。接收方服务器必须确认每一个报文，接收方也可以终止整个连接或当前报文传输。

（2）邮局协议（Post Office Protocol，POP3，目前是第 3 版）

每个具有邮箱的计算机系统必须运行邮件服务器程序来接收电子邮件，并将邮件放入正确的邮箱。TCP/IP 专门设计了一个提供对电子邮件信箱进行远程存取的协议，它允许用户的邮箱位于某个运行邮件服务器程序的计算机，即邮件服务器上，并允许用户从他的个人计算机对邮箱的内容进行存取。这个协议就是邮局协议 POP。

邮局协议是 Internet 上传输电子邮件的第一个标准协议，也是一个离线协议。它提供信息存储功能，负责为用户保存收到的电子邮件，并且从邮件服务器上下载取回这些邮件。

POP3 为客户机提供了发送信任状（用户名和口令），这样就可以规范对电子邮件的访问。这样一来，邮件服务器上要运行两个服务器程序：一个是 SMTP 服务器程序，它使用 SMTP 协议与输客户端程序进行通信；另一个是 POP 服务器程序，它与用户计算机中的 POP 客户程序通过 POP 协议进行通信，如图 7-12 所示。

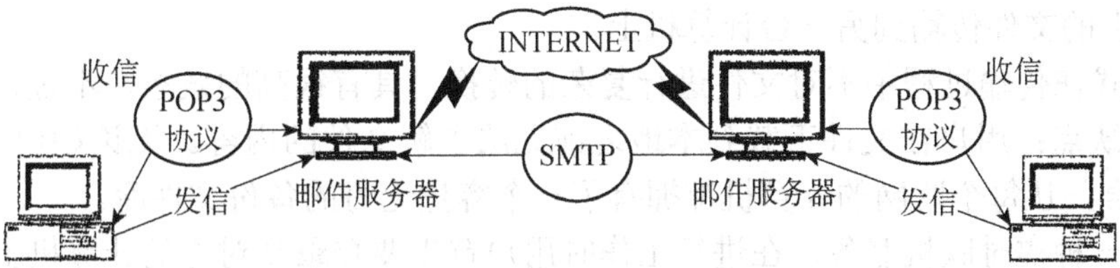

图 7-12　电子邮件传输模型

（3）网际消息访问协议（Internet Message Access Protocol，IMAP）

当电子邮件客户机软件在笔记本电脑上运行时（通过慢速的电话线访问互联网和电子邮件），IMAP 比 POP3 更为适用。使用 IMAP 时，用户可以有选择地下载电子邮件，甚至只是下载部分邮件。因此，IMAP 比 POP3 更加复杂。

4. 电子邮件传送过程

电子邮件系统是一种典型的客户机/服务器模式的系统，Internet 中有很多电子邮件服务器（Mail Server），它们是整个电子邮件系统的核心，利用“简单邮件传输协议”（SMTP）和“邮局协议”（POP3）实现邮件的传送和接受。

电子邮件服务器的工作过程如下：

（1）发送方将待发的电子邮件通过 SMTP 协议发往目的地的邮件服务器。

（2）邮件服务器接收别人发给本机用户的电子邮件，并保存在用户的邮箱里。

（3）用户打开邮箱时，邮件服务器将用户邮箱的内容通过 POP3 协议传至用户个人计算机中，这就是用户收取电子邮件的过程。收发邮件的流程如图 7-13 和图 7-14 所示。

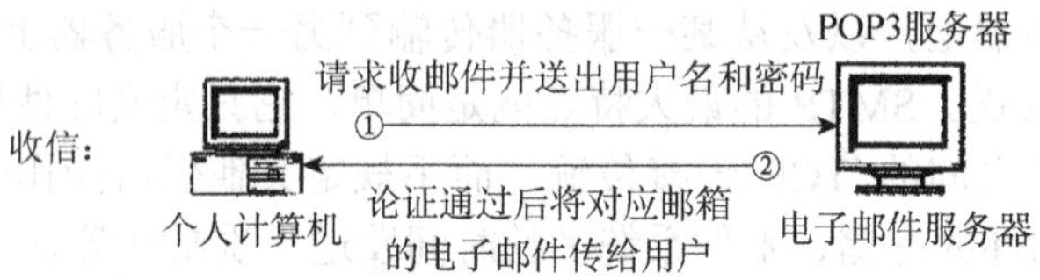

图 7-13　收信过程

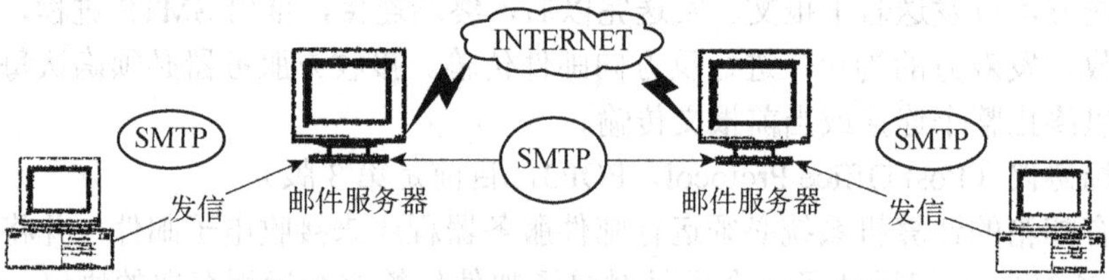

图 7-14　发信过程

7.9.3　文件传输 FTP 服务

1. FTP 概述

文件传送协议（File Transfer Protocol，FTP）是 Internet 文件传送的基础。通过该协议，用户可以将文件从一台计算机上传输到另一台计算机上，并保证其传输的可靠性。FTP 是应用层协议，采用了 Telnet 协议和其他低层协议的一些功能。

无论两台与 Internet 相联的计算机地理位置上相距多远，通过 FTP 协议，用户都可以将一台计算机上的文件传输到另一台计算机上。

FTP 方式在传输过程中不对文件进行复杂的转换，具有很高的效率。不过，这也造成了 FTP 的一个缺点：用户在文件下载到本地之前无法了解文件的内容。无论如何，Internet 和 FTP 完美结合，让每个联网的计算机都拥有了一个容量无穷的备份文件库。

FTP 是一种实时联机服务，在进行工作时用户首先要登录到对方的计算机上，登录后仅可以进行与文件搜索和文件传输有关的操作。使用 FTP 几乎可以传输任何类型的文件：文本文件、二进制可执行程序、图像文件、声音文件、数据压缩文件等。

与大多数 Internet 服务一样，FTP 也是一个客户机/服务器系统。用户通过一个支持 FTP 协议的客户机程序，连接到在远程主机上的 FTP 服务器程序。用户通过客户机程序向服务器程序发出命令，服务器程序执行用户所发出的命令，并将执行的结果返回到客户机。比如说，用户发出一条命令，要求服务器向用户传送某一个文件的一份副本，服务器会响应这条命令，将指定文件送至用户的机器上。客户机程序代表用户接收到这个文件，将其存放在用户目录中。

在 FTP 的使用当中，用户经常遇到两个概念：“下载”（Download）和“上传”（Upload）。“下载”文件就是从远程主机复制文件至自己的计算机上；“上传”就是将文件从自己的计算机复制至远程主机上。用 Internet 语言来说，用户可通过客户机程序向（从）远程主机上传（下载）文件，如图 7-15 所示。

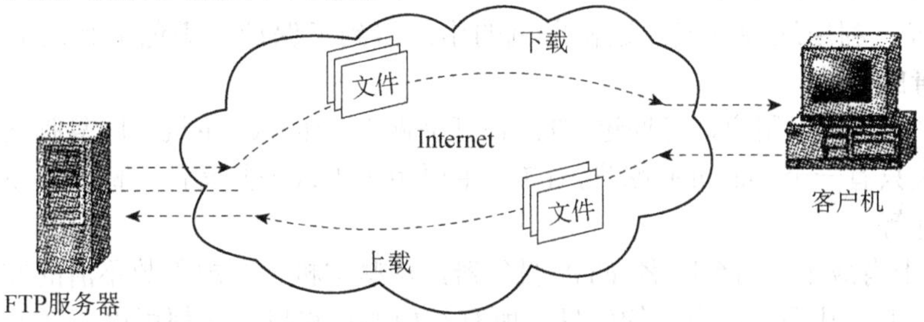

图 7-15　文件传输工作过程

2. FTP 的工作过程

FTP 服务使用的是 TCP 端口 21 和 20。一个 FTP 服务器进程可以同时为多个客户端进程提供服务，FTP 服务器的 TCP 端口 21 始终处于监听状态。

客户端发起通信，请求与服务器的端口 21 建立 TCP 连接，客户端的端口号为 1024～65535 中的一个随机数。该连接用于发送和接收 FTP 控制信息，所以又称为控制连接。

当需要传输数据时，客户端再打开连接服务器端口 20 的第二个端口，建立另一个连接。服务器的端口 20 只用于发送和接收数据，只在传输数据时打开，在传输结束时关闭。该连接称为数据连接。每一次开始传输数据时，客户端都会建立一个新数据连接，在该次数据传输结束时立即释放。

3. FTP 的访问

FTP 支持授权访问，即允许用户使用合法的账号访问 FTP 服务。这时，使用 FTP 时必须首先登录，在远程主机上获得相应的权限以后，方可上传或下载文件。也就是说，要想同哪一台计算机传送文件，就必须具有哪一台计算机的适当授权。换言之，除非有用户 ID 和口令，否则便无法传送文件。

这种方式有利于提高服务器的安全性，但违背了 Internet 的开放性，Internet 上的 FTP 服务器何止千万，不可能要求每个用户在每一台服务器上都拥有账号。所以许多时候，允许匿名 FTP 访问行为。

匿名 FTP 是这样一种机制，用户可通过它连接到远程服务器上，并从其下载文件，而无须成为其注册用户。系统管理员建立了一个特殊的用户 ID，名为 anonymous，Internet 上的任何人在任何地方都可使用该用户 ID。

通过 FTP 程序连接匿名 FTP 服务器的方式同连接普通 FTP 服务器的方式差不多，只是在要求提供用户标志 ID 时必须输入 anonymous，该用户 ID 的口令可以是任意的字符串。习惯上，用自己的 E-mail 地址作为口令，使系统维护程序能够记录下来谁在存取这些文件。

值得注意的是，匿名 FTP 不适用于所有 Internet 主机，它只适用于那些提供了这项服务的主机。

当远程主机提供匿名 FTP 服务时，会指定某些目录向公众开放，允许匿名存取。系统中的其余目录则处于隐匿状态。作为一种安全措施，大多数匿名 FTP 服务器都允许用户从其下载文件，而不允许用户向其上传文件，也就是说，用户可将匿名 FTP 服务器上的所有文件全部复制到自己的机器上，但不能将自己机器上的任何一个文件复制到匿名 FTP 服务器上。即使有些匿名 FTP 服务器确实允许用户上传文件，用户也只能将文件上传至某一指定上传目录中。随后，系统管理员会去检查这些文件，他会将这些文件移至另一个公共下载目录中，供其他用户下载，利用这种方式，远程主机的用户得到了保护，避免了有人上传有问题的文件，如带病毒的文件。

作为一个 Internet 用户，可通过 FTP 在任何两台 Internet 主机之间复制文件。但是，实际上大多数人只有一个 Internet 账户，FTP 主要用于下载公共文件，例如共享软件、各公司技术支持文件等。

Internet 上有成千上万台匿名 FTP 服务器，这些主机上存放着数不清的文件，供用户免费复制。实际上，几乎所有类型的信息，所有类型的计算机程序都可以在 Internet 上找到。这是 Internet 吸引我们的重要原因之一。

7.10 Intranet

WWW 服务的日益增长和浏览器的广泛使用，使计算机技术人员更加关注企业内部的计算机网络，并开始考虑将稳定可靠的 Internet 技术，特别是 WWW 服务同内部计算机网络结合起来的问题。于是一种特殊的内部网络 Intranet 出现了。

7.10.1 Intranet 概述

Intranet 也叫内联网，企业内部网，是指利用 Internet 技术构建的一个企业、组织或者部门内部的提供综合性服务的计算机网络。

Intranet 将 Internet 的成熟技术应用于企业内部，使 TCP/IP、SMTP、HTML、Java、HTTP、WWW 等先进技术在企业信息系统中充分发挥作用，将 Web 服务、Mail 服务、FTP 服务、News 服务等迁移到了企业内部，实现了内部网络（内联网）的开放性、低投资性、免维护性、易操作性以及运营成本的低廉性。

在 Intranet 里面，所有的应用都如同在 Internet 上面一样，通过浏览器来进行操作。Intranet 与传统的局域网的最明显的差别表现在：在 Intranet 上，所有的操作告别了老式系统的复杂菜单与功能以及客户端的软件，一切都和在 Internet 上面冲浪一般轻松简单，使用起来感觉好比将 Internet 搬回到了企业内部。

因为内联网和互联网采用了相同的技术，所以内联网与互联网可以无缝连接。实际上，大量的内联网已经迁移成为了互联网上的公开网站。通过防火墙（Firewall）的安全机制，可以将内联网与互联网实现平滑连接并保障内部网络信息的安全隔离。如果再加上专线连接或者远程接入和虚拟专网（VPN）的应用，则此 Intranet 又可以升级转换成一个无所不在的企业外联网（Extranet）：将一个企业的内部与外部（如分支机构、出差员工、远程办公情形）以及互联网上的网站通过互联网或者公用通信网（如电话网）为媒介连接为一个整体。

7.10.2　Intranet 的特点

基于 Intranet 的企业内部网与传统的企业内部网络相比，具有以下无可比拟的优越性。

（1）使用统一的 TCP/IP 标准，技术成熟，系统开放，开发难度低，应用方案充足。

（2）操作界面统一而亲切友好，使用、维护、管理和培训都十分简单。

（3）具有良好的性价比，能充分保护和利用已有的资源。通信传输、信息开发和管理费用低。

（4）技术先进，能够适应未来信息技术的发展方向，代表了未来企业运作、管理的潮流。

（5）网络服务多种多样，能够提供诸如 WWW 信息发布与浏览，文件传输、电子新闻、信息查询、多媒体服务等丰富多彩的服务。

（6）信息处理和交换非常灵活，信息内容图文并茂，具体生动，使用灵活自如，能够充分利用企业的信息资源。

（7）能够适应不同的企业和政府部门，也可以适应不同的管理模式以迎接未来的挑战。

7.10.3　Intranet 的应用

短短几年内，Intranet 发展势如破竹，从一开始的静态发展为动态，从服务器端的单一分布发展为多层的客户机/服务器分布，从信息发布发展为真正的事务应用。发展至今，Intranet 应用主要可分为以下四类。

1. 信息发布和共享

这类应用是 Intranet 中最普遍的一种，它将日常的公司信息转换成真正的全球性信息网络，实现高效的无纸信息传送系统。典型的应用有内部文件发布，如日常新闻、公司机构、职员信息、职工手册、政策法规等；最新教育培训资料；产品目录、广告和行销资料；咨询和引导，网络 Kiosk（多媒体网络查询机简称 Kiosk）；软件发布等。通常地，这类应用是一组静态的、预定义的页面，这些页面包含丰富的多媒体信息，如文字、图像、声音、视频、动画等，页面之间通过链接进行透明的切换和浏览。这些信息也可以根据用户的操作和用户的身份，按需要动态产生或定制。与传统媒体相比，这类应用不仅范围广，价格便宜，更新及时，更重要的是媒体丰富和按需点播。

2. 通信

Intranet 的电子邮件为公司内部的通信提供了一种极其方便和快捷的手段，特别是对于一些地理分布在跨省、跨国的公司或虚拟办公室。它不仅能传送文件，而且能传送图像、声音、视频等其他多媒体信息。目前，另一种网上通信手段 Internet 电话正以其实时性和价格低廉的优点逐渐被大家接受。

3. 协同工作

Intranet 协同工作应用（又称群件）使分散的企业部门沟通自如。常用群件有以下几类。

● 讨论组：一个公司分布各地的研究开发部门可以通过新闻/讨论组和公告栏讨论问题、交换资料。

● 工作流：工作流实现了业务流程的电子化，如文件批阅等。

● 视频会议：Intranet 大大高于 Internet 的带宽，使视频传输成为可能，不同地点的人可以像在一个会议室中一样通过 Intranet 召开电子视频会议。

● 日程安排：和单机上的日程安排软件不同，Intranet 日程安排软件可以进行多人的约会，如董事会、项目谈判。

通过群件，不仅分布机构可以协同工作，而且在 Intranet 上可以建立虚拟机构或虚拟办公室。

4. 应用存取和电子贸易

新一代的 Intranet 应用是业务相关的、事务处理的、远程数据库存取的复杂应用。它以多层客户机/服务器计算为基础，能实现信息管理、决策支持和电子贸易，如物资管理、人事管理、数据统计、有偿信息服务、电子购物、Internet 银行和网上实时证券交易等。这类应用正在成为 Intranet 的热点和发展方向，也是各大厂商的战略重点，目前已有许多产品和工具问世。

成功的现代企业都具备一些共同特点：完善的管理、相应的投资能力、通畅的购销渠道，以及不断更新的产品、技术和良好的用户服务。而所有这些要求都可以借助于 Intranet 方便地实现。但要指出的是，虽然 Intranet 应用有许多共同的特性，但不同的企业在实施 Intranet 时，必须根据各自不同的需求和基础进行。

第 8 章　网页制作

随着互联网的普及和发展，网站逐渐取代了传统媒体成为人们获取信息的主要途径。网站是由许多相关网页组成的一个整体，各网页之间通过超链接相连。HTML 是用来描述网页的一种简单标记语言，是学习网页制作的基础。

Dreamweaver 是一个“所见即所得”的可视化网站开发工具，与 Fireworks、Flash 一起被称为网页制作的三剑客。

本章要点：

- 了解网页制作相关概念；
- 了解常用网页制作工具；
- 掌握网站制作流程；
- 掌握 HTML 常用标记；
- 掌握 Dreamweaver 基本操作。

8.1　网页制作基础

想要制作出精美的网页，先要学习网页制作的基础知识。

8.1.1　网页

上网的时候在浏览器中看到的一个个页面就是网页，网页是 Internet 的基本信息单位，是构成网站的基本元素。

网页的组成主要包括文本、图像、表格和超链接，其他元素还有表单、声音、动画、视频等。

1. URL

URL（Uniform Resource Locator）统一资源定位符，通俗的理解就是网址，是互联网上标准资源的地址。互联网上的每个文件都有一个唯一的 URL，它包含的信息指出文件的位置以及浏览器应该怎么处理它。

一个完整的 URL 包含协议类型、服务器名称（或 IP 地址）、路径和文件名，其标准格式如下：协议类型：//服务器地址（端口号）/路径/文件名。如 http：//www.xin126.cn/myzuopin/index.htm。其中 http（超文本传输协议）是协议类型，www.xin126.cn 是服务器地址，/myzuopin/是路径，index.htm 是要访问的文件名。

2. 网页的分类

网页根据其生成方式主要分为静态网页和动态网页。

（1）静态网页

通常这些网页只有 HTML 标记，没有其他可以执行的程序代码。静态网页制作好后其网页的内容是静态不变的。网址形式通常为：http：//www.xin126.cn/index.htm。静态网页的后缀名一般为.htm 或.html。使用静态网页，如果要修改网页内容，就必须修改源文件，然后重新上传到服务器。在网站制作和维护方面工作量较大，在功能方面也有较大的限制，一般适用于内容较少的展示型网站。

静态页面的访问流程比较简单。首先用户通过浏览器向 Web 服务器发送访问请求，服务器接受请求并查找要访问的页面文件，找到后发送给客户端，用户通过浏览器就可以看到要访问的静态网页了。静态网页工作原理如图 8-1 所示。

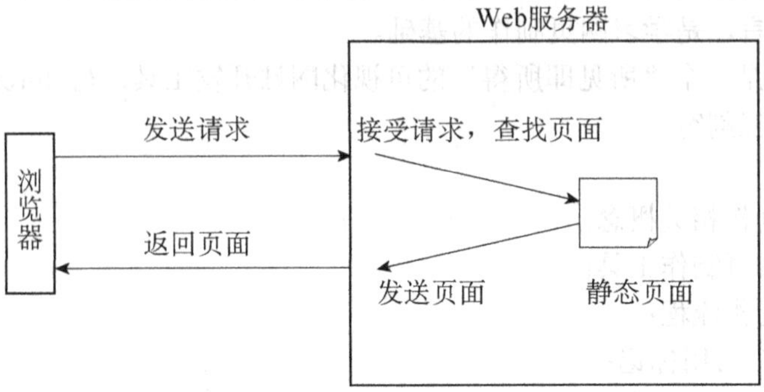

图 8-1　静态网页工作原理

（2）动态网页

动态网页是指跟静态网页相对的一种网页编程技术，是 HTML 与高级程序设计语言、数据库编程等多种技术的融合。动态网页中不仅含有 HTML 标记，而且含有可以执行的程序代码。动态网页的后缀名根据所采用的技术不同，有.aspx、.asp、.jsp、.php 等。

这里的“动态”主要指的是“交互性”，动态网页能够根据不同的输入和请求动态生成返回的页面，例如常见的 BBS、留言板、聊天室等就是用动态网页来实现的。有些网页插入了滚动字幕、Flash 动画、applet 等动态效果只是视觉上的动态，与真正的“动态网页”是不同的概念。

动态网页的工作原理如图 8-2 所示，在服务器查找到动态页面后，需要执行程序代码生成静态页面再发送至客户端。

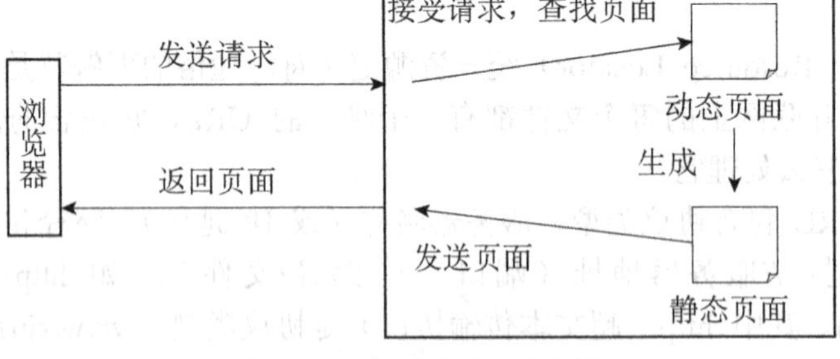

图 8-2　动态网页的工作原理

8.1.2　网站

网站是由许多相关网页组成的一个整体，各网页之间通过超链接相联，它们之间可以相互访问，如网易、新浪、搜狐等。

1. 网站首页

一个网站由很多页面组成，当我们输入网站域名后，打开的第一个页面即网站首页（网站主页）。如在浏览器中输入 http: //www.sina.com.cn/，访问到的第一个页面就是新浪网的网站首页，如图 8-3 所示。

图 8-3　新浪网网站首页

网站首页的文件名一般为 index、default 等。网站首页可以说是网站内容的目录，应该让用户很容易了解网站提供的信息及功能，引导浏览者访问网站的相应栏目和其他信息。

2. 网站分类

按照不同的分类标准可以把网站分为多种类型。

按照网站主体性质分为政府网站、企业网站、商业网站、教育科研机构网站、个人网站、其他非营利机构网站等。

按照开发语言分为 HTML 网站、ASP 网站、JSP 网站、PHP 网站、Flash 网站等。

按照网站内容更新方式分为静态网站、动态网站。

按照网站功能分为门户网站、企业网站、娱乐休闲网站、电子商务网站、博客、社区论坛、聊天交友、软件下载等。

8.1.3　常用网页制作工具

早期的网页完全由程序员手工代码编写，界面枯燥、乏味。20 世纪 90 年代末开始，出现了“所见即所得”网页设计软件。网页制作涉及的工具比较多，不同的阶段、不同的任务需要的工具不同。

1. 网页编辑工具

网页是 HTML 文件，任何文本编辑器都可以用来制作网页，如记事本、UltraEdit、EditPlus 等。一款功能强大、使用简单的软件往往可以起到事半功倍的效果。在网页编辑工具中，使用广泛、功能强大的软件是 Adobe 公司的 Dreamweaver。Dreamweaver 软件是集网页制作和网站管理于一身的所见即所得网页编辑器，可以编辑 HTML、CSS、JavaScript、

XML、JSP、PHP 等多种格式的文件。Dreamweaver 界面如图 8-4 所示。

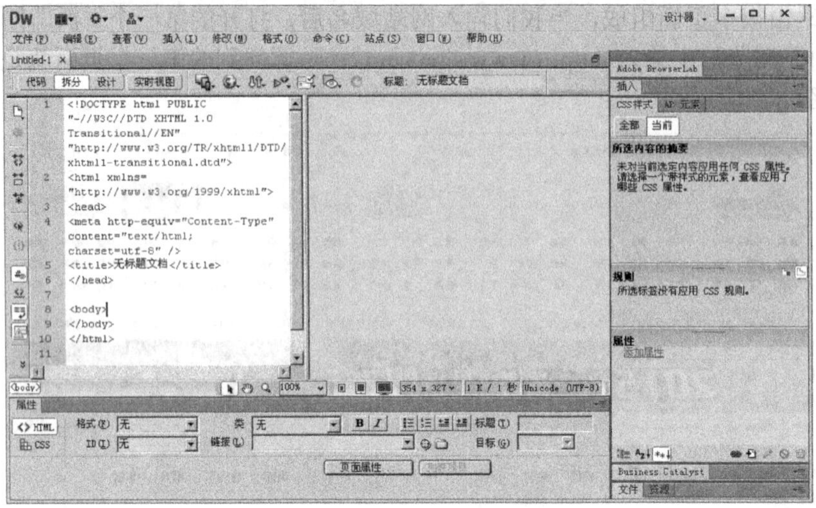

图 8-4　Dreamweaver 软件

由于它支持代码、拆分、设计、实时视图等多种方式来创作、编写和修改网页，对于初级人员，可以无需编写任何代码就能快速创建 Web 页面。

2. 图像处理工具

图像处理工具比较多，有 Photoshop、Fireworks、Illustrator、Freehand、光影魔术手、美图秀秀等。在图像处理过程中可以综合使用多种工具以达到最终效果。其中 Photoshop 和 Fireworks 是最常用的网页图像处理软件。

Photoshop 是 Adobe 公司出品的最为出名的图像处理软件之一，是集图像扫描、编辑修改、图像制作、广告创意、图像输入与输出于一体的图形图像处理软件，深受广大平面设计人员和计算机美术爱好者的喜爱。Photoshop 界面如图 8-5 所示。

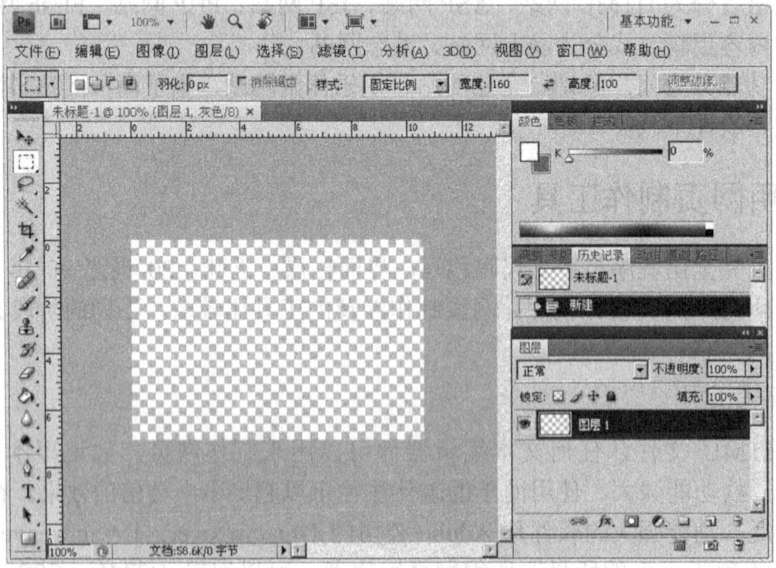

图 8-5　Photoshop 界面

Fireworks 也是 Adobe 公司推出的一款网页制图软件，该软件可以加速 Web 设计与开发，是一款创建与优化 Web 图像和快速构建网站与 Web 界面原型的理想工具。对于辅助网页编辑来说，Fireworks 是非常好的软件。

3. 动画制作工具

Flash 是一款非常优秀的交互式矢量动画制作软件，可以实现多种动画特效，广泛用于创建包含丰富的视频、声音、图形和动画等内容的站点。许多网站的欢迎页面、导航菜单和 banner（网站横幅广告）都是 Flash 制作的，还有一些网站整个站点都是 Flash 制作出来的。Flash 界面如图 8-6 所示。

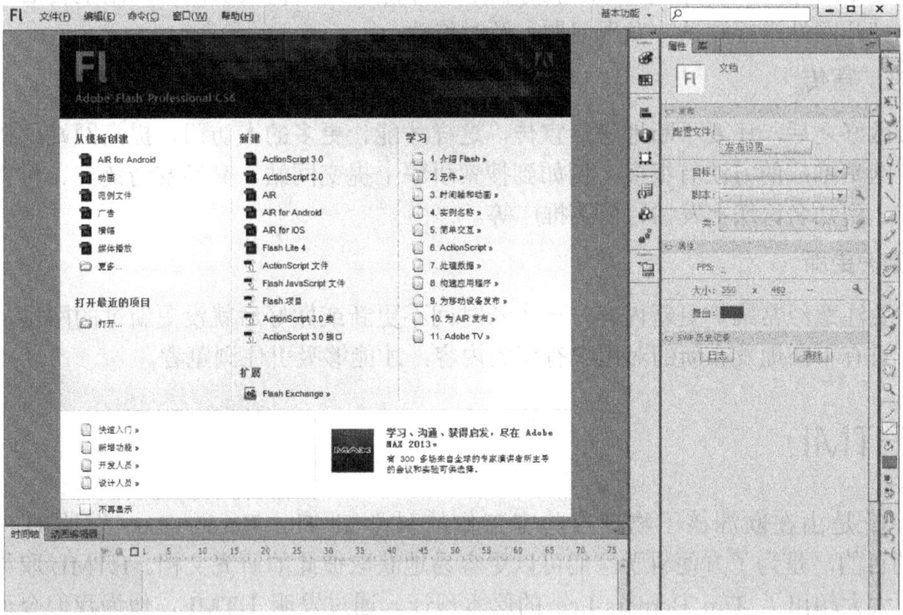

图 8-6 Flash 界面

8.1.4 网站制作流程

1. 确定网站主题

网站主题就是网站的题材类别，网站所包含的主要内容。一个网站必须要有一个明确的主题，如英语听力网、智联招聘、美团等。特别是对于个人网站，网站主题定位要准确、鲜明，要小而精，不能像综合信息门户网站那样做得内容大而全。

2. 收集加工网页素材

明确网站主题以后，就要围绕主题开始搜集相关素材了。网页制作所需要的素材包括文字材料、图片、动画、声音、图像等。收集的素材越多，以后制作网站就越方便。收集的网页素材一般还需要经过加工处理才能在网页中使用。文字材料一般需要网站编辑人员重新编辑，图片需要美工人员加工处理，声音或视频还需要剪辑及后期制作。

3. 规划网站

一个网站设计得成功与否，很大程度上决定于设计者的规划水平。网站规划包含的内容很多，如网站的结构、栏目的设置、网站的风格、颜色搭配、版面布局、文字图片的运用等。

4. 制作网页

按照网站规划和设计方案，选择合适的网页编辑工具制作具体页面。

5. 网站的测试与发布

网站制作完成后，在发布之前要进行测试，以保证网站页面的外观、功能、链接等符合设计要求。网站测试的内容包括很多方面，有浏览器兼容性、打开速度、功能测试、安全测试、压力测试等。

测试完毕，最后要发布到 Web 服务器上，才能够让其他人访问。网站上传后，还要在浏览器中打开网站进行测试，发现问题，及时修改。

6. 推广宣传

网页做好之后，还要不断地进行宣传，这样才能让更多的人访问，提高网站的访问率和知名度。网站推广的方法有很多，例如到搜索引擎上提交网站、交换友情链接、付费广告、软文推广、到知名论坛上发帖、博客推广等。

7. 维护更新

网站要注意经常维护更新内容，一个长时间不更新或做好后就没更新过的网站，谁还会来访问？只有不断地发布新的对用户有用的内容，才能够吸引住浏览者。

8.2 HTML

HTML 是由在欧洲核子物理实验室工作的科学家 Tim Berners-Lee 发明的。他发明 HTML 的目的，是为了方便科学家们可以更容易地获取彼此的研究文档。HTML 取得了的巨大成功，大大超出了 Tim Berners-Lee 的原本预计。通过发明 HTML，他为我们今天所认识的万维网奠定了基础。

8.2.1 HTML 简介

HTML（Hyper Text Markup Language）即超文本标记语言，是用来描述网页的一种简单标记语言。HTML 是学习制作网站的基础，即使用“所见即所得”的网页开发工具 Dreamweaver 等来制作网站，最终也要转换成 HTML 代码才能被浏览器解释执行，了解基本的 HTML 知识，有利于制作出更好的网站。

HTML 的最新版本是 HTML 5，其第一份正式草案由万维网联盟（World Wide Web Consortium，W3C）于 2008 年 1 月 22 日公布。2014 年 10 月，W3C 宣布 HTML5 标准规范最终制定完成。截止到目前，大部分浏览器如 Firefox、Google Chrome、Opera、Safari 4+、Internet Explorer 9+已经具备了某些 HTML5 支持，360 浏览器、搜狗浏览器、QQ 浏览器、猎豹浏览器等国产浏览器同样具备支持 HTML5 的能力。

1. HTML 标签的格式

HTML 标签（又称标记）由“<”、标签名和“>”组成，如<html>。标签分为起始标签和结束标签。结束标签和起始标签标签名一样，但在标签名之前增加了“/”，如</html>。HTML 标签字母不区分大小写。

大部分 HTML 标签可以包含一些属性来对标签进行具体描述。属性由属性名和属性值以及“=”号组成，属性只可以写在起始标签中，标签名和属性之间用空格隔开。一个标签如果包含多个属性，属性和属性之间也用空格隔开。

如<font color="#FF0000" size="12" >HTML 简介</font>。

2. HTML 标签分类

HTML 标签又分为单标签和双标签两种。顾名思义，双标签必须成对出现，单标签可以单独使用。

（1）双标签

HTML 中的标签大部分为双标签，其书写格式为：

<标签名>内容</标签名>

如<h1>一级标题</h1>，<b>文字加粗</b>。

（2）单标签

单标签的书写格式为：<标签名>

HTML 中的单标签典型的有换行标签
，它可以单独使用，表示换行。如：人们常常以为制作一个网站很难，其实并非如此！
学习制作网站是件充满乐趣的事。显示效果如图 8-7 所示。

图 8-7　单标签示例

8.2.2　HTML 文档结构

HTML 文件以<html>标记开始，以</html>标记结束，一个基本的 HTML 文件代码如下：

```
<html>
<head>
    <title>Html 文档结构</title>
</head>
<body>
    第一个 HTML 文件
</body>
</html>
```

在学习 HTML 时，建议使用记事本或其他简易文本编辑器编写 HTML 文档。使用可视化开发工具 Dreamweaver 等虽然能够加快网页开发速度，但对学习 HTML 没有太多帮助。

打开记事本输入以上代码，在保存时选择“文件”→“另存为”，在打开的“另存为”对话框中文件扩展名设置为.html。使用记事本编写 HTML 文档，如图 8-8 所示。

双击刚才保存的 HTML 文件，可以在浏览器中看到最终的页面效果，如图 8-9 所示。

图 8-8　记事本编写代码

图 8-9　html 页面效果

由以上代码可以看出，HTML 文档由头部（head）和主体（body）两部分组成。

1. 头部（head）

<head>...</head>标记之间的内容，用于描述页面的头部信息，如页面的标题、作者、摘要、关键词、版权、自动刷新等信息。

（1）<title>标签

<title>…</title>用于设置网页标题，如以上代码中的<title>Html 文档结构</title>，网页标题将显示在浏览器窗口的标题栏上。

（2）<meta>标签

<meta>标签可以通过属性提供网页关键字、作者、描述、字符集等多种信息。

- 设定网页关键字，基本语法：

<meta name="keywords" content="value">

示例：

<meta name="keywords" content="网页、网页设计、网页制作、教程、素材">

网页关键字应和网页主题相关，它是为搜索引擎提供的，能够提高网站在搜索引擎中被搜索到的概率。网页关键字不会出现在浏览器中。

- 设定作者，基本语法：

<meta name="author" content="value">

示例：

<meta name="author" content="姬广永">

用于设置页面制作者信息，在页面源代码中可以查看。

- 网页描述，基本语法：

<meta name="description" content=" value ">

示例：

<meta name="description" content="中国网页设计-权威的网页制作，网页设计教程基地：包含 html、css、dreamweaver、photoshop 等教程及网页制作素材，网页设计欣赏，免费空间，网站推广等资源">

该语句是对网站主题的描述，不会出现在浏览器的显示中，可供搜索引擎寻找页面。

- 设置字符集，基本语法：

<meta http-equiv="Content-Type" content="text/html；charset=value" />

示例：

<meta http-equiv="Content-Type" content="text/html；charset=GB2132" />

设置 HTML 页面所使用的字符集为 GB2132（简体中文）。常用的字符集还有 BIG5 码（繁体中文）、ISO8859-1（英文）、UTF-8（国际编码）等。对于不同的字符集页面，如果浏览器不能显示该字符，则显示乱码。

2. 主体（body）

<body>...</body>标记之间的内容为页面的主体内容。在浏览器窗口中显示的网页内容即为 body 元素的内容。

body 元素的属性有很多，可以设置网页的文字颜色、背景颜色、背景图片、超链接颜色，页边距等。body 元素的常用属性见表 8-1。

表 8-1 body 元素的常用属性

属性	说明	举例
text	文字颜色	<body text="#009900">
bgcolor	网页背景颜色	<body bgcolor="#FF0000">
background	网页背景图片	<body background="images/bg.jpg">
link	超链接颜色	<body link="#000000">
vlink	已访问超链接颜色	<body vlink="#FF6600" >
alink	活动超链接颜色	<body alink="#FF0000" >

【例 8-1】使用 body 属性示例。

```
<html>
<head>
<meta http-equiv="Content-Type" content="text/html; charset=gb2312" />
<meta http-equiv="Content-Language" content="zh-cn" />
</head>
<body bgcolor="yellow" text="red"><h2>背景颜色改变了</h2>
</body>
</html>
```

8.2.3 常用 HTML 标记

HTML 标记非常多，这里主要介绍常用 HTML 标记及其属性，其他标记请查阅 HTML 参考手册。

1. 文字效果

（1）<font>

<font>用来规定文本的字体、字体尺寸、字体颜色。

如<font color="#FF0000" face="黑体" size="5">font 标签示例</font>

属性含义介绍如下。

- color：设置字体颜色。
- face：设置文字字体。
- size：设置字体大小，默认值为 3。可以在 size 属性值之前加上“+”或“-”号，来指定相对于字号初始值的改变量，如 size="+4"，size="-3"。

【例 8-2】 font 标签使用示例。

```
<html>
<head>
    <meta http-equiv="Content-Type" content="text/html; charset=utf-8" />
    <title>font 标签使用示例</title>
</head>
<body>
    <p><font face="黑体" color="#FF0000">黑体红色文字</font></p>
    <p><font face="宋体" size="-1">宋体显示效果</font></p>
    <p><font face="汉仪菱心体简" size="+6">汉仪菱心体简</font></p>
    <p><font face="书体坊雪纯体 3500" size="6">书体坊雪纯体 3500</font></p>
</body>
</html>
```

代码显示效果如图 8-10 所示。

图 8-10 font 标签使用示例

（2）标题<hn>

<hn>用来定义网页中的标题，n 的取值范围为 1～6。<h1>为一级标题，默认字体最大。<h6>为 6 级标题，默认字体最小。align 属性可以设置标题文字的对齐方式，其取值有 left、right、center。

【例 8-3】标题使用示例。

```
<html>
<head>
<meta http-equiv="Content-Type" content="text/html; charset=utf-8" />
    <title>标题示例</title>
</head>
<body>
    <h1 align="center">标题 1</h1>
    <h2 align="left">标题 2</h2>
    <h3 align="right">标题 3</h3>
    <h4>标题 4</h4>
    <h5>标题 5</h5>
    <h6>标题 6</h6>
</body>
</html>
```

代码显示效果如图 8-11 所示。

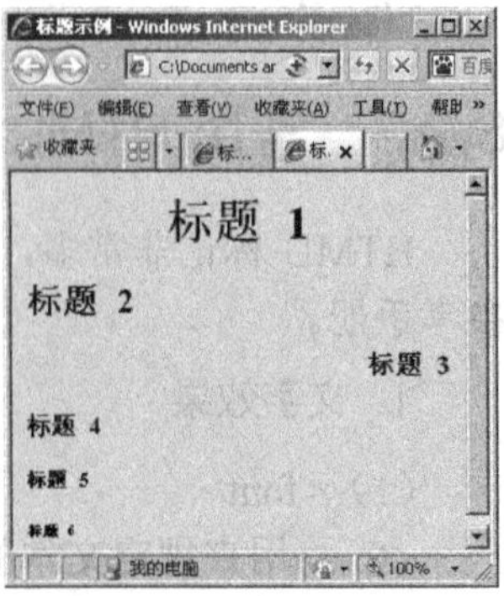

图 8-11 标题使用示例

（3）字形标记

字形标记可以让文字有丰富的变化，用于给文字添加粗体、斜体、下画线、删除线、强调、上标、下标等效果。

加粗、倾斜与下画线的定义标记（b、i、u）

<b>……</b>　　　　　　<！--加粗文字-->

<i>……</i>　　　　　　<！--文字倾斜-->

<u>……</u>　　　　　　<！--加下画线-->

<em>……</em>　　　　　<！--加粗，倾斜-->

<strong>……</strong>　　<！--加粗文字-->

使用加粗、倾斜与下画线标记（b、i、u）的组合，可对文本文字进一步修饰。

如：<b><font color="red" size="5">此处以红色五号字粗体显示</font></b>

用于书写数学公式或分子式。

如：H₂O　　<！--H_2O-->　　X²　　<！--X^2-->

【例 8-4】字形标记使用示例。

```
<html>
<head>
   <meta http-equiv="Content-Type" content="text/html; charset=utf-8" />
   <title>字形标记使用示例</title>
</head>
<body>
   <p><b>粗体</b></p>
   <p><em>斜体</em></p>
   <p><u>下画线</u></p>
   <p><strike>删除线</strike></p>
   <p><strong>强调</strong></p>
   <p>x<sub>2</sub></p>
   <p>y<sup>2</sup></p>
</body>
</html>
```

代码显示效果如图 8-12 所示。

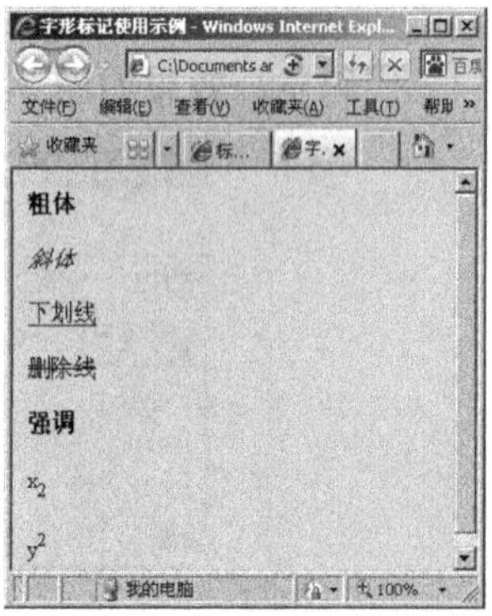

图 8-12　字形标记使用示例

2. 排版标记

（1）注释<！--注释内容-->

注释标签用于在源代码中插入注释，用来声明版权、增强代码可读性、方便以后查阅和修改等。注释的内容不会显示在浏览器中。

如<！--注释示例，该行文字不会在浏览器中显示。-->

（2）段落标记<p>

<p>…</p>标记一个段落，默认会在<p>之前和</p>之后留一空白行。

（3）预格式化标记<pre>

pre 元素可定义预格式化的文本。被包围在 pre 元素中的文本通常会保留空格和换行符。而文本也会呈现为等宽字体。

（4）换行标记

标记用于强制换行，是最常用的单标签。

强制不换行标记<nobr>…</nobr>，常用于英文人名。

示例：<nobr>Bill Gates</nobr>

（5）水平线标记

<hr>可以在网页中插入一条水平线。水平线的常用属性有：

- size——设置水平线的高度（厚度）。
- width——设置水平线的宽度。
- color——设置水平线的颜色。

【例 8-5】 水平线使用示例。

```
<html>
<head>
<title>水平线使用示例</title>
</head>
<body>
    <hr>
    <hr size="5" width="300" color="#006600">
    <hr size="1" width="500" color="#FF0000">
</body>
</html>
```

代码显示效果如图 8-13 所示。

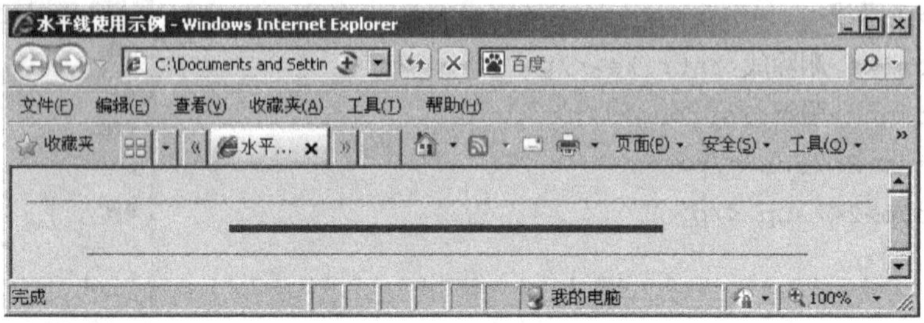

图 8-13　水平线使用示例

（6）块引用标记<blockquote>

<blockquote>…</blockquote>之间的文本会从正文中分离出来，并在左、右两边进行缩进。

【例 8-6】 块引用标记<blockquote>使用示例。

```
<html>
<head>
    <title>块引用标记<blockquote>使用示例</title>
</head>
<body>
```

```
冰心：<blockquote>修养的花儿在寂静中开过去了，成功的果子便要在光明里结
实。</blockquote>
</body>
</html>
```

代码显示效果如图 8-14 所示。

图 8-14　块引用标记<blockquote>使用示例

（7）跑马灯标记<marquee>

<marquee>是一个特殊的文本标记，能使其中的文本在浏览器屏幕上不断滚动。其中 behavior=“alternate”设置滚动方式为来回滚动，设置为 scroll 表示循环滚动，设置为 slide 表示滚动到目的地就停止。direction 属性用于控制滚动的方向，可以上下滚动或左右滚动。loop 设置滚动的次数，loop 为 0 表示不断滚动。scrollamount 属性设置滚动的速度，scrolldelay 属性设置两次滚动间的间隔时间。

示例：

<marquee direction="up" behavior="scroll" scrollamount="10" scrolldelay="4" loop="-1" align="middle" onmouseover=this.stop()

onmouseout=this.start() height="120">   测试：网页设计与制作学习：可以将 swf 文件下载下来用 flash 播放器全屏播放以达到最好效果，也可以在 IE 浏览器中按 F11 键达到全屏效果. </marquee>

3. 列表标记

常用的列表标记有<ol>、<ul>、<li>。<ol>表示有序列表，<ul>表示无序列表，<li>表示列表项目。

【例 8-7】列表标记使用示例。

```
<html>
<head>
<title>列表标记使用示例</title>
</head>
<body>
<ul>
<li>篮球</li>
<li>足球</li>
<li>乒乓球</li>
```

```
</ul>
<ol>
<li>html 简介</li>
    <li> html 语法</li>
    <li> html 标签</li>
</ol>
</body>
</html>
```

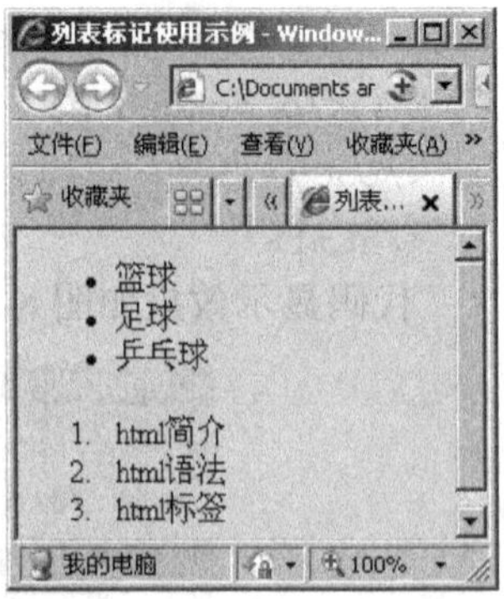

图 8-15　列表标记使用示例

代码显示效果如图 8-15 所示。

4. 表格

<table>标记用于定义表格，表格由表格标题、表头、行和单元格组成，常用于网页布局。表格相关标记及常用属性见表 8-2 和表 8-3。

表 8-2　表格相关标记

标记	说明
table	定义表格区域
caption	定义表格标题
th	定义表头
tr	定义表格行
td	定义单元格

表 8-3 表格常用属性

属性	说明
width	表格宽度
border	表格边框
bordercolor	边框颜色
bgcolor	背景颜色
background	背景图片
cellspacing	单元格填充（单元格内文字到边框的距离）
cellpadding	单元格间距（单元格边框之间的距离）
colspan	当前单元格跨越几列
rowspan	当前单元格跨越几行

【例 8-8】表格使用示例。

```
<html>
<head>
<title>表格使用示例</title>
</head>
<body>
    <table  width="300" border="1" cellpadding="5" cellspacing="5"
bordercolor="#FF0000">
    <caption>表格标题</caption>
    <tr>
        <th>表头</th>
        <th>表头</th>
    </tr>
    <tr>
```

```
        <td>第 2 行 1 列</td>
        <td>第 2 行 2 列</td>
    </tr>
    <tr>
    <td colspan="2">  </td>
    </tr>
    </table>
</body>
</html>
```

代码显示效果如图 8-16 所示。

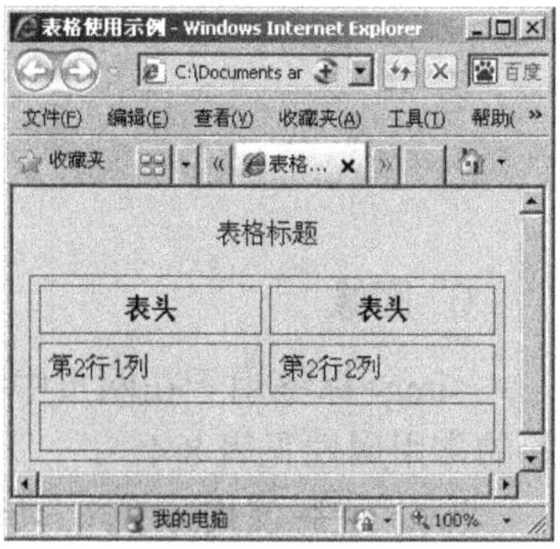

图 8-16　表格使用示例

5. 超链接

<a></a>标签定义超链接，用于在当前页面和其他页面或文件间建立链接。

如<a href="http：//www.xin126.cn" target="_blank">中国网页设计</a>。

其中属性含义如下。

（1）href：指定链接地址。可以链接到网站内部页面或文件，也可以链接到网站外部页面，可能的值有：

- 绝对 URL——指向另一个站点（比如 href="http：//www.example.com/index.htm"）。
- 相对 URL——指向站点内的某个文件（href="index.htm"）。
- 锚 URL——指向页面中的锚（href="#top"）。

（2）target：指定显示链接的目标窗口，有 4 个保留的目标名称用做特殊的文档重定向操作。

_blank——浏览器总在一个新打开、未命名的窗口中载入目标文档。

_self——这个目标的值对所有没有指定目标的 <a> 标签是默认目标，它使得目标文档载入并显示在相同的框架或者窗口中作为源文档。这个目标是多余且不必要的，除非和文档标题 <base> 标签中的 target 属性一起使用。

_parent——这个目标使得文档载入父窗口或者包含来自超链接引用框架的框架集。如果这个引用是在窗口或者在顶级框架中，那么它与目标 _self 等效。

_top——这个目标使得文档载入包含这个超链接的窗口，用 _top 目标将会清除所有被包含的框架并将文档载入整个浏览器窗口。

还可以建立指向 E-mail 地址的超链接，如<a href="mailto：jgy1020@126.com">联系我们</a>。

【例 8-9】建立超链接示例。

```
<html>
<body>
<p>
<a href="/index.html">本文本</a> 是一个指向本网站中的一个页面的链接。</p>
<p><a href="http：//www.microsoft.com/">本文本</a> 是一个指向万维网上的页面的链
接。</p>
</body>
</html>
```

代码显示效果如图 8-17 所示。

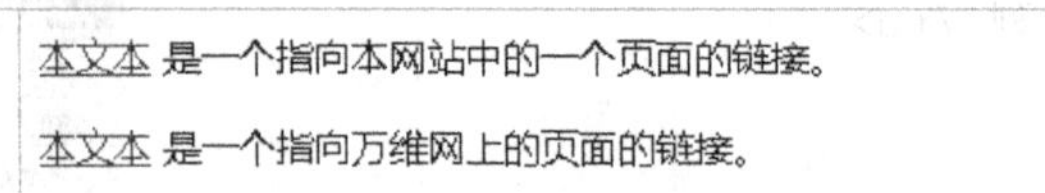

图 8-17　创建超链接示例

6. 图像

<img>标签用于在网页中插入图片。网页中常用的图片格式有.jpg、.gif 和.png。图像标签的常用属性见表 8-4。

img 标签使用示例：<img src="images/fengjing.jpg" alt="托斯卡纳风景" width="300" border="2"/>。代码效果如图 8-18 所示。

表 8-4　图像标签的常用属性

属性	说明
src	指定图像的源文件路径
width	指定图像宽度
height	指定图像高度
border	指定图像边框厚度
alt	指定图像的替代文本

图 8-18　img 标签使用示例

7. 多媒体标记

（1）背景音乐

<bgsound>标签可以给网页添加背景音乐，只适用于 IE 浏览器。示例如下：

<bgsound loop="-1" src="song.mp3">。

其中 loop="-1"表示无限循环播放，也可以指定播放次数，如 loop=2 表示重复播放两次。

（2）插入视频

HTML5 新增的 video 标签可以网页中插入视频，并使得视频播放控制更加容易。video 标签支持 Ogg、MPEG4、WebM3 种视频格式。video 标签常用属性见表 8-5。

表 8-5　video 标签常用属性

属性	值	说明
autoplay	autoplay	如果指定，视频会在准备好后自动播放
controls	controls	添加播放控制及音量控制功能栏
height	pixels	设置视频播放器的高度
loop	loop	指定视频播放循环次数
src	url	要播放的视频的 URL
width	pixels	设置视频播放器的宽度

video 标签使用示例：

<video src="mov.mp4" controls="controls" width="300" height="200" autoplay="autoplay">你的浏览器不支持 video 标签</video>。

8. 容器标记<div> <span>

div 和 span 是不含有任何语义的标记，用来在其中放置任何网页元素，就像一个容器一样，当把文字放入后，文字的格式外观都不会发生任何改变，应用容器标记的主要作用是通过引入 CSS 属性对容器内元素内容的表现进行设置。div 和 span 的唯一区别是 div 是块级元素，span 是行内元素。示例如下：

<body> <div style="background-color：#3399ff">块状区域 1</div>

<div style="background-color：#99ccff">块状区域 2</div>

<span style="background-color：#ffccff">行间区域 1</span>

<span style="background-color：#993399">行间区域 2</span> </body>

代码显示效果如图 8-19 所示。

图 8-19　容器标记示例

9. 表单标记

表单（Form）可以实现互联网用户与服务器的信息交互，表单网页可以用来收集浏览者的意见和建议，以实现浏览者与站点之间的互动。经常使用的表单元素包括表单标记（<form>）和表单元素标记；表单元素标记则又主要包括表单的发送与重置、文字输入和密码输入、复选框和单选按钮、选择菜单框、文本域等。

（1）表单基本结构

格式：<form action="URL" method=get | post>

…

<input type=submit>

<input type=reset>

</form>

功能：创建一个含有提交、重置两个按钮的表单容器。

说明：action 属性用来定义表单处理程序（一个 ASP、CGI 等程序）的位置（相对地址或绝对地址）。method 定义表单结果从浏览器传送到服务器的方法，一般有两种方法：get、post。get 有数据量限制，post 无以上限制，以文件形式传输。

（2）文本框

格式：<input name=InputName type=InputType value=InputValue size=Number maxlength=Number>

功能：定义一个文本框。

说明：name 属性定义文本框的名字。type 属性定义文本框的类型，属性值可以是 text、password；当 type="text"时表示为一般的文本框，当 type=" password "时表示为口令域，即当用户输入文本时显示为星号。value 属性定义文本框的初始值。size 属性定义文本的长度。maxlength 属性定义文本框的最大输入字符数。

（3）文本域

格式：<textarea name=TextareaName rows=Number cols=Number> …</textarea>

功能：定义一个能够输入多行的文本域。

说明：name 属性定义文本域的名字。rows 属性定义文本输入窗口的高度，单位是字符行。cols 属性定义文本输入窗口的宽度，单位是字符个数。

（4）按钮

格式：<input type=button｜ submit｜ reset name=InputName value=InputValue >

功能：定义一个按钮。

说明：type 属性的属性值可以是 button、submit、reset，分别表示为普通按钮、提交按钮、重置按钮。name 属性定义按钮的名字。value 属性定义按钮上的文本。

（5）复选框

格式：<input type="checkbox" name=CheckBoxName value=string checked="checked" />

功能：定义一组复选框。在该组复选框中可以有一个或多个被选中。

说明：type 属性的属性值 checkbox 表明是复选框。name 属性定义复选框的名字。value 属性定义复选框的值。checked 属性表明该复选框被选中，若未选中则省略该属性。

（6）单选框

格式：<input type=" radio " name=" RadioButtonName " value=string checked="checked" />

功能：定义一组单选框。在该组单选框中只能有一个被选中。

说明：type 属性的属性值 radio 表明是单选框。name 属性定义单选框的名字。value 属性定义单选框的值。checked 属性表明该单选框被选中，若未选中则省略该属性。

技术要点：在一组单选框中必须是 name 属性值相同 value 属性值不同。

（7）下拉列表

格式：<select name=SelectName size=Number >

```
        <option selected="selected" value=string1 >…</option>
    <option value=string2 >…</option>
        <option value=string3 >…</option>
          …
    </select>
```

功能：定义一个下拉列表。

说明：name 属性定义下拉列表的名字。size 属性定义列表窗口中可见选项的个数。<option>标记定义列表项，必须和<select>标记一起使用。

【例 8-10】使用表单标记示例。

```
<html>
<head>
<title>创建表单</title>
</head>
<body bgcolor="#ff9900" leftmargin="0" text="#000000v topmargin="30">
<form action="mailto:dzfk@126.com" method="post">
  <table  align="center"  border="0"  bordercolor="#ffffcc"  cellpadding="5"
cellspacing="0" width="600" bgcolor="#ffffcc">
```

```
<tr bgcolor="#ffcc00">
  <td colspan="2">请完成以下表格</td>
</tr>
<tr>
  <td width="26%"> <font size=2>姓名</font></td>
  <td width="74%"><font size=2>
    <input maxlength=4 name=username size=8>
    </font></td>
</tr>
<tr>
  <td align="right"><font size="2">密码</font></td>
  <td><font size=2>
    <input maxlength=4 type=password name=passwords size=8>
    </font></td>
</tr>
<tr>
  <td width="26%"><font size=2> </font></td>
  <td width= “ 74% ” ><font size=2> 请在此处填写姓名， <b><font
color=#ff0000><br> 字符最长为四个汉字，或八个英文字母。</font></b></font></td>
</tr>
<tr>
  <td width="26%" align=right> <font size=2>性别</font></td>
  <td width="74%"> <font size=2>
    <input name=sex type=radio value=male>男
    <input name=sex type=radio value=female>女 </font></td>
</tr>
<tr>
  <td width="26%"> <font size=2>个人爱好</font></td>
  <td width="74%"><font size=2>
    <input name=computer type=checkbox value=computer>电脑网络
    <input name=film type=checkbox value=film>影视娱乐
    <input name=chess type=checkbox value=chess>棋牌游戏<br>
    <input name=read type=checkbox value=read>读书读报
    <input name=food type=checkbox value=food>美酒佳肴
    <input name=painting type=checkbox value=painting>绘画书法</font></td>
</tr>
<tr>
  <td width="26%"><font size=2> </font></td>
  <td width="74%"><font size=2>在此选择兴趣爱好，可以选择一个以上的选项。
</font></td>
```

```
        </tr>
        <tr>
          <td width="26%"> <font size=2>留言内容</font></td>
          <td width="74%"><font size=2>
      <textarea cols=40 name=textfield3 rows=4></textarea>
             </font></td>
        </tr>
        <tr align=middle bgcolor=#ffcc00>
          <td colspan=2><font size=2>填写完成后，选择下面的提交按钮提交表单。</font></td>
        </tr>
        <tr align=middle>
          <td colspan=2>
              <input name=submit type=submit value=提交>
              <input name=submit2 type=reset value=重置>
            </div></td>
        </tr>
      </table>
    </form>
    </body></html>
```

代码显示效果如图 8-20 所示。

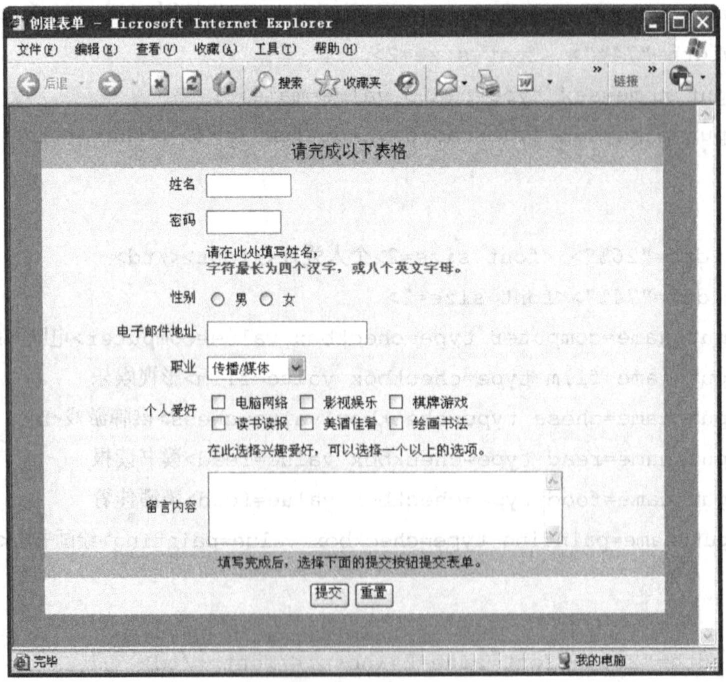

图 8-20　表单标记示例

10. 框架标记

通过使用框架，可以在同一个浏览器窗口中显示不止一个页面。每份 HTML 文档称为一个框架，并且每个框架都独立于其他的框架。<frameset> 是用来划分框窗的，每一框窗由一个<frame> 标记标示。<frame>必须在 <frameset> 范围中使用，<frame> 标记所标示的框架是按由上而下由左至右的次序进行解析的，且<frameset>支持框架嵌套。

（1）框架的基本结构

```
<html >
<head><title>框架页面</title></head>
<frameset cols | rows="20%，*">
        <frame name="lnav" src="leftnav.html">
        ……
</frameset>
<noframes>
<body>
……
</body>
</noframes>
</html>
```

（2）框架的基本概念

<frameset>：框架标记，用以宣告此 HTML 文件为框架模式，并约定本主体窗口的切分方式（第一层切分方式）。

<frame>：设定一个子框架窗口及其属性。

（3）<frameset> 常用属性参数说明

Rows：定义了框架含有多少列与列的大小（每个值使用逗号分隔），取值为像素、百分比或“*”(其中“*”标示占用余下宽度空间)。

Cols：定义了框架含有多少行与行的大小（每个值使用逗号分隔），取值为像素、百分比或“*”。

Frameborder：框架边框，值为 0 或 1，0 表示无边框，1 表示显示边框。

border：框架边框的厚度，以 pixels 为单位。

bordercolor：　设定框架的边框颜色。

framespacing：　表示框架与框架间保留空白的距离。

（4）<frame> 常用属性参数说明

src：设定此框窗要显示的网页名称，每个框窗一定要对应一个网页。

name：设定框窗名称。

frameborder：设定框架边框，值为 0 或 1，0 表示无边框，1 表示显示边框。

framespacing：表示框架与框架间保留空白的距离。

bordercolor：设定框架的边框颜色。

scrolling：设定是否要显示滚动条，有 YES，NO，AUTO 三种。

noresize：是否允许用户改变框架大小，不设定或忽略则允许用户调整框架大小。

marginhight：表示框架高度边缘所保留的空间。

marginwidth：表示框架宽度边缘所保留的空间。

（5）<noframes> 使用

当用户浏览器不支持框架功能时，网页可能会显示空白。为了提醒用户，可使用<noframes> 这个标记设定一些内容提醒浏览者或切换到其他可能的页面。

应用方法如下所示：

```
<noframes> 很抱歉，您的浏览器不支援框架。</noframes>
<noframes>
    <body>
      ……
    </body>
</noframes>
```

（6）framese、frame 切分窗口实例

左右框架分割示例：

```
<frameset cols="20%，*">
    <frame name="lnav" src="leftnav.html">
    <frame name="rmain" src="home.html">
</frameset>
```

代码显示效果如图 8-21 所示。

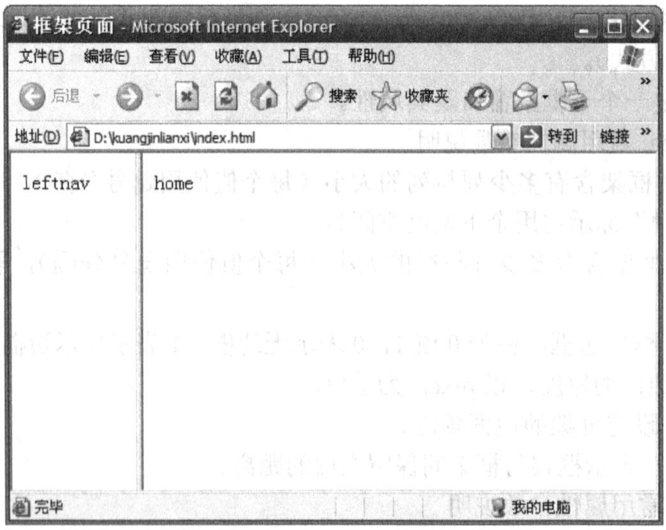

图 8-21　左右框架分割示例

上下框架分割示例：

```
<frameset rows="200，*">
        <frame name="top" src="top.html">
        <frame name="main" src="home.html">
</frameset>
```

代码显示效果如图 8-22 所示。

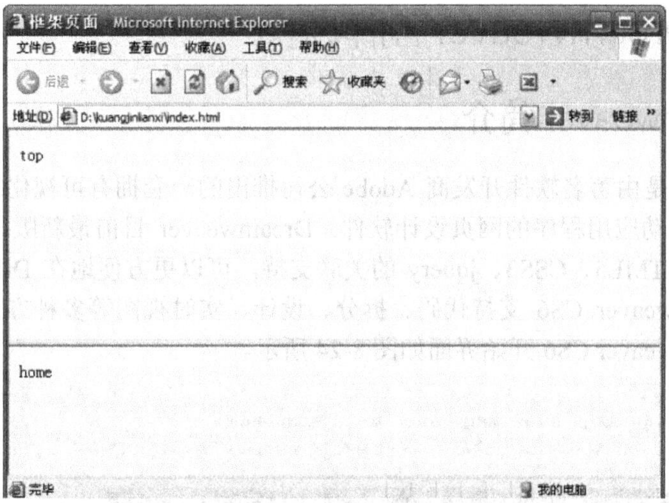

图 8-22 上下框架分割示例

嵌套框架示例：

```
<frameset rows="200, *">
      <frame name="top" src="top.html">
   <frameset cols="20%, *">
      <frame name="lnav" src="leftnav.html">
      <frame name="rmain" src="home.html">
   </frameset>
</frameset>
```

代码显示效果如图 8-23 所示。

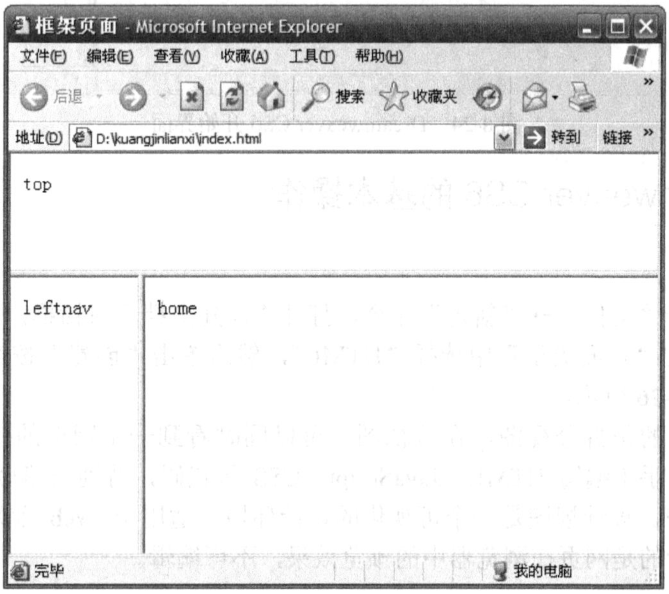

图 8-23 嵌套框架示例

8.3 使用 Dreamweaver 制作网页

8.3.1 Dreamweaver 简介

Dreamweaver 是由著名软件开发商 Adobe 公司推出的一套拥有可视化编辑界面，用于制作并编辑网站和移动应用程序的网页设计软件。Dreamweaver 目前最新版本为 CS6，与 CS5 版本相比多了对 HTML5、CSS3、jquery 的关联支持，可以更方便地在 Dreamweaver 中编写前端代码。Dreamweaver CS6 支持代码、拆分、设计、实时视图等多种方式来创作、编写和修改网页。Dreamweaver CS6 开始界面如图 8-24 所示。

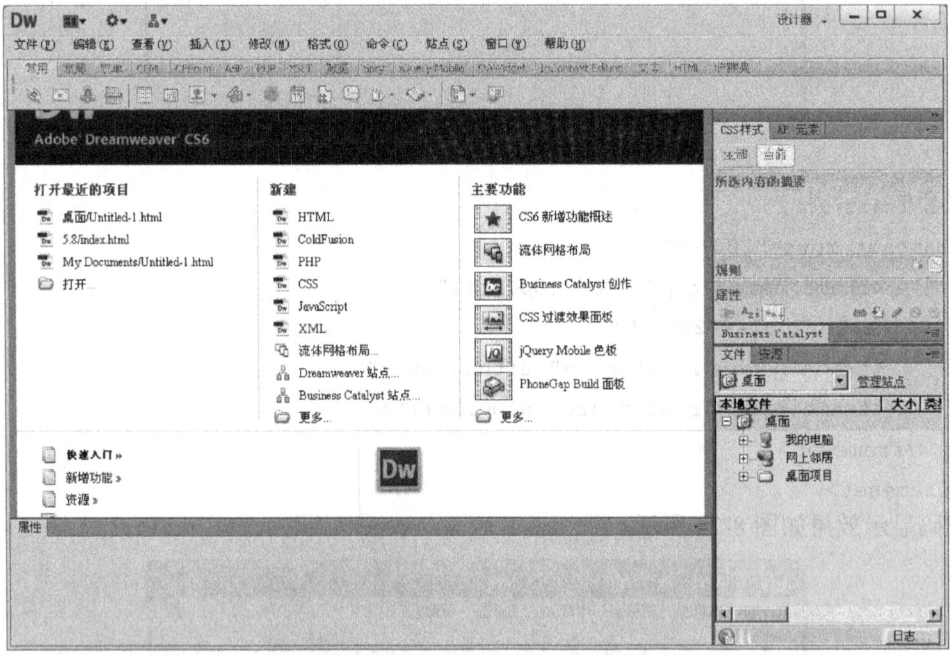

图 8-24 Dreamweaver CS6 开始界面

8.3.2 Dreamweaver CS6 的基本操作

1. 新建网页

在菜单栏选择“文件”→“新建”命令，打开“新建文档”对话框，如图 8-25 所示。在“空白页”下的“页面类型”中选择“HTML”，然后单击“创建”按钮，即可创建一个空白页面，如图 8-26 所示。

图 8-26 显示的是拆分视图，在该视图下可以同时看到一个网页的代码视图和设计视图。代码视图适合手工编写 HTML、JavaScript、CSS 等代码，特别是编写 ASP、PHP、JSP 等动态页面的用户。设计视图是一个可视化的设计环境，适用于 Web 前端页面设计和初学者。实时视图显示的是网页在浏览器中的预览效果，不可编辑。

2. 保存网页

网页制作完成后，一定要注意保存，保存网页的方法有以下几种。

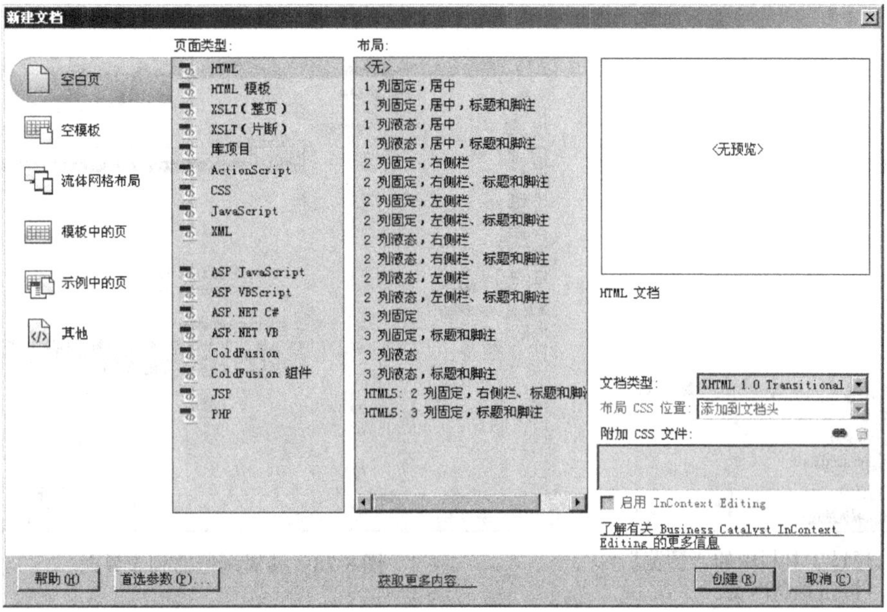

图 8-25　“新建文档”对话框

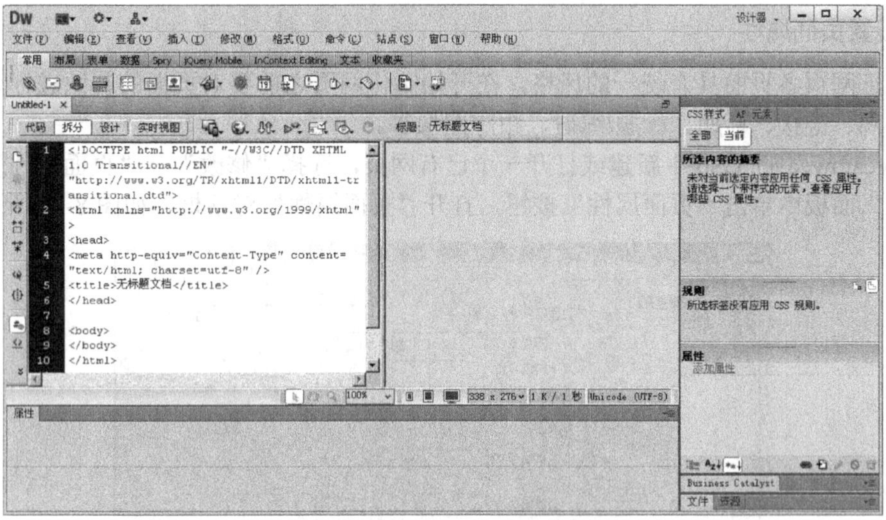

图 8-26　新建空白网页

（1）单击“文件”→“保存”命令或使用 Ctrl+S 快捷键。

（2）单击“文件”→“另存为”命令，可以将当前网页另存。

（3）单击“文件”→“保存全部”命令，可以保存正在编辑的所有文档。

3. 预览网页

在网页制作过程中，可以随时在本地浏览器中预览网页，以查看实际网页效果是否符合制作要求。预览网页的方法主要有以下几种：

（1）单击“文件”→“在浏览器中预览”命令，选择相应浏览器预览。

（2）单击工具栏中的“预览”按钮 ，选择浏览器预览，如图 8-27 所示。单击“编辑浏览器列表”可以添加或删除浏览器，以及设置主次浏览器，如图 8-28 所示。

图 8-27 通过工具栏中的“预览”按钮预览网页

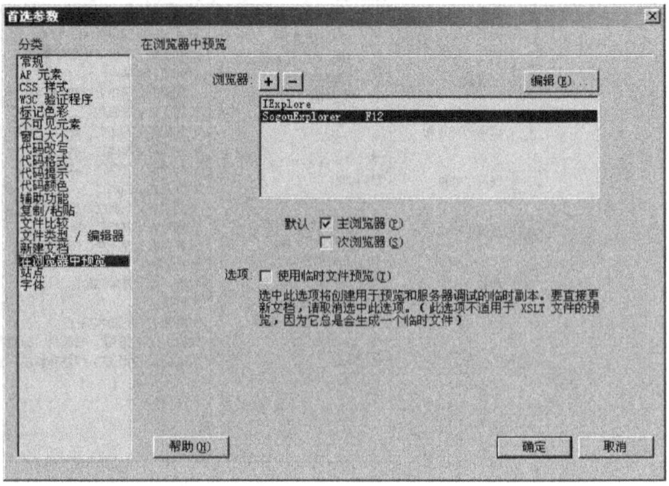

图 8-28 编辑浏览器列表界面

（3）使用快捷键 F12 在主浏览器中预览网页。

4. 设置页面属性

为保证网页各页面具有统一的风格，在开始制作网页之前要对页面的属性进行设置，包括页面外观、链接、标题、标题/编码、跟踪图像等。

在 Dreamweaver CS6 中新建或打开一个已有网页，选择“修改”→“页面属性”命令或在“属性”面板中单击“页面属性”按钮，打开“页面属性”对话框，如图 8-29 所示。

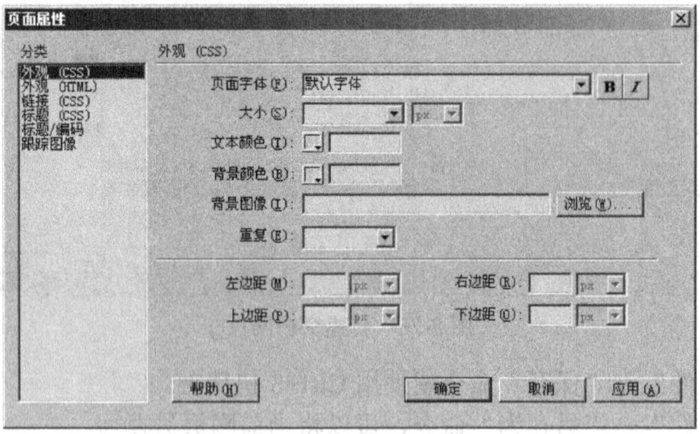

图 8-29 “页面属性”对话框

“页面属性”对话框的分类包含外观（CSS）、外观（HTML）、链接（CSS）、标题（CSS）、标题/编码、跟踪图像。

（1）外观

外观（CSS）可以设置页面字体、字体大小、文本颜色、网页的背景颜色、背景图像以及背景图像是否重复和页边距等。背景图像重复方式有 no-repeat、repeat、repeat-x、repeat-y 四个选项，其含义如下。

- no-repeat：背景图片不重复，只显示一次。
- repeat：背景图片沿 x 轴方向和 y 轴方向同时重复。
- repeat-x：背景图片沿 x 轴方向重复。
- repeat-y：背景图片沿 y 轴方向重复。

外观（HTML）可以设置网页背景图像、背景颜色、文本颜色、链接文字颜色、已访问链接颜色、活动链接颜色和页边距，如图 8-30 所示。

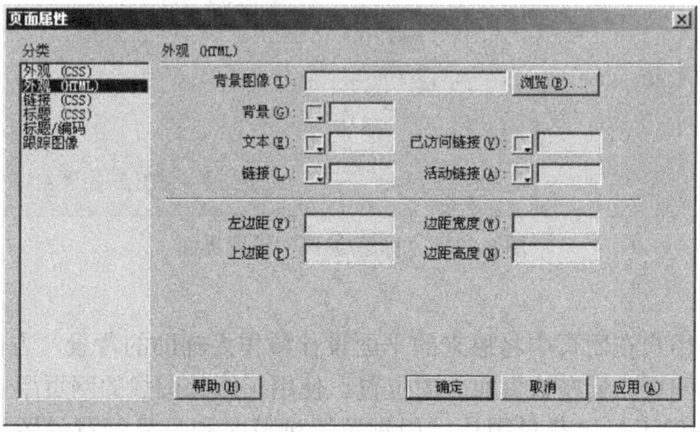

图 8-30 外观（HTML）设置界面

外观（CSS）设置完成后会生成相应的 CSS（Cascading Style Sheets 层叠样式表）代码来控制页面外观显示，外观（HTML）则是通过生成 HTML 代码控制页面外观显示。

（2）链接

链接（CSS）可以设置链接字体、大小、4 种不同状态下超级链接的颜色和下画线样式。下画线样式有始终有下画线、始终无下画线、仅在变换图像时显示下画线、变换图像时隐藏下画线 4 个选项，如图 8-31 所示。

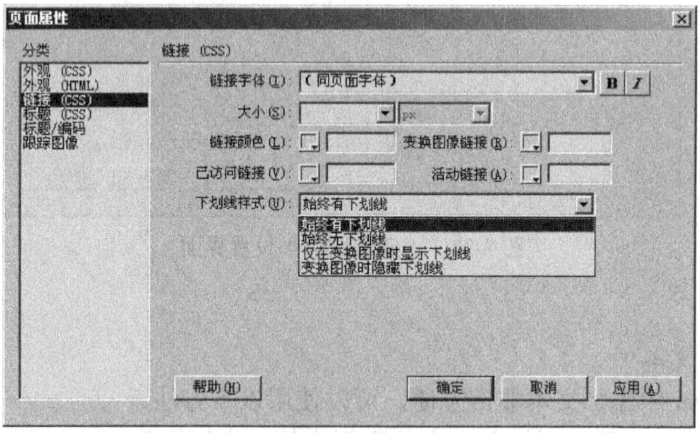

图 8-31 链接（CSS）设置界面

（3）标题

标题（CSS）可以设置标题字体以及“标题 1”至“标题 6”的字体大小和颜色。

（4）标题/编码

标题/编码分类可以设置网页标题、文档类型和编码方式，如图 8-32 所示。在

Dreamweaver CS6 中，网页的默认编码为 UTF-8。

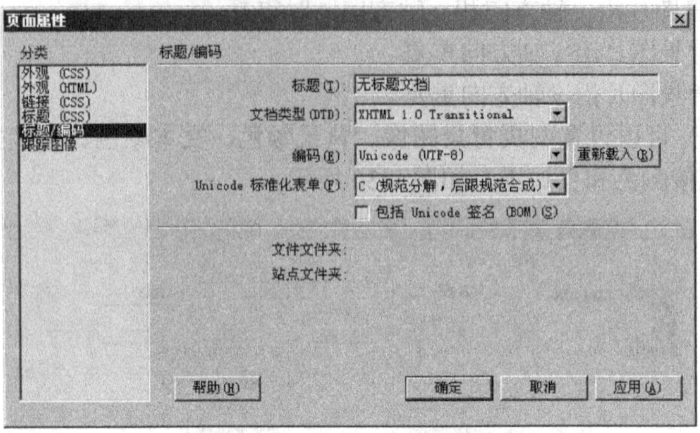

图 8-32　“标题/编码”设置界面

（5）跟踪图像

跟踪图像允许用户在网页中将原来的平面设计稿作为辅助的背景，方便用户定位文字、图像、表格、层等网页元素在该页面中的位置。使用了跟踪图像的网页用 Dreamweaver 编辑时，只显示跟踪图像不显示背景图片。用浏览器浏览时则只显示背景图片，不显示跟踪图像。拖动“透明度”右侧的滑块可以设置图像的透明度，透明度越高，图像显示越清晰。跟踪图像设置界面如图 8-33 所示。

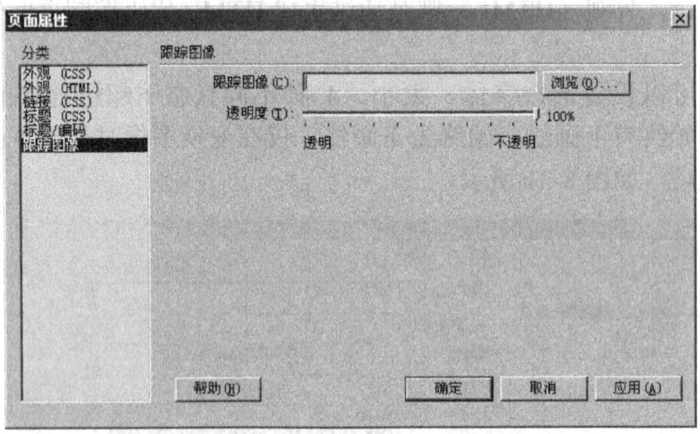

图 8-33　“跟踪图像”设置界面

5. 插入文本

（1）插入普通文本

在 Dreamweaver 中添加文本非常方便，可以使用以下方法。

① 直接输入法。打开需要输入文本的网页文档。在网页窗口中，将插入点放置在需要插入文本的位置，通过键盘直接输入。

② 复制粘贴法。打开其他文本编辑软件（如记事本、Word）制作的文档，复制需要的文本，然后在 Dreamweaver 中选择“编辑”→“粘贴”/“选择性粘贴”命令粘贴到网页中。

③ 导入法。通过“文件”→“导入”命令，选择“表格式数据”或“Word 文档”或

“Excel 文档”命令，可以直接将表格式数据、Word 文档或 Excel 文档导入到网页中。

（2）插入特殊文本

在 Dreamweaver CS6 中，可以利用系统自带的符号集合，方便地插入一些无法通过键盘直接输入的特殊字符，如版权符号、注册商标、货币符号等。插入特殊字符可以使用以下几种方法：

① 单击“插入”菜单，选择“HTML”→“特殊字符”命令，选择需要的特殊符号或“其他字符”命令插入其他字符。

② 通过“插入面板”的“文本”选项，单击“其他字符”图标选择要插入的特殊字符，如图 8-34 所示。

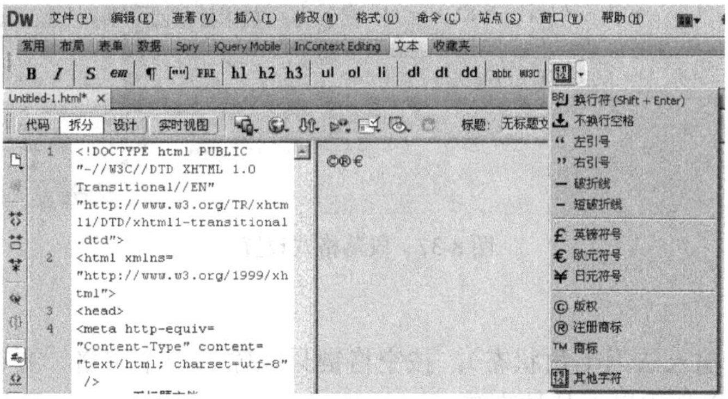

图 8-34　通过插入面板插入特殊字符

6. 设置文本格式

可以通过“属性”面板或“格式”菜单中的相应命令设置文本的字体、大小、颜色、粗体、斜体和对齐方式等。“属性”面板和“格式”菜单如图 8-35 和图 8-36 所示。

图 8-35　通过“属性”面板设置文本格式

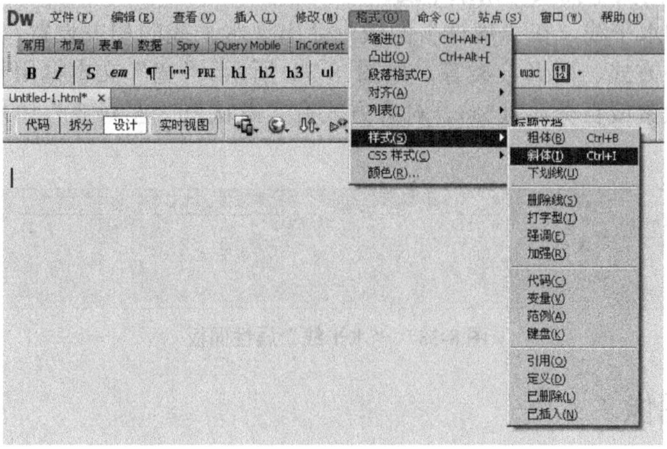

图 8-36　通过“格式”菜单设置文本格式

7. 设置段落格式

段落是文章的基本单位。光标定位到网页中需要分段的位置，按 Enter 键，即可划分一个段落。一个段落由若干行组成，选择“插入”→“HTML”→“特殊字符”，选择“换行符”命令可以实现换行。换行命令的快捷键是 Shift+Enter。

通过“格式”→“段落格式”命令可以给文本块设置段落、标题和已编排格式，如图 8-37 所示。若要删除段落格式，可以在“段落格式”菜单下选择“无”选项。已编排格式命令可以让文本按照预先格式化的样式进行显示。

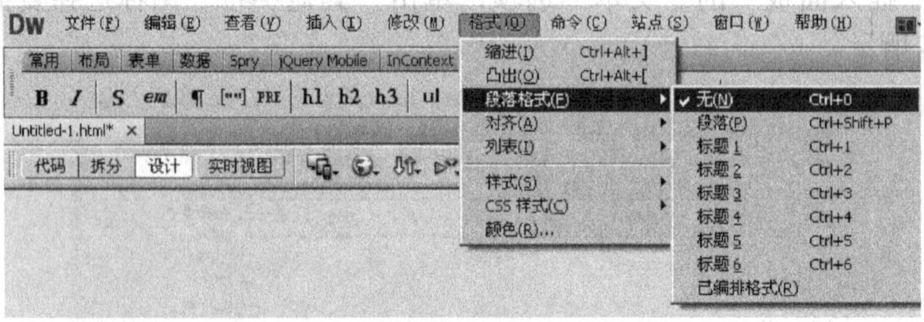

图 8-37 段落格式设置

8. 插入空格

默认状态下（输入法为半角状态），按空格键只能输入一个空格，要在文本之间插入多个连续的空格，可以使用以下几种方法：

（1）使用 Ctrl+Shift+Space 组合键。

（2）在中文全角状态下，使用空格键。

（3）选择“插入”→“HTML”→“特殊字符”命令下的“不换行空格”命令。

（4）直接在代码视图输入“ ”字符。

9. 插入水平线

在网页制作中，经常会用到水平线，水平线起到分隔的作用。将光标定位到所需位置，选择“插入”→“HTML”→“水平线”命令或在“插入”面板的“常用”选项中单击“水平线”按钮即可在网页中插入一条水平线。

单击网页中的水平线，在“属性”面板中会出现水平线的相关设置，如水平线的 ID、宽度、高度、对齐方式、阴影、类等，如图 8-38 所示。“宽”文本框用于设置水平线的长度，单位可以是像素或百分比（%）。对齐方式有“默认”、“左对齐”、“居中对齐”和“右对齐”4 个选项。

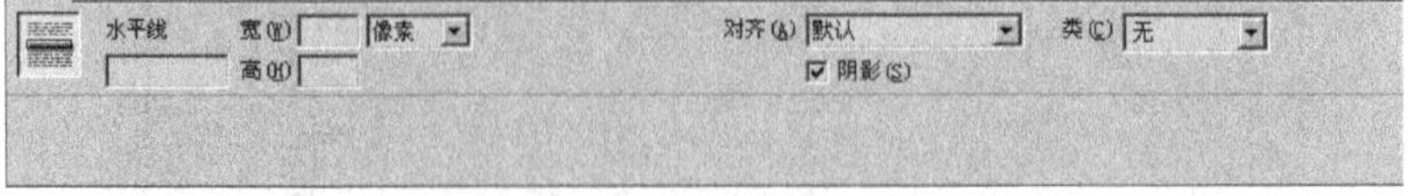

图 8-38 “水平线”属性面板

8.3.3 插入图像

图像是网页上最常用的元素之一，适当地使用图像可以使网页更加生动，图文并茂，吸引浏览者访问。由于网络的限制，网页中只能使用压缩比较高的图像格式，常用的有 JPEG 格式、GIF 格式、PNG 格式。

1. 插入图像占位符

在网页制作过程中需要插入一张图片，但该图片还没有制作完成或没选择好，我们可以在插入图片的位置先插入图像点占位符，等图片制作完成后再替换下来。

选择“插入”→“图像对象”→“图像占位符”命令，打开“图像占位符”对话框，在对话框中可以设置图像占位符的名称、宽度、高度和替换文本，如图 8-39 所示。

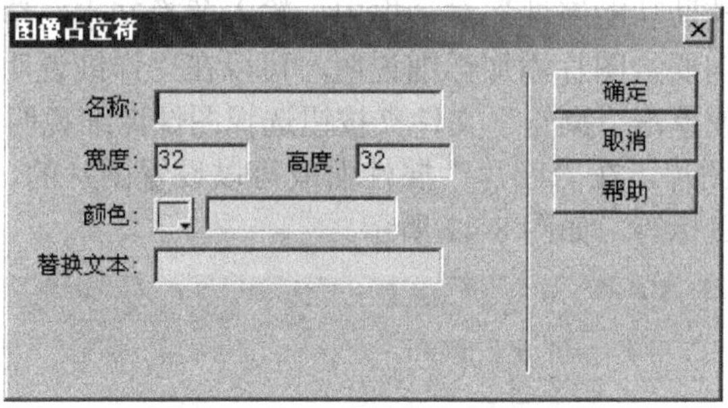

图 8-39　“图像占位符”对话框

2. 插入图像

在网页中插入图像的操作步骤如下：

（1）将光标定位在要插入图像的位置。

（2）选择“插入”菜单下的“图像”命令，或在“插入”面板的“常用”选项中单击“图像”按钮，弹出“选择图像源文件”对话框，如图 8-40 所示。

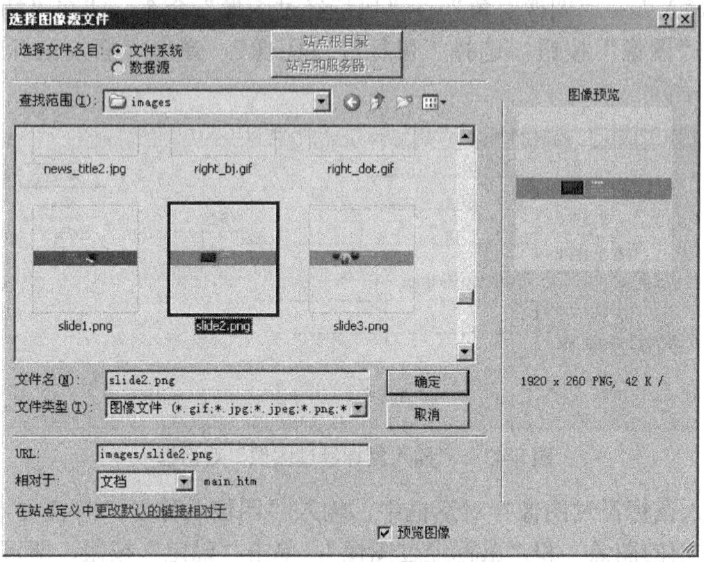

图 8-40　“选择图像源文件”对话框

（3）在“选择图像源文件”对话框中选择所需要的图片，单击“确定”按钮，弹出“图像标签辅助功能属性”对话框，如图 8-41 所示。

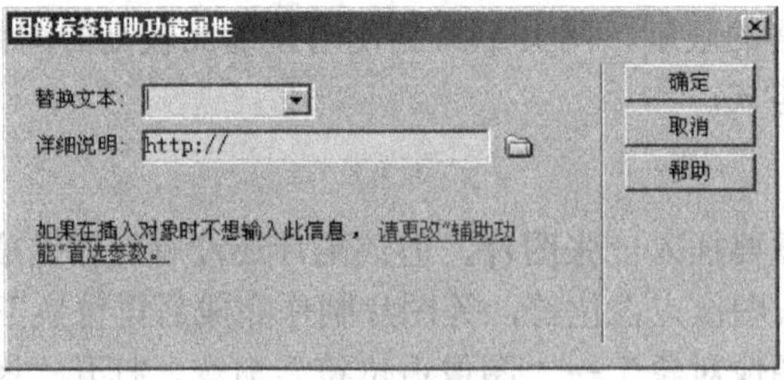

图 8-41 “图像标签辅助功能属性”对话框

（4）在“图像标签辅助功能属性”对话框中，输入替换文本，单击“确定”按钮即可在网页中插入图片。如果需要给图片添加详细说明，可以在“详细说明”文本框中输入该图片的详细说明文件地址，或单击“浏览”文件夹按钮选择图像详细说明文件。

插入图片后，选中图片，在“图片”属性面板可以设置图片的 ID、替换文本、宽度、高度、链接、链接打开目标等，如图 8-42 所示。

图 8-42 “图片”属性面板

3. 插入鼠标经过图像

鼠标经过图像是交互式图像的一种，当鼠标经过一幅图片时，会变成另外一张图片。在网页中插入鼠标经过图像的操作步骤如下：

（1）将光标定位在要插入鼠标经过图像的位置。

（2）选择“插入”→“图像对象”→“鼠标经过图像”命令，或在“插入”面板的“常用”选项中单击“图像”按钮，选择“鼠标经过图像”，弹出“插入鼠标经过图像”对话框，如图 8-43 所示。

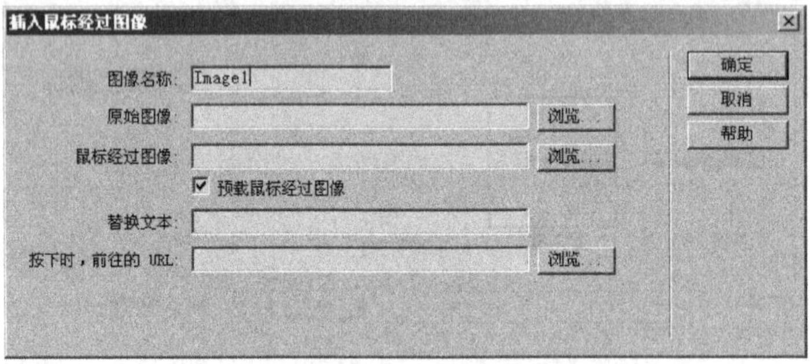

图 8-43 “插入鼠标经过图像”对话框

（3）在“插入鼠标经过图像”对话框中，输入“图像名称”，“替换文本”，选择“原始图像”（鼠标经过前的图像）和“鼠标经过图像”，单击“确定”按钮，即可插入鼠标经过图像。如果选中“预载鼠标经过图像”复选框，网页打开时会预先下载鼠标经过图像到浏览器的缓存中，当鼠标经过图像时避免出现不连贯的情况。在“按下时，前往的 URL”文本框中可以设置图像链接的 URL 地址。

8.3.4　插入多媒体

在网页中不仅可以添加图像，还可以添加动画、声音、视频等多媒体文件，使网页更加丰富多彩。

1. 插入 Flash 动画

Flash 动画是网页上最流行的动画格式，许多网站的欢迎页面、导航菜单和 banner（网站横幅广告）都是 Flash 动画。Flash 动画文件的扩展名为 SWF。

在网页中插入 Flash 动画的操作步骤如下：

（1）打开需要插入 Flash 动画的网页，将光标定位在要插入 Flash 动画的位置。

（2）选择“插入”→“媒体”→“SWF”命令，或在“插入”面板的“常用”选项中单击“媒体”按钮，选择“SWF”，弹出“选择 SWF”对话框，如图 8-44 所示。

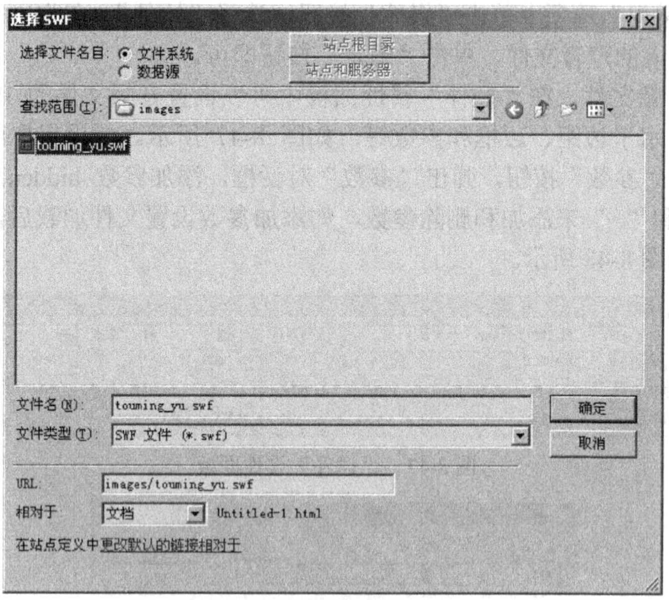

图 8-44　“选择 SWF”对话框

（3）在“选择 SWF”对话框中选择需要插入的 SWF 文件，单击“确定”按钮，即可插入 Flash 动画。在第一次保存有 SWF 文件的网页时，会弹出如图 8-45 所示的对话框，单击“确定”按钮即可。

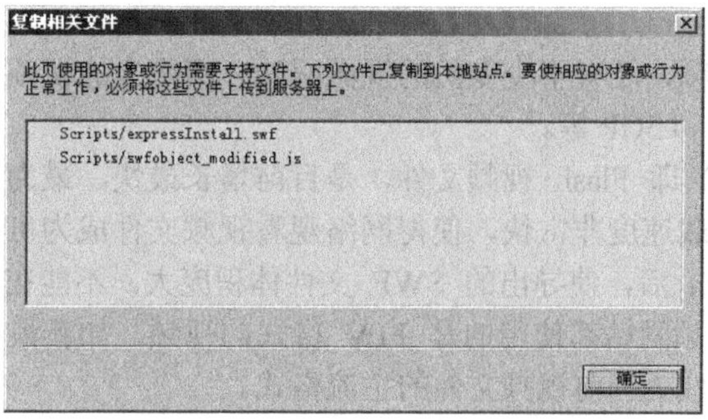

图 8-45　“复制相关文件”对话框

单击插入的 SWF 文件，在“SWF”属性面板可以设置 SWF 文件的 ID、宽度、高度、背景颜色、是否自动播放、是否循环播放等，如图 8-46 所示。

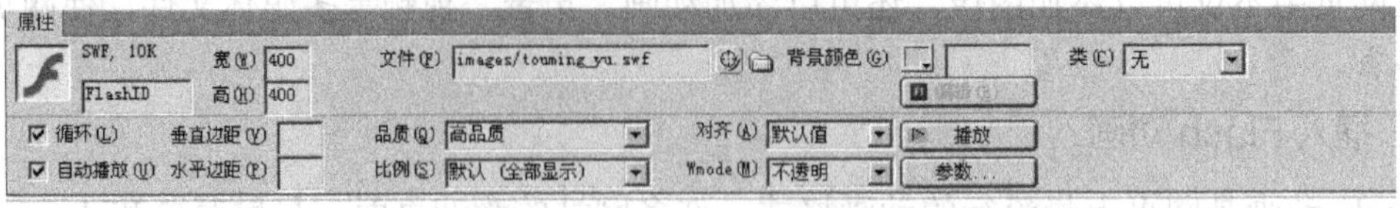

图 8-46　“SWF”属性面板

2. 插入音频文件

音频文件的类型和格式非常多，在网上经常用到的音频格式主要有 WAV、MP3、RAM、MIDI 等。

将光标定位在要插入音频文件的位置，选择“插入”→“媒体”→“插件”命令，或在“插入”面板的“常用”选项中单击“媒体”按钮，选择“插件”，在弹出的“选择文件”对话框中选择需要插入的声音文件，单击“确定”按钮即可。

单击插入的音频文件，在“插件”属性面板中可以设置音频文件的 ID、宽、高、对齐方式、垂直边距、水平边距、边框和参数等，如图 8-47 所示。如果想把声音文件设置为背景音乐，可以单击“参数”按钮，弹出“参数”对话框，添加参数 hidden，值设置为 true。还可以通过“+”和“−”来添加和删除参数，如添加参数设置文件加载后自动播放，不循环播放，具体设置如图 8-48 所示。

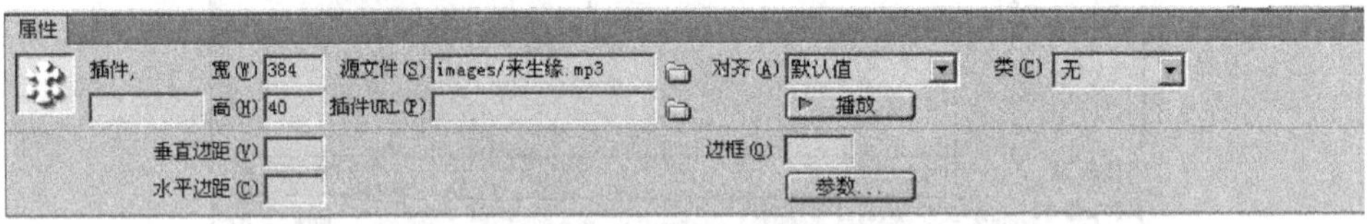

图 8-47　“插件”属性面板

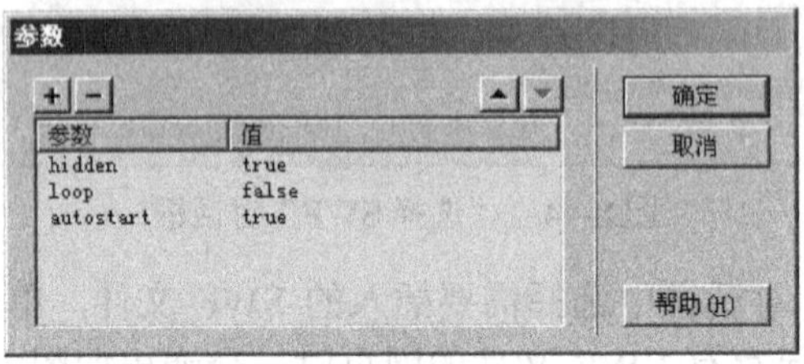

图 8-48　“参数”对话框

3. 插入视频文件

有很多网页包含视频，还有不少专门的视频网站。网络上的视频格式常见的有 WMV、FLV、RM、MP4、AVI 和 3GP 等。

FLV（Flash Video）即 Flash 视频文件，是目前增长最快、最为广泛的视频传播格式。它形成的文件极小、加载速度非常快，使得网络观看视频文件成为可能，它的出现有效地解决了视频文件导入 Flash 后，使导出的 SWF 文件体积庞大，不能在网络上很好地使用等问题。目前国内大型的视频网站都使用的是 FLV 格式的视频，如新浪播客、六间房、56、优酷、土豆等。FLV 已经成为当前视频文件的主流格式。

插入 FLV 文件的操作步骤如下：

（1）打开需要插入视频的网页，将光标定位在要插入的位置。

（2）选择“插入”→“媒体”→“FLV”命令，或在“插入”面板的“常用”选项中单击“媒体”按钮，选择“FLV”，弹出“插入 FLV”对话框，如图 8-49 所示。

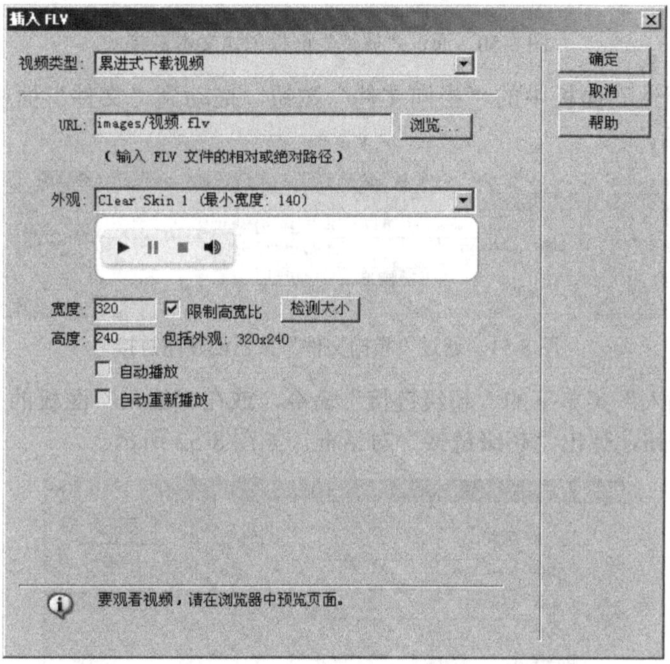

图 8-49　“插入 FLV”对话框

（3）在“插入 FLV”对话框中，“视频类型”选择“累进式下载视频”，“URL”文本框中输入视频文件的地址或单击“浏览”按钮选择。通过“外观”选项可以为视频组件选择合适的外观。“宽度”、“高度”可以输入，也可以通过单击“检测大小”按钮自动检测视频文件的宽度和高度。还可以设置是否自动播放和是否重新播放，全部设置好后单击“确定”按钮即可插入 FLV 文件。

要插入其他格式的视频文件，可以执行“插入”→“媒体”命令，选择需要插入的对象类型。

8.3.5　创建超链接

超链接是超级链接的简称。按照链接对象的不同，网页中的链接可以分为文本链接、图像超链接、E-mail 链接、锚点链接、空链接。

1. 文本链接

创建文本链接的方法主要有以下几种：

（1）选中要创建超链接的文本，在“属性”面板的“链接”下拉列表框中输入链接地址，或单击“浏览文件”按钮，在弹出的“选择文件”对话框中选择链接文件，如图 8-50 所示。“标题”文本框中可以输入链接的标题。“目标”下拉列表框中可以选择链接网页打开的窗口方式。

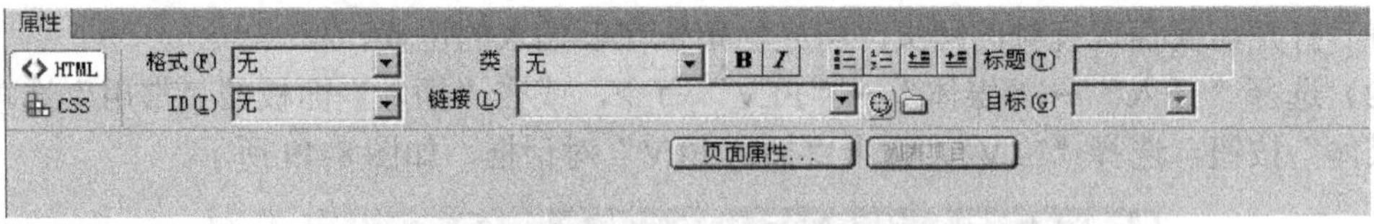

图 8-50　通过“属性”面板创建文本链接

（2）单击“属性”面板中的“指向文件”按钮，拖动到“文件”面板中要链接的文件上，如图 8-51 所示。

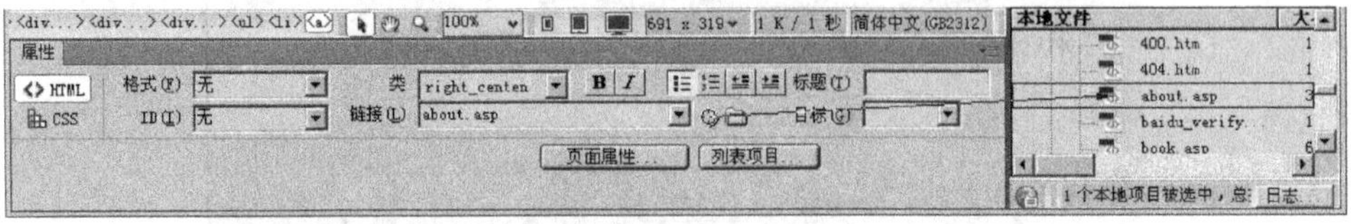

图 8-51　通过“指向文件”按钮创建超链接

（3）选择“插入”菜单下的“超级链接”命令，或在“插入”面板的“常用”选项中单击“超级链接”按钮，弹出“超级链接”对话框，如图 8-52 所示。

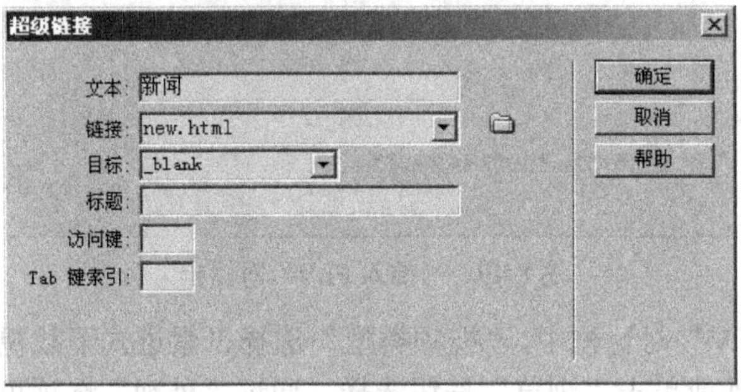

图 8-52　“超级链接”对话框

2. 图像超链接

图像超链接和文本超链接的创建方法类似，不再赘述。Dreamweaver CS6 有三个图片热点工具，可以在图片的不同区域创建图像热点链接。

创建图像热点链接的操作步骤如下：

（1）选中需要创建图像热点链接的图片。

（2）在“属性”面板中选择一个合适的热点工具（矩形热点工具、圆形热点工具、多边形热点工具），在图片上拖动鼠标绘制热点区域。

（3）在“属性”面板的“链接”文本框中输入链接地址，或单击“浏览文件”按钮，在弹出的“选择文件”对话框中选择链接文件，如图 8-53 所示。

图 8-53　通过“属性”面板设置图像热点链接

3. E-mail 链接

E-mail 链接即指向电子邮件的超级链接，一般网站上的“站长信箱”或“联系我们”都链接到电子邮件上，方便网站访问用户和站长交流。

创建电子邮件链接的操作步骤如下：

（1）选择“插入”菜单下的“电子邮件链接”命令，或在“插入”面板的“常用”选项中单击“电子邮件链接”按钮，弹出“电子邮件链接”对话框，如图 8-54 所示。

（2）在“电子邮件链接”对话框中输入要链接的文本和电子邮件地址即可。

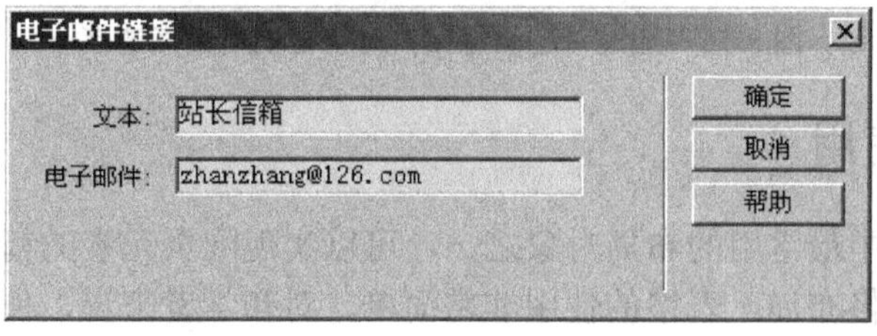

图 8-54　“电子邮件链接”对话框

还可以选中要创建电子邮件链接的文本，在“属性”面板的“链接”下拉列表框中直接输入“mailto：zhanzhang@126.com”。

4. 锚点链接

当要浏览的网页内容非常多时，我们需要不断地拖动滚动条来查看网页下方的内容，为了方便用户查看，可以在网页中创建锚点链接（也称锚记链接）。当单击锚点链接时，可以直接跳转到网页中的指定位置。

创建锚点链接分为以下两步：

（1）插入锚记。将光标定位到要插入锚记的位置（即要跳转到的位置），选择“插入”菜单下的“命名锚记”命令，或在“插入”面板的“常用”选项中单击“命名锚记”按钮，弹出“命名锚记”对话框，如图 8-55 所示。在“命名锚记”对话框中输入锚记名称，单击“确定”按钮即可插入锚记。

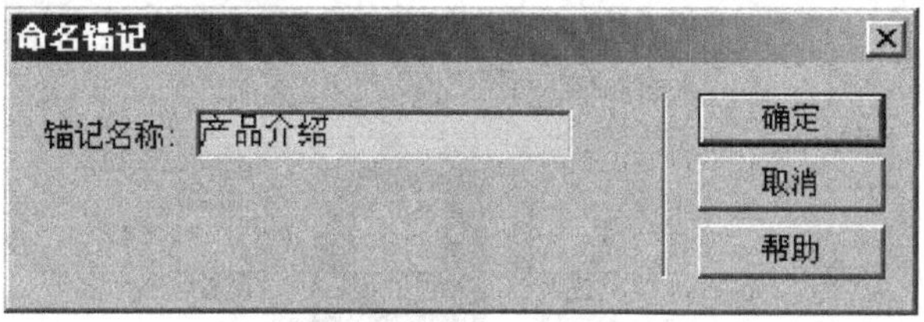

图 8-55　“命名锚记”对话框

（2）创建锚点超链接。选中要创建锚点链接的网页元素，在“属性”面板的“链接”下拉列表框中输入“#”+锚记名称，如“#产品介绍”。还可以通过“插入”菜单下的“超级链接”命令，打开“超级链接”对话框，在链接下拉列表框中选择要链接的锚记名称，如图 8-56 所示。

5. 空链接

空链接是一种没有指向的链接，用于向页面上的对象或文本附加行为。选中要创建空链接的网页元素，在“属性”面板的“链接”下拉列表框中输入“#”号即可。

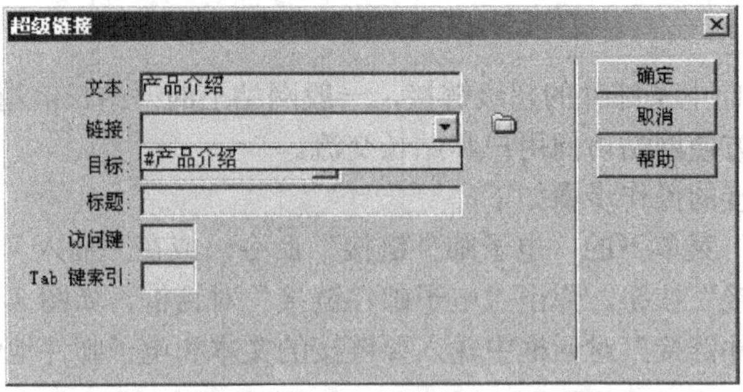

图 8-56 通过“超级链接”对话框创建锚点链接

8.3.6 表格的使用

表格是网页制作中最常用的布局对象之一，可以实现网页元素的精确排版和定位。目前很多网站使用的是表格布局。表格的使用非常简单，对初学者来说，使用表格可以快速地制作出精美的网页。

1. 插入表格

插入表格的常用方法有以下 3 种：

（1）执行“插入”菜单下的“表格”命令。

（2）在“插入”面板的“常用”选项中单击“表格”按钮。

（3）使用 Ctrl+Alt+T 组合键。

在弹出的“表格”对话框中，可以对表格的行、列、表格宽度、边框粗细、单元格边距、单元格间距、标题等参数进行设置，如图 8-57 所示。

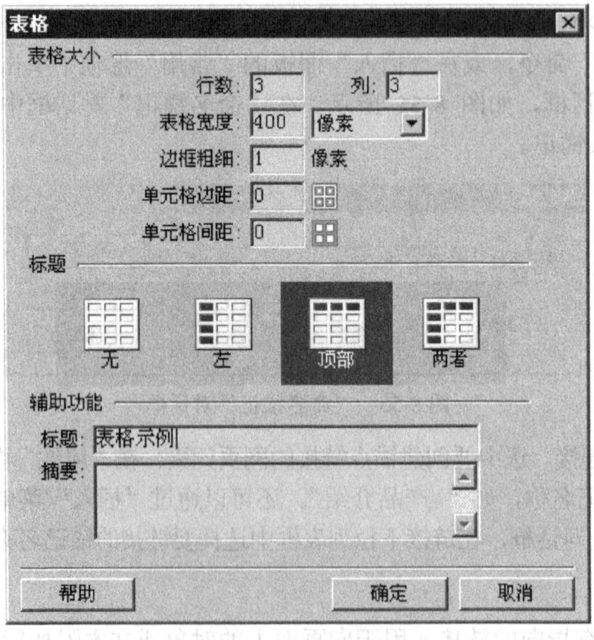

图 8-57 “表格”对话框

2. 表格的常用操作

（1）选中表格

单击表格边框线上的任意位置，即可选中表格。

（2）修改表格

选中表格，在“属性”面板中可以修改表格的行、列、宽度、填充、间距、边框等，如图 8-58 所示。

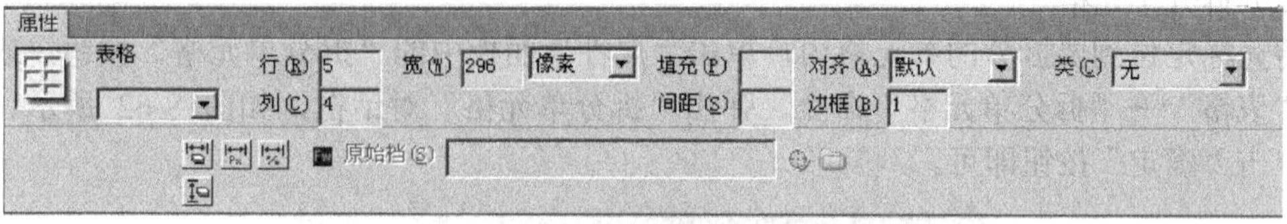

图 8-58　通过“属性”面板调整表格

（3）插入行/列

执行“修改”→“表格”命令，选择“插入行”或“插入列”，可以在当前单元格的上面添加一行或在当前单元格的左边添加一列。如果要一次添加多行或多列，可以选择“修改”→“表格”→“插入行或列”命令，在弹出的“插入行或列”对话框中进行设置，如图 8-59 所示。

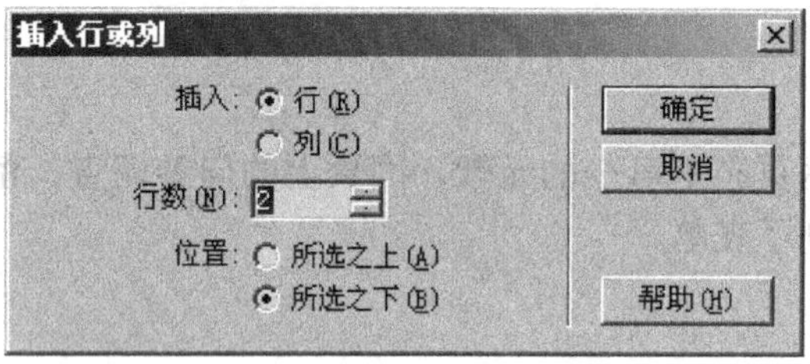

图 8-59　“插入行或列”对话框

（4）删除行/列

选中要删除的行或列，执行“修改”→“表格”菜单下的“删除行”或“删除列”命令，也可在右击快捷菜单中选择“表格”→“删除行”或“删除列”命令，还可以选中要删除的行或列后，直接按 Delete 键进行删除。

（5）调整行高或列宽

将光标放在行或列的边框上，当鼠标变成可调整的形状时，拖动鼠标即可。如果要精确调整行高或列宽，先选中行或列，在“属性”面板的高或宽文本框中输入具体的值，如图 8-60 所示。

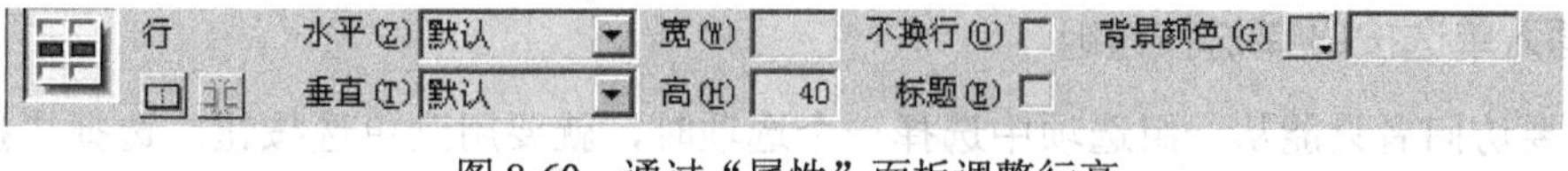

图 8-60　通过“属性”面板调整行高

3. 单元格设置

将光标定位到要调整的单元格内，在“属性”面板中可以设置单元格的水平/垂直对齐方式、宽、高、单元格内容是否换行以及背景颜色等，如图 8-61 所示。

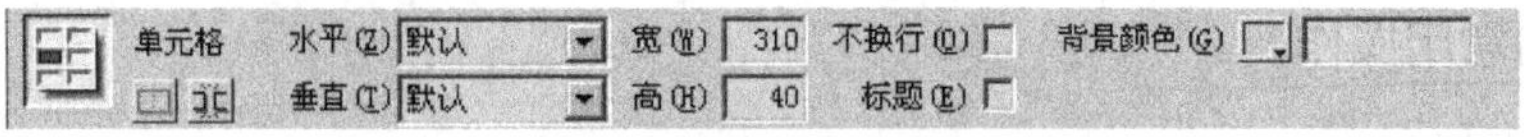

图 8-61 通过“属性”面板调整单元格

（1）合并单元格

选中要合并的单元格，单击“属性”面板中的“合并单元格”按钮，或右击选择“表格”→“合并单元格”命令。

（2）拆分单元格

将光标定位到要拆分的单元格内，单击“属性”面板中的“拆分单元格”按钮，或右击选择“表格”→“拆分单元格”命令，弹出“拆分单元格”对话框，如图 8-62 所示。设置完后单击“确定”按钮即可。

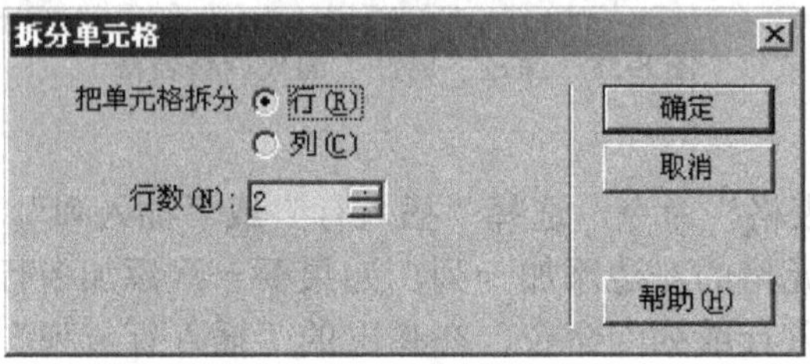

图 8-62 “拆分单元格”对话框

8.3.7 表单

表单是制作交互式网页必不可少的元素。网页上的问卷调查、留言本、会员注册、商品订单及登录页面等都用到了表单。

1. 插入表单

选择“插入”→“表单”下的“表单”选项，或在“插入”面板的“表单”选项中，单击“表单”按钮。插入的表单在编辑器中以红色的虚线框显示。单击“表单”后可以在“属性”面板中设置表单的属性。

2. 插入文本域/文本区域

选择“插入”→“表单”下的“文本域”或“文本区域”选项，或在“插入”面板的“表单”选项中，单击“文本字段”或“文本区域”按钮，弹出“输入标签辅助功能属性”对话框，如图 8-63 所示。设置完成后单击“确定”按钮，即可在网页中插入文本域或文本区域。文本域只能输入单行文本，文本区域可以输入多行文本。单击插入的文本域或文本区域，在“属性”面板中，可以设置其属性。

3. 插入单选按钮/单选按钮组

当需要访问者只能从一组选项中选择一个选项时，就要用到单选按钮。选择“插入”→“表单”下的“单选按钮”命令可以插入单选按钮。单击插入的“单选按钮”，在“属性”面板中可以设置其初始状态为已勾选或未选中。

要同时插入多个单选按钮，可选择“插入”→“表单”下的“单选按钮组”命令，弹出“单选按钮组”对话框，如图 8-64 所示。设置完成后单击“确定”按钮即可。

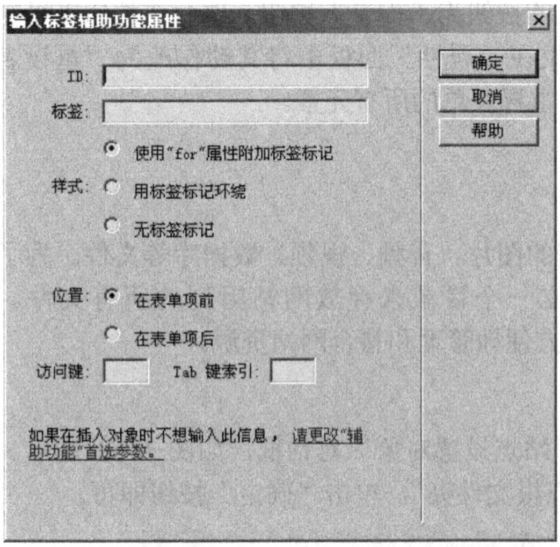

图 8-63　“输入标签辅助功能属性”对话框

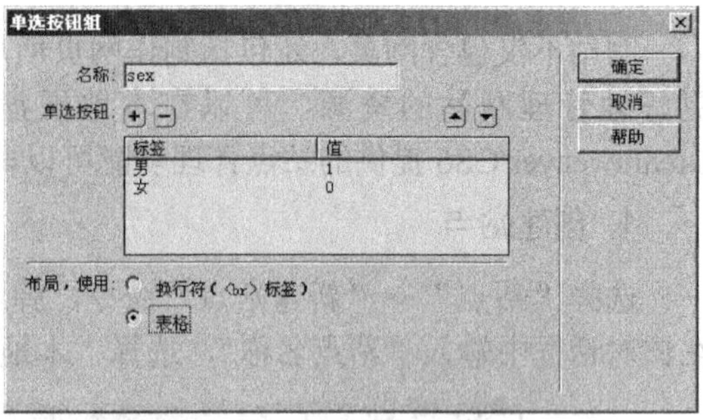

图 8-64　“单选按钮组”对话框

4. 插入复选框

若要在网页中为用户提供多个选项，用户可以选择一项或多项，就要用到复选框。在“插入”面板的“表单”选项中单击“复选框”或“复选框组”按钮，或选择“插入”→“表单”下的“复选框”或“复选框组”命令可以添加复选框。复选框应用示例如图 8-65 所示。

图 8-65　复选框应用示例

5. 插入列表/菜单

选择“插入”→“表单”下的“选择（列表/菜单）”选项，或在“插入”面板的“表单”选项中，单击“选择（列表/菜单）”按钮即可插入列表/菜单。单击插入后的列表/菜单，在“属性”面板中单击“列表值”按钮，弹出“列表值”对话框。通过“列表值”对话框中的“+”、“−”按钮可以添加或删除列表的项目标签和值，如图 8-66 所示。设置完成后，单击“确定”按钮，即可插入列表/菜单，在浏览器中的运行效果如图 8-67 所示。

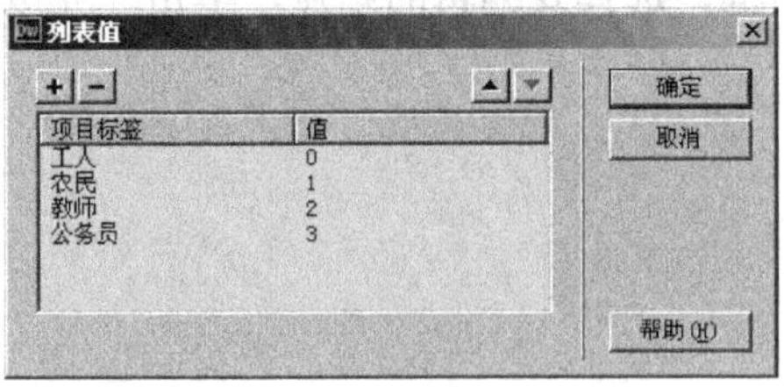

图 8-66　“列表值”对话框

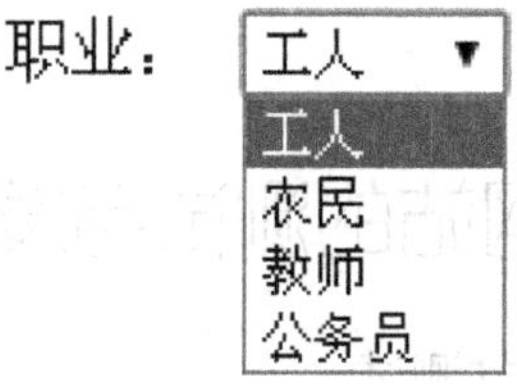

图 8-67 在浏览器中的运行效果

6. 插入按钮

选择“插入”→“表单”下的“按钮”选项，或在“插入”面板的“表单”选项中，单击“按钮”按钮即可插入按钮。默认情况下插入的按钮为“提交”按钮，选中该按钮可以在“属性”面板中看到其动作为“提交表单”。如果在“属性”面板中将其动作改为“重设表单”，按钮的值自动变为“重置”，单击该按钮将重置表单的所有元素。

8.3.8 站点的创建

网站不仅包含网页，还包括制作网页所用到的图片、音频、视频、数据库等文件。为了更好地管理网站的资源，可以在本地硬盘建立一个目录来存放网站用到的所有文件。Dreamweaver CS6 提供的站点管理功能可以非常方便地管理和整合网站资源。

1. 创建站点

选择“站点”→“新建站点”命令，弹出“站点设置对象”对话框，如图 8-68 所示。在该对话框中输入“站点名称”，选择“本地站点根文件夹”，单击“确定”按钮即可。

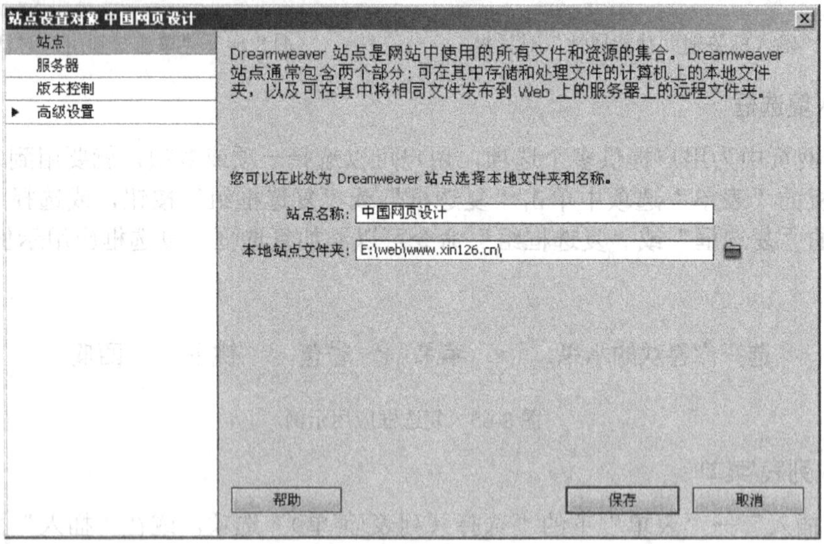

图 8-68 “站点设置对象”对话框

2. 管理站点

在 Dreamweaver CS6 中可以创建多个站点，要在不同的站点之间切换，可以选择“站点”→“管理站点”命令，弹出“管理站点”对话框，选择要编辑的站点，单击“完成”按钮即可。

8.4 网站的测试与发布

1. 网站测试

网站制作完成后，网站测试是必不可少的一个环节，通常包括链接检查、浏览器兼容性测试、打开速度测试、功能测试、安全测试、压力测试等。

单击“文件”→“检查页”→“链接”命令可以检查网页的链接情况，并将检查结果显示在“链接检查器”面板中。要测试浏览器兼容性，可以在不同的浏览器中预览网页，查看显示情况，包括页面布局是否错乱，代码是否支持，框架页面是否显示等。在 Dreamweaver CS6 中，可以单击“文件”→“检查页”→“浏览器兼容性”命令来检查。

网上有不少优秀的站长工具，如 JavaScript/CSS 压缩工具、图片压缩工具等，可以大大减少网页的大小，提高网站打开速度。还有一些专用工具可以对网站进行安全测试和压力测试，如 Web Application Stress Tool 和 LoadRunner 等工具可以对站点进行压力测试，测试页面的响应时间，为服务器的性能优化和调整提供数据支持。而功能测试一般需要人工进行，以检验网站功能是否可用，能否满足客户需求。

2. 网站发布

网站测试完毕，就可以把网站发布到服务器上，让更多人访问。可以申请免费空间或购买虚拟主机，来发布网站。

上传网页通常有以下几种方法：

（1）利用 FTP 工具上传网页。常用的 FTP 工具有 CuteFTP、LeapFTP、8uFTP 等。

（2）通过服务器商提供的网站管理后台，在 Web 页面上上传网页。

（3）在 Dreamweaver CS6 中上传网页。

单击“站点”→“管理站点”→双击已经创建的站点→弹出“站点设置对象”窗口→单击“服务器”选项左下角的“+”号按钮，添加新服务器。在弹出的对话框中输入需要的信息，如图 8-69 所示。单击“测试”按钮，可测试服务器连接是否成功。最后单击“保存”按钮，保存服务器设置。

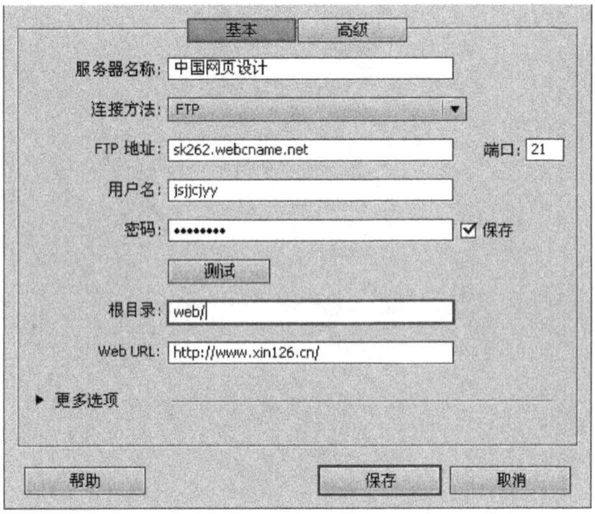

图 8-69　服务器信息设置

在“文件”面板中选中要上传的文件，右击选择上传，或单击“文件”面板上的“向远程服务器上传文件”按钮即可上传文件。